ENCYCLOPÉDIE AGRICOLE

Publiée sous la direction de G. WERY

Couronnée par l'Académie des Sciences morales et politiques
et par l'Académie nationale d'agriculture

GUILLIN

ANALYSES AGRICOLES

ENCYCLOPÉDIE AGRICOLE

Chaque volume : broché 6 fr. ; cartonné 7 fr. 50

ENCYCLOPÉDIE AGRICOLE

Publiée par une réunion d'Ingénieurs agronomes

SOUS LA DIRECTION DE G. WERY

ANALYSES AGRICOLES

TERRES — ENGRAIS — FOURRAGES
PRODUITS DES INDUSTRIES AGRICOLES

PAR

R. GUILLIN

DIRECTEUR DU LABORATOIRE DE LA SOCIÉTÉ DES AGRICULTEURS DE FRANCE

Introduction par le Dr P. REGNARD

DIRECTEUR HONORAIRE DE L'INSTITUT NATIONAL AGRONOMIQUE

DEUXIÈME ÉDITION REVUE ET AUGMENTÉE

PARIS

LIBRAIRIE J.-B. BAILLIÈRE ET FILS

19, rue Hautefeuille, près du Boulevard Saint-Germain

1919

ENCYCLOPÉDIE AGRICOLE

INTRODUCTION

Si les choses se passaient en toute justice, ce n'est pas moi qui devrait signer cette préface.

L'honneur en reviendrait bien plus naturellement à l'un de mes deux éminents prédécesseurs :

A Eugène TISSERAND, que nous devons considérer comme le véritable créateur en France de l'enseignement supérieur de l'agriculture : n'est-ce pas lui qui, pendant de longues années, a pesé de toute sa valeur scientifique sur nos gouvernements et obtenu qu'il fût créé à Paris un Institut agronomique comparable à ceux dont nos voisins se montraient fiers depuis déjà longtemps ?

Eugène RISLER, lui aussi, aurait dû, plutôt que moi, présenter au public agricole ses anciens élèves devenus des maîtres. Près de douze cents ingénieurs agronomes, répandus sur le territoire français, ont été façonnés par lui : il est aujourd'hui notre vénéré doyen, et je me souviens toujours avec une douce reconnaissance du jour où j'ai débuté sous ses ordres et de celui, proche encore, où il m'a désigné pour être son successeur (1).

Mais, puisque les éditeurs de cette collection ont voulu que ce fût le directeur en exercice de l'Institut agronomique qui présentât aux lecteurs la nouvelle *Encyclopédie*, je vais tâcher de dire brièvement dans quel esprit elle a été conçue.

Des Ingénieurs agronomes, presque tous professeurs d'agriculture, tous anciens élèves de l'Institut national agronomique, se sont donné la mission de résumer, dans une série de volumes, les connaissances pratiques absolument nécessaires aujourd'hui pour la culture rationnelle du sol. Ils ont choisi pour distribuer, régler et diriger la besogne de chacun, Georges Wery, que j'ai le plaisir et la chance d'avoir pour collaborateur et pour ami.

L'idée directrice de l'œuvre commune a été celle-ci : extraire de notre enseignement supérieur la partie immédiatement utilisable par l'exploitant du domaine rural et faire connaître du même coup à celui-ci les données scientifiques définitivement acquises sur lesquelles la pratique actuelle est basée.

Ce ne sont pas de simples manuels, des Formulaires irraisonnés que nous offrons aux cultivateurs ; ce sont de brefs Traités, dans lesquels les résultats incontestables sont mis en évidence, à côté des bases scientifiques qui ont permis de les assurer.

Je voudrais qu'on puisse dire qu'ils représentent le véritable esprit de notre Institut, avec cette restriction qu'ils ne doivent ni ne peuvent contenir les discus-

---

(1) Depuis que ces lignes ont été écrites, nous avons eu la douleur de perdre notre éminent maître, M. Risler, décédé, le 6 août 1905, à Calèves (Suisse). Nous tenons à exprimer ici les regrets profonds que nous cause cette perte. M. Eugène Risler laisse dans la science agronomique une œuvre impérissable.

sions, les erreurs de route, les rectifications qui ont fini par établir la vérité telle qu'elle est, toutes choses que l'on développe longuement dans notre enseignement, puisque nous ne devons pas seulement faire des praticiens, mais former aussi des intelligences élevées, capables de faire avancer la science au laboratoire et sur le domaine.

Je conseille donc la lecture de ces petits volumes à nos anciens élèves, qui y retrouveront la trace de leur première éducation agricole.

Je la conseille aussi à leurs jeunes camarades actuels, qui trouveront là, condensées en un court espace, bien des notions qui pourront leur servir dans leurs études.

J'imagine que les élèves de nos Écoles nationales d'agriculture pourront y trouver quelque profit et que ceux des Écoles pratiques devront aussi les consulter utilement.

Enfin, c'est au grand public agricole, aux cultivateurs, que je les offre avec confiance. Ils nous diront, après les avoir parcourus, si, comme on l'a quelquefois prétendu, l'enseignement supérieur agronomique est exclusif de tout esprit pratique. Cette critique, usée, disparaîtra définitivement, je l'espère. Elle n'a d'ailleurs jamais été accueillie par nos rivaux d'Allemagne et d'Angleterre, qui ont si magnifiquement développé chez eux l'enseignement supérieur de l'agriculture.

Successivement, nous mettons sous les yeux du lecteur des volumes qui traitent du sol et des façons qu'il doit subir, de sa nature chimique, de la manière de la corriger ou de la compléter, des plantes comestibles ou industrielles qu'on peut lui faire produire, des animaux qu'il peut nourrir, de ceux qui lui nuisent.

Nous étudions les manipulations et les transformations que subissent, par notre industrie, les produits de la terre : la vinification, la distillerie, la panification, la fabrication des sucres, des beurres, des fromages.

Nous terminons en nous occupant des lois sociales qui régissent la possession et l'exploitation de la propriété rurale.

Nous avons le ferme espoir que les agriculteurs feront un bon accueil à l'œuvre que nous leur offrons.

Dr Paul Regnard,
Membre de la Société nationale
d'Agriculture de France,
Directeur honoraire de l'Institut national
agronomique.

ANALYSES AGRICOLES

COMPOSITION ET ANALYSE DES TERRES, DES ENGRAIS, DES FOURRAGES, ET DES PRODUITS DES INDUSTRIES AGRICOLES

AGRICULTURE GÉNÉRALE

TERRES

L'amélioration d'une terre de culture ne peut être entreprise d'une façon économique que si l'on est fixé au préalable sur la constitution physique et sur la teneur en éléments fertilisants du sol cultivé. L'analyse des terres a donc une importance capitale en agriculture ; mais il ne suffit pas au chimiste d'effectuer les différents dosages appropriés, il lui faut aussi, de l'examen de cet ensemble d'analyses, tirer des conclusions pratiques qui guideront l'agriculteur dans la voie d'améliorations rationnelles.

Les questions à résoudre sont multiples : on devra indiquer la nature et la quantité d'amendements ou d'engrais à employer à l'hectare, ainsi que le genre de culture convenant le mieux au terrain analysé ; il sera nécessaire de faire connaître à l'agriculteur qui veut créer une prairie le mélange de graines fourragères le mieux approprié à son sol ; au viticulteur, il faudra indiquer les porte greffes qui s'acclimateront le mieux dans sa terre, vu sa constitution physique, etc...

Après l'exposé des méthodes d'analyses physique et chimique des terres, nous présenterons, à titre d'exemple, quelques résultats d'analyses de divers échantillons de terre, et nous indiquerons les conclusions pratiques qu'il convient d'en déduire pour arriver au meilleur mode d'exploitation de ces différents sols.

1.

PRÉLÈVEMENT D'UN ÉCHANTILLON DE TERRE

On distingue dans les terres de culture deux couches différentes : le sol et le sous-sol. Le sol est la partie du terrain qui va de la surface jusqu'à 25 centimètres de profondeur ; c'est la partie du terrain travaillée à chaque labour ; le sous-sol est compris entre 25 et 60 centimètres.

En général, on n'effectue que l'analyse du sol ; mais le sous-sol peut avoir une composition très différente, et son analyse peut donner d'utiles renseignements.

Avant de procéder à la prise d'un échantillon de terre, il est nécessaire de reconnaitre sur l'exploitation les surfaces de même nature et de même aspect physique.

Pour obtenir un échantillon moyen du sol d'une surface reconnue homogène, on effectue, en des points différents, plusieurs prélèvements de terre d'une dizaine de kilogrammes chacun.

Après avoir débarrassé la surface du sol de l'herbe et des débris organiques qui peuvent s'y trouver, on effectue les prélèvements en enlevant à l'aide d'une bêche des tranches de sol allant de la surface à $0^m,25$ de profondeur ; pour une surface de 1 à 2 hectares, trois ou quatre de ces prélèvements sont nécessaires.

On mélange avec soin la terre ainsi prélevée, et on prend 2 à 3 kilogrammes de ce mélange pour constituer l'échantillon moyen à analyser.

On obtient un échantillon moyen du sous-sol en opérant comme pour le sol, mais en effectuant le prélèvement de la terre de $0^m,25$ à $0^m,60$.

Il est bien entendu que, dans la prise d'un échantillon de terre, les cailloux ne doivent pas être enlevés ; ils ne jouent évidemment aucun rôle fertilisant ; mais, les résultats de l'analyse étant exprimés par rapport à 100 parties de l'échantillon analysé, si l'on supprimait les cailloux, les chiffres donnés par le chimiste ne se rapporteraient plus à la terre normale ; les résultats donnés seraient trop élevés.

Si toutefois, la terre étant très caillouteuse, on désirait faire cette séparation, il conviendrait de déterminer, d'une part, le poids total de l'échantillon sur lequel on effectuera une séparation de cailloux et, d'autre part, le poids des cailloux enlevés ; on tiendrait compte de ces poids en calculant au laboratoire le taux de terre fine contenu dans le sol analysé.

Préparation de l'échantillon au laboratoire.

Deux kilogrammes environ de la terre à analyser sont placés sur un plateau en cuivre et mis à sécher au bain de sable chauffé à 100° environ. Une fois la terre desséchée, on en prélève 1 kilogramme, qui est mis à tremper dans une terrine avec la quantité d'eau nécessaire pour recouvrir la terre ; au bout de douze heures, les concrétions argileuses se sont entièrement délitées, et il est possible, par lévigation et tamisage, de séparer toute la terre fine des cailloux.

Sur une terrine d'une capacité de 2 litres environ, on pose un tamis en fil de laiton ayant dix mailles au centimètre ; ce tamis dit de 1 millimètre doit avoir environ 20 centimètres de diamètre.

On décante sur le tamis le mélange d'eau et de terre contenu dans la première terrine ; on agite, à l'aide d'une spatule en bois, la bouillie terreuse répandue sur le tamis, et on l'arrose d'eau distillée en se servant d'une pissette à jet fin : on fait ainsi passer toute la terre fine dans la terrine, les cailloux restant sur le tamis ; on arrive facilement à effectuer cette séparation de la terre fine et des cailloux avec 500 centimètres cubes d'eau.

La boue de terre fine est versée dans une grande cuvette en porcelaine analogue aux cuvettes à photographie et mise à sécher au bain de sable ; les cailloux restés sur le tamis sont également séchés.

Lorsqu'elle est sèche, la terre fine ainsi séparée est triturée dans un mortier et tamisée ; elle est alors prête pour l'analyse.

Les cailloux sont pesés, et de leur poids on détermine par différence le taux de terre fine contenu dans l'échantillon.

Les résultats de l'analyse d'une terre sont toujours exprimés par rapport à la terre normale et non par rapport à la terre fine ; de ce fait, pour éviter tout calcul en fin d'analyse, on prend pour effectuer les différents dosages un poids de terre fine correspondant à un poids donné de terre normale.

ANALYSE PHYSICO-CHIMIQUE
(Méthode Schlœsing.)

Dosage du sable siliceux, des débris organiques, de l'argile et de l'humus.

Un poids de terre fine correspondant à 10 grammes de terre normale est introduit dans une capsule en porcelaine de 100 centimètres cubes et humecté de 5 à 10 centimètres cubes d'eau distillée ; à l'aide d'un bouchon de caoutchouc, on délaie cette pâte et on y ajoute ensuite 20 à 30 centimètres cubes d'eau. On malaxe le tout ; on laisse en repos pendant dix secondes, puis on décante le liquide trouble dans un verre de 250 centimètres cubes. en évitant d'entraîner les parties lourdes tombées au fond de la capsule ; celles-ci sont triturées à nouveau avec le bouchon de caoutchouc ; on ajoute 30 centimètres cubes d'eau et on décante comme précédemment.

Ces opérations sont répétées jusqu'à ce que l'eau distillée agitée avec les parties lourdes ne se trouble plus : l'argile avec du sable fin a été entraînée dans le verre ; le contenu de la capsule est traité par de l'acide nitrique dilué de son volume d'eau pour détruire le calcaire, et le tout est décanté dans le verre de 250 centimètres cubes ; l'acide coagule l'argile en suspension, et le sable, l'argile, les débris organiques et l'humus se déposent au fond du verre.

Les opérations effectuées jusqu'ici ont eu pour but de délayer les masses argileuses et de se débarrasser du calcaire. Le contenu du verre est filtré, et le dépôt recueilli sur le filtre est lavé avec soin à l'eau distillée pour éliminer l'acide nitrique et les sels de chaux ; on continue les lavages jusqu'à ce que les gouttes d'eau qui tombent de l'entonnoir deviennent troubles ; c'est l'indice que l'argile est susceptible de rester en suspension.

On place alors l'entonnoir contenant le filtre au-dessus d'un verre de 250 centimètres cubes ; on perce le filtre, et à l'aide d'eau distillée on entraîne toute la terre dans le verre ; on ajoute 1 centimètre cube d'ammoniaque et, après agitation, on décante dans un grand verre de 2 litres ; on additionne d'environ 1 litre d'eau distillée, et on laisse déposer jusqu'au lendemain.

Le sable et les débris organiques tombent en une mince couche au fond du verre ; l'humus se trouve en dissolution et l'argile en suspension dans le liquide surnageant. A l'aide d'un siphon, on décante ce liquide, que l'on recueille avec soin ; on remet en suspension le résidu sableux dans 1 litre d'eau distillée ; on y ajoute 1 centimètre cube d'ammoniaque et on laisse déposer à nouveau jusqu'au lendemain ; comme la première fois, on décante le liquide surnageant le dépôt sableux et on l'ajoute à celui prélevé la veille.

Deux opérations sont presque toujours suffisantes pour entraîner toute l'argile ; on les renouvellerait s'il y avait lieu, ce dont on est prévenu par l'aspect plus ou moins trouble du liquide.

Le résidu sableux resté au fond du verre de 2 litres est recueilli dans une capsule de platine et séché à 100° ; son poids indique la teneur en sable et débris organiques. En calcinant au rouge sombre, on brûle la matière organique ; une nouvelle pesée donne le taux de sable et, par différence, la teneur en débris organiques.

Le liquide trouble provenant de la double décantation est additionné de 20 à 30 centimètres cubes d'une solution saturée de chlorure de potassium ; l'argile se coagule et tombe au fond du verre ; l'humus reste en dissolution. On décante le liquide clair contenant l'humus, et l'argile est recueillie sur un filtre taré ; le filtre séché à 100° est pesé ; le poids trouvé représente pour 10 grammes la teneur en argile colloïdale telle qu'elle a été définie par M. Schlœsing.

Le liquide clair contenant l'humus en dissolution est additionné de 10 centimètres cubes d'acide chlorhydrique ; l'acide humique se précipite au fond du vase en un dépôt brun noirâtre ; après dépôt, le liquide surnageant est décanté à l'aide d'un siphon ; l'humus est recueilli sur un petit filtre plat taré, lavé avec soin desséché à 100° et pesé.

Le précipité d'humus étant presque toujours accompagné d'une petite quantité de matières minérales, le filtre pesé est incinéré ; en retranchant le poids des cendres de la première pesée, on obtient la teneur en humus.

Dosage du calcaire.

La teneur en carbonate de chaux d'une terre peut être déduite, par le calcul, du dosage de la chaux obtenu au cours de l'analyse chimique; mais on peut doser directement le calcaire d'une façon précise et rapide à l'aide du calcimètre Bernard ou d'un appareil analogue.

On obtient la teneur en carbonate de chaux par ce procédé en comparant le volume d'acide carbonique dégagé par un poids donné de terre à celui qu'on obtient dans les mêmes conditions de température et de pression atmosphérique avec du carbonate de chaux pur.

Calcimètre. — L'appareil (fig. 1) se compose d'un tube gradué en demi-centimètres cubes, étiré et recourbé à ses deux extrémités, dont l'inférieure est mise en communication par un tube de caoutchouc

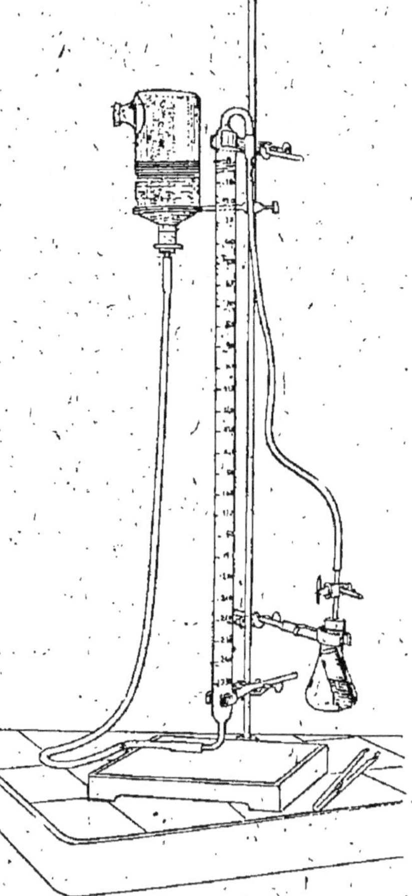

Fig. 1. — Calcimètre.

avec un récipient rempli d'eau qui joue le rôle de vase communiquant avec le tube gradué; l'autre extrémité est reliée à un robinet à trois voies fixé sur le bouchon d'une fiole conique dans laquelle on introduit la terre; un petit tube mobile est placé dans cette fiole : il reçoit l'acide destiné à la réaction.

Mode opératoire. — 2 décigrammes de carbonate de chaux pur sont introduits dans la fiole conique de l'appareil, et 5 à 10 centimètres cubes d'acide chlorhydrique dilué de son volume d'eau sont versés dans le petit tube à essai, celui-ci est glissé avec précaution dans la fiole, qu'on obture avec soin à l'aide de son bouchon de caoutchouc traversé par une des tiges du robinet à trois voies ; ce dernier est disposé de telle façon qu'il fasse communiquer le tube gradué et l'atmosphère de la fiole conique avec l'air extérieur.

On s'assure que le niveau de l'eau dans le tube gradué est bien à la division 0 ; on tourne alors le robinet à trois voies pour avoir exclusivement communication entre la fiole et le tube gradué ; puis de la main gauche on détache le récipient et on maintient dans ce récipient le niveau de l'eau légèrement au-dessous du niveau de l'eau dans le tube gradué : en même temps, on prend, à l'aide d'une pince en bois, le col de la fiole conique et on incline celle-ci pour répandre sur le carbonate de chaux l'acide contenu dans le tube.

L'acide carbonique se dégage rapidement ; on suit facilement le dégagement en rapprochant les niveaux de l'eau dans le récipient et dans le tube gradué : au bout de quelques secondes, l'équilibre s'établit, le niveau de l'eau dans le tube gradué restant stationnaire ; on note alors la graduation, soit V.

Le récipient est remis en place et le robinet à trois voies tourné de façon à mettre l'appareil en communication avec l'air extérieur ; le niveau du liquide dans le tube revient à zéro ; on recommence l'opération avec un poids de terre fine correspondant à 1 gramme de terre normale, soit V' le volume obtenu ; le taux pour 100 de calcaire sera déterminé par la formule $C = 0{,}200 \times \dfrac{V'}{V} \times 100$

Le calcimètre donne des résultats rapides et exacts, les dosages seront d'autant plus précis que les volumes V et V' seront plus voisins : aussi, si après une première détermination on constatait un écart sensible entre ces deux volumes, on ferait un nouvel essai en opérant sur un poids différent de carbonate de chaux pur ou de terre.

Cet appareil ne peut être mis en défaut que si l'on a à analyser une terre renfermant une forte proportion de carbonate de magnésie. On sait, en effet, que si l'acide décompose rapidement le carbonate de chaux, il ne réagit au contraire que lentement sur le calcaire dolomitique.

Ce cas de terre magnésienne est d'ailleurs exceptionnel ; au cours de nombreuses analyses de terre, nous ne l'avons rencontré qu'une seule fois, avec une terre de prairie de l'Aisne, qui renfermait 14 p. 100 de carbonate de chaux et 8 p. 100 de carbonate de magnésie. Si, sur une telle terre, on voulait effectuer un dosage d'acide carbonique, on aura recours à la méthode rigoureuse de M. Schlœsing, que nous décrirons à l'analyse des amendements.

ANALYSE CHIMIQUE.

Dosage de l'azote.

Il existe deux méthodes pratiques permettant de doser l'azote dans les terres ; l'une, la méthode de Will et Warentrapp, a pour principe la transformation en ammoniaque de l'azote des matières organiques par calcination de ces substances avec la chaux sodée : l'ammoniaque qui se dégage est recueillie dans une solution acide titrée.

La seconde méthode, méthode de Kjeldahl, est basée sur la combustion des matières organiques par l'acide sulfurique bouillant avec transformation de l'azote en combinaison organique, en ammoniaque fixée par l'excès d'acide sulfurique ; la solution acide de sulfate d'ammoniaque est additionnée d'un excès d'alcali fixe ; l'ammoniaque mise en liberté est recueillie par distillation dans une solution acide titrée.

La méthode de Will et Warentrapp est très avantageuse, car elle permet d'obtenir rapidement un dosage d'azote ; elle ne peut pas malheureusement être recommandée pour le dosage de l'azote dans les engrais ; ceux-ci, en effet, renferment presque toujours une quantité sensible d'ammoniaque, qui se dégage dès le début des manipulations, alors qu'il n'est pas possible de la recueillir.

Ces deux méthodes nécessitent quelques réactifs spéciaux, dont nous allons décrire tout d'abord la préparation.

Réactifs. — *Chaux sodée.* — On peut préparer de la chaux sodée en éteignant de la chaux vive concassée avec une lessive de soude ou, suivant les indications de Will et Warentrapp, en mélangeant 600 grammes de chaux éteinte en poudre à une dissolution de 250 grammes de soude caustique dans 250 centimètres cubes d'eau.

On malaxe le mélange dans un creuset que l'on porte

lentement au rouge ; avant refroidissement complet, la matière sortie du creuset est concassée et tamisée ; les gros morceaux obtenus, qui ne doivent pas dépasser la grosseur d'un pois, sont renfermés dans un flacon ; les petites granulations sont conservées dans un autre récipient.

Solution de tournesol. — On broie dans un mortier avec de l'eau 20 grammes de tournesol soluble, et on décante dans un flacon jaugé de 1 litre ; on complète au volume et on filtre. Cette solution est en général légèrement alcaline ; on en prélève 500 centimètres cubes, qu'on fait virer au rouge par l'addition de quelques gouttes d'acide sulfurique dilué ; en mélangeant ces 500 centimètres cubes aux 500 centimètres cubes non traités, on obtient un liquide parfaitement neutre.

Il arrive que des solutions exposées aux rayons solaires et à la chaleur perdent leur belle coloration bleue pour prendre une teinte brune ; on les ramène facilement à la teinte normale en faisant barboter un courant d'air dans le liquide.

Sulfure de sodium. — Le polysulfure de sodium se prépare en faisant dissoudre dans une capsule de porcelaine chauffée au bain de sable 40 grammes de soufre en poudre dans 200 centimètres cubes de soude à 40° B. et complétant cette solution à 1 litre avec de l'eau distillée.

Acide sulfurique titré. — On peut préparer une liqueur titrée exactement normale ; mais cette préparation exige beaucoup de tâtonnements, qu'on peut éviter en fabriquant simplement une liqueur titrée s'approchant de la liqueur normale et dont on détermine exactement le titre.

On prend 65 centimètres cubes d'acide sulfurique monohydraté pur à 66° B. ; on les introduit dans une fiole jaugée de 2 litres dans laquelle on a préalablement versé 500 à 600 centimètres cubes d'eau distillée, et on complète au volume de 2 litres ; une telle liqueur renferme environ 60 grammes par litre d'acide sulfurique.

Pour déterminer son titre exact, on en prélève 10 centimètres cubes, qu'on introduit dans un ballon de 375 ; on ajoute 100 à 150 centimètres cubes d'eau distillée, on porte à l'ébullition et on verse goutte à goutte dans le liquide bouillant 10 à 15 centimètres cubes d'une solution de chlorure de baryum à 20 p. 100.

Le liquide refroidi, le précipité de sulfate de baryum est recueilli sur un filtre, calciné et pesé ; le poids de sulfate de baryum obtenu multiplié par 0,4204 indique la quantité d'acide sulfurique (SO_4H_2) contenue dans 10 centimètres cubes de la solution titrée.

Soude titrée. — La solution de soude titrée correspondant à la solution d'acide sulfurique titré devra être telle que 30 centimètres cubes environ de cette solution saturent 10 centimètres cubes de la liqueur acide ; à cette condition, le dosage de l'azote se fait avec précision puisque $0^{cc},1$ de notre solution alcaline correspond à environ 5 dix-millièmes d'azote.

Pour obtenir une telle liqueur, on prend 150 centimètres cubes de soude pure à 40° B. et on les mélange à une quantité d'eau suffisante pour obtenir 5 litres de solution.

Calcul du titre de ces deux solutions. — On doit déterminer la quantité d'azote correspondant à 1 dixième de centimètre cube de la solution de soude.

On commence par calculer la quantité d'acide sulfurique (SO^4H^2) contenue dans 10 centimètres cubes de la liqueur acide ; puis on détermine le nombre de centimètres cubes de la solution alcaline qui saturent 10 centimètres cubes de la solution acide. De ces deux données on déduit la quantité d'acide sulfurique correspondant à $0^{cc},1$ de la liqueur de soude : en multipliant ce chiffre par le rapport des équivalents de l'azote et de l'acide sulfurique, on obtient le résultat cherché.

Exemple :

10 c. c. de la solution acide $= 1^{gr},441$ de sulfate de baryum, soit en SO^4H^2 : $1^{gr},441 \times 0,4204 = 0^{gr},6058$.

10 c. c. de la solution acide $= 29^{cc},8$ de solution alcaline,

$$\text{soit Az pour } 0^{cc},1 = 0,6058 \times \frac{1}{298} \times \frac{14}{49} = 0^{gr},0005808.$$

Dosage de l'azote par la chaux sodée. — On pèse un poids de terre fine correspondant à 10 grammes de terre normale ; on mélange cette terre avec 10 à 15 grammes de chaux sodée en poudre grossière ; puis,

Fig. 2. — Dosage de l'azote dans les terres par la chaux sodée.

dans un tube en verre vert de 15 millimètres de diamètre intérieur et de 45 centimètres de longueur, on introduit successivement de l'oxalate de chaux sur une longueur de

5 à 6 centimètres (AB, fig. 2) ; ensuite de la chaux sodée
sur une longueur égale (BC), puis le mélange de terre et
de chaux sodée CDE ; enfin on achève de remplir le tube
jusqu'à 5 à 6 centimètres de son orifice avec de la chaux
sodée en petits grains ; on maintient le tout par un tampon d'amiante.

Le tube est entouré d'une feuille de clinquant enroulée
en spirale et fixée par deux fils de fer ; cette enveloppe
doit laisser libre les deux extrémités du tube sur une

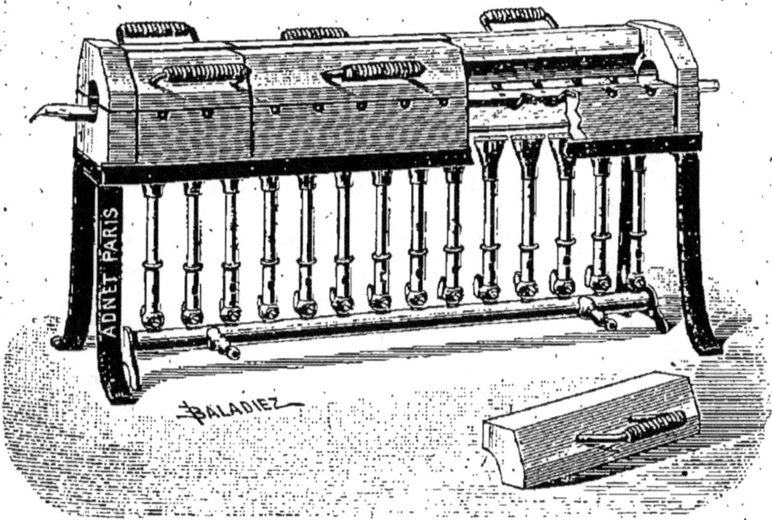

Fig. 3. — Grille à analyse de M. Schlœsing.

longueur de 5 à 6 centimètres. On ferme le tube au moyen
d'un bouchon de liège que traverse la tige d'un tube de
Will et Warentrapp, dans lequel on introduit 10 centimètres cubes d'acide sulfurique titré. Le tube est placé
sur une grille à gaz (fig. 3), le bouchon étant à quelques
centimètres en avant de la grille.

On commence par chauffer la chaux sodée qui est en
contact avec le tampon d'amiante ; lorsque cette partie a
atteint le rouge sombre, on chauffe successivement les
parties voisines jusqu'à arriver au mélange de terre et de
chaux sodée, qui est chauffé progressivement afin d'obtenir un dégagement lent de gaz et éviter une perte d'ammoniaque ; puis on élève la température pour passer du
rouge sombre au rouge vif.

Lorsque tout dégagement de gaz a cessé, on chauffe

l'oxalate de chaux ; le gaz provenant de la décomposition de ce sel chasse les traces d'ammoniaque restées dans le tube.

La réaction terminée, on détache le tube de Will et Warentrapp, et son contenu est décanté dans un verre ; à l'aide d'eau distillée, on lave avec soin l'intérieur du tube et on procède au titrage de la liqueur acide à l'aide de la solution alcaline titrée.

Dosage de l'azote par la méthode Kjeldahl. — Un poids de terre fine correspondant à 10 grammes de terre normale est introduit dans un ballon de 250 centimètres cubes ; on traite par 20 centimètres cubes d'acide sulfurique pur, et on ajoute une goutte de mercure ; lorsque la terre est très calcaire, il est utile d'employer 30 à 40 centimètres cubes d'acide, afin d'obtenir pendant le traitement une ébullition régulière du liquide.

On chauffe d'abord lentement, puis on porte à l'ébullition, que l'on prolonge pendant trois à quatre heures jusqu'à ce que la liqueur soit incolore ; l'attaque est alors terminée. On laisse refroidir le liquide, puis on le décante dans un verre de 500 centimètres cubes, dans lequel on a versé au préalable 100 à 150 centimètres cubes d'eau ; par lavage du ballon, on entraîne dans le verre tout le liquide acide ; on dilue au volume de 400 à 500 centimètres cubes ; on agite et on laisse déposer la partie sableuse au fond du verre.

La liqueur surnageante est décantée dans le ballon à distiller de l'appareil Schlœsing-Aubin ; on y ajoute 80 centimètres cubes d'une solution de soude à 40° B., puis 10 centimètres cubes de sulfure de sodium ; on distille et on recueille l'ammoniaque dans 10 centimètres cubes d'acide sulfurique titré ; enfin on procède au titrage de cette liqueur acide à l'aide de la solution de soude titrée.

Dosage de l'acide phosphorique, de la chaux, de la magnésie, de la potasse et de la soude.

Ces dosages s'effectuent en traitant la terre par de l'acide nitrique concentré et bouillant pendant cinq heures. D'une manière générale, ce traitement se fait sur la terre fine telle qu'elle a été préparée pour l'analyse ; ce n'est que dans le cas exceptionnel où la terre à analyser est très riche en matières organiques, c'est-à-dire en contient plus de 5 à 6 p. 100, qu'il est utile, pour faciliter l'attaque, de détruire au préalable par calcination au rouge sombre la matière organique contenue dans la terre fine.

Réactifs. — *Nitromolybdate d'ammoniaque.* — On utilise pour cette préparation de l'ammoniaque pure à 22° B. diluée de son volume d'eau et de l'acide nitrique pur, également dilué de son volume d'eau. Dans un flacon de 1 litre, on introduit 100 grammes d'acide molybdique et 400 grammes d'ammoniaque diluée : on agite jusqu'à dissolution complète ; puis dans une terrine de 2 litres on verse 1500 grammes d'acide nitrique dilué, et on fait couler en un mince filet dans cet acide la solution alcaline de molybdate d'ammoniaque. La solution s'échauffe assez fortement ; aussi on prend soin d'agiter constamment pour éviter toute perte de réactif.

Eau régale. — L'eau régale utilisée pour détruire les sels ammoniacaux, tant au cours de l'analyse des terres que pour le dosage de la potasse dans les engrais, se prépare en mélangeant à 2 parties d'acide nitrique 1 partie d'acide chlorhydrique.

Eau de baryte. — L'eau de baryte se prépare en agitant dans un flacon de l'eau tiède avec un excès de baryte pure ; cet oxyde étant beaucoup plus soluble à chaud qu'à froid, par le refroidissement une partie de la baryte dissoute cristallise ; la solution se trouve saturée à froid ; cette dissolution de baryte est telle que 100 centimètres cubes sont suffisants pour précipiter tout l'acide sulfurique contenu dans 2 grammes de sulfate de potasse.

Solution de carbonate d'ammoniaque ammoniacale. — Cette solution se prépare en dissolvant 200 grammes de carbonate d'ammoniaque dans 1 litre d'eau distillée (l'opération doit être effectuée à froid, le carbonate d'ammoniaque se dissociant à chaud) ; puis on ajoute à la solution 50 centimètres cubes d'ammoniaque pure à 22° B.

Acide perchlorique. — La solution d'acide perchlorique utilisée pour la précipitation des sels de potasse se prépare en diluant de 2 volumes d'eau 1 volume d'acide perchlorique pur à 55° B. Il est nécessaire de s'assurer que l'acide perchlorique utilisé est exempt d'acide sulfurique.

Mode opératoire. — Un poids de terre fine correspondant à 50 grammes de terre normale est introduit dans une fiole conique de 750 centimètres cubes ; on humecte la terre d'eau, et on ajoute par petites portions de l'acide nitrique pur, jusqu'à complète décomposition du calcaire ; on verse alors dans la fiole 50 centimètres cubes d'acide nitrique, et on chauffe pendant cinq heures au bain de sable à une température d'environ 100°.

Au bout de cinq heures, la liqueur acide contenue dans la fiole conique est additionnée de 30 à 40 centimètres cubes d'eau et décantée sur un filtre disposé au-dessus d'un ballon jaugé de 250 centimètres cubes. La fiole conique et le filtre sont lavés avec soin pour entraîner toute la dissolution ; puis la liqueur est refroidie, et le volume est complété à 250 centimètres cubes.

Cent centimètres cubes de cette liqueur sont décantés dans une capsule en porcelaine à fond plat et évaporés à siccité au bain de sable. On reprend le résidu par 20 centimètres cubes d'une solution de nitrate d'ammoniaque à 20 p. 100 ; on délaie à l'aide d'un agitateur à bout aplati, et on chauffe dix minutes au bain de sable pour faciliter la dissolution ; on rend alors le liquide ammoniacal en traitant par un excès d'ammoniaque ; l'acide phosphorique se précipite avec l'oxyde de fer et l'alumine.

Dans le cas exceptionnel où la liqueur ne contiendrait pas sensiblement d'oxyde de fer et d'alumine, on ajouterait à la solution avant le traitement à l'ammoniaque 1 centimètre cube d'une solution de nitrate de fer à 20 p. 100, afin d'éviter un entraînement de chaux par précipitation de l'acide phosphorique à l'état de phosphate de chaux.

Après le traitement par l'ammoniaque, le contenu de la capsule est à nouveau évaporé à siccité ; puis on le reprend par 40 à 50 centimètres cubes d'eau chaude ; on verse dans la capsule II à III gouttes d'ammoniaque et, avec l'agitateur à bout aplati que l'on a laissé dans la capsule, on malaxe la partie insoluble ; le tout est décanté sur un filtre disposé au-dessus d'un ballon de 500 centimètres cubes ; on lave avec soin le précipité recueilli sur ce filtre, après quoi on détache le filtre de l'entonnoir et on le place avec son contenu dans la capsule de porcelaine ; on a ainsi séparé l'acide phosphorique des autres éléments à doser, sels de chaux, de magnésie, de potasse et de soude, qui sont en dissolution dans le liquide du ballon.

On verse 30 à 40 centimètres cubes d'acide nitrique dans la capsule de porcelaine, et on chauffe au bain de sable pour solubiliser les phosphates ; cette dissolution effectuée, on filtre au-dessus d'un verre de Bohême de 100 centimètres cubes ; puis on concentre au bain de sable la solution jusqu'à un volume de 5 à 10 centimètres cubes ; on ajoute alors 50 à 60 centimètres cubes de nitromolybdate d'ammoniaque. Le précipité de phosphomolybdate qui se forme se dépose lentement ; on attend quelques heures avant de le recueillir sur un filtre taré ; ce précipité recueilli est séché à l'étuve à 95° et pesé. Comme on a opéré sur 20 grammes de terre normale, le poids du précipité multiplié par 0,1875 donne le taux pour 100 d'acide phosphorique.

La solution contenue dans le ballon de 500 amenée à

un volume de 300 à 350 centimètres cubes est acidifiée par l'addition de 2 à 5 centimètres cubes d'acide acétique et portée à l'ébullition ; on en précipite la chaux par l'oxalate d'ammoniaque. Le liquide refroidi est filtré au-dessus d'une capsule de porcelaine ; le filtre contenant le précipité d'oxalate de chaux est calciné au rouge vif dans le moufle et la chaux pesée à l'état de chaux vive. Comme on a opéré sur 20 grammes, si la terre était très calcaire, le précipité d'oxalate de chaux serait trop abondant pour être facilement calciné ; on devra dans ce cas doser la chaux par une analyse spéciale, en opérant sur 2 grammes de terre et en effectuant le dosage comme pour un calcaire ou une marne.

La solution des sels de magnésie, de potasse et de soude contenue dans la capsule de porcelaine est évaporée à siccité au bain de sable ; après quoi le résidu salin est traité par 30 à 40 centimètres cubes d'eau régale pour détruire les sels ammoniacaux ; la capsule recouverte d'un entonnoir est chauffée au bain de sable jusqu'à évaporation du liquide acide. Le contenu de la capsule est repris par de l'eau chaude et décanté dans une capsule de platine ; on ajoute 5 à 10 grammes d'acide oxalique et on évapore de nouveau à siccité.

Les oxalates formés sont décomposés par calcination au rouge sombre et transformés en carbonates. On reprend par un peu d'eau chaude le contenu de la capsule de platine, et on filtre au-dessus d'un petit verre de 100 centimètres cubes, pour séparer la magnésie insoluble, des sels de potasse et de soude. Le filtre contenant la magnésie est détaché de l'entonnoir, placé dans la capsule de platine et incinéré ; on calcine au rouge et on obtient le poids de magnésie contenu dans les 20 grammes de terre.

Le liquide filtré dans le verre de 100 centimètres cubes contient les carbonates et sulfates de potasse et de soude ; on verse 3 à 4 centimètres cubes d'eau de baryte, qui précipitent l'acide sulfurique ; puis, le liquide éclairci et froid, on ajoute une quantité suffisante de carbonate d'ammoniaque pour éliminer l'excès de baryte. On filtre au-dessus d'une capsule de porcelaine tarée ; puis le filtre est lavé à l'eau froide et le contenu de la capsule mis à évaporer au bain de sable.

Après évaporation, la capsule ne contient plus que du carbonate de potasse et du carbonate de soude ; on ajoute 3 à 4 centimètres cubes d'acide perchlorique, et on évapore à siccité au bain de sable. Par lavage à l'alcool saturé de perchlorate de potasse, on sépare le perchlorate de potasse insoluble du perchlorate de soude soluble. Le poids du perchlorate de potasse obtenu multiplié par 1,69 donne le taux p. 100 de potasse.

La solution alcoolique de perchlorate de soude est évaporée ; le perchlorate est transformé en sulfate par l'addition de quelques gouttes d'acide sulfurique dilué ; on décante dans une capsule de platine et, après évaporation au bain de sable, on calcine au rouge vif et on pèse.

Le résidu salin contenu dans la capsule est du sulfate de soude accompagné d'une petite quantité de sulfate de potasse provenant de l'alcool perchloraté qui a servi à la séparation des sels de potasse et de soude. En évaporant un volume d'alcool perchloraté égal à celui employé pour cette séparation, puis en traitant par l'acide sulfurique et en calcinant, on obtiendra la quantité de sulfate de potasse à retrancher du poids de sulfate de soude impur. Le poids de sulfate de soude pur multiplié par 2,183 donne le taux p. 100 de soude.

Dosage de l'acide sulfurique.

La liqueur provenant du traitement de la terre par l'acide nitrique a été amenée à 250 centimètres cubes, sur lesquels 100 centimètres cubes seulement ont été utilisés pour les dosages précédents ; des 150 centimètres cubes restant, on prélève 50 centimètres cubes pour le dosage de l'acide sulfurique. Ces 50 centimètres cubes sont décantés dans un verre de 250 centimètres cubes et additionnés de 10 centimètres cubes d'une solution de chlorure de baryum à 20 p. 100 ; on laisse déposer pendant douze heures le précipité de sulfate de baryte qui se forme ; celui-ci est recueilli sur un filtre en papier Berzélius et calciné au rouge. Le poids de sulfate de baryte multiplié par 3,43 indique le taux p. 100 d'acide sulfurique.

Dosage de l'oxyde de fer.

Réactifs. — *Solution de permanganate de potasse titrée.* — On pèse 25 grammes de permanganate de potasse pur ; on les place dans un mortier et on les triture en présence de 50 à 60 centimètres cubes d'eau bouillie ; on décante le liquide dans une fiole jaugée de 2 litres ; on remet de l'eau dans le mortier et on continue ainsi de suite jusqu'à dissolution du permanganate ; on complète finalement le volume du liquide à 2 litres à l'aide d'eau distillée bouillie.

Calcul du titre de la solution. — On pèse 1 gramme de fer pur (fer de Suède ou fil de clavecin) bien nettoyé pour le débarrasser de toute trace d'oxyde ou de graisse ; on l'introduit dans un petit matras à long col avec 20 centimètres cubes d'acide sulfurique pur au sixième ; on porte à l'ébullition, puis le fer dissous on décante la dissolution dans un verre de 1 litre et on dilue à 500 ou 600 centimètres cubes à l'aide d'eau bouillie.

On remplit une burette graduée de la solution de permanganate de potasse à titrer, et on laisse couler ce permanganate dans la dissolution de sulfate de protoxyde de fer jusqu'à coloration ; on obtient ainsi le nombre de centimètres cubes de permanganate susceptible de transformer en sesquioxyde, 1 gramme de fer à l'état de protoxyde.

Cette liqueur peut servir, à des analyses diverses : dosage du fer dans les terres, engrais, minerais, métaux, titrage du sulfate de protoxyde de fer, de l'acide sulfureux, etc. ; il est donc utile de calculer le titre par rapport à ces divers éléments.

Exemple.

Un gramme de fer à l'état de protoxyde sature 45^{cc},6 de permanganate.

$$1 \text{ cent. cube de permanganate} = 0^{gr},02492 \text{ Fe.}$$
$$1 \qquad\qquad — \qquad\qquad — \qquad = 0^{gr},02818 \text{ FeO.}$$
$$1 \qquad\qquad — \qquad\qquad — \qquad = 0^{gr},03131 \text{ Fe}^2\text{O}^3.$$
$$1 \qquad\qquad — \qquad\qquad — \qquad = 0^{gr},10881 \text{ FeSo}^4, 7 \text{ aq.}$$
$$1 \qquad\qquad — \qquad\qquad — \qquad = 0^{gr},01252 \text{ SO}^2.$$

Mode opératoire. — Le dosage du fer dans la terre se fait sur les 100 centimètres cubes restant de la liqueur d'attaque par l'acide nitrique ; ces 100 centimètres cubes sont décantés dans une fiole conique de 750 et additionnés de 50 centimètres cubes d'acide sulfurique dilué de son volume d'eau. On concentre au bain de sable jusqu'à ce que tout l'acide nitrique soit éliminé, ce que l'on reconnaît aux vapeurs blanches d'acide sulfurique qui apparaissent dans l'atmosphère de la fiole conique ; on peut également se rendre compte de l'absence d'acide nitrique en faisant tomber I ou II gouttes d'acide chlorhydrique dans la fiole conique ; celles-ci donneront naissance à des vapeurs nitreuses rouges si une trace d'acide nitrique subsiste dans la liqueur.

L'acide nitrique éliminé, on refroidit la solution sulfurique et on la dilue à 250 centimètres cubes environ ; on chauffe au bain de sable, et dans le liquide chaud on projette 5 à 10 grammes de grenaille de zinc pur, qui réduit les sels de sesquioxyde de fer en les ramenant à l'état de sels de protoxyde. La solution doit devenir incolore ; s'il n'en n'était pas ainsi, on traiterait à nouveau par 2 à 5 grammes de zinc ; lorsque tout le zinc est dissous et que la liqueur est incolore, on refroidit le liquide et on le décante dans un verre de 1 litre.

On dilue la liqueur à 500 centimètres cubes environ, et, en remuant constamment à l'aide d'un agitateur, on y fait couler lentement une solution de permanganate de potasse titrée contenue dans une burette graduée, jusqu'à ce que le liquide prenne une légère teinte rosée. On note le nombre de centimètres cubes de permanganate utilisés ; connaissant le titre de cette solution, on déduit par le calcul la quantité d'oxyde de fer contenue dans la terre.

Dosage du manganèse.

Nous décrirons tout d'abord la méthode de Leclerc généralement employée dans les laboratoires agricoles pour le dosage du manganèse dans les terres ; puis nous indiquerons le procédé très pratique conseillé par Campredon pour doser le manganèse dans les minerais, procédé qui peut s'appliquer au dosage du manganèse dans les terres.

1º **Procédé Leclerc.** — *Réactif.* — *Liqueur de nitrate de protoxyde de mercure.* — On dissout 5 grammes de nitrate de protoxyde de mercure cristallisé dans 1 litre d'eau, et on conserve dans un flacon bien bouché.

Mode opératoire. — 20 grammes de terre, calcinés pour détruire la matière organique, sont introduits dans un ballon de 200 avec 30 centimètres cubes d'eau et 40 à 50 centimètres cubes d'acide chlorhydrique ; on fait bouillir le mélange pendant une demi-heure, puis on le décante dans une capsule de porcelaine, où il est évaporé à siccité. On reprend par 20 centimètres cubes d'acide nitrique dilué de son volume d'eau et 10 à 15 centimètres cubes d'eau ; le liquide est porté à l'ébullition, et en malaxant constamment on y projette, en deux ou trois reprises, 10 grammes de bioxyde de plomb. Dès que la totalité du bioxyde a été introduite dans le liquide, on arrête l'ébullition ; le manganèse s'est peroxydé, et la solution prend une coloration violette.

Le contenu de la capsule est rapidement décanté dans une éprouvette graduée de 100 centimètres cubes ; ou complète à 100 et on homogénise à l'aide d'une baguette de verre à bout aplati ; on laisse déposer et on prélève ensuite 50 centimètres cubes qui sont décantés dans un petit verre de 100. Dans cette liqueur colorée en rose violet, on laisse tomber goutte à goutte la solution de nitrate de protoxyde de mercure à 5 grammes par litre, jusqu'à décoloration ; on note le volume de nitrate employé.

Pour titrer la liqueur de nitrate de mercure, on traite 0^{gr},159 de bioxyde de manganèse pur par 5 centimètres cubes d'acide chlorhydrique ; on ajoute 1 centimètre cube d'acide sulfurique, et on évapore au bain de sable jusqu'à apparition de fumées blanches ; on reprend par de l'eau, et on complète la solution au volume de 100 centimètres cubes.

Un centimètre cube de la liqueur ainsi obtenue contient 0^{gr},004 de manganèse ; on en prend 5 centimètres cubes que l'on traite par de l'acide nitrique et de l'oxyde de plomb, comme il a été dit pour la terre ; 50 centimètres cubes prélevés après dépôt du bioxyde de plomb sont décolorés par la liqueur de mercure. On détermine ainsi la quantité de manganèse qui correspond à 1 centimètre cube de la liqueur de nitrate de mercure ; en se reportant au titrage précédent, on calcule la quantité de manganèse contenue dans les 20 grammes de terre.

2º **Méthode volumétrique de Campredon.** — Cette méthode est basée sur les réactions suivantes : si l'on traite par un excès d'oxyde de zinc une solution de chlorure de manganèse et de chlorure ferrique, on précipite le fer à l'état de peroxyde, tandis que le chlorure de manganèse reste en dissolution. Si l'on ajoute alors à la liqueur du permanganate de potasse, le manganèse en solution est précipité à l'état de peroxyde, tandis que le permanganate ajouté est décoloré :

$$3\,MnCl^2 + 2KMnO^4 + 2ZnO = 2\,KCl + 5\,MnO^2 + 5ZnCl^2.$$

Pour doser le manganèse en utilisant cette réaction, on additionne la solution de chlorure de manganèse, de permanganate de potasse titré, jusqu'à coloration rose persistante.

Réactif. — *Liqueur de permanganate de potasse.* — On prélève 100 centimètres cubes de la liqueur de permanganate de potasse, dont nous avons donné le mode de préparation au dosage du fer, et on dilue ces 100 centimètres cubes à 1 litre.

On peut titrer cette solution par rapport à une solution de chlorure de manganèse, qu'on prépare en partant du permanganate de potasse pur, dont on connaît exactement la richesse en manganèse ; mais cette opération est inutile. Campredon a montré que le

$$\text{Titre manganèse} = \text{titre fer} \times 0{,}3104.$$

Si donc on utilisait la solution de permanganate de potasse dont nous avons cité le titrage comme exemple, le titre de la liqueur préparée serait :

1 c. c. de liqueur concentrée $= 0^{gr}{,}02192$ Fe,
1 c. c. de liqueur au dixième $= 0^{gr}{,}02192 \times 0{,}1 \times 0{,}3104 =$
0,00068 Mn.

Mode opératoire. — On opère sur un poids de terre fine correspondant à 20 grammes de terre normale que l'on traite par 30 à 40 centimètres cubes d'acide chlorhydrique concentré et quelques gouttes d'acide nitrique ; on évapore à siccité : on reprend par 4 à 5 centimètres cubes d'acide chlorhydrique concentré ; on laisse en contact pendant dix à quinze minutes au bain de sable, puis on ajoute de l'eau chaude et on décante la dissolution dans une fiole jaugée de 200 centimètres cubes. On prélève 50 centimètres cubes de cette solution, que l'on introduit dans un verre de 1 litre ; on dilue avec 500 à 600 centimètres cubes d'eau bouillante ; on ajoute 10 grammes d'oxyde de zinc précipité ; on agite vigoureusement et on verse dans la liqueur très chaude, à 80° environ, la liqueur de permanganate de potasse titrée contenue dans une burette graduée. On laisse couler centimètre cube par centimètre cube, en remuant la liqueur avec un agitateur, et après chaque addition on regarde si la liqueur surnageant le précipité est colorée ; lorsqu'on arrive à ce point, on lit le nombre de centimètres cubes de permanganate employés.

On refait le titrage dans les mêmes conditions, soit avec 50, soit avec 100 centimètres cubes suivant le résultat obtenu au premier essai ; on fait tomber d'un seul coup la presque totalité du permanganate nécessaire, et on continue par additions de demi-centimètres cubes, jusqu'à ce que le liquide ait une teinte rose persistante.

Les réactifs employés, acide chlorydrique et oxyde de zinc, décomposent une petite quantité de permanganate ; on peut faire un essai à blanc de ces réactifs ; Campredon admet que la correction à effectuer de ce fait est de 1 dixième de centimètre cube, qu'il faut retrancher de la quantité de permanganate employée au dosage.

Cette méthode précise est d'un emploi très pratique ; il importe toutefois d'opérer en liqueur neutre, ce que l'on réalise par addition d'oxyde de zinc: il faut aussi effectuer le titrage à la température de 80 à 90° ; à cette température, le précipité de peroxyde de fer et l'excès d'oxyde de zinc se déposent rapidement, et on apprécie facilement la teinte de la liqueur surnageante. La liqueur de chlorure de manganèse doit, bien entendu, être exempte de sels ferreux ; cette recommandation, sans intérêt pour l'analyse des terres, est importante pour l'analyse des minerais, qui peuvent renfermer du fer au minimum.

Dosage du chlore.

La recherche des chlorures dans une terre présente dans certains cas un grand intérêt ; on sait en effet qu'une terre qui renferme 1 à 2 p. 1.000 de chlorure de sodium est impropre à toute culture.

Un poids de terre fine correspondant à 100 grammes de terre normale est mis à digérer dans un verre de 250 centimètres cubes de capacité avec de l'eau chaude. On filtre la dissolution au-dessus d'une fiole jaugée de 500 centimètres cubes : par des lavages nombreux, on épuise la terre restée sur le filtre jusqu'à amener le volume du liquide dans le ballon à 500 centimètres cubes.

On prélève 100 centimètres cubes correspondant à 20 grammes de terre, que l'on verse dans un verre de 150 centimètres cubes : on acidifie à l'aide de 10 centimètres cubes d'acide nitrique ; puis on ajoute un léger excès d'une solution de nitrate d'argent à 5 p. 100 ; le précipité de chlorure d'argent, s'il est abondant, tombe rapidement au fond du verre ; il ne se rassemble que lentement au contraire si la solution renferme peu de chlorure. On laisse dans ce cas déposer pendant quelques heures à l'abri de la lumière : le précipité est ensuite recueilli sur un filtre taré, séché à l'étuve et pesé.

Le poids de chlorure d'argent trouvé, multiplié par 0.407×5 indique la teneur p. 100 en chlorure de sodium.

DOSAGE DES ÉLÉMENTS MINÉRAUX SOLUBLES
DANS LES ACIDES FAIBLES

L'acide phosphorique se trouve dans le sol combiné à des bases alcalino-terreuses ou à des oxydes métalliques ; quelques-unes de ces combinaisons sont facilement assimilables par les plantes ; d'autres, au contraire, ne s'assimilent que très lentement. Les éléments minéraux qui contiennent de la potasse sont, dans le même, cas ; quelques-uns se désagrègent facilement, d'autres au contraire ne cèdent leur potasse que très lentement.

Le traitement des terres par des acides minéraux énergiques, comme l'acide nitrique concentré, ne permet pas de se renseigner sur la forme plus ou moins assimilable des éléments fertilisants que l'on dose. Les résultats trouvés à l'analyse représentent la totalité des éléments fertilisants, à un état facilement dissociable ; mais ces éléments sont accompagnés d'une quantité plus ou moins grande d'éléments fertilisants à un état peu assimilables ; aussi de nombreux agronomes ont proposé de compléter la détermination des principes fertilisants solubles dans les acides concentrés par la recherche de l'acide phosphorique et de la potasse solubles dans les liqueurs faiblement acides, recherche qui fournit des indications sur la teneur en éléments fertilisants assez facilement assimilables par les plantes.

Dosage de l'acide phosphorique soluble dans les acides faibles.

Bernard Dyer a le premier institué une méthode de dosage de l'acide phosphorique soluble dans les acides faibles ; nous rappellerons tout d'abord cette méthode par laquelle on détermine la solubilité de l'acide phosphorique dans l'acide citrique à 1 p. 100. Intéressante pour les terres siliceuses ou argileuses, cette méthode donne des résultats plus douteux avec les terres calcaires.

M. Th. Schlœsing fils, en étudiant l'action des liqueurs acides étendues sur les phosphates du sol, a découvert un fait très caractéristique qui permet d'isoler dans ces divers phosphates un lot plus facilement dissociable et qu'on peut considérer comme très assimilable.

Cette méthode s'applique à toutes les terres ; M. Schlœsing l'a contrôlée pour cinq terres de constitutions physiques très différentes, et le Dr Alexius de Sigmond, appliquant la méthode de M. Schlœsing à un grand nombre de terres de Hongrie sur lesquelles il effectuait des expériences culturales, en a tiré une conclusion pratique importante qui permet d'utiliser avec intérêt cette méthode que nous indiquerons à la suite de la méthode de Dyer.

Méthode de Dyer. — Bernard Dyer, chimiste anglais, a proposé de doser l'acide phosphorique soluble à froid dans l'acide citrique à 1 p. 100 ; les résultats chimiques de cette méthode ont été contrôlés par des expériences culturales effectuées sur le domaine de Rothamsted ;

d'un siphon très fin, dont on modérera l'écoulement en pinçant un caoutchouc placé à son extrémité inférieure. Remarquons que la dissolution est limpide, car l'argile y est coagulée par l'acide en excès. Après la décantation, le poids du ballon deviendra P′, en sorte que celui du liquide sera P — P′. Quel est le poids du liquide total? Pour le savoir, versons sur un filtre le résidu terreux insoluble dans l'acide. et, après lavage et dessiccation. déterminons-en le poids r, puis prenons la tare p du ballon vide. Le poids de la dissolution totale sera P — r — p. La fraction de liquide qu'on a extraite du ballon et sur laquelle on va opérer est donc $\dfrac{P - P'}{P - r - p}$. On en tiendra compte dans le calcul des résultats.

La méthode précédente évite des lavages et des évaporations de longue durée. Elle est absolument générale. Elle suppose seulement que la matière solide dont on veut séparer la liqueur n'a aucune affinité pour les substances dissoutes; que la totalité de ces substances a passé dans la liqueur et que la dissolution est homogène. »

C'est dans le liquide décanté qu'on dose la potasse. Ce liquide contient, outre la potasse, de la soude, de la chaux, de la magnésie, de l'oxyde de fer, de l'alumine, de la silice, des acides phosphorique, sulfurique, chlorhydrique. On y verse un peu de chlorure de baryum pour précipiter l'acide sulfurique. On chauffe vers 40° dans un ballon de verre, et l'on ajoute du carbonate d'ammoniaque en dissolution contenant un excès d'alcali. On précipite ainsi la chaux et la baryte versée en trop à l'état de carbonates, l'alumine et le fer à l'état d'oxydes, l'acide phosphorique à l'état de combinaison avec ces deux dernières bases.

Le carbonate de magnésie ne se précipite pas, parce qu'il est soluble dans le carbonate d'ammoniaque, avec lequel il forme un sel double.

L'emploi d'une douce chaleur favorise la formation d'un précipité de carbonate de chaux sous une forme grenue qui se prête bien à la filtration. On jette sur un filtre le contenu du ballon, et on lave le résidu insoluble. La liqueur limpide qu'on recueille contient de la potasse, de la soude, de la magnésie, de l'ammoniaque, de l'acide nitrique, de l'acide chlorhydrique. On la concentre assez rapidement en la chauffant dans un ballon de verre; puis on y détruit les sels ammoniacaux par l'eau régale faible; on la transvase dans une capsule de porcelaine, et on l'évapore à sec.

Après quoi, il ne reste plus dans la capsule qu'un mélange de nitrate de potasse, de soude et de magnésie, dont on sépare la potasse au moyen de l'acide perchlorique.

INTERPRÉTATION DES ANALYSES DE TERRES

L'analyse physique renseigne exactement sur la constitution des terres et permet de faire une sélection des cultures les mieux appropriées au sol analysé ; nous passerons successivement en revue les divers constituants physiques du sol dans le but de rappeler l'intérêt que présente chacun d'eux.

Les éléments siliceux, mélange de silice et de silicates non argileux, entrent en général pour la part la plus importante dans la constitution du sol. Ces éléments ne doivent pas être composés exclusivement de parties fines ; en effet, un sol qui ne se compose que de sable fin se tasse rapidement sous l'influence des pluies, devient compact et se laisse difficilement pénétrer par l'eau, qu'il ne peut d'ailleurs retenir ; de telles terres sont désignées sous le nom de terres battantes.

L'argile est un des éléments les plus intéressants du sol ; ce corps possède la propriété de retenir l'eau et, par suite, de conserver de la fraîcheur au sol pendant les périodes sèches de l'année. Les terres qui renferment peu d'argile, dites terres légères, se prêtent mal à la culture des céréales ; en revanche, elles conviennent bien à la vigne et à la culture des pommes de terre ; cette dernière plante notamment ne s'accommode pas des terres argileuses, où elle est souvent sujette, par suite de l'humidité, à l'envahissement de maladies cryptogamiques.

Les terres argileuses désignées sous le nom de terres fortes sont difficiles à travailler ; mais ce sont en général de bonnes terres de culture qui conviennent aux céréales et aux plantes-racines, ainsi d'ailleurs qu'à la création des prairies permanentes.

Le blé exige, pour donner des rendements élevés, une terre renfermant 15 à 20 p. 100 d'argile ; un tel sol est communément appelé terre franche.

La chaux entrant dans la constitution des plantes, le calcaire joue un rôle important dans les sols ; on estime qu'une bonne terre de culture doit renfermer au moins 1 p. 100 de calcaire ; la meilleure dose est de 3 à 5 p. 100. Les terres très calcaires contenant de 30 à 60 p. 100 de carbonate de chaux sont désignées avec raison par les agriculteurs sous le nom de terres brûlantes ; le calcaire favorisant la combustion des matières organiques, qui disparaissent d'ailleurs rapidement.

Quelques végétaux sont franchement calcifuges, c'est-à-dire ne peuvent vivre en terrain calcaire ; le châtaignier est de ce nombre. Le trèfle se développe mal dans les terres très calcaires ; dans de tels sols, sa culture est remplacée par celle du sainfoin.

Les débris organiques renseignent sur la fertilité des terres ; les sols où le développement des plantes se fait péniblement en renferment à peine 1 p. 100 ; les sols fertiles au contraire en contiennent de 3 à 5 p. 100 ; mais, lorsque dans une terre de culture la teneur en débris organiques atteint ou dépasse 10 p. 100, cette terre doit être rangée dans la catégorie des sols tourbeux ou terres acides de médiocre valeur.

L'humus ou matière organique soluble dans l'eau faiblement alcaline est un des derniers termes d'acheminement de la matière organique vers sa transformation minérale. Le rôle chimique de l'humus dans la nutrition des plantes, bien que mal connu, doit être considérable ; l'humus joue en outre un rôle physique très important ; il possède la propriété de maintenir l'humidité du sol. M. Schlœsing a démontré qu'à ce point de vue 1 partie d'humus produit le même effet que 15 parties d'argile. Les terres pauvres ne renferment que des traces d'humus ; les bonnes terres, de 0,10 à 0,50 p. 100 ; le terreau de jardin en contient de 0,5 à 1 p. 100.

Le rôle des divers constituants physiques du sol étant ainsi brièvement rappelé, nous allons préciser la valeur des résultats que fournit l'analyse chimique.

Cette analyse chimique est effectuée dans le but de renseigner sur la richesse du sol en éléments fertilisants ; mais les résultats qu'elle nous donne sont loin d'être en rapport avec la quantité réelle de ces éléments que les plantes peuvent utiliser. C'est ainsi que le sol d'une terre contenant 0,06 à 0,07 p. 100 d'azote renferme environ pour une surface de 1 hectare 2.400 à 2.800 kilogrammes d'azote ; cette quantité est considérable par rapport à celle qu'apporte une bonne fumure au fumier de ferme ; mais la presque totalité de l'azote contenu dans le sol se trouve en combinaison insoluble, inassimilable par les plantes. Il faut, pour que cet azote soit utilisé, qu'il subisse la transformation nitrique ; cette nitrification ne s'effectuant que lentement, le sol doit renfermer un grand stock de matières organiques azotées pour qu'il soit possible de se dispenser d'une fumure azotée complémentaire.

Malgré cette disproportion entre les résultats de l'analyse et la valeur fertilisante réelle des éléments ainsi dosés, l'analyse chimique telle qu'on l'effectue n'en n'est pas moins extrêmement utile ; c'est en effet en partant de ces données que les premiers agronomes qui ont étudié cette question ont établi les règles qui nous servent de guide aujourd'hui pour fixer la nécessité de l'emploi de tel ou tel élément fertilisant en complément des fumures ordinaires.

On sait ainsi que, en ce qui concerne la terre dont nous parlions plus haut, terre dosant de 0,06 à 0,07 p. 100 d'azote, l'épandage au printemps de 100 kilogrammes de nitrate de soude sur une culture de blé produira un excellent effet ; alors que sur une terre dosant 0,10 à 0,12 p. 100 d'azote l'effet de cet engrais sera presque nul et que, en outre, sur un sol contenant 0,15 à 0,20 p. 100 d'azote, l'emploi du nitrate aura un effet néfaste, car, développant le régime foliacé déjà trop vigoureux chez les plantes croissant dans une telle terre, il amènera fatalement la verse des céréales.

Les savants qui ont étudié le rapport existant entre les résultats de l'analyse d'une terre, obtenus par les méthodes indiquées ci-dessus et les besoins du sol en éléments fertilisants, ont été amenés à conclure que les éléments fertilisants doivent se trouver en quantité suivante pour qu'une terre puisse être considérée comme bonne terre de culture :

Azote..............................	0,10 p. 100
Acide phosphorique...............	0,10 —
Potasse..........................	0,25 —

Il ne suffit pas que les éléments fertilisants existent au moins en quantité telle, il faut aussi qu'ils soient entre eux dans le rapport où ils se trouvent ci-dessus. Ainsi une terre qui renfermerait 0,3 p. 100 d'azote et 0,1 p. 100 d'acide phosphorique exigerait pour le développement normal des plantes, notamment des céréales et des légumineuses, l'emploi d'un engrais phosphaté complémentaire.

Lorsque, dans une terre, un élément fertilisant se trouve en état d'infériorité par rapport à la moyenne que nous venons de donner, il y a lieu de compléter la fumure habituelle au fumier de ferme par l'emploi d'un engrais chimique apportant, sous une forme facilement assimilable, une certaine quantité de cet élément fertilisant. La proportion est variable et dépend à la fois de la pénurie du sol en cet élément, du mode de culture, de la nature de la plante cultivée, etc.

Nous allons, à titre d'exemple, donner quelques conclusions pratiques se déduisant d'analyses de terres; ce sont, bien entendu, ces conclusions pratiques qui seules intéressent l'agriculteur. Les terres ont une composition si variable qu'il faudrait citer une multitude d'exemples pour arriver à envisager la plupart des cas : la place nous manquerait pour cela; nous espérons que les sept ou huit cas que nous allons examiner pourront servir de guide au chimiste qui n'est pas habitué à traiter ces questions.

1° *Terre de limon des plateaux du Vexin ; couche géologique : éocène.* — Cette terre est soumise à la culture alternante des céréales et des légumineuses; il s'agit d'indiquer les meilleurs engrais complémentaires à employer pour améliorer les récoltes.

Analyse physico-chimique.		*Analyse chimique.*	
Terre fine	97,00	Azote	0,1042
Cailloux	3,00	Acide phosphorique	0,0870
Sable siliceux	85,42	Chaux	1,1592
Argile	6,50	Magnésie	0,2200
Calcaire	2,07	Potasse	0,2474
Débris organiques	1,75	Soude	»
Humus	0,10	Oxyde de fer	1,8910
Eau et indéterminés	1,16	Acide sulfurique	0,0586

L'analyse physique indique que nous sommes en présence d'une terre légère, renfermant trop peu d'argile pour pouvoir être considérée comme une bonne terre à blé. On ne peut donc espérer obtenir de très grands rendements dans une telle terre; aussi il est prudent de n'employer les engrais complémentaires qu'en quantité modérée. Vu l'analyse chimique, il y aurait lieu de compléter la fumure ordinaire au fumier de ferme par l'apport sur les céréales de 400 kilogrammes de superphosphate 14/16 à l'hectare. Sur les sols de même composition en prairies permanentes, il serait avantageux de répandre tous les trois ans 500 à 600 kilogrammes de scories de déphosphoration.

2° *Terre de la vallée de l'Aisne ; couche géologique ; crétacé supérieur.* — Ce sol est soumis à la culture intensive, avec betterave à sucre en tête d'assolement; comme pour le précédent, on désire connaître les meilleurs engrais complémentaires.

GUILLIN. — Analyses agricoles.   3

Analyse physico-chimique.		Analyse chimique.	
Terre fine	94,30	Azote	0,1027
Cailloux	5,70	Acide phosphorique	0,0850
Sable siliceux	62,85	Chaux	9,1280
Argile	11,27	Magnésie	0,1300
Calcaire	16,30	Potasse	0,1445
Débris organiques	2,75	Soude	»
Humus	0,10	Oxyde de fer	1,1880
Eau et indéterminés	1,03	Acide sulfurique	0,0343

Ce sol est silico-calcaire, comme nous l'indique sa composition physique ; il possède cependant une quantité notable d'argile ; c'est, somme toute, une bonne terre de culture. L'analyse chimique montre qu'il est nécessaire d'employer des engrais phosphatés et potassiques complémentaires. En résumé, pour la culture de la betterave à sucre, on complétera la fumure au fumier de ferme par l'épandage de 400 kilogrammes de superphosphate au moment des labours ; puis, à l'époque des semailles, on épandra 300 kilogrammes à l'hectare du mélange suivant :

Nitrate de soude	100 kilos.
Chlorure de potassium	100 —
Superphosphate	100 —

Ensuite, quinze jours après la levée des jeunes betteraves, on répandra un mélange de :

Nitrate de soude	100 kilos.
Chlorure de potassium	50 —
Superphosphate	150 —

3° *Terre des alluvions de la Marne.* — Cette terre, actuellement en culture, est destinée à être transformée en prairie permanente à faucher ; il y a lieu d'indiquer le mode de fumure à employer et le meilleur mélange de graines fourragères à semer.

Analyse physico-chimique.		Analyse chimique.	
Terre fine	97,00	Azote	0,1798
Cailloux	3,00	Acide phosphorique	0,1900
Sable siliceux	73,43	Chaux	3,2200
Argile	14,52	Magnésie	0,2300
Calcaire	5,75	Potasse	0,2500
Débris organiques	2,00	Soude	»
Humus	0,25	Oxyde de fer	2,2010
Eau et indéterminés	1,05	Acide sulfurique	0,0686

Les analyses physique et chimique de ce sol montrent que l'on se trouve en présence d'une excellente terre de culture ; la potasse est cependant en proportion un peu faible par rapport aux autres éléments fertilisants ; aussi serait-il utile d'adjoindre à la fumure organique 300 kilogrammes de kaïnite à l'hectare.

Le meilleur mélange de graines fourragères à employer sera :

Trèfle violet	1 kil.		Dactyle	5 kil.	
— hybride	1 —		Fétuque	12 —	
— blanc	1 — 500		Ray-grass anglais	3 —	
Lotier corniculé	2 —		— d'Italie	3 —	
Sainfoin	4 —		Fléole	4 —	
Fromental	4 —		Pâturin	6 —	

4° *Terre sableuse de la Sologne ; couche géologique miocène.* — Les cultures effectuées dans ce sol sont seigle, avoine, pomme de terre ; l'agriculteur désire connaître les meilleurs engrais à employer pour arriver à cultiver du blé :

Analyse physico-chimique.		*Analyse chimique.*	
Terre fine	84,30	Azote	0,0628
Cailloux	15,70	Acide phosphorique	0,0370
Sable siliceux	82,02	Chaux	0,1232
Argile	0,90	Magnésie	0,0300
Calcaire	traces	Potasse	0,0357
Débris organiques	0,55	Soude	»
Humus	traces	Oxyde de fer	0,1815
Eau et indéterminés	0,83	Acide sulfurique	0,0165

C'est là une terre extrêmement pauvre, manquant d'argile, de calcaire, d'humus et presque dénuée d'acide phosphorique et de potasse. A cet état, la culture du blé est absolument impossible ; il faut au préalable améliorer le sol au point de vue physique par un marnage important ; il y aurait lieu d'employer une marne argilo-calcaire à la dose de 30.000 kilogrammes à l'hectare. Le chaulage n'est pas possible du fait de la faible teneur en matières organiques : celles-ci disparaissant par combustion avec la chaux laisseraient un sol stérile ; ce chaulage ne pourrait être tenté qu'avec l'emploi simultané d'engrais verts (culture de lupin sur laquelle on répandrait au moment de l'enfouissement 1.000 à 1.500 kilogrammes de chaux).

Pour améliorer les cultures actuelles, il y aurait lieu

d'employer comme engrais complémentaires pour la culture de la pomme de terre, en tête d'assolement, des engrais organiques azotés (les plus économiques pour la région) à utiliser en quantité telle qu'ils apportent 20 à 25 kilogrammes d'azote à l'hectare, des scories à la dose de 400 kilogrammes et de la kaïnite à raison de 300 kilogrammes à l'hectare.

5° *Limon argileux de la Sologne.* — Dans ce sol, on cultive du blé et de l'avoine, dont il s'agit d'améliorer les cultures :

Analyse physico-chimique.		*Analyse chimique.*	
Terre fine	95,20	Azote	0,3369
Cailloux	4,80	Acide phosphorique	0,0836
Sable siliceux	49,72	Chaux	0,0980
Argile	36,70	Magnésie	0,0900
Calcaire	traces.	Potasse	0,1988
Débris organiques	4,65	Soude	»
Humus	0,36	Oxyde de fer	3,7795
Eau et indéterminés	3,77	Acide sulfurique	0,0826

Cette terre est très argileuse : vu le peu de cailloux qu'elle renferme et le manque de calcaire, elle constitue une terre très compacte. L'analyse chimique nous montre qu'en dehors de la chaux elle est assez bien pourvue d'éléments fertilisants ; la première opération à tenter est le marnage ou le chaulage : marnage à raison de 30.000 kilogrammes de marne calcaire à l'hectare, ou chaulage à la dose de 3.000 kilogrammes de chaux. En outre, comme engrais complémentaires, on emploiera 400 kilogrammes de scories et 100 kilogrammes de sulfate de potasse.

6° et 6 *bis. Sol et sous-sol de prairie tourbeuse de la vallée de l'Indre.* — Nous présentons ces deux analyses pour montrer jusqu'à quel point il peut y avoir dissemblance entre la composition du sol et celle du sous-sol d'une même terre.

Analyse physico-chimique.

	Sol.	Sous-sol.
Terre fine	100,00	97,50
Cailloux	»	2,50
Sable siliceux	62,60	45,80
Argile	10,85	44,25
Calcaire	2,67	1,67
Débris organiques	21,85	3,35
Humus	1,53	0,91
Eau et indéterminés	0,50	1,52

Analyse chimique.

Azote..............	1,0074	0,1545
Acide phosphorique..	0,1092	0,0653
Chaux..............	1,4890	0,9400
Magnésie	0,1850	0,4350
Potasse............	0,1615	0,2465
Soude..............	»	»
Oxyde de fer.......	4,0470	5,0990
Acide sulfurique.....	0,2675	0,0720

Dans une telle terre, l'emploi d'engrais ou d'amendement est insuffisant pour arriver à l'amélioration du sol ; il faut d'abord procéder au drainage ou à la création de fossés d'assèchement, après quoi il sera possible de s'adresser aux agents chimiques pour remédier à la mauvaise composition du sol. On y arrivera par l'emploi de 2.000 kilogrammes de chaux la première année, de 500 kilogrammes de scories et 400 kilogrammes de kaïnite l'année suivante.

7º *Sables du Saint-Émilionnais.* — Cette terre plantée en vigne a été atteinte par le phylloxéra ; on désire replanter et on demande, en même temps que la fumure appropriée au terrain, quels sont les meilleurs porte-greffes à employer.

Analyse physico-chimique.		*Analyse chimique.*	
Terre fine............	96,00	Azote..............	0,0649
Cailloux.............	4,00	Acide phosphorique..	0,0602
Sable siliceux........	91,82	Chaux.............	0,1400
Argile...............	1,81	Magnésie..........	0,0600
Calcaire	0,24	Potasse	0,0800
Débris organiques....	1,60	Soude.............	0,0109
Humus...............	0,05	Oxyde de fer.......	0,6665
Eau et indéterminés...	0,48	Acide sulfurique.....	0,0174

Nous sommes en présence d'un sol siliceux très léger, assez pauvre en éléments fertilisants, mais dans lequel la chaux et la potasse font plus spécialement défaut. Il sera donc nécessaire, au moment de la préparation du sol, d'adjoindre à une bonne fumure au fumier de ferme 600 kilogrammes de scories et 200 kilogrammes de sulfate de potasse.

En ce qui concerne le choix des porte-greffes, le sol manquant de chaux, nous n'avons pas à nous occuper de la résistance au calcaire du porte-greffe ; mais nous avons un sol léger et pauvre ; il y a donc lieu de choisir des porte-greffes résistant à la sécheresse et s'accommodant d'un terrain pauvre ; les *Cordifolia*, quelques *Riparia Rupestris*, notamment le 101-14, le *Rupestris* du Lot sont à utiliser. Les cépages à greffer sont ceux de la région : Merlot, Malbec, Cabernet-Sauvignon ; on greffera peu de Malbec dans ce sol : ce cépage résistant mal à la coulure pourrait y donner des récoltes médiocres.

8° *Terre de désagrégation de roches éruptives (Guadeloupe).* — La canne à sucre est cultivée sur ces terres ; la fumure comporte pour les cannes vierges l'emploi de 60.000 kilogrammes d'engrais de ferme à l'hectare, auxquels on adjoint des engrais chimiques qui ne donnent pas toute satisfaction ; la question posée est la détermination de la formule d'engrais complémentaires appropriée à ce sol.

Analyse physico-chimique.		*Analyse chimique.*	
Terre fine	96,70	Azote	0,2210
Cailloux	3,30	Acide phosphorique	0,0684
Sable siliceux	40,90	Chaux	0,2350
Argile	50,40	Magnésie	0,1500
Calcaire	0,41	Potasse	0,0810
Débris organiques	4,35	Soude	0,0156
Humus	0,10	Oxyde de fer	5,7970
Eau et indéterminés	0,54	Acide sulfurique	0,0205

Cette terre est très argileuse ; étant riche en débris organiques, elle est bien pourvue d'azote, mais les autres éléments fertilisants sont en très faible proportion, notamment la chaux et la potasse. Il y a donc lieu d'effectuer un chaulage au moment de la préparation du sol pour la plantation des cannes ; ce chaulage devra être donné à la dose de 2000 kilogrammes à l'hectare. En outre, vu la teneur de cette terre en principes fertilisants et les exigences de la canne à sucre, la fumure complémentaire la plus rationnelle comportera à l'hectare :

Cannes vierges.

Nitrate de soude 2/3	} 100 kilos.	
Sulfate d'ammoniaque 1/3		
Superphosphate 16°	300 —	
Sulfate de potasse	200 —	

Rejetons.

	1re fumure.	2e fumure. (3 mois après la 1re).
Nitrate de soude 2/3	} 100 kilos.	100 kilos. (nitrate seul).
Sulfate d'ammoniaque 1/3		
Superphosphate 16°	300 —	Néant.
Sulfate de potasse	100 —	100 kilos.

ROCHES ET SILICATES

Les roches se classent en deux groupes distincts : d'une part, les roches basiques dans lesquelles les bases telles que la chaux ou la magnésie dominent, et les roches acides, dans lesquelles au contraire l'acide silicique prédomine ; nous nous occuperons tout d'abord de ces dernières, réservant l'examen des premières à l'étude des amendements calcaires.

Composition de quelques silicates.

	Kaolin.	Argile à poterie.	Feldspath orthose.	Pegmatite.
Silice........	44,92	61,40	65,80	71,20
Alumine	37,77	21,30	18,62	18,80
Oxyde de fer.	0,28	2,09	»	»
Chaux.......	0,68	0,89	1,00	1,10
Magnésie ...	0,30	0,62	0,23	»
Potasse.....	0,90	0,30	11,86	8,20
Soude......	0,55	»	2,15	0,90
Perte au feu.	13,82	12,45	»	»
	99,22	99,05	99,66	100,20

	Talc.	Sable de Fontainebleau.	Brique réfractaire.	Verre de bouteille
Silice........	61,60	99,78	75,60	58,50
Alumine.....	1,70	6,05	21,75	4,05
Oxyde de fer.	»	0,04	1,84	2,40
Chaux.......	»	0,04	0,40	22,10
Magnésie ...	32,19	»	»	5,58
Potasse.....	»	$<0,10$	$<0,10$	1,75
Soude......	»	$<0,10$	$<0,10$	5,30
Perte au feu.	4,46	»	»	»
	99,95	100,11	99,59	99,68

L'analyse des silicates comporte les déterminations suivantes : humidité, perte par calcination ou eau combinée, silice, alumine, oxyde de fer, chaux, magnésie, potasse, soude ; exceptionnellement on aura à doser l'oxyde de manganèse, l'acide sulfurique et l'acide titanique.

L'eau se détermine dans les argiles, kaolins et talcs ; on dose s'il y a lieu l'humidité à 100° ; ce résultat peut être transcrit sur le bulletin d'analyse ; mais les dosages des divers constituants de la matière sont exprimés par rapport à la substance séchée à 100° ; la perte au feu ne représente donc que l'eau combinée ; l'humidité à 100° doit en être déduite.

Dosage de l'humidité et de la perte au feu.

On pèse 5 grammes de la substance à analyser dans une capsule de platine, on dessèche à l'étuve à 100-105° et on pèse ; la perte de poids trouvée correspond à l'humidité ; puis la matière est calcinée au moufle au rouge vif pendant un quart d'heure et pesée. De la perte de poids totale, on retranche la perte de poids par dessiccation à 100° ; cette différence représente la perte au feu ou eau combinée.

Dosage de la silice, de l'alumine, de l'oxyde de fer, de la chaux et de la magnésie.

Réactif nécessaire. — *Fondant.* — Mélange à parties égales de carbonate de soude pur et sec en poudre et de carbonate de potasse pur pulvérisé.

Mode opératoire. — 1 gramme de silicate finement moulu est mélangé dans un creuset de platine avec cinq à six fois son poids de fondant. Le creuset muni de son couvercle est chauffé sur un bec Bunsen progressivement jusqu'au rouge vif ; la masse fond rapidement, d'abord avec dégagement de bulles gazeuses qui disparaissent peu à peu : au bout de quinze à vingt minutes, la réaction est terminée. On enlève alors le couvercle et, à l'aide d'une pince, on saisit le creuset par ses bords ; on lui fait effleurer une nappe d'eau froide d'où on le soulève aussitôt pour l'y reposer ensuite ; on répète plusieurs fois de suite ces mouvements. La masse saline en fusion se trouvant soumise à ces abaissements brusques de température subit des contractions qui la font se fendiller en cristallisant, et elle se détache ensuite facilement du creuset de platine. On l'introduit dans une capsule de porcelaine dans laquelle on la dissout avec 100 à 150 centimètres cubes d'eau, auxquels on ajoute un excès d'acide chlorhydrique ; le creuset et le couvercle qui ont servi à

la fusion sont lavés avec soin et les eaux de lavage recueillies dans la capsule ; on ajoute environ 10 centimètres
cubes d'acide nitrique, et le contenu de la capsule est
évaporé à siccité au bain de sable chauffé à 100-110°.

On reprend par 20 centimètres cubes d'acide chlorhydrique dilué de son volume d'eau ; on chauffe dix minutes au bain de sable, puis on ajoute 50 à 100 centimètres
cubes d'eau bouillante, et on filtre au-dessus d'un verre
de 500. Le filtre qui contient la silice est lavé soigneusement, séché, calciné dans une capsule de platine et pesé.
On peut s'assurer que la silice ainsi pesée ne renferme pas
de sels étrangers, en traitant le contenu de la capsule
par l'acide fluorhydrique, évaporant et calcinant ; il ne
doit rester aucun résidu dans la capsule.

La liqueur contenue dans le verre de 500 est rendue
légèrement alcaline par l'addition d'un faible excès d'ammoniaque ; l'oxyde de fer et l'alumine se précipitent. Ce
précipité est recueilli sur un filtre disposé au-dessus
d'un ballon de 500 ; on le lave deux ou trois fois avec de
l'eau très légèrement ammoniacale. La liqueur contenue
dans le ballon sert au dosage de la chaux et de la magnésie.

Le précipité d'oxyde de fer et d'alumine généralement
volumineux et formé au sein d'un liquide très salin doit
être purifié. Le filtre qui le contient est placé au-dessus
d'un verre de 500 ; on redissout à l'aide d'acide chlorhydrique les oxydes précipités : après avoir amené cette
dissolution au volume de 300 à 350 centimètres cubes,
on neutralise par l'ammoniaque. L'oxyde de fer et l'alumine se précipitent dès lors au sein d'un liquide ne
renfermant que la petite quantité de sels de potasse et de
soude qu'ils avaient retenue lors de leur première précipitation ; le précipité ainsi purifié est recueilli sur un
filtre, séché, calciné et pesé.

Le mélange d'oxyde de fer et d'alumine pesé est introduit dans une fiole conique de 250 ; on traite par 30 centimètres cubes d'acide chlorhydrique et 30 centimètres
cubes d'acide sulfurique dilué de son volume d'eau ; puis
on chauffe au bain de sable jusqu'à élimination de l'acide
chlorhydrique. Le fer se trouve alors dissous à l'état de
sel de sesquioxyde ; on dilue d'eau, et on ajoute de la
grenaille de zinc ; le sesquioxyde de fer se transforme en
protoxyde, que l'on dose à l'aide de la liqueur titrée de
permanganate de potasse. La teneur en oxyde de fer ainsi
déterminée, est retranchée de la pesée précédente (oxyde
de fer et alumine) pour obtenir la teneur en alumine.

Si le silicate analysé ne renfermait que très peu de fer,
le dosage ainsi effectué sur 1 gramme ne serait pas suffi-

samment rigoureux. Il est nécessaire dans ce cas, d'opérer sur 5 ou 10 grammes, que l'on traite par l'acide fluorhydrique en présence de quelques gouttes d'acide sulfurique ; après décomposition du silicate, le résidu repris par l'acide chlorhydrique est traité comme ci-dessus pour le dosage du fer.

La liqueur contenant les sels de chaux et de magnésie, très diluée par les lavages, est additionnée de 10 à 20 centimètres cubes d'acide acétique et réduite par évaporation à un volume de 200 à 250 centimètres cubes. Dans cette liqueur acétique, on précipite la chaux à l'état d'oxalate de chaux, puis on filtre au-dessus d'une capsule en porcelaine ; le précipité recueilli est séché, calciné au rouge vif et la chaux pesée à l'état de chaux vive.

Le contenu de la capsule est évaporé à sec ; puis traité par l'eau régale pour détruire les sels ammoniacaux ; les acides évaporés, on reprend par l'eau et on décante dans un verre à précipiter ; la liqueur est additionnée de phosphate d'ammoniaque et d'ammoniaque. Le précipité de phosphate ammoniaco-magnésien se forme très lentement ; on attend vingt-quatre heures ou même quarante-huit heures en agitant de temps à autre, avant de le recueillir ; puis on le calcine et le poids de pyro-phosphate de magnésie obtenu multiplié par 0,364 donne la quantité de magnésie contenue dans 1 gramme de silicate.

Dosage de la potasse et de la soude.

Quatre grammes de silicate finement pulvérisé sont placés dans une capsule de platine et imbibés de quelques gouttes d'acide sulfurique pur, puis traités par 10 à 14 centimètres cubes d'acide fluorhydrique ; à l'aide d'un fil de platine qu'on lave ensuite d'un jet de pissette, on délaie la masse ; puis la capsule est portée au bain de sable : l'acide fluorhydrique évaporé, on calcine doucement pour éliminer l'excès d'acide sulfurique.

Le résidu est repris à chaud par de l'eau additionnée de quelques gouttes d'acide chlorhydrique ; on décante dans un ballon jaugé de 200 centimètres cubes dans lequel on ajoute un excès d'eau de baryte ; le ballon est chauffé pendant un quart d'heure au bain de sable pour faciliter le dépôt des sels alcalino-terreux ; puis, le liquide refroidi, on complète le volume à 200 centimètres cubes, dont on prélève 100 centimètres cubes par filtration ; ces 100 centimètres cubes sont décantés dans un verre de 250, additionnés de quelques gouttes d'ammoniaque et de carbonate d'ammoniaque qui précipite l'excès de baryte.

Le liquide contenant les sels de potasse et de soude est filtré et recueilli dans une capsule de porcelaine ; après dessiccation au bain de sable, on détruit les sels ammoniacaux par l'eau régale ; celle-ci évaporée, les sels de potasse et de soude sont dissous à l'aide d'eau chaude et transvasés dans une capsule de porcelaine tarée, dans laquelle on ajoute 5 centimètres cubes d'acide perchlorique. Après évaporation à siccité, les perchlorates de potasse et de soude sont traités par l'alcool saturé de perchlorate de potasse ; le perchlorate de potasse insoluble est recueilli dans la capsule de porcelaine et pesé ; le perchlorate de soude dissous est transformé en sulfate et ainsi dosé, en suivant les prescriptions indiquées pour le dosage de la soude dans les terres.

Dosage du manganèse, du soufre et de l'acide titanique.

On reconnaît la présence du manganèse à la coloration bleu verdâtre que prend, après refroidissement, la masse saline de carbonates alcalins fondus avec le silicate. Si cette coloration est très sensible, on dosera le manganèse en traitant 5 grammes de silicate par le fondant, reprenant par de l'eau acidulée par l'acide chlorhydrique et titrant le manganèse en suivant la méthode de Campredon indiquée au dosage du manganèse dans les terres.

Le soufre peut exister à l'état de sulfure et de sulfate ; on dose le soufre en opérant sur 5 grammes de silicate, que l'on mélange avec 2 grammes de chlorate de potasse ; on ajoute 5 à 10 centimètres cubes d'acide chlorhydrique et on évapore au bain de sable. On reprend par 2 à 3 centimètres cubes d'acide chlorhydrique et 50 centimètres cubes d'eau chaude ; dans la liqueur filtrée on précipite l'acide sulfurique par le chlorure de baryum.

Lorsque la silice pesée et traitée par l'acide fluorhydrique laisse un léger résidu, il y a présomption de la présence d'acide titanique ; cet oxyde en effet s'isole au cours de l'analyse, partie avec la silice et partie avec l'oxyde de fer et l'alumine. Pour le doser, on fond 2 grammes de silicate avec le mélange de carbonates alcalins ; on isole la silice puis l'oxyde de fer et l'alumine ; la silice traitée dans une capsule de platine par l'acide fluorhydrique est volatilisée ; dans la capsule, on incinère le filtre contenant le précipité d'oxyde de fer et d'alumine, et le contenu de la capsule est fondu avec quelques décigrammes de carbonate de soude. On reprend par l'eau ;

l'aluminate de soude soluble est séparé de l'oxyde de fer et du titanate de soude insoluble ; ces deux derniers sels sont traités dans la capsule de platine par du bisulfate de potasse ; on reprend par l'eau, on décante dans un ballon ; on ajoute 5 centimètres cubes d'une solution saturée de bisulfite pour réduire le fer, et on fait bouillir pendant une heure en remplaçant de temps à autre l'eau évaporée. L'acide titanique se précipite sous forme de flocons blancs que l'on recueille sur un filtre, calcine et pèse.

AMENDEMENTS

Les divers sels de chaux désignés sous le nom d'amendements peuvent se classer en trois groupes bien distincts. D'une part les produits dans lesquels la chaux se trouve à l'état de carbonate ; à ce groupe appartiennent les calcaires crayeux et dolomitiques, qui, suivant qu'ils sont mélangés à une plus ou moins grande proportion d'argile, sont dénommés marnes argileuses ou marnes calcaires. Dans ce même groupe se rangent les écumes de défécation de sucrerie et les sables mélangés de fins débris coquilliers ; ces derniers amendements calcaires, suivant leur lieu d'origine, portent le nom de falun, tangue, merl, trez, tous ces produits sont employés communément à la dose de 20.000 à 40.000 kilogrammes à l'hectare.

Un deuxième groupe d'amendements comprend les chaux : chaux éteinte ou chaux vive suivant que l'oxyde de calcium est ou non hydraté ; chaux grasse ou chaux maigre suivant que le produit est exclusivement composé de chaux ou qu'au contraire la chaux est accompagnée de sable ou de magnésie. Les chaux hydrauliques, mélange de chaux, de silice et d'alumine qui sont d'un prix élevé et font prise avec l'eau, ne sont pas utilisées en agriculture. Les chaux sont d'ordinaire employées à la dose de 2.000 à 3.000 kilogrammes à l'hectare.

Le plâtre constitue un amendement d'un ordre très différent des deux premiers ; il est en effet utile aux plantes à la fois par la chaux et l'acide sulfurique qu'il contient. Le plâtre est employé soit sous forme de plâtre cru, sulfate de chaux hydraté ou gypse ; soit sous forme de plâtre cuit, sulfate de chaux anhydre, auquel est communément réservé le nom de plâtre. Le plâtre s'emploie surtout sur les légumineuses à la dose de 300 à 400 kilogrammes à l'hectare.

MARNES ET CALCAIRES

Dans les terrains sableux, on utilise des marnes argilo-calcaires dosant au moins 50 p. 100 de calcaire et 30 à

50 p. 100 d'argile ; dans les terrains argileux, on a recours aux marnes exclusivement calcaires se délitant facilement et renfermant de 90 à 95 p. 100 de carbonate de chaux.

La teneur en carbonate de chaux des principaux amendements calcaires varie dans les limites suivantes :

	Carbonate de chaux p. 100
Ecume de défécation de sucrerie	40 à 50
Faluns	40 à 70
Tangue	30 à 50
Merl	70 à 80
Trez	30 à 70

Détermination du calcaire

Le dosage du calcaire s'effectue facilement à l'aide du calcimètre, suivant la méthode indiquée à l'analyse des terres, lorsque le calcaire ne renferme pas de carbonate de magnésie ; mais, si l'on se trouve en présence d'un calcaire magnésien, on doit avoir recours à la méthode de M. Schlœsing, dosage volumétrique de l'acide carbonique.

Appareil nécessaire. — Ce dosage nécessite l'emploi d'une trompe à mercure reliée à l'appareil où se fait le dégagement de l'acide carbonique ; cet appareil se compose d'un ballon de 200 centimètres cubes à col étiré et à tubulure ; cette tubulure est obturée par un bouchon de caoutchouc que traverse un tube de verre semi capillaire muni d'un entonnoir ; le col étiré du ballon est relié à la trompe à mercure par l'intermédiaire d'un tube de verre large (1 centimètre environ), qui traverse un réfrigérant ascendant ; les tubes de caoutchouc servant de lien entre les diverses pièces de l'appareil doivent bien entendu être en caoutchouc épais, caoutchouc à vide.

Mode opératoire. — On introduit dans le ballon $0^{gr},500$ de calcaire et 40 à 50 centimètres cubes d'eau bouillie ; on verse quelques centimètres cubes de cette eau bouillie dans l'entonnoir, et, en la laissant couler partiellement, on en remplit le tube semi-capillaire auquel est relié l'entonnoir (fig. 4).

L'eau circulant dans le réfrigérant, on porte le contenu du ballon à l'ébullition, et la trompe est mise en marche ; grâce à la présence de la vapeur d'eau, le vide se fait rapidement ; on en est averti par le bruit sec que produit le mercure en tombant dans le tube vertical de la trompe.

On cesse de chauffer et on arrête la trompe ; on place sur l'extrémité du tube de celle-ci une cloche graduée de

150 centimètres cubes rempli de mercure ; puis on verse dans l'entonnoir du ballon 20 centimètres cubes d'acide nitrique dilué de 3 volumes d'eau, et on fait arriver, peu à peu, cet acide dans le ballon ; en opérant ainsi lentement, on évite un dégagement tumultueux d'acide carbonique.

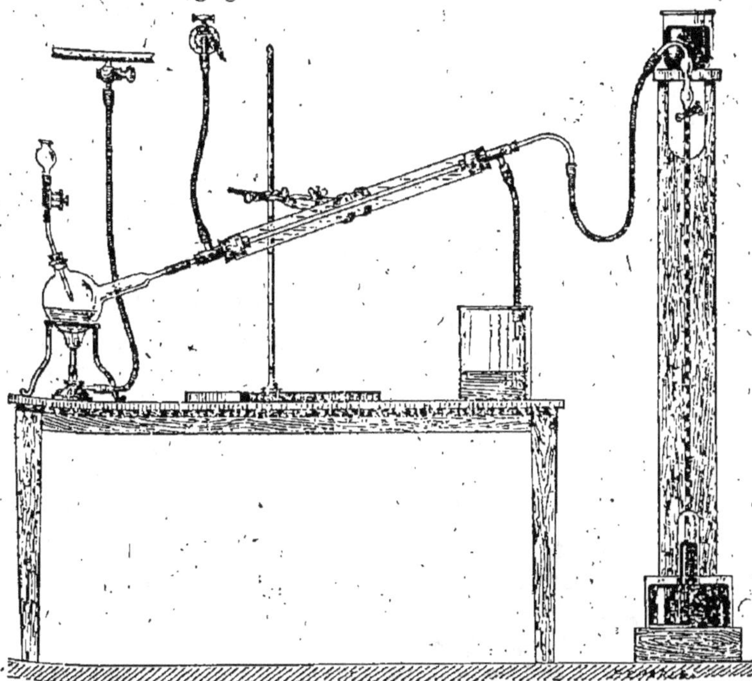

Fig. 4. — Dosage de l'acide carbonique en volume.

Lorsque le dégagement cesse, on remet la trompe en marche, et on termine l'extraction du gaz en faisant bouillir à nouveau le liquide.

Quand le vide est obtenu, on arrête la trompe et on mesure le volume du gaz ; on note la pression atmosphérique et la température ambiante ; on s'assure que l'acide carbonique dégagé est bien pur en introduisant un peu de potasse dans la cloche ; s'il restait un résidu gazeux, on le déduirait du volume primitif.

On ramène ensuite le volume à 0° et à 760 par la formule :

$$V_0 = \frac{V(H-f)}{760(1+\alpha t)}$$

On sait que pour l'acide carbonique $\alpha = 0,00371$ et que la valeur de f (tension de la valeur d'eau) est pour les températures suivantes de :

$t.$	$f.$	$t.$	$f.$	$t.$	$f.$
10°	9,1	17°	14,4	24°	22,1
11°	9,8	18°	15,3	25°	23,5
12°	10,4	19°	16,3	26°	25,0
13°	11,1	20°	17,4	27°	26,5
14°	11,9	21°	18,5	28°	28,1
15°	12,7	22°	19,6	29°	29,7
16°	13,5	23°	20,8	30°	31,5

Sachant que 1 centimètre cube d'acide carbonique à 0° et 760 pèse $1^{mg},971$ et correspond à $4^{mg},48$ de carbonate de chaux, on calculera facilement la richesse en acide carbonique et carbonate de chaux du calcaire analysé.

Dosage de la chaux et de la magnésie.

Deux grammes de calcaire sont introduits dans un ballon jaugé de 200 centimètres cubes et traités par 20 centimètres cubes d'acide chlorhydrique dilué de son volume d'eau ; on chauffe au bain de sable pendant un quart d'heure ; puis à l'aide d'ammoniaque diluée on neutralise le liquide refroidi ; on complète avec de l'eau au volume de 200 centimètres cubes, et par filtration on prélève 100 centimètres cubes que l'on introduit dans un ballon de 250 ; on additionne de 5 centimètres cubes d'acide acétique, et on

Fig. 5. — Four Aubin.

porte à l'ébullition : puis on projette dans le liquide 1 à 2 grammes d'oxalate d'ammoniaque; on cesse de chauffer et, la liqueur refroidie, l'oxalate de chaux est recueilli sur un filtre disposé au-dessus d'un ballon de 500; le précipité séché, puis calciné au rouge vif dans le four Aubin (fig. 5) ou dans le four Bruno (fig. 6) donne de la chaux vive qu'on pèse. Si l'on ne dispose pas d'un moyen de chauffage suffisant pour décarbonater complètement la matière calcinée, on traite celle-ci par 10 centimètres cubes d'une solution saturée de carbonate d'ammoniaque pur ; on évapore au bain de sable, puis on chauffe légèrement sur un bec vers 150 ou 200º et on pèse la chaux à l'état de carbonate.

Le liquide contenu dans le ballon de 500 qui provient de la séparation de l'oxalate de chaux est évaporé à faible volume (50 à 75 centimètres cubes), puis décanté dans un verre à précipiter : on l'additionne de 20 centimètres cubes de citrate d'ammoniaque, de 10 centimètres cubes d'une solution saturée de phosphate d'ammoniaque et de 50 centimètres cubes d'ammoniaque ; on agite le mélange avec une baguette de verre jusqu'à

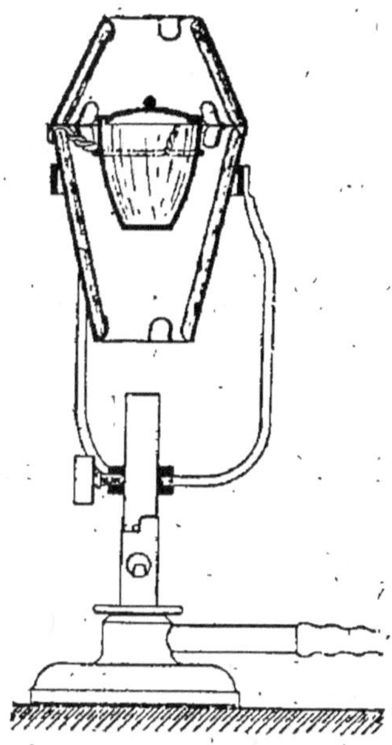

Fig. 6. — Four Bruno.

commencement de précipité, puis on laisse déposer jusqu'au lendemain.

Le phosphate ammoniaco-magnésien formé est recueilli avec les précautions indiquées au dosage de l'acide phosphorique dans les phosphates ; le poids de pyrophosphate obtenu par calcination du précipité multiplié par 0,361 donne la teneur en magnésie pour 1 gramme du calcaire analysé.

Valeur relative des marnes.

Dans le cas où un agriculteur aurait à sa disposition plusieurs variétés de marne, il importe de déterminer la meilleure. Il ne suffit pas qu'une marne soit riche en carbonate de chaux, il faut aussi que ce calcaire s'effrite ou se délite facilement. Pour opérer un classement, on fait sécher les marnes à comparer, puis on pèse 1 kilogramme de chacune d'elles, qu'on laisse digérer avec de l'eau pendant vingt-quatre ou quarante-huit heures ; on les traite ensuite par lévigation et tamisage comme il a été dit pour la préparation des échantillons de terre au laboratoire. On procède à l'analyse de la partie fine qui passe à travers le tamis ; on détermine sa richesse en carbonate de chaux par la méthode indiquée ci-dessus et on recherche sa teneur en argile.

Dosage de l'argile.

Dix grammes de marne sont introduits dans une capsule de porcelaine, imbibés d'eau et traités, comme il a été indiqué au dosage de l'argile dans les terres.

Dosage de l'acide phosphorique.

L'acide phosphorique est encore un des éléments importants des calcaires et des marnes ; certaines marnes en effet renferment plus de 1 p. 100 d'acide phosphorique.

Dix grammes de marne introduits dans une capsule en porcelaine sont traités par de petites portions d'acide nitrique jusqu'à destruction du calcaire ; on ajoute alors 10 centimètres cubes d'acide nitrique et 20 à 30 centimètres cubes d'eau. Si l'on a à traiter un calcaire non ferrugineux ni argileux, on ajoute 1 centimètre cube d'une solution de nitrate de fer à 20 p. 100. On évapore à siccité au bain de sable, puis on reprend par 20 centimètres cubes d'eau chaude ; à l'aide d'ammoniaque diluée, on rend la liqueur alcaline ; l'acide phosphorique est précipité à l'état de phosphate de fer et d'alumine.

On évapore à nouveau à siccité, puis on reprend par de l'eau chaude, dans laquelle on ajoute quelques gouttes d'ammoniaque, et on décante sur un filtre ; après lavage, le filtre est détaché de l'entonnoir et placé dans la capsule en porcelaine. On a par ces traitements éliminé la presque totalité des sels de chaux. Le phosphate de fer contenu dans la capsule en porcelaine est dissous par l'acide nitrique ; la solution filtrée sur un verre de Bohême de 100 est concentrée à 10 centimètres cubes ; puis on y ajoute 40 à 50 centimètres cubes de nitromolybdate. Le précipité de phosphomolybdate est recueilli et pesé dans les conditions indiquées au dosage de l'acide phosphorique dans les terres.

CHAUX

En agriculture, on utilise pour les chaulages soit des chaux de bonne qualité, qui pourraient être employées à la construction, soit des résidus de four à chaux qui renferment une quantité notable de carbonate de chaux non décomposé ; il importe donc de déterminer non seulement la teneur en chaux totale, mais aussi la teneur en chaux libre. Les résidus de four à chaux renferment de 50 à 70 p. 100 de chaux libre ; les chaux grasses, de 90 à 98 ; les chaux maigres de 70 à 80 ; enfin les chaux magnésiennes sont un mélange de 50 à 60 p. 100 de chaux et 25 à 30 p. 100 de magnésie.

Dosage de la chaux totale.

Ce dosage s'effectue comme il a été dit au dosage de la chaux dans les calcaires et les marnes ; toutefois on opère sur 1 gramme de matière, au lieu de 2 grammes qu'on utilise pour le dosage de la chaux dans les calcaires.

Dosage de la chaux libre.

Un gramme de chaux est introduit dans un flacon avec 30 centimètres cubes d'une solution de nitrate d'ammoniaque à 20 p. 100 et 20 centimètres cubes d'eau ; si l'on possède un agitateur continu, on fait rouler le flacon sur cet agitateur pour activer la dissolution de la chaux libre ; dans le cas contraire, on maintient en contact la chaux et la solution de nitrate d'ammoniaque pendant cinq à six heures, en agitant fréquemment. Au bout de ce temps, on amène la solution au volume de 200 centimètres cubes ; la chaux libre a déplacé l'ammoniaque du nitrate et s'est transformée en nitrate de chaux soluble.

On prélève par filtration 100 centimètres cubes que l'on introduit dans un ballon de 375 ; on dilue à 150 ou 200 centimètres cubes ; on porte à l'ébullition et on précipite la chaux par l'oxalate d'ammoniaque. Le liquide refroidi, l'oxalate de chaux précipité est recueilli, séché et calciné ; le poids de chaux vive obtenu représente la teneur en chaux libre de 0^{gr},500 de la chaux analysée.

PLATRES

Les plâtres crus de bonne qualité renferment de 75 à 80 p. 100 de sulfate de chaux anhydre et les plâtres cuits de

90 à 95 p. 100. La seule détermination importante à effectuer est celle de l'acide sulfurique, qui sert à établir la teneur réelle en sulfate de chaux ; on peut également doser la chaux et déterminer la teneur en eau de cristallisation lorsque le dosage de l'acide sulfurique donne un résultat anormal.

Dosage de l'acide sulfurique

Un gramme de plâtre est introduit dans un verre de Bohême de 100 ; on ajoute 10 centimètres cubes d'acide chlorhydrique et 50 à 60 centimètres cubes d'eau ; on chauffe au bain de sable et on agite fréquemment à l'aide d'une baguette de verre ; au bout d'une demi-heure, la dissolution est effectuée. On décante dans un ballon jaugé de 200 centimètres cubes ; s'il restait un dépôt au fond du verre, celui-ci proviendrait vraisemblablement d'impuretés ; néanmoins il est bon de s'assurer qu'il ne reste pas de sulfate de chaux ; aussi, dans ce cas, on traite à nouveau par 20 à 30 centimètres cubes d'eau et 5 centimètres cubes d'acide chlorhydrique.

Le contenu du ballon est finalement complété au volume de 200, dont on prélève 100 centimètres cubes par filtration ; ces 100 centimètres cubes sont introduits dans un ballon de 500 ; on dilue à environ 200 centimètres cubes et on neutralise la majeure partie de l'acide en excès à l'aide d'ammoniaque pure.

Dans le liquide légèrement acide porté à l'ébullition, on verse goutte à goutte 10 centimètres cubes d'une solution de chlorure de baryum, qui précipite l'acide sulfurique à l'état de sulfate de baryte ; le liquide refroidi, le sulfate de baryte est recueilli sur un filtre qui est séché et calciné. Le poids obtenu multiplié par 0,343 donne la quantité d'acide sulfurique (SO^3) contenu dans $0^{gr},500$ de plâtre ; ce même poids de sulfate de baryte multiplié par 0,583 indique la teneur en sulfate de chaux anhydre.

Dosage de la chaux.

On opère la dissolution de 1 gramme de plâtre comme il vient d'être dit pour le dosage de l'acide sulfurique ; la solution est amenée au volume de 200 centimètres cubes, dont on prélève 100 centimètres cubes, qui, transvasés dans un ballon de 500, sont successivement alcalinisés par l'ammoniaque et acidifiés par l'acide acétique ; dans la

solution acétique, on précipite la chaux par l'oxalate
d'ammoniaque.

Eau de cristallisation.

Le sulfate de chaux se déshydratant complètement à
une température inférieure à 200°, le dosage de l'eau
s'effectue en calcinant à cette température 5 grammes de
sulfate de chaux.

ENGRAIS

PRÉLÈVEMENT DES ÉCHANTILLONS

L'analyse d'un engrais étant toujours effectuée dans le but de déterminer la valeur réelle de cet engrais d'après sa teneur en principes fertilisants, il est nécessaire, afin d'éviter toute contestation sur la valeur et l'authenticité de l'échantillon soumis à l'analyse, d'effectuer le prélèvement de cet échantillon dans les conditions prescrites par la loi ; aussi nous inscrivons en tête de ce chapitre les articles du règlement d'administration publique concernant le prélèvement des échantillons d'engrais :

Art. 4. — ...

S'il y a doute ou contestation sur l'exactitude des indications mentionnées dans les contrats de vente, factures ou commissions destinées à l'acheteur, il peut être procédé, soit d'office, soit à la demande des parties intéressées, à la prise d'échantillon et à l'expertise de l'engrais ou amendement vendu.

Art. 5. — Au cas où il est procédé à la prise d'échantillon à la demande des parties intéressées, les échantillons sont prélevés contradictoirement par les parties au lieu de la livraison.

Si le vendeur refuse d'assister à la prise d'échantillon ou de s'y faire représenter, il y est procédé, à la requête et en présence de l'acheteur ou de son représentant, par le maire ou le commissaire de police du lieu de la livraison.

Art. 6. — Quand il est procédé d'office à la prise d'échantillon, celle-ci est faite par le maire de la localité, ou son adjoint, ou le commissaire de police, soit dans les magasins ou entrepôts, soit dans les gares ou ports de départ ou d'arrivée.

Art. 7. — Les échantillons sont toujours pris en trois exemplaires ; chacun d'eux est enfermé dans un vase en verre ou en grès verni, immédiatement bouché avec un bouchon de liège, sur lequel le magistrat qui aura procédé à la prise d'échantillon attachera une bande de papier, qu'il scellera de son sceau.

Une étiquette engagée dans l'un des cachets porte le nom de l'engrais ou amendement, la date de la prise d'échantillon et le nom de la personne ou du fonctionnaire ou agent qui requiert l'analyse.

ART. 8. — Chaque prise d'échantillon est constatée par un procès-verbal qui relate :

1° La date et le lieu de l'opération ;

2° Les noms et qualités des personnes qui y ont procédé ;

3° La copie des marques et étiquettes apposées sur les enveloppes de l'engrais ou amendement ;

4° La copie du contrat de vente, du double de la commission ou de la facture ;

5° La marque imprimée sur les cachets et la couleur de la cire ;

6° Le nombre des colis dans lesquels ont été prélevés des échantillons, ainsi que le nombre total des colis composant le lot échantillonné ;

7° Enfin toutes les indications trouvées utiles pour établir l'authenticité des échantillons prélevés et l'identité industrielle de la marchandise vendue.

ART. 9. — Des trois exemplaires de chaque échantillon d'engrais ou amendement, l'un est remis ou envoyé au vendeur, l'autre est transmis à un chimiste-expert pour servir à l'analyse ; le troisième est conservé en dépôt au greffe du tribunal de l'arrondissement, pour servir, s'il y a lieu, à de nouvelles vérifications ou analyses.

Dans le cas où la prise d'échantillon a lieu d'un commun accord ou à la requête de l'acheteur, les parties peuvent convenir du choix du chimiste-expert.

En cas de désaccord, ou en cas de prise d'échantillon d'office, le chimiste-expert est désigné par le juge de paix du canton, sur la réquisition du magistrat qui a procédé à l'opération ou, à son défaut, de la partie la plus diligente.

L'échantillon est remis au chimiste-expert ; en même temps transmission est faite à celui-ci de la copie des énonciations de provenance et de dosage formulées par le vendeur, conformément aux articles 3 et 4 de la loi et aux articles 1er, 2 et 3 du présent décret.

ART. 10. — L'expertise est faite par l'un des chimistes-experts désignés par le ministre de l'Agriculture et dont la liste est revisée tous les ans dans le courant du mois de janvier.

Les frais de l'expertise sont réglés par un tarif arrêté par le ministre.

ART. 11. — L'analyse de l'échantillon doit être effectuée dans un délai de dix jours au plus à partir du jour de la remise de l'échantillon au chimiste-expert.

Le prélèvement d'un échantillon homogène représentant la composition moyenne du lot d'où il est extrait offre souvent beaucoup de difficulté ; on les surmontera facilement en se guidant sur les procédés pratiques d'échantillonnage qu'à exposés la sous-commission des méthodes analytiques (M. Schlœsing, président ; M. Müntz, rapporteur), dans la partie suivante de son rapport fait au Comité des stations agronomiques ;

« Les engrais peuvent se présenter sous des formes variables : tantôt ils sont pulvérulents, tantôt en masses agglomérées ou pâteuses, tantôt en morceaux durs ou débris plus ou moins gros, tantôt à l'état de pâte plus ou moins liquide, plus ou moins homogène, tantôt enfin à l'état d'un liquide fluide.

Lorsque les engrais sont pulvérulents, et c'est le cas le plus général, leur prise d'échantillon n'offre pas de difficulté. Quand ils sont en sacs, à l'aide d'une sonde suffisamment longue, on prendra l'échantillon dans le sac lui-même en procédant de la manière suivante : on ouvre un des angles du sac et l'on y plonge la sonde en la dirigeant en diagonale vers l'angle opposé ; on répète la même opération successivement sur chacun des quatre angles du sac. Lorsque le sac est considérable, il faut répéter la même opération sur un certain nombre de sacs pris au hasard. On réunit tous les produits de ces prélèvements, on les place sur une toile ou sur un papier, et on les remue à la main ou avec une spatule assez longtemps pour que l'homogénéité puisse être regardée comme parfaite ; une partie de ce mélange, représentant 300 ou 400 grammes, est placée dans un flacon de verre qu'on bouche avec un bouchon de liège.

Lorsque les engrais pulvérulents sont en tonneau, on perce les deux fonds du tonneau de deux trous au moyen d'une vrille ; ces trous doivent être assez grands pour qu'on puisse y introduire la sonde, ce qu'on fait en s'éloignant autant que possible de l'axe du tonneau. Le mélange se fait d'ailleurs comme précédemment.

Lorsque l'engrais est en tas, on peut également se servir de la sonde pour y prélever l'échantillon moyen ; mais il faut avoir soin de faire pénétrer cet instrument jusque dans les parties centrales du tas, de même que jusque dans les parties inférieures. Si le tas est trop volumineux pour qu'on puisse arriver à ce résultat, le meilleur moyen consiste à faire une tranchée vers le centre du tas et à prélever ensuite dans un grand nombre de points placés dans les diverses parties du tas, en y comprenant ceux que la tranchée a rendus libres, les échantillons au moyen de la soude.

Lorsque l'engrais est en masse pâteuse et compacte et qu'il se trouve en sacs ou en tonneaux, il est indispensable de vider plusieurs sacs pris au hasard, sur un plancher ou sur des dalles préalablement balayées ; on mélange alors à la pelle le tas obtenu, et l'on prélève, en différents points de ce tas, des pelletées de l'engrais. Ce nouvel échantillon formé est divisé et mélangé, pulvérisé ou concassé, autant que possible, à l'aide d'une batte ou d'un marteau ; on mélange finalement à la main cette matière plus ou moins pulvérulente, et on l'introduit dans un flacon ou dans une boîte métallique.

Quand l'échantillon est primitivement en tas, on procède de la même manière, en pratiquant une tranchée comme il a été expliqué plus haut.

On ne doit en aucun cas, dans l'une ou l'autre de ces opérations, éliminer les pierres ou les parties étrangères de l'engrais ; elles doivent entrer dans l'échantillon prélevé, dans une proportion autant que possible égale à celle dans laquelle elles existent dans l'engrais.

Des matières peu homogènes, rognures, chiffons, etc., sont disposées en tas et bien mélangées à la pelle ; sur ce mélange, on prélève à la main, dans un très grand nombre d'endroits, une poignée de matière ; on réunit le produit de tous ces prélèvements, qu'on mélange à nouveau avec la main et sur lequel on prend finalement l'échantillon destiné à l'analyse ; dans quelques cas, il faut prélever jusqu'à 3 et 4 kilogrammes de matière. Cet échantillon est introduit dans une boîte métallique ou dans une caisse en bois hermétiquement fermée.

Les engrais qui sont en pâte plus ou moins liquide (par exemple des vidanges) peuvent présenter deux cas : ou bien ils sont homogènes, et alors il suffit de les mélanger à la pelle et d'en remplir un flacon ; ou bien ils se séparent en deux parties, l'une plus fluide, l'autre plus consistante ; dans ce cas, il est indispensable de prélever de l'une et de l'autre dans une proportion égale à la proportion dans laquelle elles existent dans le lot à examiner.

Les parties liquides sont remuées, et aussitôt, sans laisser le temps de déposer, on en prélève une quantité proportionnelle.

Les parties solides sont divisées à la bêche ; on y prélève un échantillon proportionnel, et l'on réunit les deux lots dans un grand flacon à large goulot hermétiquement bouché. »

Homogénéisation de l'échantillon au laboratoire.

Tout échantillon parvenu au laboratoire doit être intégralement extrait de son récipient et homogénéisé avant d'être soumis à l'analyse. Cette opération très importante doit être effectuée avec le plus grand soin et nécessite en outre une certaine rapidité d'exécution, afin d'éviter la dessiccation des substances très humides ou l'absorption de l'humidité atmosphérique par les sels hygroscopiques.

Il suffit de préparer un échantillon homogène de 100 à 200 grammes; si l'échantillon adressé est d'un poids plus considérable, on le malaxe à la main pour l'homogénéiser; on l'étale ensuite sur la surface d'une table et on en prend une partie aliquote.

D'une manière générale, l'échantillon est jeté sur un tamis, et les parties grossières qui restent sur la toile du tamis sont soit broyées au moulin, soit triturées dans un mortier et rejetées ensuite sur le tamis; lorsque toute la matière a passé à travers le tamis, on la mélange intimement et on en remplit un flacon, que l'on bouche avec soin.

Les tamis que l'on emploie couramment sont les tamis n° 10 et n° 25, d'un diamètre de 20 centimètres; les mortiers en porcelaine doivent avoir également 20 centimètres de diamètre extérieur.

Les sels en cristaux sont triturés au mortier en porcelaine et passés au tamis. Les sangs et les cornes sont tout d'abord passés au moulin; nous utilisons à cet effet avec avantage le moulin Anduze à mouture fine; après pulvérisation au moulin, ces engrais sont passés au tamis n° 25.

Les tourteaux en plaquettes sont coupés en minces tranches à l'aide d'un couteau à pain de boulangerie et broyés ensuite au moulin.

Les bourres de laine, les suints de laine passent difficilement au moulin. Nous employons pour leur homogénéisation un hache-viande portant la marque « Universal n° 2 »; on opère de même pour les pailles et les tiges des végétaux.

En effectuant la préparation des superphosphates et des engrais composés à base de superphosphate, il est important de ne pas triturer le produit; on doit le désagréger légèrement pour le faire passer à travers un tamis n° 10.

Il arrive souvent que, dans des engrais composés, il se trouve, au milieu d'une poudre assez fine passant facilement au tamis, quelques débris de graines ou fragments de viande ou d'os, qui se triturent difficilement au mortier et qui sont en trop petit nombre pour pouvoir être passés au moulin ; on peut les diviser sur une planche à hacher en hêtre, à l'aide de couperets suffisamment lourds, et on les mélange ensuite au reste de la masse.

Lorsque les engrais sont à l'état pâteux, on extrait l'échantillon du flacon, on le place sur une large plaque de verre et on l'écrase et l'homogénéise avec un rouleau en verre de 5 centimètres de diamètre.

Les phosphates et les scories sont tamisés au tamis no 25 ; lorsque ces produits sont en blocs, on les pilonne dans un mortier en fonte d'un diamètre extérieur de 16 centimètres, et on les passe ensuite au tamis.

ENGRAIS AZOTÉS

NITRATES

Le nitrate de soude brut est de tous les nitrates-engrais le plus répandu ; il se présente sous forme de cristaux de grosseur variable, blancs, rosés ou gris ; il est d'ordinaire vendu avec une garantie de 15 à 16 p. 100 d'azote ou 15,50 à 16 p. 100, ou encore sur la base d'une pureté saline de 95°.

Le nitrate d'ammoniaque pur contient 34,50 à 35 p. 100 d'azote ; mi-partie à l'état nitrique et mi-partie à l'état ammoniacal.

Le nitrate de potasse commercial est un sel blanc pulvérulent, qui provient presque exclusivement du traitement industriel du nitrate de soude par le chlorure de potassium ; une très faible quantité seulement provenant de la lévigation de terres nitrées. Cet engrais est constitué en majeure partie par du nitrate de potasse ; mais il renferme comme impuretés du nitrate de soude, du chlorure de sodium et du chlorure de potassium ; aussi du dosage de l'un des deux éléments fertilisants azote ou potasse on ne peut déduire par le calcul le dosage de l'autre ; l'analyse des deux éléments est nécessaire.

Le nitrate de chaux provient de la combinaison, sous l'influence de l'étincelle électrique, de l'azote et de l'oxygène de l'air ; les composés nitrés formés sont saturés soit par du calcaire, soit par de la chaux.

Composition des principaux nitrates.

	P. 100 d'azote.		
Nitrate de soude brut....	15 à 16	Pureté saline,	90/95
Nitrate de soude raffiné..	16 à 16,25	—	98
Nitrate de potasse........	13 à 13,50	Potasse......	44 à 46
Nitrate de chaux........	13,00		
Nitrate basique de chaux.	10,00		
Nitrate-nitrite de chaux..	14,50		

Dosage de l'azote nitrique (méthode Schlœsing).

Ce procédé est basé sur la transformation de l'acide nitrique en gaz bioxyde d'azote que l'on recueille dans une cloche graduée. Le volume de gaz fourni par un nitrate à doser est comparé au volume de gaz fourni, dans les mêmes conditions de température et de pression atmosphérique, par un même poids de nitrate pur ; le rapport de ces deux volumes donne la teneur en nitrate réel et par calcul en azote nitrique :

$$2\,AzO^3Na + 6\,FeCl^2 + 8\,HCl = 2\,NaCl + 3\,Fe^2Cl^6 + 4\,H^2O + 2\,AzO.$$

Appareil. — Cet appareil se compose d'un ballon de 150 centimètres cubes de capacité, muni d'un bouchon de caoutchouc percé d'un large trou dans lequel s'introduit la partie inférieure d'un tube à dégagement A ; ce tube à dégagement est obturé à sa partie supérieure par un petit bouchon de caoutchouc que traverse une tige semi-capillaire plongeant dans le ballon ; cette tige est soudée à un entonnoir à large douille permettant de faire obturation en y enfonçant un petit bouchon de caoutchouc fixé à l'extrémité d'un agitateur mobile B.

Le tube à dégagement A deux fois recourbé plonge dans une cuve à eau : pour donner plus de souplesse à cet appareil, le tube à dégagement est sectionné à environ 20 centimètres de son point de contact avec l'eau de la cuve et relié par un bout de caoutchouc à un autre petit tube de même diamètre dont l'extrémité redressée pénètre sous la cloche à gaz.

Il est prudent, afin d'éviter le bris du tube à dégagement au point de contact avec l'eau froide de la cuve, de glisser extérieurement le long de ce tube un bout de caoutchouc de 5 à 6 centimètres de long que l'on place au coude et dont 3 centimètres environ émergent au-dessus du niveau de l'eau (fig. 7).

Réactifs. — *Protochlorure de fer ou chlorure ferreux.* — Dans une fiole conique de 1 litre, on introduit

200 grammes de clous et 100 centimètres cubes d'eau ; on chauffe au bain de sable et on ajoute peu à peu de l'acide chlorhydrique jusqu'à dissolution du fer. La liqueur ainsi obtenue est amenée au volume de 1 litre ; cette solution étant très oxydable doit être conservée dans un flacon bien bouché.

Solution de nitrate pur. — On prépare une liqueur de nitrate pur en dissolvant 40 grammes de nitrate de potasse pur et sec dans un litre d'eau.

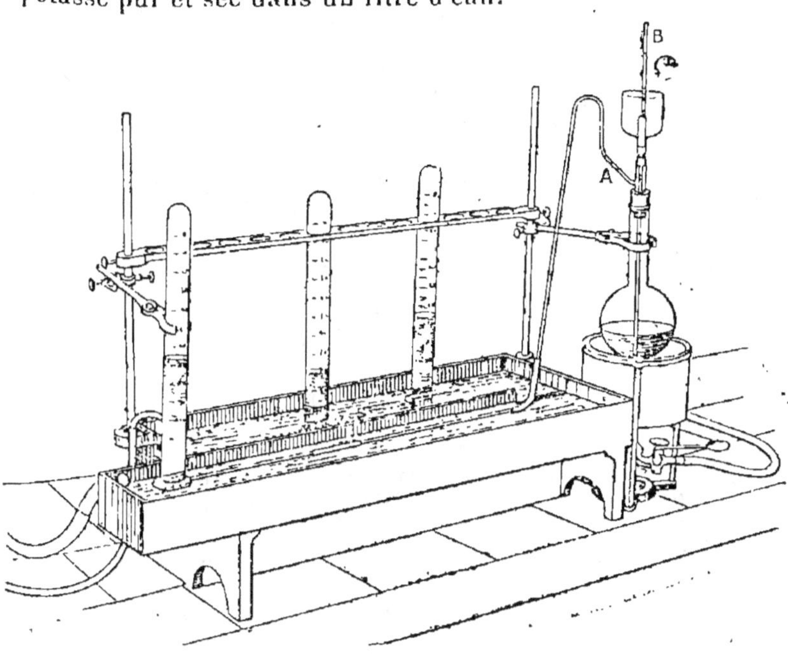

Fig. 7. — Appareil pour le dosage des nitrates.

Mode opératoire. — On pèse 6^{gr},732 du nitrate de soude ou 8 grammes du nitrate de potasse à analyser ; on introduit le sel pesé dans un ballon jaugé de 200 centimètres cubes ; on dissout dans l'eau distillée bouillie et on complète le volume exactement à 200 centimètres cubes.

Dans le ballon de l'appareil Schlœsing, on introduit par l'entonnoir, successivement, 40 centimètres cubes de chlorure ferreux, 40 centimètres cubes d'acide chlorhydrique et 5 à 10 centimètres cubes d'eau ; on obture à l'aide de l'agitateur muni du petit bouchon de caoutchouc, en ayant soin de laisser 1 à 2 centimètres cubes d'eau dans l'entonnoir pour en assurer la fermeture hermétique.

Le contenu du ballon est porté à l'ébullition, qui est maintenue pendant cinq à six minutes jusqu'à ce que tout l'air soit chassé de l'appareil ; puis on place au-dessus de l'extrémité du tube à dégagement une cloche à gaz graduée de 100 centimètres cubes complètement remplie d'eau.

Dix centimètres cubes de la solution de nitrate pur sont versés dans l'entonnoir et introduits peu à peu dans le ballon en soulevant légèrement l'agitateur ; puis on introduit successivement 10 centimètres cubes d'acide chlorhydrique et deux fois 5 à 10 centimètres cubes d'eau. Ces deux dernières opérations ont pour but de laver l'entonnoir et d'entraîner dans le ballon tout le nitrate qui y avait été versé ; on aura soin, au cours de ces opérations, d'éviter toute introduction d'air dans le ballon.

L'ébullition s'est continuée, et le bioxyde d'azote dégagé est chassé dans la cloche graduée ; lorsque le volume du gaz n'augmente plus, on enlève la cloche et on la dispose sur le support, en ayant soin de la placer de façon que le niveau de l'eau dans la cloche corresponde sensiblement avec le niveau de l'eau dans la cuve.

Une autre cloche graduée, complètement remplie d'eau est placée sur l'extrémité du tube de dégagement ; le vide s'étant maintenu dans le ballon dont le contenu continue à bouillir, on introduit 10 centimètres cubes de la solution de nitrate à analyser et on continue comme précédemment en prenant les mêmes précautions.

Le dégagement terminé, la seconde cloche graduée est placée à côté de la première et le bec de gaz qui chauffait l'appareil est éteint. On attend vingt à trente minutes avant de lire le volume de bioxyde d'azote dégagé, afin de permettre à la température de s'équilibrer dans les deux cloches, au contact de l'atmosphère ambiante.

Soit V le volume obtenu dans le premier essai, V' le second ; la formule $\frac{V'}{V} \times 100$ donne la teneur p. 100 en nitrate pur.

Pour déterminer la teneur en azote, on se reportera aux tables spéciales établies à la fin de cet ouvrage.

Dosage de la potasse.

Deux grammes de nitrate de potasse sont introduits dans un ballon de 200 et dissous ; la dissolution effectuée,

SULFATE D'AMMONIAQUE.

on ajoute 1 à 2 centimètres cubes d'eau de baryte pour le cas où il y aurait un peu de sulfate, et on continue l'opération comme il est dit au dosage de la potasse dans les sels de potasse.

Dosage des chlorates et perchlorates.

Il y a quelques années, en Allemagne, des cultures ont été en partie détruites à la suite d'épandage de nitrate de soude; ce fait a été attribué à la proportion assez sensible de perchlorates que renfermaient les nitrates utilisés; il y a donc lieu, dans certains cas, d'effectuer le dosage des perchlorates.

On fond ensemble dans une capsule de platine couverte 10 grammes de nitrate et 10 grammes de carbonate de soude; la masse est chauffée à pleine flamme pendant dix minutes; le mélange se liquéfie et ne dégage bientôt plus que de petites bulles de gaz; le chlorate a été décomposé; après refroidissement, on dissout dans l'eau; on ajoute un excès d'acide nitrique, et on précipite le chlore par le nitrate d'argent; on obtient ainsi le chlore total (chlorures et chlorates); on effectue par ailleurs un dosage du chlore à l'état de chlorure par la méthode ordinaire, et par différence on obtient le chlore à l'état de perchlorate.

SULFATE D'AMMONIAQUE

Les sulfates d'ammoniaque du commerce se présentent sous forme d'une poudre cristalline, dont la coloration varie avec la nature des impuretés qu'ils renferment; on en rencontre de rouge brun, de verts, de jaunes, de bleus, mais le plus souvent ces sels ont une teinte blanc grisâtre; leur teneur en azote ammoniacal varie de 20 à 21 p. 100.

L'ammoniaque est le seul élément intéressant à déterminer dans les sulfates d'ammoniaque; cependant, étant donné qu'on obtient cet engrais en recueillant dans de l'acide sulfurique l'ammoniaque distillée des eaux vannes ou des eaux d'épuration du gaz d'éclairage, il peut arriver que l'acide soit incomplètement saturé, et de ce fait le sel a une causticité qui nuit à son emploi; de même, il arrive, dit-on, que le sulfate d'ammoniaque renferme un peu de sulfocyanure, sel nuisible à la végétation. Il y a donc lieu, lorsque le sulfate d'ammoniaque a un dosage faible en azote, de déterminer son acidité par un titrage acidimétrique ; en outre, lorsque cet engrais est fortement coloré et a l'apparence d'un sel impur, on peut s'assurer qu'il ne contient pas de sulfocyanures.

Dosage de l'ammoniaque.

Le procédé est basé sur le déplacement de l'ammoniaque du sel par un alcali fixe et la distillation de l'ammoniaque déplacée que l'on recueille dans un acide titré.

Réactifs. — Voy. au *Dosage de l'azote dans les terres*.

Appareil Schlœsing-Aubin. — Cet appareil se compose d'un tube d'étain monté en serpentin ascendant et relié par une de ses extrémités au ballon de distillation ; l'autre extrémité étirée et retournée verticalement traverse un réfrigérant ; cette extrémité est mise en communication avec un tube à boule dont la pointe, au cours de l'opération, plonge dans l'acide titré, où l'on recueille l'ammoniaque distillée.

Mode opératoire — 5 grammes de sulfate d'ammoniaque sont dissous dans 500 centimètres cubes d'eau ; on prélève 50 centimètres cubes de ce liquide correspondant à $0^{gr},500$ de sel, que l'on introduit dans le ballon de l'appareil à distiller ; on dilue de 400 à 500 centimètres cubes à l'aide d'eau distillée, et on ajoute 10 centimètres cubes d'une solution de soude à 40° B. ; après une rapide agitation, le ballon est relié au serpentin.

Dix centimètres cubes d'acide sulfurique titré sont versés dans un ballon d'une capacité de 350 à 450 centimètres cubes, dans lequel on recueillera l'ammoniaque distillée ; la pointe du tube à boule est introduite dans cet acide.

L'eau circulant dans le réfrigérant, l'appareil est prêt à fonctionner ; on chauffe le liquide alcalin jusqu'à l'ébullition, que l'on prolonge pendant une heure environ ; l'ammoniaque est chassée et entraînée dans le serpentin avec de la vapeur d'eau. Le réfrigérant condense la vapeur d'eau ammoniacale, qui tombe goutte à goutte dans l'acide titré. Après un déplacement d'environ 200 centimètres cubes d'eau, l'opération peut être considérée omme terminée ; on s'en assure en recueillant sur une feuille de papier de tournesol rouge une goutte du liquide qui distille : le papier ne doit pas virer au bleu.

A l'aide d'eau distillée, on lave le tube à boule afin d'entraîner dans l'acide titré l'eau ammoniacale qui a pu s'y condenser.

Dans une burette graduée, on introduit une solution de soude titrée correspondant à l'acide titré dans lequel on a recueilli l'ammoniaque distillée ; en versant goutte à goutte cette solution alcaline dans le ballon de 350 cen-

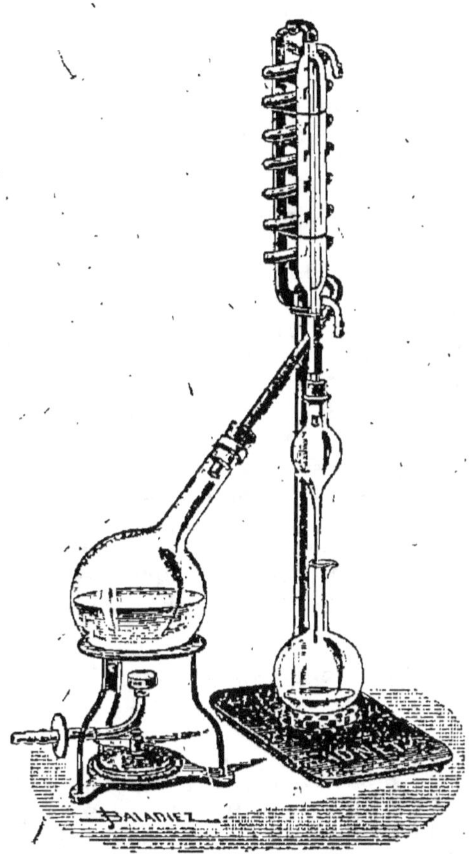

Fig. 8. — Appareil de M. Aubin pour le dosage de l'ammoniaque.

timètres cubes dont on a au préalable coloré le liquide par quelques gouttes de teinture de tournesol, on neutralise ce liquide ; soit v le volume de soude employé ; nous savons qu'un volume V de soude titrée sature 10 centimètres cubes d'acide sulfurique titré ; de plus, nous avons calculé que $0^{cc},1$ de soude titrée correspond à une quantité a d'azote. Le taux p. 100 d'azote renfermé dans le sulfate d'ammoniaque sera donc de :

$$T = (V - v)\, a \times 200.$$

Recherche des sulfocyanures.

On opère sur 5 à 10 grammes de sulfate d'ammoniaque, que l'on dissout dans de l'eau distillée ; on filtre et dans la liqueur filtrée on ajoute 1 à 2 centimètres cubes de perchlorure de fer ; s'il y a des sulfocyanures, la liqueur se colore en rouge foncé.

CIANAMIDE

La cianamide ou chaux azotée est un engrais spécial obtenu en fixant l'azote de l'air sur du carbure de calcium préalablement pulvérisé et chauffé vers 1.200°. La cianamide se présente sous forme d'une poudre ou de granules gris noirâtre, mélange de calcium-cianamide, de chaux et de charbon ; cet engrais a la même efficacité sur la végétation que le sulfate d'ammoniaque. Son taux d'azote varie de 18 à 20 p. 100.

La dicyanodiamide, récemment proposée comme engrais est un produit se présentant sous forme de cristaux lamellaires légèrement solubles dans l'eau froide (2 à 3 p. 100) ; ce corps renferme 66 p. 100 d'azote ; son dosage peut s'effectuer comme pour la cianamide, par la méthode Kjeldahl.

Dosage de l'azote.

Le dosage s'effectue sur 0gr,500 de cianamide que l'on introduit dans un ballon de 200 centimètres cubes de capacité ; on verse d'abord sur la poudre 5 centimètres cubes d'acide sulfurique dilué au sixième, puis 20 centimètres cubes d'acide sulfurique concentré, une goutte de mercure, et on continue comme il est dit au paragraphe ci-après concernant le dosage de l'azote organique par la méthode Kjeldahl.

ENGRAIS ORGANIQUES AZOTÉS

Tous les déchets organiques renfermant un peu d'azote sont utilisés comme engrais ; ils sont en général vendus d'après leur richesse en azote, le prix de l'unité d'azote variant avec la nature de l'engrais ; mais ce prix de l'unité d'azote n'est établi que d'une façon très approximative par rapport à la valeur fertilisante de l'engrais, et c'est plutôt une question commerciale d'offre et de demande qui régit le cours des engrais organiques.

On sait que, pour être assimilé par les plantes, l'azote en combinaison organique doit au préalable subir la transformation nitrique ; on sait également que cette nitrification est fonction de la température, de l'état d'humidité du sol, de sa teneur en calcaire et en matières organiques ; mais, toutes choses égales d'ailleurs, les divers engrais organiques azotés ne nitrifient pas avec la même facilité. Il importe d'avoir quelques points de repère à ce sujet pour renseigner l'agriculteur sur la valeur réelle des engrais qui lui sont offerts ; c'est pourquoi, après avoir indiqué la composition des principaux engrais organiques azotés, nous rappellerons quelques travaux effectués sur la nitrification.

Composition moyenne en azote des principaux engrais organiques.

Azotine...............	6,5 à 7,5	p. 100 d'azote.
Corne torréfiée......	12,0 à 14,0	—
Frisons de corne....	11,0 à 14,0	—
Farine de corne.....	12,0 à 14,0	—
Cuir torréfié........	7,0 à 9,0	—
Guano de poisson...	3,0 à 8,0	—
Guanos naturels.....	1,0 à 6,0	—
Bourre de laine.....	11,0 à 12,5	—
Laine grillée........	13,0 à 14,0	—
Suint de laine......	1,0 à 3,0	—
Bourre de soie......	15,5 à 16,5	—
Chrysalides de ver à soie...............	8,0 à 9,0	—
Poils et plumes.....	12,0 à 15,0	—
Crude ammoniac....	3,0 à 10,0	—
Crude décyanuré....	0,8 à 1,5	—
Gadoues	0,6 à 0,9	—
Fumiers	0,6 à 1,5	—
Tourteau de Bondy..	1,5 à 2,0	—
Engrais gallinacé....	1,5 à 4,0	—
Galalithe...........	11,0 à 14,0	—
Marcs de colle......	7,0 à 11,0	—
Tourteaux-engrais...	5,0 à 6,5	—
Sang desséché......	10,0 à 14,0	—
Viande desséchée....	8,0 à 10,0	—
Viande dégraissée...	12,0 à 13,5	—
Lie de vin détartrée .	3,0 à 4,0	—

Petermann s'est le premier occupé de la valeur fertilisante des matières organiques, mais ses essais n'ont porté que sur du sang, de la laine et du cuir, qu'il a classés dans cet ordre d'après l'accroissement de récolte que leur emploi a procuré.

MM. Müntz et Girard ont étudié beaucoup plus complètement la question; ils ne se sont pas contentés, comme Petermann, de classer les engrais suivant l'accroissement de récolte qu'ils donnaient; ils ont étudié leur nitrification proprement dite et ont dosé l'acide nitrique formé par l'engrais en contact avec les ferments du sol; le tableau suivant est le résumé de leurs recherches effectuées à la ferme de l'Institut agronomique; la période de nitrification a duré dix-huit jours, du 8 mai au 26 mai.

	Acide nitrique dans 100 grammes de terre. mgr.
Corne torréfiée	8,80
Engrais vert	8,60
Sang desséché	7,22
Frison de corne	6,84
Fumier de vache	6,78
Poudrette	5,59
Cuir torréfié	5,12
Chiffons de laine	2,71

Nous avons cherché, il y a quelques années, à établir une échelle de nitrification pour quelques engrais organiques en soumettant à la nitrification pendant plusieurs mois une même quantité d'azote apportée par ces différents engrais. Tous les engrais ont été intimement mélangés à une même terre, en prenant un poids d'engrais apportant 1 gramme d'azote pour 1 kilogr de terre.

Ces expériences ont duré de mars à août; le tableau suivant résume les résultats obtenus; il pourra servir d'indication pour les autres substances organiques dont l'état physique se rapproche de celles étudiées.

Acide nitrique contenu dans 1 kilogramme de terre.

	Après un mois. gr.	Trois mois. gr.	Cinq mois. gr.
Terre témoin sans engrais	0,155	0,217	0,268
Sang desséché	0,804	1,550	2,713
Galalithe	0,176	1,054	2,584
Bourre de laine	0,230	1,104	1,705
Laine grillée	0,505	1,409	2,336
Crude ammoniac	0,141	0,273	1,034
Lie de vin	0,351	0,484	0,594

En 1914 nous avons repris ces expériences de nitrification, en étudiant la décomposition dans le sol des divers
cuirs proposés comme engrais et des tourteaux de graines
oléagineuses. Nos essais ont porté sur de la poudre de
cuir tanné, de la poudre de cuir chromé, du cuir torréfié,
du cuir amené à l'état pâteux dans de l'acide sulfurique,
enfin du cuir liquéfié dans de l'acide sulfurique. Ces deux
dernières préparations étant amenées à l'état d'engrais
pulvérulent par saturation de l'excès d'acide après réaction sur le cuir.

Le tourteau de colza sulfuré, un des plus employé
parmi les tourteaux-engrais, a été pris comme type dans
cette étude.

Les expériences ont été effectuées avec une terre argilo-
calcaire légèrement différente de celle ayant servi aux
essais rapportés ci-dessus. Cette étude a été entreprise en
mai et poursuivie jusqu'au mois de septembre. (Comptes
rendus de l'Académie d'Agriculture, 1916.)

Nous avons obtenu les résultats suivants :

Acide nitrique contenu dans 1 kilogramme de terre.

	Après un mois gr.	Après deux mois gr.	Après cinq mois gr.
Terre sans engrais......	0,145	0,160	0,326
Sang desséché	1,080	1,350	2,433
Cuir tanné.............	0,166	0,190	0,404
Cuir chromé...........	0,003	0,021	0,227
Cuir torréfié	0,220	0,265	0,523
Cuir dissous (état pâteux).	0,742	0,952	1,547
Cuir dissous (état liquide).	0,990	1,290	2,615
Colza sulfuré	0,888	1,287	2,291

On constate que la valeur fertilisante du cuir tanné est
nulle, celle du cuir torréfié très faible. La dissolution du
cuir dans de l'acide sulfurique détruit la combinaison de
tannin et de gélatine, rendant la matière azotée nitrifia-
ble ; ce qu'on n'obtient que partiellement par la torréfaction.
Les tourteaux de graines oléagineuses nitrifient sensiblement comme le sang desséché.

Les résultats les plus curieux de ces expériences sont
ceux fournis par le cuir chromé. Le sesquioxyde de chrome
que renferme ce cuir se suroxyde dans le sol en détruisant la petite quantité de nitrate que contient la terre. Il
se produit une véritable dénitrification chimique du sol ;
aussi le cuir chromé nuisible à la végétation ne doit pas
être employé comme engrais.

Dosage de l'azote organique

Réactifs.— Voy. au *Dosage de l'azote dans les terres.*

Mode opératoire.— L'analyse s'effectue sur $0^{gr},500$ pour les engrais riches et sur 1 gramme pour les substances dont la teneur en azote est inférieure à 5 p. 100.

On introduit le poids d'engrais pesé dans un ballon d'une capacité de 750 centimètres cubes avec une goutte de mercure (1 à 2 grammes) et 20 centimètres cubes d'acide sulfurique monohydraté pur ; on porte lentement à l'ébullition, que l'on prolonge ensuite pendant quatre ou cinq heures. Au bout de ce temps et lorsque le liquide est complètement incolore, on cesse de chauffer ; tout l'azote en combinaison organique a été transformé en ammoniaque fixée par l'acide sulfurique.

Le ballon d'attaque refroidi, on y verse 400 à 450 centimètres cubes d'eau ; on agite ; on projette dans le liquide quelques fragments de ponce ou de brique poreuse granulée, pour régulariser l'ébullition ; puis on verse un excès de soude, 60 à 70 centimètres cubes de soude à 40° B., et 10 centimètres cubes de sulfure de sodium destiné à décomposer l'amidure de mercure qui a pu se former au cours de l'attaque ; on agite rapidement et on relie aussitôt le ballon au serpentin.

La suite de l'opération et le titrage de l'ammoniaque distillée et recueillie dans 10 centimètres cubes d'acide sulfurique titré sont effectués comme il a été dit précédemment au dosage de l'azote dans le sulfate d'ammoniaque.

Dosage de l'azote dans les substances organiques peu homogènes (méthode Grandeau).

On prend 100 grammes de la matière à analyser qu'on dessèche dans une étuve à 110°. Quand l'eau a été chassée, ce dont on s'assure par deux pesées consécutives accusant le même poids, on verse la matière desséchée dans un vase de Bohême à fond plat, et on l'humecte entièrement avec de l'acide sulfurique monohydraté ajouté en quantité suffisante pour baigner complètement la substance. Le vase de Bohême doit être assez grand pour éviter toute perte de substance par effervescence ou boursouflement. On reporte le vase dans l'étuve, dont on laisse tomber la température à 70 ou 80°. et on l'y abandonne pendant un temps qui varie de six à douze heures, suivant la nature et la quantité de la matière à analyser. Les substances azotées subissent des modifications complètes dont le résultat est de transformer une partie de l'azote (30 à 60 p. 100 suivant les cas) en ammoniaque, qui s'unit à l'acide sulfurique, et le reste en azote soluble dans l'acide, à un état particulier, différent de l'ammoniaque. On agite de temps en temps avec une spatule de platine ou un tube de verre plein, et l'on ne retire du feu que lorsque toute la masse est devenue liquide ou tout au moins pâteuse. La forme des fragments de corne, cuir, bois, etc., doit avoir complètement disparu, et la masse peut toujours s'écraser sous la spatule. Lorsque la matière est arrivée à cet état, on la verse dans un mortier en porcelaine assez vaste ; on lave le vase de verre en y versant du carbonate de chaux en poudre impalpable (blanc de Meudon porphyrisé), qui détache jusqu'aux dernières parcelles des substances organiques, et l'on continue à ajouter dans le mortier du carbonate en poudre jusqu'au moment où toute la masse, de couleur grisâtre, est *absolument* sèche et pulvérulente. A cet état, elle n'adhère plus du tout au mortier et peut en être enlevée sans la moindre perte. La trituration qui accompagne le mélange du carbonate au magma sulfurique a rendu la matière très homogène. On pèse alors la poudre grise ainsi obtenue et intimement mélangée, et l'on en prend 2 grammes pour le dosage de l'azote, que l'on conduit alors comme lorsqu'il s'agit d'une substance homogène. Un simple calcul donne le poids réel de la matière primitive sur lequel on dose l'azote.

CRUDE AMMONIAC

Le crude ammoniac, résidu d'épuration du gaz d'éclairage, constitue un engrais azoté spécial ; c'est un assez bon engrais d'un prix actuel avantageux. Le crude possède des propriétés insecticides et désherbantes réelles, quoique souvent exagérées, dues à la présence de composés cyanurés. Dans cet engrais, le dosage de l'azote total que l'on effectue comme ci-dessus doit être complété par d'autres essais, notamment les dosages de l'azote ammoniacal, de l'azote en combinaison cyanurée et des sulfocyanures ; dans la pratique, on est convenu d'exprimer ce dernier dosage en acide sulfocyanique.

L'industrie utilise les crudes pour en extraire le soufre et les ferrocyanures ou bleu.

Dosage de l'azote ammoniacal.

On introduit 1 gramme de crude dans le ballon à distiller de l'appareil Schlœsing-Aubin ; on dissout les sels ammoniacaux dans 350 à 400 centimètres cubes d'eau, puis on ajoute 1 à 2 grammes de magnésie calcinée pour déplacer l'ammoniaque, que l'on distille et titre comme il a été dit au dosage de l'azote dans le sulfate d'ammoniaque.

Dosage de l'azote à l'état de cyanure.

On introduit 2 grammes de crude dans un ballon jaugé de 200 c. c. ; on ajoute 100 centimètres cubes d'eau et 10 centimètres cubes d'une solution de potasse à 10 p. 100 ; on laisse digérer pendant cinq à six heures à une température de 40 à 50°, puis on complète à 200 centimètres cubes, dont on prélève 100 centimètres cubes par filtration. Ces 100 centimètres cubes introduits dans un verre de 250 sont rendus légèrement acides par l'addition d'un très léger excès d'acide nitrique, et on précipite la totalité des cyanures par le nitrate d'argent. Les sels d'argent précipités sont recueillis sur un filtre qu'on lave avec soin ; ce filtre est introduit dans un ballon de 200 avec une goutte de mercure et 20 centimètres cubes d'acide sulfurique, et on continue le dosage de l'azote par la méthode Kjeldahl ; on obtient ainsi la teneur en azote à l'état de cyanures.

Dosage des sulfocyanures.

Quatre grammes de crude sont introduits dans un ballon jaugé de 200 centimètres cubes avec 80 à 100 centimètres cubes d'eau et 10 centimètres cubes d'une solution de potasse à 10 p. 100 ; on laisse digérer pendant cinq à six heures à la température du laboratoire, en agitant de temps à autre. On complète au volume de 200 et on prélève 100 centimètres cubes correspondant à 2 grammes ; ces 100 centimètres cubes sont décantés dans un verre de 500 et dilués à 250 centimètres cubes environ ; on rend très légèrement nitrique, et on précipite cyanures, sulfocyanures et sulfures par un excès de nitrate d'argent.

Pour séparer les sulfures des sulfocyanures, on redissout ces derniers par l'ammoniaque ; pour cela, on recueille le précipité sur un filtre ; ce filtre est introduit dans une fiole jaugée de 500 et mis à digérer pendant une heure avec 30 à 40 centimètres cubes d'ammoniaque à 22° B. ; puis on dilue à 350 ou 400 centimètres cubes, on agite et on laisse de nouveau en digestion pendant une heure ; le sulfocyanure d'argent entre en dissolution. On complète au volume de 500 et on prélève 250 centimètres cubes de ce liquide correspondant à 1 gramme de crude ; on décante ces 250 centimètres cubes dans un ballon de 375, on rend franchement acide par addition d'un excès d'acide chlorhydrique, et on ajoute du permanganate de potasse jusqu'à coloration rouge persistante ; l'acide sulfocyanique a été décomposé. On filtre pour se débarrasser des sels d'argent, et dans la liqueur filtrée on précipite l'acide sulfurique par le chlorure de baryum.

Le poids de sulfate de baryte obtenu multiplié par 0,253 indique la quantité d'acide sulfocyanique contenue dans 1 gramme de crude.

Dosage du soufre

On dose le soufre en épuisant par le sulfure de carbone, 2 grammes de crude placés dans un tube étiré. Le liquide d'épuisement est recueilli dans une capsule en porcelaine, après évaporation, on sèche et pèse.

Dosage du bleu

Réactifs.— *Solution de potasse.* 100 grammes par litre. *Solution de chlorure ferrique acide.* 60 grammes Fe^2Cl^6 ou 90cc de chlorure ferrique commercial de densité 1450 et 200cc d'acide chlorydrique pour un litre. *Acide sulfurique au cinquième. Solution de sulfate de cuivre.* 12 grammes de sulfate de cuivre par litre. C'est avec cette solution qu'on effectue le dosage ; on la titre avec une solution de ferrocyanure de potassium contenant 2 grammes de K^4Fe $(CAz)^6$, 3aq par litre. On procède au titrage à la touche comme il est indiqué ci-après, en prenant 100 centimètres cubes de la solution de cyanure et 5 centimètres cubes d'acide sulfurique au cinquième.

Mode opératoire.— On introduit 10 grammes de crude dans un ballon jaugé de 200 centimètres cubes ; on ajoute 50 centimètres cubes de la solution de potasse, on laisse digérer pendant 12 à 16 heures. Au bout de ce temps les cyanures sont dissous ; avec de l'eau on amène le volume du liquide à 205 centimètres cubes (5 centimètres cubes pour le volume de l'insoluble) ; puis on prélève par filtration 100 centimètres cubes correspondant à 5 grammes de crude.

Dans un verre de bohême de 150 à 200 on verse 25 centimètres cubes de la solution de chlorure ferrique ; on chauffe au-dessus d'un bec de gáz muni d'une couronne et dans cette solution chaude on introduit les 100 centimètres cubes filtrés ; on maintient le verre au-dessus de la flamme pour porter le liquide à la température de 70 à 90° pendant 3 à 4 minutes.

On recueille le précipité de bleu sur un filtre à plis ; la liqueur filtrée est, presque toujours fortement colorée en rouge par les sulfocyanures. On lave le filtre à l'eau chaude. Puis on le met à digérer, dans une capsule en porcelaine avec 20 centimètres cubes de la solution de potasse ; on agite avec une baguette de verre jusqu'à ce que tout le bleu ait disparu ; le tout est introduit dans une fiole jaugée de 250 centimètres cubes sur laquelle on a placé un entonnoir à large douille. On ajoute 1 gramme de carbonate de plomb pour insolubiliser les sulfures qui peuvent se trouver dans la solution ; on laisse en contact pendant une ou deux heures en agitant assez fréquemment ; puis avec de l'eau distillée on amène le volume à 250. On prélève par filtration 100 centimètres cubes correspondant à 2 grammes de crude.

Au moment de procéder au titrage on prépare des feuilles de papier à filtrer sur lesquelles on fait tomber quelques gouttes de la solution de chlorure ferrique, formant des taches jaunes sur le papier blanc. Puis 2 ou 3 tubes à essais dans chacun desquels on fait tomber une goutte de la solution ferrique ; on ajoute 10 à 15 centimètres cubes d'eau pour diluer fortement la goutte de solution ferrique. Au-dessus de ces tubes on dispose de petits entonnoirs sur lesquels on place un ou mieux deux filtres plats.

Les 100 centimètres cubes prélevés par filtration sont décantés dans un verre de 250 ; on ajoute 5 centimètres cubes d'acide sulfurique au cinquième.

On remplit une burette graduée de la solution de sulfate de cuivre. On fait couler cette solution dans le verre de 250, en remuant constamment le contenu de ce verre avec un agitateur. La liqueur brunit par suite de la formation d'un précipité de ferrocyanure de cuivre.

De temps à autre, à l'aide de l'agitateur, on porte une goutte de la liqueur à titrer sur le papier buvard préparé, en appliquant l'agiteur à un centimètre environ d'une des taches ferriques, afin que le cyanure de cuivre soit arrêté et que seule la liqueur arrive en contact de la tache jaune. Il se produit une raie bleue à cette ligne de contact.

On ajoute du sulfate de cuivre jusqu'à ce qu'on n'observe plus de tache bleue. Le titrage est alors presque terminé, mais il est nécessaire de faire suivre ce titrage à la touche par un essai de filtration.

On verse 3 à 4 centimètres cubes du liquide titré sur les petits filtres préparés ; on laisse tomber les premières gouttes dans le verre de 250, puis on porte l'entonnoir au-dessus du tube à essais. On laisse couler 2 ou 3 gouttes et on agite le tube à essai ; si le liquide de ce tube ne se colore pas en bleu au bout d'une demi-minute, le titrage est terminé. Dans le cas contraire on verse à nouveau 3 à 4 gouttes de la solution de cuivre dans le verre de 250 et on fait un nouvel essai par filtration.

Dans ces essais il est nécessaire que le filtre retienne le précipité de ferrocyanure de cuivre ; si ce précipité était entraîné dans le tube à essai il se produirait toujours une coloration bleue ; aussi est-il préférable de filtrer sur deux filtres, qu'on évite de trop remplir.

La teneur en bleu des crudes est très variable. Ils sont utilisés à l'extraction des cyanures lorsqu'ils donnent au moins 5 pour 100 de bleu ; mais on rencontre beaucoup plus souvent des crudes d'un titre inférieur. La quantité de sulfate de cuivre employée au titrage est donc très variable ; un centimètre cube peut être suffisant, comme il peut en falloir 10, 12 et même plus. Avec un peu d'habitude on prévoit approximativement et on évite de trop nombreux essais à la touche.

Si le crude à analyser n'a pas une teinte bleue bien prononcée ; si le précipité de bleu recueilli sur un filtre au début de l'analyse n'est pas volumineux ; on versera tout d'abord 1 centimètre cube de la solution de cuivre ; on fera un essai à la touche et on continuera par additions de demi-centimètres cubes de solution de cuivre entre chaque essai à la touche. Si au contraire le précipité de bleu recueilli était abondant ; on pourra ne commencer les essais à la touche qu'après avoir versé 4 à 5 centimètres cubes de la solution de cuivre. L'intensité de la raie bleue de la touche est également une indication qui évite de multiplier les essais à la touche.

Le résultat du titrage peut-être exprimé en ferrocyanure $K^4Fe\,(CAz)^5,3aq. = 422$; on l'exprime plus généralement en bleu anhydre $Fe^7Cy^{18} = 860$. La liqueur de cuivre est titrée avec du ferrocyanure de potassium :

1 ferrocyanure de potassium $= 0,68$ bleu anhydre.

Exemple :

100cc liqueur ferrocyanure $= 11,^{cc}0$ liqueur sulfate de cuivre.

1cc liqueur sulfate de cuivre $= 0,01818$ ferrocyanure.
  — — — $= 0,01236$ bleu anhydre.

100cc d'une solution à titrer $= 8,5$ liqueur sulfate de cuivre.

$$\text{Bleu p. 100 crude} = 8,5 \times 0,01236 \times \frac{100}{2} = 5,25.$$

ENGRAIS PHOSPHATÉS

PHOSPHATES NATURELS

Les phosphates naturels sont employés directement comme engrais, ou utilisés à la fabrication des super-phosphates. Dans le premier cas, le dosage de l'acide phosphorique et la détermination du degré de finesse présentent seuls de l'intérêt. Dans le second cas, au contraire, il est utile de déterminer, en complément de ces deux dosages, la teneur en carbonate et fluorure de calcium, en oxyde de fer, en alumine et en eau.

Le tableau suivant donne l'analyse des principaux éléments de quelques phosphates naturels :

	Phosphate des Ardennes.	Phosphate de Gafsa.	Phosphate de la Floride.	Craie phosphatée.
Acide phosphorique.	18,55	29,46	35,56	25,92
— sulfurique....	1,10	2,55	0,20	0,80
— carbonique...	6,34	4,48	1,70	14,80
Fluor............	2,20	2.50	2,27	1,82
Chaux...........	33,66	41,90	46,62	50,80
Magnésie	0,20	0,30	»	0,12
Alumine	3,30	0,65	1,04	0,50
Oxyde de fer.......	5,90	0,80	1,36	0,55
Finesse au tamis 100.	99,50	»	»	»
Eau à 100°	4,50	3,27	2,90	4,20

Dosage de l'acide phosphorique.

Réactifs. — *Citrate d'ammoniaque.* — On introduit 400 grammes d'acide citrique dans une fiole jaugée de 1 litre, puis 500 à 600 centimètres cubes d'ammoniaque à 22° B. ; on agite pour faciliter la dissolution de l'acide citrique ; finalement, on complète au volume de 1 litre avec de l'ammoniaque à 22°.

Réactif magnésien. — Ce réactif se prépare en dissolvant 290 grammes de chlorure de magnésium cristallisé et 150 grammes de chlorhydrate d'ammoniaque dans de l'eau-distillée et complétant le volume de la dissolution à 1 litre. 5 centimètres cubes de cette solution précipitent 0gr,500 d'acide phosphorique.

Mode opératoire. — 2 grammes de phosphate sont
introduits dans un ballon jaugé de 200 centimètres cubes
et traités par 20 centimètres cubes d'acide chlorydrique.
On chauffe au bain de sable pendant un quart d'heure ;
puis on ajoute 40 à 50 centimètres cubes d'eau, et on
laisse digérer à nouveau au bain de sable pendant un
quart d'heure. Au bout de ce temps on refroidit le ballon
et on complète le liquide au volume de 200, dont on prélève par filtration 100 centimètres cubes correspondant à
1 gramme de phosphate.

On verse cette liqueur dans un verre à précipiter, où
l'on ajoute 60 centimètres cubes de citrate d'ammoniaque,
5 centimètres cubes de réactif magnésien et 50 centimètres
cubes d'ammoniaque ; on agite pour favoriser la précipitation du phosphate ammoniaco-magnésien. Lorsque le
liquide est devenu trouble par formation de ce précipité,
on laisse déposer jusqu'au lendemain.

Le précipité est recueilli sur un filtre en papier Berzélius ; les cristaux adhérents aux parois du verre sont
facilement détachés à l'aide d'une grosse baguette en
verre (D = 1 centimètre) munie à une de ses extrémités
d'un bout de tube de caoutchouc. On entraîne sur le filtre
tout le précipité à l'aide d'une pissette renfermant un
liquide alcalin, mélange de 2 parties d'eau et de 1 partie
d'ammoniaque à 22° B. ; on lave deux ou trois fois le filtre
avec ce liquide alcalin ; puis ce filtre contenant le précipité de phosphate ammoniaco-magnésien est séché à
l'étuve, calciné au rouge vif et pesé. Le poids de pyrophosphate de magnésie obtenu multiplié par 0,639 donne
la teneur en anhydride phosphorique de 1 gramme du
phosphate analysé.

L'expression agricole *acide phosphorique* s'entend, chimiquement parlant, *anhydride phosphorique* (P^2O^5).

Dosage du calcaire.

Ce dosage s'effectue soit à l'aide d'un calcimètre, soit
par la méthode volumétrique Schlœsing, en opérant sur
$0^{gr},500$ ou 1 gramme de phosphate et en suivant les prescriptions indiquées au dosage du calcaire dans les terres
et les amendements.

Dosage de l'acide sulfurique.

Cinq grammes de phosphate sont traités dans un verre
de Bohême de 100 par 20 à 30 centimètres cubes d'acide

chlorhydrique et 50 centimètres cubes d'eau ; on chauffe au bain de sable en agitant fréquemment pour amener la dissolution du sulfate de chaux dans l'eau acidulée ; on filtre sur un ballon de 375 ; le liquide filtré est porté à l'ébullition et l'acide sulfurique précipité par le chlorure de baryum. Le poids de sulfate de baryte obtenu multiplié par 6,86 donne le taux p. 100 d'anhydride sulfurique contenu dans le phosphate.

Dosage de la chaux.

Un gramme de phosphate traité dans un verre de 100 par 10 centimètres cubes d'acide chlorhydrique est chauffé un quart d'heure au bain de sable ; on ajoute ensuite 40 à 50 centimètres cubes d'eau ; on laisse digérer à nouveau un quart d'heure au bain de sable, puis on décante dans un ballon jaugé de 500, et on dilue à 350 ou 400 centimètres cubes. Le liquide refroidi, on ajoute quelques gouttes d'une solution alcoolique de phénol-phtaléine à 1 p. 100, puis on verse lentement de l'ammoniaque en léger excès, jusqu'à ce que le liquide dans lequel s'est précipité le phosphate de fer et d'alumine et le phosphate de chaux prenne une légère teinte rose. On rend alors acétique par l'addition de 5 à 10 centimètres cubes de cet acide ; si l'on avait mis trop d'ammoniaque et qu'après cette addition d'acide acétique le liquide reste opaque, on ajoute à nouveau de l'acide acétique par petites doses de 3 à 4 centimètres cubes jusqu'à ce que le précipité ne diminue plus de volume. On se rend compte ainsi que tout le phosphate de chaux est dissous ; il ne reste plus en suspension que du phosphate de fer et d'alumine. Il est important d'effectuer ces opérations dans la liqueur refroidie à $+ 15°$ environ.

Le volume du liquide est complété à 500 centimètres cubes, dont on prélève par filtration 250 centimètres cubes, dans lesquels on précipite à l'ébullition la chaux par l'oxalate d'ammoniaque ; l'oxalate de chaux est recueilli sur un filtre, puis calciné et la chaux pesée à l'état de chaux vive.

Dosage de la magnésie.

Deux grammes de phosphate sont traités comme pour le dosage de l'acide phosphorique ; mais les 100 centimètres cubes de solution acide transvasés dans le verre à précipiter ne sont additionnés que de 60 centimètres cubes de citrate d'ammoniaque et 50 centimètres cubes d'ammoniaque. Comme les phosphates ne renferment que très peu de magnésie, le précipité ne se forme que très lentement ; aussi faut-il attendre deux jours avant de recueillir ce précipité.

Dosage de l'oxyde de fer

Dix grammes de phosphate sont incinérés pour détruire la matière organique, puis introduits dans une fiole conique de 500 ; on sature d'abord le calcaire par l'addition de quelques gouttes d'acide chlorydrique dilué de son volume d'eau, puis on ajoute 20 centimètres cubes d'acide chlorhydrique concentré et 50 centimètres cubes d'acide sulfurique dilué de son volume d'eau. On chauffe au bain de sable jusqu'à apparition de fumées blanches dans l'atmosphère de la fiole conique ; le liquide refroidi, on ajoute 200 à 300 centimètres cubes d'eau et on chauffe pour dissoudre les sels de fer ; puis on filtre. Dans la liqueur filtrée, chaude, on introduit 5 à 10 gr. de grenailles de zinc ; le sesquioxyde de fer est réduit à l'état de protoxyde, qu'on titre à l'aide d'une solution de permanganate de potasse, comme il a été dit au dosage du fer dans les terres.

Dosage de l'alumine (méthode Lasne).

Cette méthode est basée sur la séparation, en solution sodique et en présence d'un excès de phosphate alcalin, de l'alumine soluble, d'avec l'oxyde de fer et les bases alcalino-terreuses insolubilisées. L'alumine est précipitée de la solution sodique par l'ammoniaque à l'état de phosphate d'alumine ; pour purifier ce phosphate d'alumine des traces de fer qui pourraient l'accompagner, on le redissout dans l'acide chlorhydrique et on le précipite à nouveau à l'ébullition en présence d'hyposulfite d'ammoniaque.

On attaque 1gr,250 de phosphate par 10 centimètres cubes d'acide chlorhydrique et quelques gouttes d'acide nitrique ; on évapore à siccité pour insolubiliser la silice, puis on reprend par 25 centimètres cubes d'eau bouillante et 2 centimètres cubes d'acide chlorhydrique. On filtre la dissolution sur un petit filtre plat qu'on lave avec de petites quantités d'eau, de façon à n'obtenir qu'un volume total de 50 à 60 centimètres cubes. Ce liquide est versé dans un creuset de nickel d'une capacité de 125 à 150 centimètres cubes, dans lequel on a préalablement introduit 20 centimètres cubes d'une solution de soude pure à 200 grammes par litre, et 5 centimètres cubes d'une solution de phosphate de soude à 100 grammes par litre; si le phosphate analysé était très calcaire, on emploierait un peu plus de phosphate de soude, soit 7 à 8 centimètres cubes.

On chauffe au bain-marie pendant une heure, en agitant la masse de temps à autre; puis le contenu du creuset de nickel est décanté dans un ballon jaugé de 250 centimètres cubes. Le liquide refroidi est amené au volume de 250, dont on prélève 200 par filtration, soit un volume correspondant à 1 gramme de phosphate; ces 200 centimètres cubes sont versés dans un verre de 500 et le liquide est rendu acide par addition d'un excès d'acide chlorhydrique. On ajoute 25 centimètres cubes d'une solution de chlorhydrate d'ammoniaque à 125 grammes par litre, puis on précipite l'alumine à l'état de phosphate par l'addition d'un très léger excès d'ammoniaque.

Le précipité une fois déposé est recueilli sur un filtre auquel il suffit de donner un lavage à l'eau distillée pour entraîner la presque totalité des sels de soude; l'entonnoir sur lequel est placé le filtre contenant le précipité de phosphate d'alumine est disposé au dessus d'un ballon de 375, et, à l'aide d'une solution bouillante d'acide chlorhydrique au vingtième, on dissout le phosphate d'alumine, que l'on recueille dans le ballon On dilue à l'aide d'eau distillée à un volume d'environ 150 centimètres cubes, puis on ajoute $3^{cc},5$ d'une solution à 100 grammes par litre de phosphate d'ammoniaque; on neutralise par l'ammoniaque jusqu'à apparition d'un précipité persistant qu'on redissout par l'addition de III à IV gouttes d'acide chlorhydrique au vingtième; puis on ajoute 10 centimètres cubes d'une solution d'hyposulfite d'ammoniaque à 150 grammes par litre. Le liquide est alors amené au volume de 250 centimètres cubes et porté à l'ébullition, que l'on prolonge pendant une demi-heure; au bout de ce temps, on verse V à VI gouttes d'une solution saturée d'acétate d'ammoniaque, et on continue l'ébullition pendant cinq minutes.

Au bout de ce temps, on cesse de chauffer et on laisse le précipité se déposer au fond du ballon; le liquide encore tiède est filtré, et le précipité recueilli sur un filtre est calciné au moufle. Le poids du précipité de phosphate d'alumine augmenté de 2 milligrammes pour correction de solubilité et multiplié par 0,418 indique la teneur en alumine de 1 gramme de phosphate.

Dosage du fluor (méthode A. Carnot).

Le fluorure de calcium des phosphates est décomposé par l'acide sulfurique en présence d'un excès de silice : le gaz fluorure de silicium qui se dégage est entraîné dans une solution de fluorure de potassium ; le précipité de fluosilicate de potasse qui se forme est recueilli, et du poids de ce précipité on déduit la teneur en fluor :

$$SiF^4 + 2KF = K^2SiF^6.$$

Appareil. — L'attaque du phosphate se fait dans une fiole A de 150 centimètres cubes environ de capacité ; cette

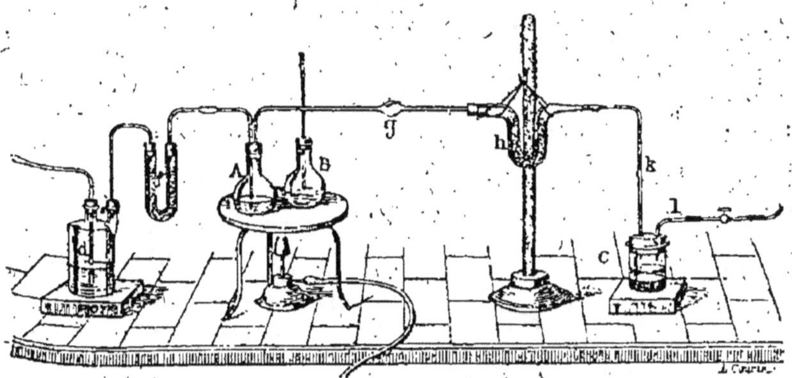

Fig. 9. — Appareil A. Carnot pour le dosage du fluor.

fiole est placée sur une plaque de fonte chauffée par un brûleur ; on détermine la température de la fiole A en plaçant à côté une fiole B contenant de l'acide sulfurique dans lequel plonge un thermomètre. La fiole A est fermée d'un bouchon de caoutchouc percé de deux trous, dont l'un est traversé par un tube plongeant dans la liqueur d'attaque et par lequel arrivera l'air sec chargé d'entraîner le fluorure de silicium, air qui a traversé le flacon d plein d'acide sulfurique et le tube f rempli de ponce imprégnée d'acide sulfurique concentré ; l'autre trou du bouchon qui obture le flacon A est traversé par un tube de dégagement qui porte un renflement g destiné à retenir les traces d'acide sulfurique qui pourraient être entraînées ; ce tube est relié à un tube en U, h, rempli de ponce imprégnée de sulfate de cuivre entièrement déshydraté. Le tube h est relié au tube k, qui plonge dans un flacon spécial C. Ce flacon de 60 centimètres cubes, à paroi droite, est verni intérieurement à la gomme-laque, ainsi d'ailleurs que l'extrémité du tube *k*, qui est étiré de façon à ne permettre que le dégagement de petites bulles de gaz ; on verse dans le flacon 10 centimètres cubes de mercure et on plonge sous le mercure la pointe du tube *k*, puis on verse à l'aide d'un petit entonnoir qu'on passe dans le trou libre du bouchon, 20 centimètres cubes d'une solution à 20 p. 100 de fluorure de potassium exempte de fluosilicate de potasse ; enfin le verre C est mis en communication par le tube *l* avec un aspirateur (fig. 9 et 10).

Réactifs. — *Fluorure de potassium.* — On obtient une solution de fluorure de potassium neutre en dissolvant dans une capsule de platine 25 grammes de fluorure avec 80 centimètres cubes d'eau distillée ; ce liquide est généralement acide ; on le neutralise exactement à l'aide de quelques gouttes de potasse ; on s'assure de l'absence de fluosilicate en ajoutant à 10 centimètres cubes du réactif préparé 40 centimètres cubes d'eau, puis 50 centimètres cubes d'alcool à 92° ; il ne doit pas se produire de précipité.

Ponce imprégnée de sulfate de cuivre anhydre. — Des grains de ponce placés dans une capsule de porcelaine sont arrosés d'une solution concentrée et bouillante de sulfate de cuivre ; on dessèche ensuite à feu nu, en ayant soin de remuer constamment, jusqu'à ce que la teinte bleue aie disparu ; puis on laisse la capsule pendant douze heures dans une étuve chauffée entre 220 et 240° ; la matière ainsi préparée est alors rapidement introduite dans un flacon sec bouchant hermétiquement.

Le tube *h* est destiné à retenir les vapeurs d'acide chlorhydrique provenant des chlorures que peuvent renfermer les phosphates ; ceux-ci renferment exceptionnellement des iodures (phosphorites du Quercy) ; on retiendra l'iode en plaçant en avant du tube *k* un autre tube en U renfermant du cuivre réduit.

Mode opératoire. — Avant d'effectuer le dosage du fluor dans des phosphates, il convient de s'assurer de la pureté des réactifs en faisant une première opération à blanc, dans les mêmes conditions que ci-dessous, mais sans phosphate.

Le dosage du fluor s'effectue sur 2 grammes de phosphate pulvérisé très finement qu'on mélange intimement par trituration dans un mortier d'agate avec 2 à 3 grammes d'un mélange siliceux formé de 5 parties de quartz pulvérisé et de 1 partie de silice calcinée.

L'appareil parfaitement desséché étant disposé comme

l'indique la figure, on introduit dans le ballon A le mélange de phosphate et de silice ; puis on verse 40 centimètres cubes d'acide sulfurique pur et concentré ; on bouche aussitôt le ballon, et on établit l'aspiration d'air à travers l'appareil en la réglant de façon que l'air ne passe que bulle à bulle dans le flacon *d*. On chauffe lentement et progressivement la plaque de fonte jusqu'à ce que le thermomètre placé dans le ballon B atteigne la température de 160°, que l'on maintient pendant le reste de l'opération.

Le fluorure de silicium commence à se dégager en fines bulles dans le ballon A dès que la température atteint 80° ; il se forme au début des bulles de fluorure de silicium qui adhèrent aux parois internes du flacon ; par agitation, on les détache facilement. La fin de la réaction

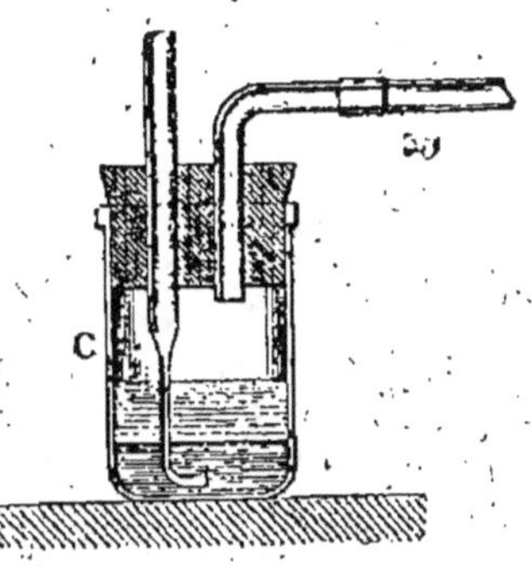

Fig. 10. — Dispositif du vase C.

est indiquée par l'arrêt du dégagement gazeux au sein du liquide sulfurique ; on laisse l'opération se continuer encore pendant une demi-heure en activant le courant d'air ; au bout de ce temps, on cesse de chauffer et on recueille le précipité dans le flacon C.

La solution limpide de florure de potassium contenue dans ce flacon s'est progressivement troublée par suite de la précipitation de fluosilicate de potassium ; on la décante dans un verre à pied de 200 centimètres cubes, et on lave soigneusement les parois du flacon et la surface du mercure avec de petites quantités d'eau distillée ; le volume total du liquide ne doit pas atteindre 100 centimètres cubes ; on y ajoute un égal volume d'alcool à 90°, et on laisse déposer pendant deux ou trois heures.

Le précipité étant alors bien réuni au fond du verre, on décante la liqueur surnageante, que l'on remplace par 30 à 40 centimètres cubes d'un mélange à volume égal d'eau et d'alcool, et on recueille le précipité sur un petit filtre taré ; on lave avec de l'eau alcoolisée jusqu'à ce que le liquide de lavage ne produise plus aucun trouble avec le chlorure de calcium.

Le précipité est séché à 100° et pesé ; le poids de fluorosilicate de potassium obtenu multiplié par 0,345 indique la quantité de fluor contenue dans 2 grammes de phosphate.

Ce procédé de dosage peut être utilisé même lorsque les phosphates renferment une quantité sensible de matières organiques; il suffit dans ce cas de calciner très doucement le phosphate pour détruire les matières organiques sans perte de fluor; le procédé s'applique de même aux substances riches telles que le fluorure de calcium ou la cryolithe; dans ce cas, on opère sur $0^{gr},200$ de matière.

Dosage de l'humidité.

Cinq grammes de phosphate introduits dans une capsule tarée sont chauffés pendant cinq heures dans une étuve réglée à 105°. La capsule est ensuite pesée aussitôt refroidie ; il faut avoir soin d'effectuer rapidement cette pesée, le phosphate reprenant en quelques minutes une partie de l'humidité qu'il a perdue à l'étuve.

Détermination de la finesse de mouture.

Cette détermination s'effectue soit au tamis n° 100, soit au tamis n° 80, suivant les clauses du contrat de vente ; le plus généralement le degré de finesse se détermine au tamis n° 100.

Dix grammes de phosphate sont versés sur la toile du tamis, que l'on prend d'un diamètre de 10 centimètres. Par des secousses imprimées au tamis, on fait passer la partie fine au travers des mailles ; la partie qui reste sur le tamis est pesée, c'est ce qui constitue le refus ; en déduisant ce poids de 10 grammes et multipliant par 10, on obtient le taux de partie fine.

Le tableau suivant donne les dimensions des principaux tamis utilisés dans les laboratoires soit pour la préparation des échantillons, soit pour la détermination du degré de finesse des divers produits agricoles.

Le tamis Kahl $0^{mm},47$ (mensuration allemande), dont l'emploi est exigé dans les contrats de vente de scories avec les pays du Nord de l'Europe, correspond à notre tamis n° 100.

NUMÉRO de classement	NOMBRE DE FILS au centimètre linéaire.	DIAMÈTRE DU FIL en centièmes de millimètre	CLASSIFICATION correspondante des ponts et chaussées
7	2,59	100	»
10	3,69	75	13,6
20	7,38	40	54,6
25	9,90	30	»
50	18,47	16	341
70	25,86	11	671
80	29,55	10	870
100	36,94	9,6	1360
110	40,63	9	1650
120	44,33	8,5	1970
150	55,41	7,5	3064
180	66,49	6,5	4430
200	73,88	5,5	5490

ENGRAIS PHOSPHATÉS ORGANIQUES

Le tableau suivant montre la teneur en azote et en acide phosphorique de quelques-uns de ces engrais :

	Azote.	Acide phosphorique.
Poudre d'os dégélatinés	1,02	29,69
— d'os verts	3,76	22,65
Noirs de raffinerie	0,70	27,90
Cendre d'os	»	37,31
Guano du Pérou	5,25	18,62
— des Seychelles	0,45	36,40
— de poisson phosphaté	4,00	9,80
— de poisson azoté	10,50	6,50
Écailles de poissons	8,84	13,92

Dosage de l'azote.

Cette détermination s'effectue par la méthode Kjeldahl en opérant sur 1 gramme de matière.

Dosage de l'acide phosphorique.

Deux grammes d'engrais sont introduits dans une capsule de platine et calcinés à douce température pour détruire la matière organique ; le contenu de la capsule est ensuite humecté légèrement d'eau et traité par 10 centimètres cubes d'acide chlorhydrique. On évapore à siccité, puis on reprend par 10 centimètres cubes d'acide chlorhydrique et 20 centimètres cubes d'eau ; on chauffe au bain de sable pendant une demi-heure, et on décante la solution dans un ballon jaugé de 200 centimètres cubes ; on prélève par filtration 100 centimètres cubes de la liqueur correspondant à 1 gramme de matière, et on précipite l'acide phosphorique par le réactif magnésien. Le précipité est recueilli et calciné dans les conditions indiquées pour le dosage de l'acide phosphorique dans les phosphates.

SCORIES DE DÉPHOSPHORATION

Ces scories sont le résidu de la déphosphoration des fontes ; elles renferment de 12 à 20 p. 100 d'acide phosphorique en combinaison facilement assimilable par les plantes. Les scories sont vendues d'après leur teneur en acide phosphorique ; beaucoup de contrats de vente portent en outre une garantie minima de 45 p. 100 de chaux, de 75 p. 100 de finesse de mouture au tamis 100 et d'un taux de 75 p. 100 de solubilité de leur acide phosphorique dans le réactif Wagner.

Les scories de déphosphoration n'ont bien entendu aucun rapport avec les scories de hauts fourneaux ; les agriculteurs font cependant fréquemment cette confusion ; ces dernières scories n'ont aucune valeur fertilisante.

Analyse des principaux éléments de trois scories de déphosphoration.

Acide phosphorique	16,06	14,78	11,52
Silice	10,40	12,30	12,30
Chaux totale	52,19	49,39	48,16
Magnésie	3,25	3,42	5,48
Chaux soluble dans le nitrate d'ammoniaque	15,68	12,71	20,00
Sesquioxyde de fer	9,65	3,56	4,49
Fer métallique et protoxyde de fer (en FeO)	2,50	9,10	10,64
Finesse au tamis 100	87,50	90,50	89,35

Éléments solubles dans l'acide citrique à 2 p. 100.

Acide phosphorique..............	14,14	11,58	3,00
Silice.........................	8,70	8,30	10,50
Chaux.........................	34,94	33,16	29,10
Magnésie......................	0,86	1,00	2,90
Oxyde de fer..................	2,49	3,42	12,75
Taux de solubilité de l'acide phosphorique dans l'acide citrique (réactif Wagner).............	88,05	78,35	26,00

Dosage de l'acide phosphorique.

Deux grammes de scories introduits dans une fiole conique de 150 sont traités par 20 centimètres cubes d'acide chlorhydrique et 5 centimètres cubes d'acide nitrique ; on évapore à sec au bain de sable pour insolubiliser la silice. On reprend par 10 centimètres cubes d'acide chlorhydrique, on chauffe un quart d'heure au bain de sable, puis on ajoute 30 à 40 centimètres cubes d'eau, et on chauffe à nouveau pendant le même laps de temps. Le contenu de la fiole conique est décanté dans un ballon jaugé de 200 centimètres cubes ; à l'aide d'une baguette de verre munie à l'une de ses extrémités d'un bout de tube de caoutchouc, on frotte le fond de la fiole conique pour détacher la silice adhérente qui pourrait retenir un peu de liquide phosphaté ; le tout est entraîné dans le ballon de 200. On prélève par filtration 100 centimètres cubes de cette liqueur correspondant à 1 gramme de scorie, et on précipite l'acide phosphorique par le réactif magnésien en suivant les prescriptions indiquées au dosage de l'acide phosphorique dans les phosphates.

Dosage de la chaux.

Deux grammes de scories sont traités comme pour le dosage de l'acide phosphorique ; mais, au lieu de décanter dans un ballon de 200, on introduit la solution dans une fiole jaugée de 500. Le liquide dilué à 300 centimètres cubes et refroidi, on ajoute 2 à 3 centimètres cubes de chlorure ferrique, puis un léger excès d'ammoniaque. L'addition d'un excès de fer permet d'assurer la précipitation de la totalité de l'acide phosphorique à l'état de phosphate de fer ; la chaux est maintenue en dissolution. Par filtration on prélève 250 centimètres cubes de ce liquide, dans lesquels on précipite la chaux par l'oxalate d'ammoniaque.

L'oxalate de chaux recueilli sur un filtre est calciné et la chaux pesée à l'état de chaux vive ; il arrive fréquemment que la chaux provenant de la calcination de l'oxalate de chaux possède une teinte rougeâtre au lieu d'être d'un blanc pur ; c'est l'indice de la présence d'impuretés (oxyde de fer et surtout oxyde de manganèse). Pour déterminer la teneur réelle en chaux, on pèse le mélange de chaux vive et d'oxydes métalliques, puis on verse dans la capsule 20 à 30 centimètres cubes d'eau et, à l'aide d'un tube étiré, on acidifie légèrement par quelques gouttes d'acide acétique ; la chaux est dissoute et les oxydes métalliques non attaqués sont recueillis sur un filtre qui est lavé, séché, calciné et pesé ; en déduisant du poids initial le poids de ces oxydes, on obtient la teneur réelle en chaux.

Détermination de la finesse de mouture.

On opère comme pour les phosphates en pesant 10 grammes de scories, dont on passe la partie fine à travers les mailles d'un tamis n° 100.

Détermination du taux de solubilité dans le réactif Wagner.

Un agronome allemand, le Dr Wagner, a constaté que, suivant leur origine, les scories de déphosphoration se solubilisaient plus ou moins dans une solution diluée d'acide citrique ; on savait par ailleurs qu'à égalité de finesse de mouture et de teneur en acide phosphorique certaines scories produisaient un excellent effet sur la végétation, alors que d'autres se montraient inactives ; le Dr Wagner ayant remarqué qu'il y avait un certain rapport entre l'assimilabilité des scories par les plantes et leur solubilité dans l'acide citrique, a créé une méthode de dosage qui permet de se fixer sur la qualité des scories de déphosphoration ; cette méthode a été très appréciée en Europe, où elle entre comme clause dans la plupart des contrats de vente de scories.

Appareil. — Cette détermination, qui se fait à froid, nécessite l'emploi d'un agitateur continu ; on peut utiliser un chariot, analogue à la figure ci-contre, imaginé par M. Schlœsing. Ce chariot porte deux courroies sans fin marchant dans le même sens ; ces deux courroies longent deux planchettes fixées au bâti de l'appareil ; sur ces planchettes sont posées verticalement de petites tiges métalliques qui se font face sur chaque planchette. Les courroies étant en mouvement, si l'on pose un tube entre deux des tiges de chaque planchette, ce tube subit d'abord un mouvement de translation ; mais aussitôt il rencontre les tiges, et le mouvement imprimé au tube devient un mouvement de rotation.

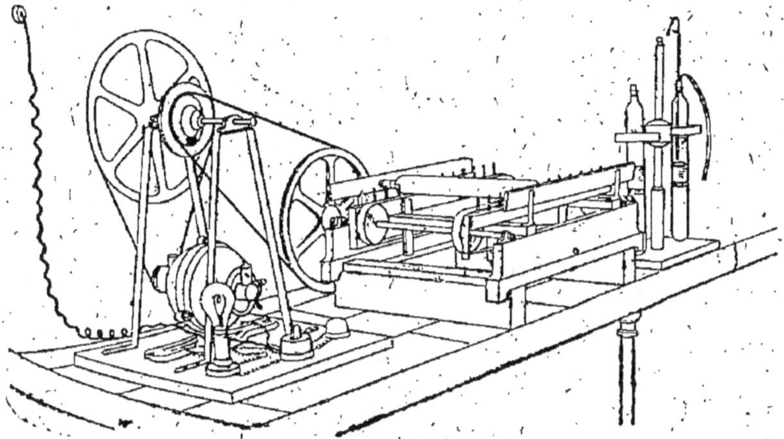

Fig. 11. — Agitateur continu de M. Schlœsing.

Cet appareil peut être actionné soit à la main, soit à l'aide d'une petite turbine à eau, soit à l'aide d'un petit moteur électrique, comme sur la figure 11.

Réactif. — *Réactif Wagner.* — Solution aqueuse d'acide citrique à 2 p. 100.

Mode opératoire. — Dans un tube spécial au chariot, tube de 30 centimètres de long et de 3 centimètres de diamètre, on introduit 2 grammes de scories et 200 centimètres cubes exactement mesurés d'une solution d'acide citrique à 2 p. 100 ; on ferme le tube et on le porte sur le chariot, où on le fait rouler pendant vingt minutes ; les particules denses de scories, par suite du mouvement de rotation du tube, sont sans cesse mises en suspension au sein de la solution citrique. Au bout de vingt minutes, le tube est retiré du chariot, et par filtration on prélève 100 centimètres cubes de son contenu ; ces 100 centimètres cubes introduits dans un verre à précipiter sont additionnés de 10 centimètres cubes de réactif magnésien et de 50 centimètres cubes d'ammoniaque ; on agite pour

faciliter la précipitation du phosphate ammoniaco-magnésien ; le précipité formé, on abandonne au repos jusqu'au
lendemain,

Le précipité de phosphate ammoniaco-magnésien est
parfois accompagné d'un dépôt abondant de silice géla-
tineuse, qui rend la filtration difficile et nécessite un
traitement spécial du précipité.

Le mélange de phosphate ammoniaco-magnésien et de
silice est recueilli et calciné dans les conditions ordinaires ;
on pèse le mélange de pyrophosphate de magnésie formé
par calcination et de silice ; puis on le traite dans la
capsule par 10 centimètres cubes d'acide nitrique, et on
évapore à siccité. On reprend le contenu de la capsule
par 10 centimètres cubes d'acide nitrique et 15 à 20 centimètres cubes d'eau ; on laisse digérer une demi-heure
au bain de sable, puis on filtre. La silice insoluble est
recueillie sur le filtre, calcinée et pesée ; en retranchant
ce poids de silice de la pesée précédente, on obtient le
poids réel de pyrophosphate de magnésie, duquel on
déduit la quantité d'acide phosphorique soluble dans le
réactif de Wagner pour 100 de scories, soit a.

On dose par ailleurs la totalité de l'acide phosphorique
contenu dans la scorie en suivant la méthode précédemment indiquée, soit une teneur A ; le taux p. 100 d'acide
phosphorique soluble dans le réactif de Wagner est

donné par la formule : $\dfrac{a}{A} \times 100$.

SUPERPHOSPHATES

Les superphosphates résultent du traitement des phosphates naturels et des poudres d'os par de l'acide sulfurique à 50 à 53° B. Leurs deux principaux constituants
sont le sulfate de chaux et le phosphate monocalcique.

Le but vers lequel on tend dans cette fabrication est
la transformation intégrale du phosphate tricalcique
insoluble en phosphate monocalcique soluble dans l'eau ;
mais, vu les imperfections inhérentes à un traitement
industriel, on ne peut arriver complètement à ce but ;
aussi peut-on rencontrer dans les superphosphates les éléments suivants :

De l'acide phosphorique libre H^3PO^4.   Soluble dans l'alcool.

Du phosphate
- monocalcique $CaH^4(PO^4)^2$ .... Insoluble dans l'alcool, mais soluble dans l'eau et dans le citrate d'ammoniaque.
- bicalcique $CaHPO^4$ ....
- basique de fer et d'alumine........ Insolubles dans l'eau, mais solubles dans le citrate d'ammoniaque.
- tricalcique $Ca^3 (PO^4)^2$ ....
- de fer peroxydé................ Solubles seulement dans les acides.

Dosage des principaux éléments de quelques superphosphates.

	SUPERPHOSPHATE			
	minéral.	d'os dégélatinés.	d'os gras ou os dissous	double.
Acide phosphorique soluble dans l'eau	14,01	15,16	11,80	40,40
— phosphorique soluble dans l'eau et le citrate d'ammoniaque	14,40	16,32	12,26	44,95
— phosphorique insoluble	0,32	0,42	0,60	0,36
— sulfurique	35,90	29,10	22,30	4,20
Alumine et oxyde de fer..	0,62	0,37	0,28	2,70
Chaux	30,20	25,80	19,57	14,80
Eau à $+ 100^o$	11,00	14,88	15,30	13,10
Azote............	»	0,77	2,10	»

Dosage de l'acide phosphorique solubilisé dans les superphosphates.

On a le plus souvent à doser l'acide phosphorique soluble dans l'eau et dans le citrate d'ammoniaque; mais on peut avoir soit à déterminer uniquement l'acide phosphorique soluble dans l'eau ; soit à doser, d'une part, l'acide phosphorique soluble dans l'eau et, d'autre part, l'acide phosphorique soluble dans l'eau et dans le citrate d'ammoniaque; quoi qu'il en soit, le début de l'opération est toujours le même.

On pèse 1gr,500 de superphosphate que l'on dépose dans un mortier de verre ; par un jet de pissette, on ajoute 15 à 20 centimètres cubes d'eau, et, après avoir délayé à l'aide d'une baguette de verre, sans broyer, on décante le liquide sur un filtre plat disposé au-dessus d'un ballon jaugé de 150 centimètres cubes, en évitant d'entraîner les parties solides. On renouvelle l'addition d'eau et on décante à nouveau ; puis, à l'aide d'un pilon, on broie très finement la matière ; on entraîne le tout sur le filtre au moyen d'une pissette, et on lave ensuite le filtre jusqu'à parfaire le volume du ballon jaugé.

Le filtre détaché de l'entonnoir est déposé dans le mortier (fig. 12) ; on agite le contenu du ballon et on le décante dans un verre à précipiter ; à ce sujet, nous recommandons, au lieu de se servir du verre à précipiter ordinaire à fond plat, d'utiliser des verres du modèle ci-contre (fig. 13) ; le précipité est facile à détacher et à recueillir.

Les deux épuisements par l'eau faits au début de l'opération ont eu pour but d'éliminer les sels acides qui auraient réagi pendant la trituration sur le phosphate non solubilisé.

La dissolution aqueuse une fois effectuée comme nous venons de le dire, si l'on se propose simplement de doser l'acide phosphorique soluble dans l'eau, on prélève à l'aide d'une pipette 50 centimètres cubes du liquide contenu dans le verre à précipiter ; il reste 100 centimètres cubes contenant l'acide phosphorique soluble dans l'eau pour 1 gramme de superphosphate. On ajoute 60 centimètres cubes de citrate d'ammoniaque, 5 centimètres cubes de réactif magnésien et 50 centimètres cubes d'ammoniaque. Le précipité de phosphate ammoniaco-magnésien qui se forme est recueilli comme il a été dit au dosage de l'acide phosphorique dans les phosphates.

Si le but de l'analyse est le dosage de l'acide phosphorique soluble dans l'eau et dans le citrate d'ammoniaque, on soutire 50 centimètres cubes du verre à précipiter. Il reste dans ce verre a solution d'acide phosphorique soluble dans l'eau pour 1 gramme de superphosphate ; puis le filtre déposé dans le mortier qui contient les phosphates exclusivement solubles dans le citrate d'ammoniaque est introduit dans le ballon jaugé de 150 centimètres cubes qui a servi à l'épuisement par l'eau ; on y verse 60 centimètres cubes de citrate d'ammoniaque alcalin, et on agite vigoureusement ; avec le jet d'une pissette, on entraîne au fond du ballon les particules qui ont été par l'agitation projetées sur les parois internes du ballon au-dessus du liquide.

On laisse en digestion jusqu'au lendemain, puis on complète avec de l'eau le volume du liquide à 150 centimètres cubes, et par filtration on prélève 100 centimètres cubes de la solution, que l'on verse dans le verre à précipiter con-

Fig. 12. — Mortier en verre. Diamètre extérieur = 9 centimètres.

Fig. 13. — Verre à précipiter. Diamètre extérieur = 8 centimètres.

tenant les 100 centimètres cubes provenant de l'épuisement par l'eau. On ajoute 5 centimètres cubes de réactif magnésien, 50 centimètres cubes d'ammoniaque, et on précipite ainsi l'acide phosphorique soluble dans l'eau et dans le citrate d'ammoniaque, contenu dans 1 gramme de superphosphate. On recueille et traite ce précipité comme il a été dit pour le dosage de l'acide phosphorique dans les phosphates.

Si l'on avait à effectuer à la fois le dosage de l'acide phosphorique soluble dans l'eau et le dosage de l'acide phosphorique soluble dans l'eau et dans le citrate d'ammoniaque, on effectuerait ce dernier dosage comme il vient d'être dit ; quant à l'acide phosphorique soluble dans l'eau, on le déterminerait sur les 50 centimètres cubes retirés du verre à précipiter, en se rappelant que cette opération est effectuée sur 0^{gr},500 de superphosphate.

La plupart des superphosphates renfermant une proportion sensible de magnésie, l'épuisement des sels solubles dans l'eau doit toujours être effectué avant le traitement par le citrate d'ammoniaque ; si l'on traitait directement le superphosphate par le citrate alcalin, on s'exposerait à insolubiliser une partie de l'acide phosphorique.

Dosage de l'acide phosphorique total
(soluble et insoluble).

Deux grammes de superphosphate introduits dans un ballon jaugé de 200 sont traités comme il a été dit pour le dosage de l'acide phosphorique dans les phosphates ; on dose ainsi la totalité de l'acide phosphorique contenu dans le superphosphate. La teneur en acide phosphorique insoluble s'obtient en retranchant du dosage de l'acide phosphorique total la teneur en acide phosphorique soluble dans l'eau et dans le citrate d'ammoniaque.

Dosage de la chaux et de l'acide sulfurique.

Le dosage de la chaux s'effectue sur 1 gramme de superphosphate en suivant la méthode indiquée au dosage de la chaux dans les phosphates.

Pour le dosage de l'acide sulfurique, on opère sur 1 gramme comme s'il s'agissait du dosage de l'acide sulfurique dans un plâtre.

Détermination du taux d'humidité.

Les superphosphates minéraux bien fabriqués renferment 10 à 15 p. 100 d'eau d'hydratation déterminée par dessication à 100° et les superphosphates d'os 13 à 16 p. 100 ; lorsque le taux d'humidité atteint et dépasse 18 p. 100, les superphosphates s'agglomèrent et ne sont plus susceptibles de s'épandre au semoir à engrais. Il en résulte un préjudice pour l'agriculteur, qui peut de ce fait réclamer une indemnité à son vendeur, la marchandise ne pouvant plus être considérée comme loyale et marchande ; aussi est-il utile, dans certains cas, de déterminer la teneur en eau d'hydratation.

Ce dosage s'effectue en desséchant 5 grammes de superphosphate dans une étuve réglée à la température de 100°.

Examen de la pureté d'un superphosphate d'os.

Quelques agriculteurs attribuent au superphosphate d'os une valeur fertilisante supérieure à celle du superphosphate minéral ; les superphosphates d'os étant de ce fait recherchés, il en résulte que le prix de l'unité d'acide phosphorique soluble (prix de l'azote déduit) est plus élevé dans cet engrais que dans le superphosphate minéral ; il est donc important de rechercher si un superphosphate d'os n'est pas additionné d'une proportion sensible de superphosphate minéral.

La plupart des superphosphates d'os ne sont pas exclusivement fabriqués avec de la poudre d'os ; la masse provenant du traitement des os par l'acide sulfurique étant pâteuse et difficile à sécher, quelques fabricants de superphosphates d'os mêlent à la poudre d'os 5 à 10 p. 100 de craie phosphatée, qui favorise la dessiccation du superphosphate fabriqué. A côté de ces produits qui renferment peu de phosphate minéral, il est vendu des superphosphates d'os dans la fabrication desquels n'entre qu'une quantité insignifiante de poudre d'os ou même qui ne sont fabriqués qu'avec du phosphate naturel.

Il est rare qu'un simple examen superficiel permette de reconnaître la falsification d'un superphosphate d'os ; ce ne sont que les fraudeurs inhabiles qui, pour rehausser le titre en azote d'un mélange de superphosphate d'os et de superphosphate minéral, l'additionnent de fins débris organiques faciles à reconnaître à première vue. Le plus généralement le phosphate minéral est additionné, en bonne proportion, de débris organiques azotés, soit seuls, soit accompagnés de sulfate d'ammoniaque, avant le traitement à l'acide ; le superphosphate ainsi fabriqué est d'aspect homogène et possède l'odeur caractéristique du superphosphate d'os.

On pourra rechercher et doser, s'il y a lieu, le sable siliceux que seul un phosphate naturel a pu apporter en proportion sensible ; mais la détermination la plus importante à effectuer est celle de l'alumine et de l'oxyde de fer ; les superphosphates d'os purs ne pouvant pas renfermer d'alumine, cette détermination est particulièrement caractéristique ; on peut l'effectuer par la méthode Lasne décrite à l'analyse des phosphates.

Les superphosphates d'os ne contenant que la faible proportion de fer apportée à l'état d'impureté par l'acide sulfurique qui sert à leur fabrication, il est également possible d'apprécier la pureté d'un superphosphate d'os en opérant ainsi qu'il suit : 2 grammes du superphosphate à examiner sont traités à chaud, au bain de sable, par 10 centimètres cubes d'acide chlorhydrique et 50 centimètres cubes d'eau ; à l'aide d'une petite baguette de verre, on agite fréquemment la solution ; au bout de vingt à trente minutes, lorsque tout est dissous, on filtre au-dessus d'un verre de 500. Le liquide de filtration amené à 300 centimètres cubes environ est additionné de quelques gouttes de phénol-phtaléine et neutralisé par l'ammoniaque ; l'alumine, l'oxyde de fer et la chaux sont précipités à l'état de phosphates ; on rend acétique pour redissoudre le phosphate de chaux ; il ne reste plus comme précipité que du phosphate de fer et d'alumine qu'on recueille, calcine et pèse.

Après pesée, le contenu de la capsule est introduit dans un verre de Bohême de 100 et traité par 5 centimètres cubes d'acide chlorhydrique et 10 centimètres cubes d'acide nitrique ; on évapore presque à siccité, puis on ajoute 20 centimètres cubes d'acide nitrique, et on concentre à nouveau à 5 centimètres cubes environ ; puis on dose l'acide phosphorique par précipitation à l'état de phospho-molybdate. Du poids de phosphate de fer et d'alumine obtenu précédemment on retranche la teneur en acide phosphorique ; on obtient ainsi la quantité d'alumine et d'oxyde de fer contenue dans 2 grammes de superphosphate.

SUPERPHOSPHATES DOUBLES OU CONCENTRÉS

Ces superphosphates, fabriqués surtout en Angleterre et en Belgique, se préparent en traitant les phosphates naturels par une solution d'acide phosphorique au lieu de les traiter par une solution d'acide sulfurique ; ces engrais renferment 40 à 45 p. 100 d'acide phosphorique soluble dans l'eau et le citrate d'ammoniaque ; nous avons indiqué dans le précédent tableau la composition d'un de ces superphosphates.

Leur analyse s'effectue exactement comme celle des superphosphates ordinaires.

PHOSPHATE PRÉCIPITÉ ET PHOSPHATE D'ALUMINE

Les os traités par l'acide chlorhydrique en vue de l'extraction de la gélatine donnent comme résidu de fabrication une solution acide de phosphate dont on précipite, par un lait de chaux, l'acide phosphorique sous forme de phosphate bicalcique ; l'engrais ainsi obtenu est désigné sous le nom de phosphate précipité ou précipité d'os.

Le phosphate précipité se présente sous forme d'une poudre blanche ; ce produit a une efficacité analogue au superphosphate, ainsi qu'il résulte d'expériences faites par M. Garola dans les plaines de la Beauce ; nous-même, en comparant dans un sol très légèrement calcaire du phosphate monocalcique, du phosphate bicalcique et du phosphate d'alumine, avons constaté que ces trois sels produisaient sensiblement le même effet sur la végétation.

Le phosphate d'alumine, extrait principalement des gisements de Redonda, est vendu sous forme d'une poudre rose ou gris rosé. Le tableau suivant indique le dosage des principaux éléments de deux de ces engrais.

	Phosphate précipité.	Phosphate d'alumine.
Acide phosphorique soluble dans l'eau....................	2,17	Traces.
Acide phosphorique soluble dans l'eau et le citrate d'ammoniaque	41,60	43,12
Acide phosphorique insoluble...	2,75	1,80
— sulfurique	0,97	0,15
Chlore	2,42	»
Alumine et oxyde de fer........	0,10	37,60
Chaux	38,60	0,50
Eau à + 100°	7,70	9,70

Dosage de l'acide phosphorique soluble.

0gr,750 de phosphate précipité ou de phosphate d'alumine sont déposés dans un mortier en verre ; on en forme une pâte en les broyant avec V à VI gouttes de citrate d'ammoniaque alcalin ; puis on ajoute 15 à 20 centimètres cubes de citrate, et on délaie la pâte dans ce liquide. On décante au-dessus d'un entonnoir sans filtre reposant sur un ballon jaugé de 150 centimètres cubes, en évitant d'entraîner les parties qui auraient pu échapper au broyage ; le liquide décanté, on broie la matière restée dans le mortier, et, avec 40 centimètres cubes de citrate d'ammoniaque ajouté par petites portions, on entraîne le tout dans le ballon ; 20 à 30 centimètres cubes d'eau sont suffisants pour achever le lavage du pilon, du mortier et de l'entonnoir qui a servi à faciliter la décantation. On laisse digérer jusqu'au lendemain en agitant toutefois de temps à autre afin d'activer la dissolution du phosphate non dissous qui tombe au fond du ballon.

Le lendemain on amène le volume à 150 centimètres cubes, et par filtration on prélève 100 centimètres cubes correspondant à 0^{gr},500 de phosphate ; on précipite l'acide phosphorique contenu dans ces 100 centimètres cubes par l'addition de 5 centimètres cubes de réactif magnésien et de 50 centimètres cubes d'ammoniaque.

ENGRAIS POTASSIQUES

Les trois principaux engrais potassiques sont, en les classant par ordre de qualité, le carbonate de potasse, le sulfate de potasse et le chlorure de potassium ; à ceux-là viennent s'ajouter les sels bruts de Stassfürth, notamment la kaïnite, les salins, puis les cendres.

Les engrais potassiques sont vendus à l'agriculture avec garantie de leur teneur en potasse, exprimée en oxyde de potassium (K^2O).

L'industrie ne se contente pas de cette unique détermination et achète généralement les sels de potasse en se basant sur leur teneur en sels purs. Les cristalléries ne tiennent compte que de la richesse en carbonate de potasse pur, des carbonates de potasse ou des salins qu'elles utilisent.

Détermination des divers sels de potasse.

Quel que soit le sel, la méthode à suivre pour déterminer les divers sels de potasse est toujours la même ; nous exposerons l'analyse complète du sel le plus complexe, le salin de betterave.

On pèse 20 grammes de salin qu'on introduit dans un verre de 100 centimètres cubes ; on ajoute de l'eau tiède qui dissout assez rapidement les sels de potasse. On décante la solution sur un filtre plat disposé au-dessus d'un ballon jaugé de 500 centimètres cubes ; on verse de l'eau sur le sel restant dans le verre ; après quelques minutes de contact on décante à nouveau. Par des épuisements successifs on dissout intégralement les sels de potasse ; finalement on jette le résidu sur le filtre qu'on lave et on complète au volume de 500.

100 centimètres cubes correspondant à 4 grammes de salin sont prélevés pour le dosage de l'acide sulfurique à l'état de sulfate de baryte ;

100 centimètres cubes pour le dosage du chlore à l'état de chlorure d'argent ;

50 centimètres cubes pour le dosage de la potasse ;

50 centimètres cubes pour la détermination de l'alcalinité suivant la méthode indiquée ci-après.

Tous ces dosages effectués suivant les méthodes décrites ci-après.

L'acide sulfurique dosé est calculé en sulfate de potassium, le chlore en chlorure de potassium. On calcule ensuite la quantité de potasse à ces deux états salins ; on la déduit du dosage de la totalité de la potasse ; le reliquat de potasse est calculé en carbonate de potasse.

Pour déterminer le carbonate de soude ; on calcule toute l'alcalinité en carbonate de potasse ; on en soustrait le carbonate de potasse réel, calculé ci-dessus ; le reliquat est finalement calculé en carbonate de soude.

Les multiplicateurs suivants sont utilisés :

$$BaSO^4 \times 0.7468 = K^2SO^4 \times 0,5407 = K^2O$$
$$AgCl \times 0,52 = KCl \times 0,6319 = K^2O$$
$$K^2O \times 1,467 = K^2CO^3 \times 0,768 = Na^2CO^3$$

Dosage de la potasse dans les sels
(méthode Schlœsing).

Réactifs. — Voir au *Dosage de la potasse dans les terres*.

Mode opératoire. — Si l'on analyse un sulfate, nitrate, phosphate ou carbonate de potasse, on introduit 2 grammes du sel dans un ballon jaugé de 200 centimètres cubes ; on dissout dans 40 à 50 centimètres cubes d'eau. Si la solution est alcaline, ce qui existe naturellement avec le carbonate de potasse et parfois avec le sulfate de potasse provenant du traitement des salins, on acidifie par addition d'un très léger excès d'acide nitrique et on porte à l'ébullition pour chasser l'acide carbonique.

Les chlorures de potassium et les kaïnites doivent être, au préalable, transformés en nitrates. Nous y arrivons très aisément en introduisant les 2 grammes de sel dans un ballon jaugé de 200 à col très court (ballon ordinaire dont on sectionne le long col à 1 ou 2 centimètres au-dessus du trait de jauge) ; on verse sur le sel 1 à 2 centimètres cubes d'acide nitrique concentré ; on porte le ballon au bain de sable et on évapore à sec. On obtiendrait difficilement l'évaporation de l'excès d'acides avec les ballons ordinaires, le long col faisant condensateur.

Le sel est ensuite dissous comme précédemment avec 40 à 50 centimètres cubes d'eau.

La dissolution effectuée, on verse dans le ballon un excès d'une solution aqueuse saturée à froid de baryte, 10 à 20 centimètres cubes s'il s'agit d'un chlorure, 100 centimètres cubes s'il s'agit d'un sulfate de potasse, et on chauffe au bain de sable pendant vingt à trente minutes pour favoriser le dépôt du sulfate de baryte qui s'est précipité. On refroidit ensuite la liqueur et on complète, avec de l'eau, le volume du liquide à 200 centimètres cubes.

On filtre au-dessus d'un ballon portant deux traits de jauge 100 et 110, et on prélève 100 centimètres cubes correspondant à 1 gramme de sel de potasse. A l'aide d'une pipette ou d'un tube étiré, on verse une solution de carbonate d'ammoniaque jusqu'au trait 110 ; l'excès de baryte se trouve précipité ; on agite et filtre aussitôt au-dessus d'un ballon jaugé à 50-55 ; on prélève 55 centimètres cubes correspondant à 0gr,500 du sel à analyser ; ces 55 centimètres cubes sont décantés dans une capsule de porcelaine tarée, et le liquide est évaporé à siccité au bain de sable.

On reprend le contenu de la capsule par 50 centimètres cubes d'eau froide, puis on traite par 5 centimètres cubes de la solution d'acide perchlorique pur exempt d'acide sulfurique, et on évapore à nouveau à siccité.

Le mélange de perchlorate de potasse et de perchlorate de soude est traité à froid par 10 à 15 centimètres cubes d'alcool à 92° saturé de perchlorate de potasse ; à l'aide d'une petite baguette de verre à bout aplati, on écrase les cristaux de sel pour faciliter le contact de toute la masse avec l'alcool ; puis les sels déposés au fond de la capsule, on décante le liquide surnageant, sur un petit filtre plat disposé au-dessus d'un verre de 100. On broie à nouveau les sels restés dans la capsule, et on les traite par 10 à 15 centimètres cubes d'alcool saturé de perchlorate qu'on brasse avec ces sels, puis on décante après repos sur le petit filtre ; enfin on répète une troisième fois ce traitement à l'alcool ; on a ainsi éliminé le perchlorate de soude soluble dans l'alcool.

Le liquide contenu dans le verre de 100 est soit versé dans les résidus d'alcool, soit évaporé au bain de sable pour y doser la soude à l'état de sulfate. La capsule de porcelaine est placée au-dessous du petit filtre, et, à l'aide de trois lavages à l'eau bouillante, on recueille la petite quantité de perchlorate de potasse qui a pu être entraînée sur le filtre pendant les décantations.

Le contenu de la capsule est évaporé à siccité au bain de sable ; il est utile d'ajouter à ce liquide quelques gouttes d'acide perchlorique, qui évitent des projections de sel en dehors de la capsule lorsque la matière arrive à siccité. On traite ensuite par 10 à 15 centimètres cubes d'eau régale pour détruire les sels ammoniacaux qui ont pu se former lors de l'évaporation de la solution traitée par l'acide perchlorique ; on évapore à sec au bain de sablé, et on pèse le perchlorate de potasse pur ainsi obtenu ; ce poids multiplié par 0,34 donne la teneur en potasse de $0^{gr},500$ du sel analysé.

Dosage de la potasse par les sels de platine.

Nous employons exclusivement, pour le dosage de la potasse dans les engrais et les terres, la méthode Schlœsing, qui donne des résultats très précis, quelle que soit la composition du produit analysé ; en complément de cette méthode, le Comité des stations agronomiques a indiqué et décrit ainsi qu'il suit deux méthodes de dosage de la potasse par précipitation à l'état de sel de platine.

Dosage de la potasse dans les salins et dans les potasses raffinées, par la méthode au platine et au formiate de soude.

MM. Corenwinder et Contamine ont préconisé l'emploi d'une méthode qui est rapide et exacte, quand on la pratique avec tout le soin voulu. On peut la regarder comme aussi précise que le procédé au perchlorate. Elle s'applique en général aux sels de potasse. Mais il est utile de s'assurer au préalable que ceux-ci ne contiennent pas d'ammoniaque : si la présence de cette base était constatée, il faudrait chauffer au rouge le sel à essayer avant de procéder au dosage ; les sels ammoniacaux sont ainsi éliminés ; mais il faut éviter de pousser la température trop haut ou de la prolonger, de crainte de volatiliser les sels de potasse.

On prend 25 grammes de sel à analyser ; on calcine comme il vient d'être dit, mais seulement dans le cas très rare où il y a des sels ammoniacaux ou de la matière organique ; on dissout à l'ébullition dans 600 ou 800 centimètres cubes d'eau ; on laisse refroidir, et l'on amène le volume total à 1 litre ; après avoir rendu le liquide homogène, on en filtre une partie ; on prélève 20 centimètres cubes, correspondant à 5 décigrammes de matière; on acidule la liqueur par l'acide chlorhydrique, on évapore à sec et l'on pèse le résidu salin afin de savoir quelle quantité de bichlorure de platine il faut y ajouter pour que ce dernier soit en excès. On calcule la quantité de bichlorure, de manière qu'elle soit suffisante pour saturer la quantité de sel pesé, que l'on considère comme étant du chlorure de sodium ; l'équivalent de la soude étant moins élevé que celui de la potasse, on est sûr, de cette manière, d'avoir un excès de chlorure de platine. La solution de chlorure de platine devra contenir, dans 100 centimètres cubes, 17 grammes de platine ; chaque centimètr ecube de cette solution sera suffisant par décigramme du poids du résidu salin obtenu. On évapore le mélange dans une capsule à fond plat au bain-marie ; la capsule est placée sur un rond métallique qui est lui-même séparé des bords du bain-marie par un gros rond de carton, destiné à empêcher le bichlorure de platine d'être chauffé au-delà de 100°, température au-dessus de laquelle il pourrait se former un peu de sous-chlorure de platine, insoluble dans l'alcool.

On pousse l'évaporation jusqu'au moment où le produit a une consistance pâteuse et se prend en masse par le refroidissement : il faut éviter une dessiccation complète. Après le refroidissement, on laisse digérer pendant plusieurs heures avec 15 centimètres cubes d'alcool à 95°, en ayant soin de placer la capsule sous une petite cloche. On agite de temps en temps avec une baguette le contenu de la capsule ; on décante le liquide surnageant sur un petit filtre ; on lave avec l'alcool jusqu'au moment où le liquide qui passe est tout à fait incolore.

On avait recommandé d'employer un mélange d'alcool et d'éther : mais le traitement par ce mélange ne se fait pas sans difficulté ; il est rare que le liquide ne grimpe pas le long des parois de la capsule et ne déborde pas sur la paroi extérieure. Cet inconvénient est difficile à éviter avec l'emploi du mélange d'alcool et d'éther ; mais le lavage peut aussi s'opérer avec de l'alcool seul à 95°, qui ne dissout pas de chloro-platinate de potasse. Dans ce cas, le liquide grimpe moins.

On a ainsi obtenu, comme résidu insoluble, un mélange de chloro-platinate de potasse avec des quantités variables de phosphate de soude, de silice, d'oxyde de fer, etc. On dissout par l'eau bouillante la matière restée dans la capsule, et on la verse sur le filtre ; on continue le lavage de la capsule et du filtre par l'eau bouillante, jusqu'au moment où tout le chloro-platinate est dissous, ce qu'on constate facilement par la décoloration du filtre. La solution de chloro-platinate est reçue dans une capsule bien vernissée et dans le vernis de laquelle il ne se trouve pas de stries. On chauffe au bain de sable jusqu'à l'ébullition, et l'on verse, par très petites portions, du formiate de soude dissous dans l'eau, tout en retirant la capsule du feu, pour éviter les projections. La réaction est assez vive ; le platine est réduit à l'état métallique. On ajoute du formiate de soude jusqu'à ce que le liquide soit complètement décoloré. On peut avantageusement remplacer la capsule par un vase en verre trempé ou en verre de Bohême, à bec, qu'on recouvre d'un verre de montre pendant la réaction. Non seulement on évite ainsi des pertes par projection, mais on est aussi à l'abri des inconvénients que présentent dans les capsules les stries, sur lesquelles le platine adhère fortement.

Le platine s'est précipité sous forme de poudre noire ; pour le concréter, on évapore le liquide à peu près à moitié ; on verse sur un petit filtre, en y faisant tomber le platine avec de l'eau froide, légèrement acidulée et, lorsque tout le platine est réuni sur le filtre, on achève le lavage à l'eau bouillante. Il arrive souvent que le platine passe à travers le filtre, ce qu'on remarque facilement à la teinte d'un gris métallique que prend le liquide filtré ; il faut alors laisser déposer ce liquide du jour au lendemain, décanter la partie surnageante et ajouter sur le filtre le dépôt noir qui s'est formé, en employant encore de l'eau froide pour le lavage ; mais cet inconvénient ne se produit que lorsque le liquide n'a pas été suffisamment évaporé pour concréter le platine ; il faut donc donner une grande attention à cette évaporation.

Le filtre est séché et calciné ; on obtient ainsi le poids du platine correspondant à celui de la potasse (100 de platine équivalent à 47,57 de potasse). Le procédé s'applique non seulement au chlorure de potassium, mais aussi aux salins, aux potasses raffinées et même au sulfate de potasse, sans séparation préalable de l'acide sulfurique.

Dosage de la potasse à l'état de chlorure double de platine et de potassium.

Ce procédé de dosage classique fournit de bons résultats ; il est fondé sur la propriété que possède le bichlorure de platine de donner, avec les chlorures de potassium et de sodium, des chlorures doubles de potassium et de sodium qu'il est facile de séparer, le chloro-platinate de potasse étant insoluble dans l'alcool, tandis que le chloro-platinate de soude y est soluble.

La première opération consiste à ramener la potasse et la soude à l'état de chlorures.

Soit le cas d'un engrais complexe. Il faut commencer par détruire la matière organique et les sels ammoniacaux par une calcination ou un grillage, mais en ayant soin de ne pas pousser la température trop loin, de peur de volatiliser de la potasse. Le produit de la calcination qui, suivant la richesse présumée de l'engrais, provient de 1 à 5 grammes de matière primitive, est traité par de l'eau chaude ; on ajoute à la solution, qu'il est inutile de filtrer au préalable, un léger excès d'eau de baryte, puis on filtre. Dans la solution filtrée, on ajoute du carbonate d'ammoniaque en excès ; on fait bouillir, on filtre de nouveau et l'on évapore à sec la solution claire dans une capsule de platine ; on ajoute 4 ou 5 grammes d'acide oxalique en poudre à la matière, de manière à recouvrir celle-ci ; on humecte avec quelques gouttes d'eau pour encroûter l'acide oxalique au-dessus de la matière ; on recouvre d'un entonnoir qui pénètre de quelques millimètres dans la capsule, on chauffe modérément au bain de sable en ajoutant de temps en temps quelques gouttes d'eau ; puis on chauffe plus fort au bain de sable jusqu'à ce que tout dégagement de gaz et de vapeurs ait cessé. Il se forme, dans l'intérieur de la capsule, des gaz réducteurs, notamment de l'oxyde de carbone, qui réagissent sur les azotates et achèvent de les transformer en carbonates. On n'a pas à craindre de pertes pendant cette opération, parce que l'acide oxalique, en se décomposant, tout en bouillant vivement, ne projette pas de matière. Il ne faut pas craindre à la fin de l'opération de porter la capsule jusqu'au rouge, qu'on maintient pendant quelques instants. On reprend par de petites quantités d'eau chaude, on filtre, si c'est nécessaire ; la magnésie, le carbonate de chaux, etc., restent sur le filtre ; dans la solution filtrée, où les alcalis se trouvent à l'état de carbonates, on met de l'acide chlorhydrique, on évapore à sec et l'on pèse le mélange des chlorures, auquel on ajoute une quantité connue de chlorure de platine, comme il est expliqué précédemment ; on évapore à sec au bain-marie, mais sans prolonger la dessiccation au delà de ce qui est indispensable.

Le résidu est repris par de l'alcool à 95°, qu'on laisse pendant quelque temps séjourner sur la matière, après avoir bien agité afin d'obtenir la précipitation complète du chloro-platinate. Cette digestion doit se faire sous une petite cloche à bords rodés et suiffés, reposant sur une plaque de verre dépolie. On empêche ainsi l'alcool de s'évaporer et de former, sur les parois de la capsule, des dépôts qui finissent par atteindre et dépasser le bord supérieur du vase.

On lave au moyen de cet alcool, en décantant les liqueurs sur un petit filtre placé lui-même dans un autre filtre d'un poids identique, qui lui sert de tare sur les deux plateaux d'une balance ; le lavage est prolongé jusqu'à ce que les liqueurs passent tout à fait incolores. On s'arrange, pendant le lavage, de manière à faire tomber sur le filtre toute la matière, en détachant avec une barbe de plume celle qui resterait dans la capsule ; on dessèche à une température ne dépassant pas 95°, et l'on pèse le chloro-platinate recueilli sur le filtre intérieur. On peut encore laisser la matière dans la capsule, où l'on fait tomber, au moyen d'un fin jet d'alcool, le chloro-platinate qui était entraîné sur le filtre. On pèse dans la capsule même, après dessiccation à 95°. La pesée doit se faire rapidement à cause de l'hygroscopicité de la matière.

Lorsqu'on a recueilli le précipité sur le filtre, il est prudent d'introduire celui-ci, au sortir de l'étuve, dans un étui en verre léger, bouché à l'émeri, en prenant la précaution de tarer cet étui avec un autre semblable, dans lequel on mettra le filtre vide. Le poids obtenu multiplié par 0,193 donne la quantité de potasse correspondante.

Détermination de l'alcalinité d'un sel exprimée en carbonate de potasse

Un gramme de carbonate de potasse ou 5 grammes d'un sel de potasse légèrement alcalin introduits dans un ballon de 375 sont dissous dans 100 à 150 centimètres cubes d'eau ; on ajoute quelques gouttes de tournesol neutre, puis 10 centimètres cubes de la solution sulfurique titrée qui sert au dosage de l'azote ; si cette quantité n'est pas suffisante pour rendre le liquide acide, on ajoute à nouveau 10 centimètres cubes d'acide sulfurique titré, puis on porte à l'ébullition pour chasser l'acide carbonique.

On remplit une burette graduée de la solution de soude titrée correspondant à la solution sulfurique, et, le liquide à titrer dont on a éliminé l'acide carbonique par ébullition étant refroidi, on le neutralise en versant goutte à goutte la soude titrée ; on note le volume de soude employé, et par un calcul analogue à l'exemple suivant on détermine la teneur en carbonate de potasse.

Exemple de calcul. — La soude et l'acide titrés servant au dosage sont tels que : 10 centimètres cubes d'acide sulfurique saturent $29^{cc},8$ de soude, et que $0^{cc},1$ de soude $= 0^{gr},0005808$ d'azote (Voy. p. 18).

Un gramme de carbonate de potasse a nécessité l'emploi de 20 centimètres cubes d'acide, et, pour neutraliser l'excès d'acide, on a employé $25^{cc},5$ de soude.

Un gramme de carbonate de potasse a donc une alcalinité correspondant à $29^{cc},8 + (29^{cc},8 - 25^{cc},5) = 34^{cc},1$ de soude titrée ; or $34^{cc},1$ de soude correspondent à $34,1 \times 0^{gr},0005808$ d'azote, soit $0^{gr},19803$.

Nous savons que $\dfrac{CO^3K^2}{Az} = 4{,}93$, donc le taux p. 100 de carbonate de potasse est :

$$0{,}19805 \times 4{,}93 \times 100 = 97{,}63\ (CO^3K^2).$$

Dosage de l'acide sulfurique, du chlore et de la magnésie

Pour ces trois dosages, on pèse 5 grammes du sel à analyser, que l'on dissout dans 500 centimètres cubes d'eau.

On prélève 100 centimètres cubes pour le dosage de l'acide sulfurique, que l'on précipite du liquide porté à l'ébullition par l'addition de 10 centimètres cubes d'une solution de chlorure de baryum à 20 p. 100 ; le poids de sulfate de baryte obtenu multiplié par 0,747 donne la teneur en sulfate de potasse pour 1 gramme.

On dose le chlore en opérant sur 50 centimètres cubes de la solution saline, soit 0gr,500 de sel ; ces 50 centimètres cubes sont versés dans un verre à précipiter de 100 centimètres cubes. Le liquide rendu acide par l'addition de quelques gouttes d'acide nitrique est traité par un excès de nitrate d'argent, qui précipite le chlore ; on laisse déposer quelques heures, puis on recueille le précipité sur un filtre taré qu'on sèche à l'étuve à 100° et pèse. Le poids de chlorure d'argent multiplié par 0,247 donne la teneur en chlore pour 0gr,500 de sel ; ce même poids de chlorure d'argent multiplié par 0,520, indique la teneur en chlorure de potassium pour 0gr,500 du sel analysé.

Pour le dosage de la magnésie, 100 centimètres cubes de la liqueur saline sont décantés dans un verre à précipiter, additionnés de 20 centimètres cubes de citrate d'ammoniaque, de 10 centimètres cubes d'une solution de phosphate d'ammoniaque et de 50 centimètres cubes d'ammoniaque ; on agite jusqu'à ce que le précipité commence à se former, puis on abandonne jusqu'au lendemain ; le précipité de phosphate ammoniaco-magnésien est traité comme il a été dit au dosage de l'acide phosphorique dans les phosphates. Le poids de pyrophosphate de magnésie obtenu multiplié par 0,361 donne la teneur en magnésie pour 1 gramme de sel.

Recherche et dosage des cyanures

Il nous est arrivé de rencontrer des sels de potasse dosant 2 p. 100 de cyanure de potassium ; ces sels étant nuisibles à la végétation, il est nécessaire, lorsqu'on a constaté la présence de cyanure dans des sels de potasse, d'en effectuer le dosage. Les sels de potasse qui renferment des cyanures se reconnaissent facilement, leur solution acide prenant une légère coloration bleue par suite de la formation d'une petite quantité de bleu de Prusse duc à la présence simultanée dans ces engrais de cyanures et de sels de fer.

Les agriculteurs qui, pour homogénéiser l'épandage du chlorure de potassium au semoir, le mélangent à du superphosphate reconnaissent de suite les sels cyanurés, la masse prenant une teinte bleue caractéristique.

Pour doser les cyanures, on dissout 10 grammes de sel dans 80 à 100 centimètres cubes d'eau, on rend acide par l'addition de 3 à 4 centimètres cubes d'acide chlorhydrique, et on ajoute 4 à 5 centimètres cubes d'une solution de chlorure ferrique. Le précipité de ferro-cyanure ferrique qui se forme est recueilli sur un filtre taré, lavé avec soin à l'aide d'eau légèrement acidulée, séché à l'étuve à 100° et pesé ; de ce poids on déduit la teneur en cyanure de potassium.

CENDRES

L'élément le plus intéressant à déterminer dans les cendres est la potasse ; on peut également y doser l'acide phosphorique, qui d'une façon générale se trouve en proportion plus faible que la potasse ; nous indiquerons la méthode de dosage de ces deux éléments ; si l'on voulait effectuer une analyse plus complète, on se reporterait à ce qui a été dit pour le dosage des divers constituants des phosphates et des scories de déphosphoration.

Teneur en acide phosphorique et potasse de quelques cendres.

Cendres de :	Acide phosphorique.	Potasse.
Bois de chêne	3,26	7,60
Bois de châtaignier	2,53	9,37
Bois de cotonnier	4,22	18,05
Caféiers	5,29	10,16
Sarments de nienthe	3,50	12,10
Tourteaux de mowrah	3,15	13,20
Grignons d'olive	2,20	3,88
Varechs	0,95	7,70
Tannée	0,48	2,50
Gadoue	1,17	0,90
Houille	0,58	0,36

Dosage de la potasse

La potasse contenue dans les cendres végétales se trouve à l'état de sels solubles dans l'eau ; on pourrait donc en effectuer le dosage en faisant une dissolution aqueuse absolument, comme s'il s'agissait d'un sel de potasse, mais, pour se débarrasser de la petite quantité de silice qu'apporte le silicate de potasse soluble, il est préférable de traiter les cendres par une solution acide qu'on évapore ensuite à siccité pour insolubiliser la silice.

Les cendres végétales chauffées à haute température ne renferment que peu de sels de potasse solubles ; presque toute la potasse se trouve à l'état de silicates insolubles, mais facilement dissociables par l'eau acidulée ; tel est le cas des cendres provenant des huileries où l'on alimente les foyers des chaudières avec des plaquettes de tourteaux. De telles cendres nous ont donné à l'analyse : 3,20 p. 100 de potasse à l'état de sels solubles dans l'eau et 10,50 p. 100 de potasse à l'état de silicates dissociables par une solution chlorhydrique.

Il est vraisemblable que toute cette potasse doit être assimilable ; néanmoins, dans un tel cas, il sera bon de doser d'une part la potasse soluble dans l'eau, en opérant sur 4 grammes suivant la méthode indiquée pour le dosage des sels de potasse, et, d'autre part, de déterminer la potasse soluble dans une liqueur chlorhydrique en suivant la méthode suivante, que nous employons pour toutes les cendres.

Quatre grammes de cendres sont introduits dans une fiole conique de 250 ; on ajoute 10 à 20 centimètres cubes d'eau et 10 centimètres cubes d'acide chlorhydrique ; on évapore à siccité au bain de sable, puis on reprend par 40 à 50 centimètres cubes d'eau.

On décante dans un ballon jaugé de 200 centimètres cubes, dans lequel on ajoute un excès de baryte ; 30 à 40 centimètres cubes sont en général suffisants ; on chauffe une demi-heure au bain de sable pour faciliter le dépôt du sulfate de baryte précipité ; le liquide est ensuite refroidi et le volume complété à 200 centimètres cubes.

On prélève par filtration 100 centimètres cubes correspondant à 2 grammes de cendres ; ces 100 centimètres cubes sont versés dans un verre de 250, additionnés de 20 centimètres cubes de carbonate d'ammoniaque, qui précipitent l'excès de baryte. Le précipité de carbonate de baryte se forme volumineux ; il faut attendre qu'il soit devenu cristallin et tombe au fond du verre, avant de filtrer ; on y arrive aisément en faisant tiédir la solution. On filtre le liquide dans une capsule en porcelaine, et on évapore à siccité ; on traite par 30 à 40 centimètres cubes d'eau régale pour détruire les sels ammoniacaux ; puis les sels sont dissous dans l'eau et entraînés dans une capsule de porcelaine tarée ; on ajoute 5 centimètres cubes d'acide perchlorique, et on continue comme il a été dit au dosage de la potasse dans les sels.

Dosage de l'acide phosphorique

Quatre grammes de cendres introduits dans une fiole conique de 250 sont additionnés de 20 centimètres cubes d'acide chlorhydrique ; on évapore à siccité pour insolubiliser la silice, puis on reprend par 10 centimètres cubes d'acide chlorhydrique, et on continue l'opération comme il a été dit pour le dosage de l'acide phosphorique dans les scories de déphosphoration.

ENGRAIS ORGANIQUES

Fumiers, gadoues, tourteaux-engrais, boues, etc.

Engrais organiques (composition p. 100)

	Azote.	Acide phosphorique.	Potasse.
Fumier de cavalerie	0,43	0,36	0,53
— d'étable	0,62	0,40	0,83
— de tourbe (chevaux)	0,86	0,52	1,53
— de bergerie	1,25	0,64	1,69
Purin (par litre)	0,88	0,30	2,30
Fumier de champignons	1,10	0,89	0,94
— de tabac	1,48	0,88	3,09
— de tout à l'égout	0,43	0,23	0,09
Tourteaux de Bondy	1,60	2,50	0,95
Colombine	3,76	1,98	1,50
Engrais gallinacé desséché	6,82	»	»
Guano de chauve-souris	1,58	3.84	1,21
Crottin de mouton	1,64	0,62	1,94
Suints de laine	4,89	0,28	0,54
Poussière d'épaillage de laine	5,31	0,44	0,40
Jute (déchets de fabrique de sacs)	0,73	0,21	0,28
Marc de raisin frais	0,68	0,22	0,80
— de raisin distillé	1,95	0,40	0,94

	Azote.	Acide phosphorique.	Potasse.
Marc de pomme	2,50	0,8	1,90
Tourteau d'olive	2,04	0,29	0,98
Terreau-engrais	0,44	0,36	0,26
Boue d'étang	0,52	0,19	0,35
Gadoues triées et broyées	0,60	0,56	0,47
Suies de machines	0,32	0,16	0,20
Branchage de genêts pour litière	1,14	0,23	0,42
Côtes de tabac	0,72	0,23	0,50
Algues de la Méditerranée	0,46	0,10	0,52

Dosage de l'azote

Ce dosage s'effectue par la méthode Kjeldahl en opérant sur un gramme de matière pour les engrais renfermant plus de 1 p. 100 d'azote et sur 2 grammes pour les substances pauvres, telles que fumiers, gadoues, etc.

Dosage de l'acide phosphorique

Cinq grammes d'engrais sont calcinés dans une capsule de platine à une température inférieure au rouge sombre ; pour faciliter la combustion, on brasse la masse de temps à autre à l'aide d'un fil de platine ; la matière organique brûlée, on imbibe les cendres d'eau et on ajoute de l'acide chlorhydrique par petites portions jusqu'à décomposition des carbonates ; on verse 5 à 10 centimètres cubes d'acide chlorhydrique en excès, puis on évapore à siccité au bain de sable. On reprend par 10 centimètres cubes d'acide chlorhydrique ; on chauffe un quart d'heure au bain de sable, puis on ajoute 20 à 30 centimètres cubes d'eau ; on malaxe à l'aide d'une petite baguette de verre, et on porte à nouveau au bain de sable pendant un quart d'heure.

Si l'on analyse une matière renfermant peu de carbonate de chaux, tels que fumiers et tourteaux, on filtre le contenu de la capsule au-dessus d'un verre à précipiter dans lequel on ajoute 60 centimètres cubes de citrate d'ammoniaque, 5 centimètres cubes de réactif magnésien et 50 centimètres cubes d'ammoniaque, pour précipiter l'acide phosphorique.

Lorsque l'on a à analyser des poudrettes ou des boues calcaires, il est nécessaire d'éliminer la chaux avant de précipiter l'acide phosphorique ; dans ce but, on filtre le contenu de la capsule de platine au-dessus d'un ballon de 375 pour se débarrasser des éléments sableux ; puis dans le ballon qui contient en solution l'acide phosphorique et les sels de chaux, on ajoute 20 centimètres cubes de citrate d'ammoniaque et de l'ammoniaque en léger excès si l'addition de citrate n'a pas été suffisante pour rendre le liquide alcalin. On acidifie ensuite par l'addition de 10 à 15 centimètres cubes d'acide acétique, et on porte le liquide à l'ébullition ; on y projette alors 3 à 4 grammes d'oxalate d'ammoniaque en fins cristaux qui précipitent la chaux.

Le liquide refroidi est filtré au-dessus d'un verre à précipiter dans lequel on ajoute 5 centimètres cubes de réactif magnésien et 50 centimètres cubes d'ammoniaque ; le phosphate ammoniaco-magnésien est recueilli et calciné en suivant les prescriptions indiquées à l'analyse des phosphates.

Dosage de la potasse

Dix grammes d'engrais sont calcinés dans une capsule de platine à une température inférieure au rouge sombre ; la matière organique brûlée, les cendres sont imbibées d'eau et traitées par l'acide chlorhydrique qu'on ajoute en excès ; puis on évapore à siccité au bain de sable. Le contenu de la capsule est repris par 30 à 50 centimètres cubes d'eau ; on chauffe pendant vingt à trente minutes au bain de sable, puis on décante dans un ballon jaugé de 200 centimètres cubes. On ajoute 50 à 60 centimètres cubes d'eau de baryte, on chauffe pendant un quart d'heure pour faciliter le dépôt de sulfate de baryte ; puis on refroidit le liquide, on complète au volume de 200, on agite et par filtration on prélève 100 centimètres cubes.

Ces 100 centimètres cubes correspondant à 5 grammes d'engrais sont décantés dans un verre de 250, additionnés de 20 à 30 centimètres cubes de carbonate d'ammoniaque pour précipiter l'excès de baryte. Lorsque le précipité de carbonate de baryte est devenu cristallin et tombe au fond du verre, ce qu'on obtient facilement en faisant tiédir le liquide, on filtre au-dessus d'une capsule en porcelaine. On lave avec de l'eau très faiblement ammoniacale et on évapore à sec.

Les sels contenus dans la capsule sont traités par 20 à 30 centimètres cubes d'eau régale pour détruire les sels ammoniacaux ; on évapore à sec ; puis on verse dans la capsule 20 à 30 centimètres cubes d'eau tiède pour dissoudre les sels ; on ajoute 2 à 3 centimètres cubes de la solution de carbonate d'ammoniaque, pour s'assurer que les sels alcalino-terreux ont été complètement éliminés ;

puis on filtre au-dessus d'une petite capsule tarée. On évapore à sec ; les sels de potasse et de soude sont ensuite dissous avec 20 à 30 centimètres cubes d'eau ; on ajoute 5 centimètres cubes d'acide perchlorique et on traite les perchlorates comme il a été dit pour le dosage de la potasse dans les sels.

ENGRAIS COMPOSÉS

EXAMEN ET ANALYSE D'UN MÉLANGE D'ENGRAIS

Essais qualitatifs

Réactif spécial. — *Réactif de Desbassyns.*— Ce réactif se prépare en triturant dans un mortier, pour en faciliter la dissolution, 100 grammes de sulfate de protoxyde de fer cristallisé, avec un demi-litre d'acide sulfurique pur à 66° B.

Mode opératoire. — 15 à 20 grammes d'engrais introduits dans un verre de 100 sont mis à digérer pendant quelques instants avec 15 à 20 centimètres cubes d'eau froide ; on jette le liquide sur un petit filtre disposé au-dessus d'une petite éprouvette à bec. A première vue, en examinant la matière restée sur le filtre, on voit si du sang, de la corne ou quelque autre engrais organique a été introduit dans le mélange ; dans le doute, il suffit de mettre un peu de l'engrais sur l'extrémité d'un couteau de platine et chauffer. S'il y a combustion de quelques fragments de l'engrais, c'est évidemment l'indice de la présence de matière organique, et un dosage d'azote organique sera à effectuer.

Un ou 2 centimètres cubes du liquide filtré sont chauffés dans un tube à essai avec un peu de soude ; soit à l'odeur, soit à l'aide d'un papier de tournesol rouge imbibé d'eau et exposé à la vapeur d'eau qui se dégage du tube, on reconnaîtra facilement si l'engrais renferme des sels ammoniacaux.

Pour la recherche de l'azote nitrique, on verse dans un petit verre à pied 5 à 6 centimètres cubes de réactif de Desbassyns, et on fait tomber une goutte ou deux de la solution à essayer à la surface du réactif ; s'il y a des nitrates, le liquide contenu dans le verre prend une coloration violette caractéristique.

Dans l'éprouvette qui a recueilli la dissolution filtrée des éléments solubles de l'engrais, on introduit un papier de tournesol bleu ; il se colore en rouge vif si la solution est acide, ce qui est l'indice de la présence de superphosphate dans l'engrais ; on effectue dans ce cas le dosage de l'acide phosphorique soluble dans l'eau et dans le citrate d'ammoniaque.

Lorsque la liqueur n'est pas acide, on effectue le dosage de l'acide phosphorique comme il a été dit pour les phosphates si l'engrais n'est pas organique, ou en suivant les prescriptions indiquées pour l'analyse des poudres d'os si l'engrais est organique.

L'acide phosphorique étant l'élément fertilisant du prix le moins élevé, les engrais complets en renferment toujours une notable proportion, soit à l'état soluble, soit à l'état insoluble.

La recherche de la potasse s'effectue en versant dans un tube à essai 5 à 6 centimètres cubes de la solution froide contenue dans l'éprouvette et en y laissant tomber II ou III gouttes d'acide perchlorique ; comme la liqueur est concentrée et que le perchlorate de potasse est très peu soluble dans l'eau froide, il se forme un précipité blanc de perchlorate de potasse si l'engrais renferme des sels de potasse.

Dosage de l'azote sous ses différentes formes dans un engrais composé

Dosage de l'azote ammoniacal

Un gramme d'engrais est introduit dans le ballon à distiller de l'appareil Schlœsing-Aubin avec 400 centimètres cubes d'eau ; on ajoute 2 grammes de magnésie et on distille ; on recueille l'ammoniaque dégagée dans 10 centimètres cubes d'acide sulfurique titré comme il a été dit au dosage de l'azote dans un sulfate d'ammoniaque.

Il est nécessaire de décomposer les sels ammoniacaux par la magnésie et non par la soude, cette dernière base pouvant réagir sur la matière organique azotée que peut renfermer l'engrais composé.

Dosage de l'azote organique

Si l'engrais ne contient pas de nitrate, on effectue d'une part le dosage de l'azote organique et ammoniacal en traitant 1 gramme d'engrais suivant la méthode Kjeldahl ; puis, d'autre part, on effectue le dosage de l'azote

7.

ammoniacal en opérant comme il vient d'être dit ; de ces deux résultats on déduit la teneur en azote organique.

Dans le cas où l'engrais renferme du nitrate, on en pèse 1 gramme que l'on introduit dans un ballon de 200 centimètres cubes ; on ajoute 5 centimètres cubes de liqueur de protochlorure de fer et 5 centimètres cubes d'acide chlorhydrique ; on porte le ballon au bain de sable et on évapore jusqu'à ce qu'il ne se dégage plus de vapeurs acides ; on a ainsi éliminé l'azote nitrique. On verse alors dans le ballon 20 centimètres cubes d'acide sulfurique monohydraté pur, une goutte de mercure, et on porte à l'ébullition ; on continue l'opération comme il a été dit au dosage de l'azote organique dans les engrais azotés ; on obtient par cette analyse la teneur en azote organique et ammoniacal.

On peut encore opérer par la méthode suivante, qui nous sert dans la plupart des cas, exception faite pour les engrais renfermant de l'azotine ou des matières organiques azotées traitées par l'acide sulfurique. 1 gramme d'engrais introduit dans un verre de 100 est mis à digérer pendant quatre à cinq minutes avec 10 centimètres cubes d'une solution aqueuse de tanin à 50 grammes par litre. On jette sur un petit filtre plat disposé au-dessus d'un verre de 100 et, à l'aide d'un jet de pissette à eau froide, on entraîne sur le filtre toute la matière pesée ; on lave le filtre également avec de l'eau froide, puis on le détache de l'entonnoir, et on l'introduit dans un ballon de 200, où on le traite par l'acide sulfurique suivant la méthode Kjeldahl. L'attaque terminée, on décante dans le ballon à distiller de l'appareil Schlœsing-Aubin le liquide de filtration contenu dans le verre de 100, puis la liqueur d'attaque par l'acide sulfurique, et on continue comme d'ordinaire pour le dosage de l'azote par la méthode Kjeldahl ; on dose ainsi l'azote organique et ammoniacal.

Dosage de l'azote nitrique

Huit grammes d'engrais introduits dans un verre de 100 sont mis à digérer avec 20 centimètres cubes d'eau chaude ; on décante sur un petit filtre placé au-dessus d'un ballon jaugé de 100 centimètres cubes. On épuise par de l'eau chaude jusqu'à parfaire le volume de 100. Le liquide refroidi, on complète exactement à 100 centimètres cubes ; on agite et on prend 10 centimètres cubes de cette solution, qu'on introduit dans l'appareil Schlœsing ; si le dégagement de gaz est lent au début, c'est l'indice que l'engrais renferme peu de nitrates ; on introduit alors à nouveau dans le ballon de l'appareil Schlœsing 10 ou 20 centimètres cubes du liquide d'épuisement, de façon à obtenir un volume de gaz qu'il soit facile de mesurer avec précision.

On opère par comparaison avec du nitrate pur comme il a été dit au dosage de l'azote dans les nitrates ; on se rappellera, en calculant le résultat, que 8 grammes d'engrais ont été dissous dans 100 centimètres cubes d'eau, alors que la solution type correspond à 8 grammes dans 200.

Dosage simultané de l'azote sous ses trois formes (méthode Joldbauer)

On peut doser simultanément l'azote sous ses trois états par la méthode Kjeldahl, en opérant au préalable la modification proposée par Joldbauer, qui consiste à réduire l'acide nitrique en ammoniaque.

Réactif. — *Acide phénylsulfurique.* — Dans un ballon jaugé de 100 centimètres cubes, on introduit 40 à 50 centimètres cubes d'acide sulfurique monohydraté, et on y dissout 50 grammes d'acide phénique ; on complète ensuite au volume de 100 à l'aide d'acide sulfurique.

Mode opératoire. — 1 gramme d'engrais est traité, à froid, dans un ballon, par 20 centimètres cubes d'acide sulfurique et 2cc,4 d'acide phénylsulfurique ; après trois à quatre minutes de contact, le ballon est placé dans un bain d'eau froide, et on y ajoute peu à peu 2 grammes de poudre de zinc. Le phénol nitré formé par la réaction de l'acide nitrique mis en liberté sur l'acide phénylsulfurique est réduit en un dérivé ammoniacal. On laisse la réaction s'opérer à froid pendant deux heures, puis on ajoute une goutte de mercure, et on continue l'analyse par la méthode Kjeldahl ; on détermine par ce dosage la totalité de l'azote contenu dans l'engrais.

Dosage de l'acide phosphorique

On effectue soit le dosage de l'acide phosphorique soluble dans l'eau, soit le dosage de l'acide phosphorique soluble dans l'eau et dans le citrate d'ammoniaque, soit le dosage de l'acide phosphorique total (soluble et insoluble), comme s'il s'agissait d'un superphosphate et en opérant sur le même poids de matière.

Dosage de la potasse

Ce dosage s'effectue comme le dosage de la potasse dans les sels de potasse ; toutefois il convient d'opérer sur un poids double ; on introduit 4 grammes d'engrais dans le ballon jaugé de 200 centimètres cubes au début de l'opération, et le perchlorate de potasse obtenu correspond à la teneur en potasse de 1 gramme d'engrais.

Recherche des constituants des engrais composés

Les essais qualitatifs qui permettent de déterminer les dosages à effectuer sur un engrais composé renseignent sur la présence ou l'absence de sulfate d'ammoniaque, de nitrate de soude, de superphosphate ou de sel de potasse. Ces essais doivent être complétés par les recherches suivantes, qui permettent de se fixer sur l'origine des constituants organiques azotés et sur la nature du sel de potasse introduit dans l'engrais.

Pour déterminer les constituants organiques, on opère autant que possible sur une partie de l'engrais prélevée après homogénéisation par mélange de l'échantillon reçu au laboratoire, mais avant sa pulvérisation ; à l'aide d'une pince, on extrait les gros débris organiques que l'on examine.

Le sang desséché se présente en masses noires qui s'écrasent facilement avec la lame d'un couteau, en laissant une tache rouge caractéristique ; les petits fragments de cuir torréfié apparaissent noirs également, mais ne s'écrasent pas facilement ; ils s'aplatissent sous le couteau pour se dilater à nouveau lorsqu'on cesse d'opérer une pression. On peut encore distinguer le cuir du sang en laissant digérer la matière pendant une ou deux heures avec de l'eau ; le cuir se gonfle et constitue une masse souple, élastique, qui ne s'effrite pas lorsqu'on le roule entre ses doigts, alors que le sang se pulvérise facilement.

La corne torréfiée se présente en morceaux très durs qui résistent à une assez forte pression et ne s'éclatent qu'en petits fragments durs ne tachant pas le papier sur lequel on les broie. Les frisons de corne se reconnaissent facilement à leur aspect fibreux et à leur dureté ; cependant il est une substance utilisée pour falsifier les frisons de corne qui a une grande analogie d'aspect avec la corne, c'est le frison de corozo ; il suffit, pour faire la distinction, de chauffer quelques morceaux de frisons ; la corne se boursoufle et brûle en dégageant l'odeur *sui generis*, alors que le corozo, qui est un débris cellulosique, brûle sans boursouflement en dégageant une odeur de bois ou de papier brûlé.

La viande desséchée se distingue par son aspect fibreux : elle se rencontre en petits morceaux allongés de teinte marron clair qui s'écrasent facilement sous la lame du couteau.

Les débris cellulosiques provenant de tourteaux de graines oléagineuses très reconnaissables à leur aspect écailleux sont examinés au microscope pour constater leur origine d'après leur texture cellulaire.

Un engrais azoté qu'il importe de discerner dans les engrais composés est le crude ammoniac, qui, à cause de son bas prix, est souvent employé frauduleusement dans les mélanges à la place d'autres engrais organiques d'un prix élevé.

Lorsque, en écrasant sur une feuille de papier des fragments de débris organiques extraits d'un engrais composé, on constate la formation d'une tache bleue ou bleu verdâtre, on a l'indice de la présence de composés cyanurés et, par suite, de crude. Pour s'en assurer, on prend une vingtaine de grammes d'engrais, qu'on laisse digérer à froid pendant quelques instants avec 30 à 40 centimètres cubes d'eau et 1 à 2 centimètres cubes de soude à 40° B. ; on jette sur un filtre et on acidule le liquide filtré à l'aide d'acide chlorhydrique : si l'engrais renferme du crude, il se forme un précipité bleu caractéristique.

Les sels de potasse que l'on introduit dans les engrais composés sont le sulfate de potasse ou le chlorure de potassium ; le sulfate étant d'un prix plus élevé, il est nécessaire, lorsque la présence de ce sel est garantie dans un engrais composé, de s'assurer qu'il s'y trouve bien en réalité et qu'on a pas introduit à sa place du chlorure de potassium. On ne peut songer à effectuer cette recherche en dosant l'acide sulfurique, ce qui semblerait le plus rationnel ; mais la présence de super-phosphates dans ces engrais rend cette détermination illusoire ; par contre, les engrais organiques ou les engrais phosphatés ne peuvent apporter de chlore en quantité sensible. On effectue donc un dosage de chlore comme il a été dit au dosage du chlore dans les sels de potasse et on calcule la quantité de chlore trouvée en chlorure de potassium : en comparant ce résultat avec le dosage de la potasse effectué par ailleurs, on apprécie si le sel de potasse introduit dans l'engrais est du sulfate de potasse ou du chlorure de potassium.

PRODUITS ANTICRYPTOGAMIQUES ET INSECTICIDES

SOUFRES

Le soufre le plus communément employé en viticulture est le soufre sublimé, qui se présente sous l'aspect d'une poudre jaune clair, formée de petits grains ronds plus ou moins agglomérés ; ce soufre est très pur et renferme de 99,50 à 100 p. 100 de soufre.

On emploie également du soufre fondu et finement moulu dit soufre trituré ; les petits cristaux de soufre trituré sont loin d'avoir la finesse des petits globules de soufre sublimé, malgré tout le soin qu'on apporte à la trituration ; aussi le soufre trituré a-t-il une valeur inférieure à celle du soufre sublimé. Le soufre trituré renferme un peu plus de matières minérales étrangères que le soufre sublimé ; il dose d'ordinaire 98,50 à 99,50 p. 100 de soufre.

On utilise enfin des soufres dits précipités qui sont en général le résidu d'un traitement industriel. Le soufre précipité, présente sur les deux précédents un grand avantage, c'est l'extrême ténuité des particules de soufre qui le composent ; aussi, bien que ne renfermant d'ordinaire que 30 à 50 p. 100 de soufre, ce produit est vendu à un prix plus élevé que le soufre sublimé.

Dosage du soufre

Cinq grammes du soufre à analyser, introduits dans une capsule de porcelaine, sont desséchés pendant deux heures à l'étuve réglée à 90° ; la perte de poids correspond à la petite quantité d'eau contenue dans le soufre ; on chauffe ensuite sur un bec de gaz pour brûler le soufre ; on pèse à nouveau : le poids trouvé représente la quantité de matières minérales que renferment les 5 grammes de soufre. La teneur en soufre réel s'obtient en retranchant du poids de soufre soumis à l'analyse la teneur en eau et en cendres.

En ce qui concerne les soufres précipités, qui, impurs, peuvent contenir des sels susceptibles soit de se dissocier pendant le grillage du soufre, soit de perdre par calcination de l'eau de constitution, on effectue le dosage du soufre par le procédé suivant :

On pèse 5 grammes de soufre que l'on introduit dans un tube à épuisement simple, formé d'un tube de 1 centimètre de diamètre environ, ouvert aux deux bouts, mais étiré à une de ses extrémités, que l'on obture d'un tampon de coton ou d'amiante. On place au-dessous de ce tube une capsule de porcelaine tarée ; on verse du sulfure de carbone pur sur le soufre à analyser, et ce liquide qui dissout le soufre est recueilli dans la capsule ; on procède à trois ou quatre épuisements successifs. Le soufre dissous, on laisse le sulfure de carbone s'évaporer à l'air, puis on porte la capsule pendant un quart d'heure à l'étuve à 90° pour éliminer l'eau qui a pu se condenser au cours de l'évaporation rapide du sulfure de carbone ; le poids trouvé indique la quantité de soufre contenue dans 5 grammes du soufre analysé.

Examen du degré de finesse

Les soufres sublimés perdent peu à peu de leur qualité ; les petits globules de fleur de soufre qui les constituent se groupent et s'agglomèrent ; aussi est-il important de s'assurer de leur degré de finesse. Deux moyens sont à notre disposition pour sélectionner les soufres à ce point de vue : on peut soit déterminer le taux p. 100 de soufre passant à travers les mailles du tamis n° 100, soit utiliser le procédé Chancel.

Pour le premier essai, on pèse 10 grammes de soufre que l'on jette sur un tamis n° 100 ; par agitation, on fait passer les parties fines à travers les mailles ; on pèse ce qui reste sur le tamis ; en retranchant ce poids de 10 grammes et multipliant par 10, on obtient le taux p. 100 de soufre passant au tamis n° 100.

Le *procédé Chancel* nécessite l'emploi d'un tube spécial dit tube Chancel ; ce tube, d'un volume de 30 à 35 centimètres cubes fermé à l'une de ses extrémités, est divisé en 100 parties en partant de l'extrémité obturée ; les 100 divisions occupent un volume de 25 centimètres cubes. On introduit dans ce tube 5 grammes du soufre à essayer ; puis on remplit le tube d'éther jusqu'à la division 100 ; on bouche le tube avec le doigt ; on l'agite fortement en le retournant plusieurs fois, puis on le place dans la position verticale, et on laisse reposer le soufre. Celui-ci descend d'abord rapidement, puis la chute se ralentit et s'arrête au bout de quinze à vingt secondes ; on évite pendant ce dépôt d'agiter le tube ; on lit la division où s'arrête le soufre ; c'est le degré Chancel ; les soufres sublimés accusent d'ordinaire un degré Chancel variant entre 55 et 70° et les soufres triturés entre 35 et 45°.

Les soufres sulfatés, qui sont des soufres additionnés de 3 à 5 p. 100 de sulfate de cuivre pulvérisé, ne peuvent être traités directement par le procédé Chancel ; les cristaux

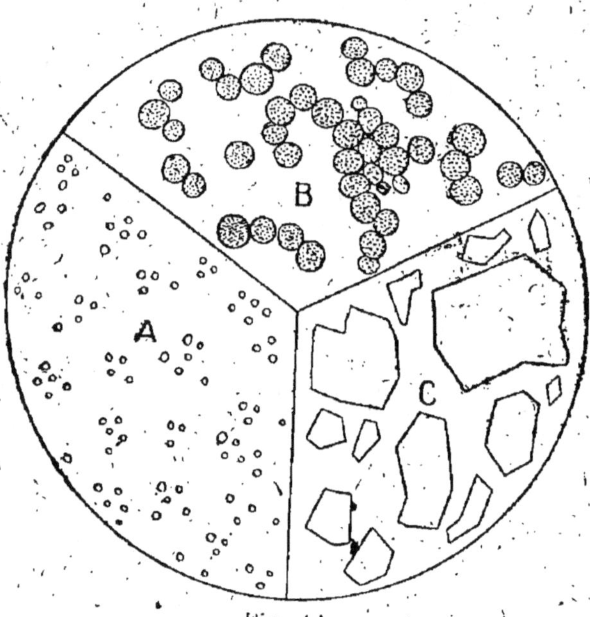

Fig. 14.

A, soufre précipité ; B, soufre sublimé ; C, soufre trituré.

de sulfate de cuivre très denses, en tombant au fond du tube, entraînent rapidement le soufre, et la détermination est ainsi faussée. Il est cependant important de connaître l'état de finesse du soufre employé dans ce mélange ; pour arriver à ce résultat, nous procédons de la manière suivante ; 5 grammes de soufre sulfaté introduits dans le tube Chancel sont mis à digérer avec 5 centimètres cubes de glycérine et 10 à 15 centimètres cubes d'alcool. On agite, la glycérine dissout rapidement le sulfate de cuivre ; on laisse le soufre tomber au fond du tube, et on décante le liquide surnageant ; puis on verse dans le tube 20 à 25 centimètres cubes d'alcool, on agite et on laisse déposer le soufre, après quoi on décante l'alcool ; ce traitement à l'alcool est répété une seconde fois ; on élimine ainsi successivement le sulfate de cuivre, puis la glycérine ; le tube est alors rempli d'éther jusqu'à la division 100, et on opère comme il a été dit pour les soufres purs.

Examen microscopique des soufres

Ce n'est que par l'examen microscopique qu'on peut s'assurer qu'un soufre sublimé n'a pas été additionné frauduleusement de soufre trituré. La figure 14 montre l'aspect des différents soufres vus au même grossissement.

Il est rare que les soufres sublimés soient exempts de cristaux de soufre ; il se forme toujours au cours de leur fabrication de petits agglomérés qui s'écrasent pendant les tamisages ultérieurs ; mais la proportion de ces cristaux est minime et n'atteint pas 5 p. 100.

SULFATE DE CUIVRE, BOUILLIES CUPRIQUES
ET VERDETS

Les sulfates de cuivre se vendent soit en gros cristaux, soit pulvérisés, « sulfate de cuivre neige » ; ils renferment 98 à 99,50 p. 100 de sulfate de cuivre cristallisé.

Les bouillies cupriques, mélanges de sulfate de cuivre et de chaux ou de sulfate de cuivre et de carbonate de soude, dosent de 50 à 60 p. 100 de sulfate de cuivre ; elles sont souvent additionnées de matières diverses destinées à faciliter l'adhérence du sel de cuivre sur les feuilles, telles que, sucre, mélasse, résine, dextrine, amidon, savon, talc, etc. ; nous rappelons à titre de mémento la composition des deux bouillies types : bouillie bordelaise et bouillie bourguignonne.

Bouillie bordelaise.	*Bouillie bourguignonne.*
Sulfate de cuivre... 2 kilos.	Sulfate de cuivre... 2 kilos.
Chaux vive...... 1 kilo.	Cristaux de carbo-
Eau............ 100 litres.	nate de soude... 3 —
	Eau............ 100 litres.

Le verdet employé pour combattre les maladies cryptogamiques est l'acétate de cuivre ; sa solution présente une grande adhérence sur les feuilles, contrairement à ce qui se passe avec la solution de sulfate de cuivre. La solution de verdet étant limpide, beaucoup de viticulteurs préfèrent utiliser ce sel plutôt que d'avoir recours aux bouillies cupriques, d'un épandage plus difficile.

Le verdet est en général vendu avec une garantie de 31 p. 100 de cuivre.

Dosage du cuivre

La méthode d'analyse de ces sels a été fixée par le décret ministériel du 19 octobre 1905, ainsi libellé :

En vue d'assurer l'analyse des produits cupriques anti-cryptogamiques, il est prélevé pour chaque opération un échantillon de 250 grammes. Ces échantillons sont enfermés dans des sacs en papier s'ils sont à l'état solide, dans des bocaux s'ils sont à l'état pâteux ou liquide.

Le dosage du cuivre pur contenu dans ces produits doit être effectué d'après les méthodes suivantes :

I. *Sulfate de cuivre commercial.* — On pulvérise le sel de manière à en constituer un échantillon homogène ; on en pèse 10 grammes qu'on fait dissoudre dans 200 centimètres cubes d'eau distillée, et on introduit 20 centimètres cubes de la solution correspondant à 1 gramme de matière dans une capsule de platine avec environ 80 centimètres cubes d'eau et 2 grammes d'acide sulfurique ou azotique. On fait communiquer la capsule avec le pôle positif d'une pile ou d'un accumulateur, et on plonge dans le liquide un creuset ou une spirale de platine, exactement pesés à l'avance et reliés au pôle négatif. Avec un courant de $0^{amp},2$ environ, surtout si l'on chauffe légèrement, l'électrolyse est terminée après huit ou dix heures.

Alors on enlève rapidement l'électrode négative, sans interrompre le courant ; on l'agite vivement dans un bain d'eau distillée ; on la lave à l'alcool, on la sèche à l'étuve ou, plus simplement, on enflamme l'alcool qui mouille sa surface, en évitant toute surchauffe locale qui pourrait déterminer une oxydation partielle du cuivre, et enfin, on pèse.

On peut aussi employer comme appareil d'électrolyse un creuset de platine relié au pôle négatif de la pile, dans l'axe duquel on place un gros fil de même métal, formant électrode positive ; il faut alors employer un courant un peu plus fort, voisin de 1 ampère, et recouvrir le creuset d'un petit entonnoir renversé pour faire retomber dans le liquide les gouttelettes projetées par le dégagement gazeux.

Le poids du cuivre trouvé multiplié par le coefficient 3,938 donne la quantité correspondante de sulfate pur et cristallisé ($SO^4Cu + 5H^2O$) ; il peut arriver, si le sel est effleuri, que l'on trouve une richesse supérieure à 100 p. 100 ; dans les produits commerciaux ordinaires, elle est généralement de 98 à 99 p. 100.

Pour rechercher le fer, il suffit d'ajouter à la solution du sel un excès d'ammoniaque et d'y faire passer un courant d'air pendant quelques heures ; il se précipite du peroxyde de fer, que l'on peut recueillir sur un filtre, laver, calciner et peser.

II. *Verdet ou acétate de cuivre.* — On prend 25 grammes du sel que l'on dissout dans l'eau ; on ajoute quelques gouttes d'acide sulfurique ; on ramène le volume à 500 centimètres cubes et on filtre.

Vingt centimètres cubes de cette dissolution, correspondant à 1 gramme de sel, sont mis dans une capsule avec 1 centimètre cube d'acide sulfurique concentré ; on évapore jusqu'à l'apparition de vapeurs d'acide sulfurique. L'acide acétique est alors chassé et l'acétate transformé en sulfate de cuivre.

On redissout dans l'eau, on introduit la solution dans le creuset et l'on opère comme pour le sulfate de cuivre commercial.

III. *Bouillies cupriques, gélatineuses, mélassées, à l'alun, au savon ou au sulfate d'alumine.* — On calcine pour détruire les matières organiques et on traite par l'acide sulfurique.

Si la bouillie renferme peu d'alumine, l'électrolyse de la liqueur peut se faire directement. Si au contraire on se trouve en présence d'une quantité très abondante d'alumine, on précipite le cuivre sous forme de sulfure ; on transforme en sulfate et, finalement, on électrolyse.

IV. *Autres produits cupriques.* — On y dose le cuivre soluble, et, s'il y a lieu, le cuivre total soluble dans l'acide azotique dilué. On opère comme pour le sulfate de cuivre, avec une quantité de matière correspondant environ à 1 gramme de sulfate de cuivre cristallisé, ce à quoi il est facile d'arriver par un essai colorimétrique approximatif de la solution.

Si la liqueur renferme du chlore, auquel cas il pourrait y avoir transport de platine par le courant, il faut d'abord s'en débarrasser en chauffant la matière avec un petit excès d'acide sulfurique, jusqu'à dégagement d'épaisses vapeurs blanches ; on reprend ensuite par l'eau acidulée si c'est nécessaire, et on électrolyse comme précédemment.

Dans le cas où le produit est très impur, il est utile de

séparer d'abord le cuivre de sa solution à l'état de sulfure ; on recueille alors celui-ci, on le redissout dans l'acide nitrique bouillant et on électrolyse.

Renseignements complémentaires. — Pour faire

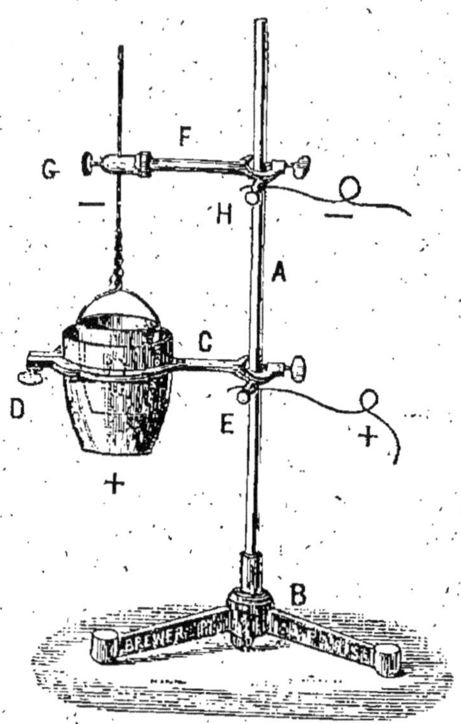

Fig. 15. — Appareil de Riche.

suite à ces méthodes officielles, nous donnerons quelques renseignements complémentaires sur l'électrolyse et les autres dosages qu'on peut effectuer sur les sels de cuivre précités.

Un appareil électrolytique doit comprendre :

1° Une source électrique (piles ou accumulateurs) ;

2° Un ampèremètre pour mesurer l'intensité du courant ;

3° Un appareil de résistance afin de ne laisser passer qu'un courant d'une intensité voulue ;

4° L'appareil électrolytique proprement dit.

L'appareil le plus communément employé est l'appareil

Riche (fig. 15) ; cet appareil se compose d'un creuset en platine destiné à contenir le liquide à électrolyser et d'un cône en platine mince qui plonge dans le liquide et sur lequel s'effectue le dépôt métallique ; cette capsule et ce cône sont maintenus par deux pinces C et F fixées sur une tige isolante en verre A. Deux bornes E et H faisant corps avec ces pinces sont reliées aux deux pôles de la source électrique.

Au laboratoire de la Société des agriculteurs de France, où nous recevons, pour l'éclairage, du courant continu distribué par le secteur de Clichy, nous utilisons ce courant constant pour l'électrolyse. Nous faisons d'abord passer le courant dans une ampoule électrique employée comme résistance, puis nous l'envoyons directement sur une table électrolitique, où sont installés cinq appareils disposés en série, de telle façon qu'il nous est permis d'effectuer soit une seule analyse, soit plusieurs simultanément. Nous opérons suivant la méthode officielle sur 1 gramme de sel de cuivre dissous dans 100 centimètres cubes d'eau additionnée de 2 centimètres cubes d'acide azotique ; avant d'être soumis à l'électrolyse, les liquides sont chauffés vers 50 ou 60° ; une fois installés sur la table électrolytique, ils sont abandonnés à la température ambiante ; le dépôt s'effectue en moins de sept heures.

A la fin de l'opération, afin de ne pas interrompre le courant en enlevant successivement les divers électrodes sur lesquelles s'est effectué le dépôt de cuivre, nous relions au fur et à mesure les divers appareils par un pont métallique.

Pour les verdets, nous opérons exactement comme pour les sulfates de cuivre, sans éliminer l'acide acétique, qui ne nuit pas dans les conditions où nous effectuons le dosage.

Dosage du cuivre à l'état de sulfure

Le dosage du cuivre peut également s'effectuer par précipitation de ce métal à l'aide d'hydrogène sulfuré ; mais cette analyse est très délicate, c'est pourquoi les méthodes officielles n'en font pas mention ; nous l'indiquerons toutefois pour le cas où l'on ne disposerait pas d'appareils électrolytiques.

Dans une fiole conique d'un demi-litre, on introduit 1 gramme de sulfate de cuivre, qu'on dissout dans 75 à 100 centimètres cubes d'eau tiède ; on ajoute 3 à 4 centimètres cubes d'acide chlorhydrique, et on obture la fiole conique à l'aide d'un bouchon percé de deux trous. L'un de ces trous est fermé par une baguette de verre mobile, faisant l'office d'obturateur; l'autre est traversé par un tube de verre s'enfonçant dans la fiole conique jusqu'à 2 ou 3 centimètres au-dessus de la solution à précipiter; par son orifice supérieur, ce tube est relié à l'appareil à hydrogène sulfuré.

Pour effectuer la précipitation du sulfate de cuivre, on retire l'obturateur et on fait arriver le courant d'hydrogène sulfuré dans l'atmosphère de la fiole conique; au bout de quelques secondes, l'air est déplacé et la fiole se remplit d'hydrogène sulfuré; on introduit alors l'obturateur dans le bouchon, et on agite la fiole conique. Grâce à la légère pression d'hydrogène sulfuré obtenue, le liquide, d'abord trouble et coloré en brun, devient en moins d'une minute absolument limpide, et le cuivre est complètement précipité à l'état de sulfure noir qui se dépose au fond de la fiole conique.

On arrête le dégagement d'hydrogène sulfuré, et le précipité est recueilli sur un filtre qu'on lave à l'eau saturée d'hydrogène sulfuré; le liquide égoutté, le filtre est détaché de l'entonnoir et étalé sur une plaque de verre que l'on chauffe doucement au bain de sable; en opérant ainsi, le sulfure de cuivre en se desséchant se détache entièrement du filtre. On l'introduit dans une capsule de porcelaine tarée, on place le filtre au-dessus et on chauffe au moufle au rouge sombre; puis on retire la capsule et, celle-ci refroidie, on saupoudre le précipité de 2 à 3 grammes de soufre, dans la crainte qu'il se soit formé un peu de cuivre réduit pendant la calcination.

On chauffe d'abord doucement jusqu'à ce que le soufre soit volatilisé, puis au rouge; le protosulfure de cuivre s'est transformé en bioxyde, qu'on pèse; le poids obtenu multiplié par 0,8 indique la teneur en cuivre métallique pour 1 gramme de matière; ce même poids d'oxyde multiplié par 3,14 donne la teneur en sulfate de cuivre cristallisé.

Cette méthode d'analyse est très délicate en ce qui concerne la calcination du protosulfure ou bioxyde de cuivre; les gaz incomplètement oxydés et par suite réducteurs qui s'échappent du foyer peuvent, soit par une fissure dans le moufle, soit sur le devant du moufle où on laisse la capsule se refroidir après la calcination, venir en contact avec le bioxyde chaud, le réduire partiellement et fausser ainsi le dosage. Aussi avions-nous coutume, quand nous opérions le dosage du cuivre par cette méthode avant d'utiliser la méthode électrolytique, de calciner le sulfure de cuivre pendant trois ou quatre minutes dans le moufle chauffé.

au rouge, puis d'éteindre le gaz et de laisser les capsules se refroidir dans le moufle ; on annulait ainsi l'influence des gaz réducteurs.

Dosage de l'acide acétique dans les verdets

Les verdets purs renferment 58 à 60 p. 100 d'acide acétique, qu'il peut être utile de doser.

Pour effectuer cette recherche, on se sert d'un petit appareil à distiller simple, composé d'un ballon de 375 à col très court, fermé d'un bouchon que traverse un tube à dégagement, recourbé dès sa sortie du bouchon sous un angle supérieur à l'angle droit (100° environ), puis recourbé à nouveau à une distance de 20 centimètres du bouchon et mis dans une position verticale descendante ; cette partie traverse un réfrigérant et se termine par une pointe effilée à 10 ou 15 centimètres au-dessous de la partie inférieure du réfrigérant.

On introduit 2 grammes de verdet dans le ballon avec 100 centimètres cubes d'eau et 2 centimètres cubes d'acide phosphorique à 60° B., puis quelques petits fragments de porcelaine pour régulariser l'ébullition ; on bouche le ballon, on fait fonctionner le réfrigérant et on place au-dessous de la pointe une fiole conique contenant quelques centimètres cubes d'eau dans laquelle l'acide acétique distillé est recueilli. On porte le contenu du ballon à l'ébullition, que l'on prolonge jusqu'à ce qu'il ne reste plus qu'une dizaine de centimètres cubes de liquide dans le ballon ; on cesse alors de chauffer ; on titre l'acidité du liquide recueilli dans la fiole conique à l'aide de la soude titrée qui sert au dosage de l'azote, en utilisant comme indicateur la phénol-phtaléine ; on note le chiffre trouvé, puis la fiole est remise sous la pointe du tube à dégagement ; le ballon de l'appareil à distiller étant froid, on y introduit 100 centimètres cubes d'eau, et on opère à nouveau comme il vient d'être dit. On répète une troisième fois l'opération : si le dosage a été bien conduit, le dernier liquide de distillation ne doit plus contenir qu'une quantité insignifiante d'acide acétique ; dans le cas contraire, il y aurait lieu d'effectuer une nouvelle distillation.

Soit N le nombre de centimètres cubes de soude titrée utilisée ; on sait que 1 c. c. de soude correspond à une quantité a d'azote ; comme 1 d'azote $= 4,285$ de $C^2O^2H^4$; le taux p. 100 d'acide acétique est $N \times a \times 4,285 \times 50$.

SULFOSTÉATITES

Les sulfostéatites sont préparées en mélangeant une solution saturée de sulfate de cuivre à du talc ; ces produits renferment 9 à 10 p. 100 de sulfate de cuivre.

Le seul dosage à effectuer est celui du cuivre ; on opère sur 10 grammes de matière, dont on épuise le sulfate de cuivre à l'aide d'eau légèrement acidulée ; le liquide est ensuite soumis à l'électrolyse.

SOUFRE SULFATÉ

Le soufre sulfaté, mélange de soufre et de sulfate de cuivre, est en général vendu avec une garantie de 3 à 5 p. 100 de sulfate de cuivre ; on en rencontre rarement dosant 10 p. 100 de sulfate de cuivre.

Le dosage du soufre et du sulfate de cuivre s'effectue en calcinant dans un creuset de porcelaine taré 10 grammes de soufre sulfaté ; on pèse le résidu de la calcination, qui est un mélange de sulfure de cuivre provenant du grillage du sulfate de cuivre et de matières minérales étrangères apportées par le soufre.

Le contenu de la capsule est traité par 4 à 5 centimètres cubes d'acide nitrique, qui dissolvent le cuivre ; on évapore à siccité et on reprend par 2 centimètres cubes d'acide nitrique et 15 à 20 centimètres cubes d'eau. Le nitrate de cuivre dissous, on filtre au-dessus du creuset à électrolyse, on complète le volume à 100 centimètres cubes environ et on soumet à l'électrolyse, comme il a été dit. Le poids de cuivre obtenu multiplié par 3,938 indique la quantité de sulfate de cuivre contenu dans 10 grammes de soufre sulfaté.

La teneur en soufre se déduit en transformant par le calcul le taux de sulfate de cuivre en sulfure ; ce nombre retranché de la pesée « sulfure de cuivre + matières minérales étrangères » indique la quantité de ces dernières ; cette quantité ajoutée au taux de sulfate de cuivre cristallisé représente le non-soufre.

L'examen de l'état de finesse du soufre s'effectue comme il a été dit à l'analyse des soufres.

NITRATE DE CUIVRE

Le nitrate de cuivre s'emploie depuis quelques années pour la destruction des sanves ; ce produit est vendu à l'état de solution.

L'analyse des solutions concentrées de nitrate de cuivre du commerce comporte la détermination de la densité, le dosage du cuivre et le dosage de l'acide nitrique.

Pour ces dosages, on prélève 50 centimètres cubes de nitrate de cuivre, que l'on dilue à 1 litre, duquel on prend 50 centimètres cubes correspondant à $2^{cm},5$ de la liqueur concentrée pour le dosage du cuivre par l'électrolyse et 5 centimètres cubes pour le dosage de l'azote nitrique par la méthode Schlœsing.

Le résultat de l'analyse électrolytique s'exprime en cuivre métallique par litre ou en nitrate de cuivre cristallisé $Cu (AzO^3)^2$, 6 aq, en multipliant le taux de cuivre par 4,665. Le dosage de l'acide nitrique fait par ailleurs permet de contrôler si le sel vendu est bien du nitrate de cuivre.

La densité des solutions varie de 1350 à 1450 ou en degrés Baumé de 38 à 45° B.

Le taux de cuivre varie de 160 à 200 grammes et celui de nitrate de cuivre cristallisé correspondant, de 750 à 950 grammes par litre.

SULFATE DE FER

Le sulfate de protoxyde de fer est vendu soit en gros cristaux, soit trituré sous le nom de sulfate de fer neige.; dans ces deux cas, il se présente sous forme de cristaux vert pâle souvent recouverts partiellement d'une couche brune de sous-sulfate de sesquioxyde de fer due à l'oxydation superficielle des cristaux de sulfate de protoxyde. Le sulfate de fer est également vendu à l'état de poudre très fine d'une teinte blanc grisâtre, ayant au toucher l'apparence d'une farine ; c'est bien entendu à ce dernier état que ce sel est le plus avantageux à employer lorsqu'on se propose, comme c'est le cas général, de l'épandre directement et non en solution, soit pour la destruction des sanves dans les céréales de printemps, soit pour la destruction de la mousse dans les prairies.

Le sulfate de protoxyde de fer est vendu d'après sa richesse saline, avec une garantie de 90, 92 ou 95 p. 100 de sel pur ; le sulfate de fer étant à bas prix, ce sel est rarement fraudé ; cependant, par suite de mauvaise fabrication, notamment d'un essorage insuffisant des cristaux, on trouve des sulfates de fer qui ne renferment que 70 à 75 p. 100 de sulfate de protoxyde de fer.

Dosage du sulfate de protoxyde de fer.

Le dosage s'effectue à l'aide d'une solution de permanganate de potasse préparée et titrée dans les conditions que nous avons indiquées au dosage du fer dans les terres.

Cinq grammes de sulfate de fer introduits dans une fiole conique de 1 litre sont dissous dans 250 à 300 centimètres cubes d'eau ; on ajoute 50 centimètres cubes d'acide sulfurique dilué de son volume d'eau, et, aussitôt que la dissolution est effectuée, on laisse couler rapidement dans la fiole conique une solution de permanganate titrée, contenue dans une burette graduée, jusqu'à coloration rose persistante. Le nombre de centimètres cubes de permanganate utilisé, multiplié par le coefficient approprié à la liqueur titrée, indique la quantité de sulfate de protoxyde de fer contenue dans 5 grammes de sel.

Si l'on voulait doser le fer total, protoxyde et sesquioxyde, il suffirait de réduire par le zinc le sesquioxyde et de titrer après réduction ; mais le dosage du sulfate de protoxyde présente seul de l'intérêt au point de vue commercial.

SELS ARSENICAUX

Les sels arsenicaux sont employés comme insecticides ; on utilise soit des sels purs, soit des sels résidus d'industrie.

Au point de vue analytique, on peut classer ces produits en deux groupes distincts : d'une part l'acide arsénieux, les arsénites et arséniates de chaux et de soude, qui, ne renfermant pas de métaux précipitables par l'hydrogène sulfuré, permettent le dosage de l'arsenic à l'état de sulfure ; d'autre part, l'arsénite de cuivre (vert de Scheele), l'acéto-arsénite de cuivre (vert de Schweinfurth) et les arséniates de plomb, qui nécessitent une précipitation de l'arsenic à l'état d'arséniate ammoniaco-magnésien.

L'acide arsénieux du commerce est en général très pur et dose de 99,50 à 100 p. 100 d'acide arsénieux ; les verts de Scheele et de Schweinfurth, composés définis, renferment environ 55 p. 100 d'acide arsénieux ; quant aux autres composés, leur richesse en arsenic varie avec leur mode de préparation ; on sait en effet que l'acide arsénique est l'analogue de l'acide phosphorique et peut former trois sels différents.

Dosage de l'arsenic à l'état de sulfure

On pèse 1 gramme des sels du premier groupe, on l'introduit dans un ballon de 500 centimètres cubes, avec 200 centimètres cubes d'eau, 5 centimètres cubes d'acide sulfurique dilué de son volume d'eau et 5 centimètres cubes de bisulfite pur du commerce ; on fait bouillir jusqu'à ce qu'il ne se dégage plus d'acide sulfureux. Cette opération est effectuée dans le but de réduire à l'état de sels arsénieux les arséniates que peut renfermer le sel à analyser ; on laisse refroidir le liquide, et dans la solution encore tiède on précipite l'arsenic par l'hydrogène sulfuré en opérant sous pression comme il a été dit au dosage du cuivre à l'état de sulfure. L'arsenic précipité, le contenu du ballon est décanté dans un verre de 500 et dilué d'eau ; on l'abandonne du jour au lendemain près d'une étuve ou d'un bain de sable à une température de 30 à 40° ; on agite en outre de temps en temps afin de chasser l'excès d'hydrogène sulfuré ; après quoi le précipité est recueilli sur un filtre taré, lavé à l'eau, séché à l'étuve et pesé.

Dans la pratique, ce précipité est très pur et ne contient pas de soufre libre ; si l'on craignait la présence de celui-ci, il suffirait de laver au sulfure de carbone le filtre séché à l'étuve, de sécher ensuite à nouveau ce filtre et de le peser.

Le poids de sulfure d'arsenic obtenu multiplié par 0,609 donne la teneur en arsenic ; ce même poids de sulfure multiplié par 0,805 indique la quantité d'acide arsénieux contenu dans 1 gramme de matière.

Dosage à l'état d'arséniate de magnésie

Lorsqu'on a à doser l'arsenic dans les sels de cuivre ou de plomb, on pèse 1 gramme du sel à analyser, que l'on introduit dans un verre de Bohême de 100 ; on traite par 10 à 15 centimètres cubes d'acide nitrique, on ajoute 5 centimètres cubes d'acide sulfurique au demi, et on évapore jusqu'à élimination de l'acide nitrique. On reprend le contenu du verre par 40 à 50 centimètres cubes d'eau ; l'acide arsénique et le cuivre entrent en dissolution ; le plomb reste insoluble à l'état de sulfate ; on le sépare par filtration sur un filtre taré que l'on sèche ensuite à 100° ; le poids de sulfate de plomb multiplié par 0,683 indique la teneur en plomb.

La liqueur contenant l'acide arsénique recueillie dans

un verre à précipiter est additionnée de 50 centimètres cubes d'ammoniaque et de 10 centimètres cubes d'une liqueur magnésienne préparée en dissolvant dans 100 centimètres cubes d'eau 8 grammes de sulfate de magnésie et 20 grammes de chlorhydrate d'ammoniaque. On agite jusqu'à commencement de précipité et on abandonne jusqu'au lendemain ; le précipité d'arséniate ammoniaco-magnésien est recueilli sur un filtre et lavé avec très peu d'eau ammoniacale, le précipité n'étant pas complètement insoluble dans l'eau ammoniacale au tiers.

Le précipité peut être séché à 100° et pesé ; le poids d'arséniate ammoniaco-magnésien obtenu multiplié par 0,3947 indique la teneur en arsenic ; ce même poids d'arséniate multiplié par 0,521 ou 0,604 donne la quantité d'acide arsénieux ou d'acide arsénique contenu dans 1 gramme de matière.

Le précipité d'arséniate ammoniaco-magnésien peut être également calciné ; dans ce cas, le poids de pyroarséniate de magnésie obtenu doit être multiplié par 0,484 pour obtenir la teneur en arsenic.

Le cuivre pourra être dosé en le précipitant de la liqueur de filtration précédente, à l'état de sulfure, redissolvant ce sulfure par l'acide nitrique et traitant ensuite par l'électrolyse.

Nota. — L'arséniate ammoniaco-magnésien étant sensiblement soluble dans le citrate d'ammoniaque, on n'emploie pas ce réactif pour la précipitation de l'arsenic ; de ce fait on ne peut utiliser directement la liqueur magnésienne, dont la préparation a été indiquée au dosage de l'acide phosphorique ; cette liqueur riche en sel de magnésie précipiterait par l'ammoniaque ; on ne peut s'en servir qu'en ajoutant un excès de chlorhydrate d'ammoniaque.

SULFOCARBONATE DE POTASSIUM

Le sulfocarbonate de potassium a été conseillé comme insecticide lors de l'envahissement du vignoble français par le phylloxera ; ce produit, qui a été très employé à cette époque, n'est plus que très rarement utilisé à l'heure actuelle.

Dosage du sulfure de carbone (méthode Müntz)

Dans un ballon de 500 centimètres cubes de capacité, on verse 30 centimètres cubes du sulfocarbonate à

essayer, soit 42 grammes, la densité étant presque
toujours égale à 1,40 ; on ajoute 100 centimètres cubes
d'eau et 100 centimètres cubes d'une solution saturée
de sulfate de zinc. On adapte un bouchon de caoutchouc
qui porte un long tube étiré, dont la partie la plus rapprochée du ballon est entourée d'un petit réfrigérant
et dont la partie étirée plonge dans du pétrole contenu

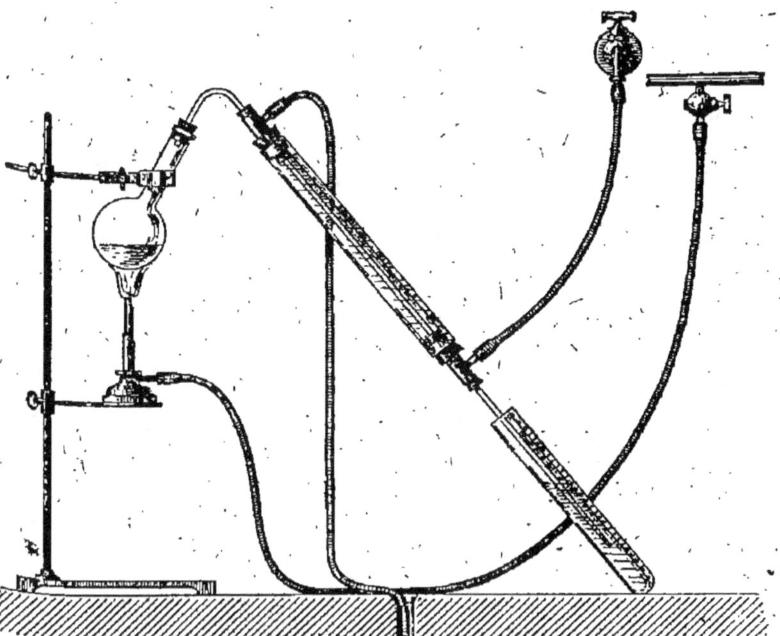

Fig. 16. — Analyse des sulfocarbonates.

dans une cloche graduée. Cette cloche a 60 centimètres
cubes de capacité ; elle est divisée en dixièmes de centimètre cube. On y a placé d'abord 30 centimètres cubes
de pétrole à lampe ordinaire, et on a lu le volume qu'il
occupait. Le tube étiré y étant placé de manière à être
immergé aux deux tiers de la hauteur du pétrole, on
agite le mélange des liquides qui se trouvent dans le
ballon, et on détermine ainsi un dégagement gazeux dû
surtout à de l'acide carbonique. Ce gaz barbote et se lave
dans le pétrole. Quand ce dégagement a cessé, on chauffe
le ballon avec précaution, en refroidissant le tube au
moyen d'un courant d'eau ; peu à peu on élève la température jusqu'à l'ébullition, de manière à produire une

distillation d'eau qui entraîne les dernières parties de sulfure de carbone. Lorsqu'il y a environ 12 à 15 centimètres cubes d'eau condensée dans la cloche graduée, on arrête l'eau du réfrigérant ; on continue à chauffer, et en même temps on retire la cloche lentement en y laissant tomber toute l'eau condensée dans le tube étiré, qui contient encore des globules de sulfure de carbone ; la cloche est enlevée avant que la vapeur d'eau, n'étant plus condensée dans le réfrigérant, ait pu échauffer le bas du tube étiré (fig. 16).

On lit immédiatement le volume total du liquide dans la cloche ; on en retranche le volume d'eau condensée, qui se sépare avec une très grande netteté et qu'on lit au bout de quelques minutes quand elle s'est bien déposée. L'augmentation de volume du pétrole, à laquelle on ajoute $0^{cc},2$ (correction constante pour l'adhérence du pétrole au tube étiré) correspond au volume de sulfure de carbone condensé. Ce volume multiplié par la densité 1,27, donne le poids de sulfure de carbone contenu dans 30 centimètres cubes de sulfocarbonate analysé.

Il arrive quelquefois que le pétrole placé dans la partie inférieure de la cloche dissolve assez de sulfure de carbone pour que cette solution devienne plus dense que l'eau et tombe au fond, séparée par la colonne d'eau du reste du pétrole. On lit le volume total du liquide ; on bouche avec le doigt et on incline doucement la cloche de manière à réunir les deux portions de pétrole séparées. On attend ensuite un quart d'heure avant de lire le volume de l'eau.

Exemple de calcul

	c.c.	c.c.
Avant, volume du pétrole...............	»	31,1
Après, — du liquide total dans la cloche...............	49,6	
— — de l'eau condensée........	13,8	
— — du pétrole et du sulfure de carbone................		35,8
— — du sulfure de carbone condensé		4,7
Correction.....................		0,2
Volume total du sulfure de carbone.		4,9

Soit $6^{gr},32$ pour 30 c.c. de sulfocarbonate =
$14^{gr},8$ pour 100 de sulfure de carbone.

Les sulfocarbonates dosent de 14 à 18 p. 100 de sulfure de carbone et de 15 à 20 p. 100 de potasse.

SULFURE DE POTASSIUM

Recommandé autrefois, ce produit est peu employé de nos jours comme insecticide ; l'élément important à doser est le soufre susceptible de se dégager sous forme d'hydrogène sulfuré.

Pour effectuer ce dosage, il est nécessaire d'opérer sur une petite quantité de sulfure de potassium, soit $0^{gr},100$;

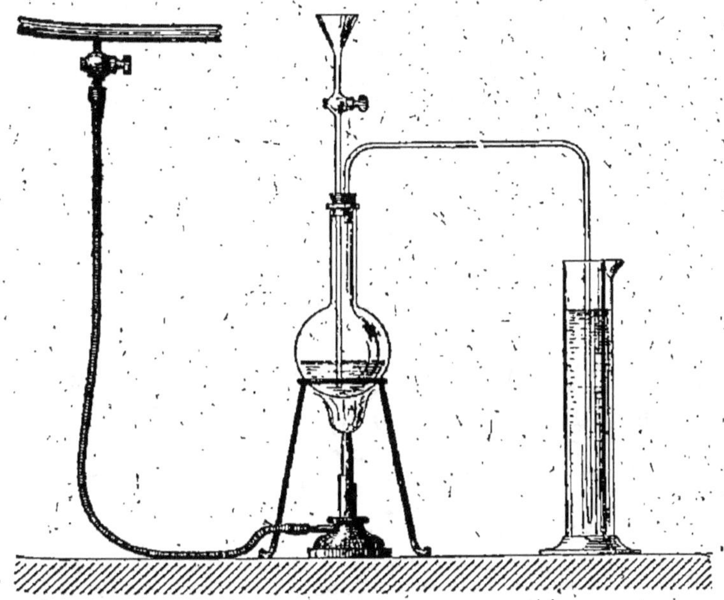

Fig. 17. — Analyse du sulfure de potassium

pour obtenir cette quantité avec précision, on dissout à l'ébullition 20 grammes du sulfure à essayer dans 500 à 600 centimètres cubes d'eau ; après refroidissement, on complète à 1 litre, dont on prélève 100 centimètres cubes correspondant à 2 grammes ; ces 100 centimètres cubes sont dilués de nouveau à 1 litre ; 50 centimètres cubes de ce liquide renferment $0^{gr},100$ de sulfure.

Ces 50 centimètres cubes sont introduits dans le petit ballon de 100 de l'appareil ci-contre. Ce ballon est obturé d'un bouchon percé de deux trous, dont l'un sert au passage d'un tube à entonnoir et l'autre d'un tube à dégagement gazeux ; le tube à dégagement plonge dans une éprouvette étroite et longue remplie aux trois quarts d'une solution de nitrate d'argent à 5 p. 100 (fig. 17).

A l'aide de l'entonnoir à robinet, on introduit lentement dans le ballon 15 centimètres cubes d'acide sulfurique au dixième; l'hydrogène sulfuré se dégage et, en s'échappant dans l'éprouvette, il réagit sur le nitrate d'argent et se précipite à l'état de sulfure d'argent; on règle l'introduction de l'acide de manière à ne pas produire un dégagement gazeux trop rapide. Lorsque le dégagement cesse, on chauffe le liquide du ballon jusqu'à l'ébullition, que l'on prolonge pendant cinq à dix minutes.

Avant d'arrêter l'ébullition, on ouvre le robinet du tube à entonnoir de façon à éviter l'absorption du liquide de l'éprouvette. Le sulfure d'argent est recueilli sur un petit filtre plat en papier Berzélius; on lave à l'eau chaude, puis on sèche et calcine le sulfure d'argent. Le poids d'argent métallique obtenu multiplié par 148 donne le taux p. 100 de soufre existant à l'état de sulfure susceptible de se transformer en hydrogène sulfuré.

SULFURE DE CARBONE

Le sulfure de carbone du commerce est en général pur; il est d'ailleurs facile de s'assurer de sa pureté; on détermine d'abord sa densité, qui doit être voisine de 1,270; puis on en prélève 50 centimètres cubes, qu'on abandonne à l'évaporation à l'air libre, dans une capsule de porcelaine. Le sulfure de carbone évaporé, il ne doit pas rester de résidu sensible; dans le cas contraire, on porte la capsule à l'étuve pendant un quart d'heure, et on pèse ensuite le résidu, qui est composé soit de soufre reconnaissable à son apparence cristalline et à sa couleur jaune, soit de corps gras.

ACIDE BORIQUE ET BORATES

L'acide borique ($H^6Bo^2O^6$) peut renfermer comme impuretés des chlorures et des sulfates qu'on recherche qualitativement à l'aide du nitrate d'argent et du chlorure de baryum. On peut également s'assurer de la pureté d'un acide borique en traitant 5 grammes de cet acide par de l'alcool à 95°; il ne doit rester aucun résidu insoluble.

Le borax ordinaire a pour formule $Bo^4O^7Na^2 + 10aq$; mais il existe de nombreux borates acides et neutres de composition variable et renfermant plus ou moins d'eau de cristallisation. Le dosage à effectuer dans ces sels est celui de l'acide borique; le résultat est en général exprimé en anhydride borique Bo^2O^3. On rencontre couramment comme impureté dans le borax du chlorure de sodium.

Dosage de l'acide borique (méthode Moissan)

Ce procédé est basé sur la formation d'un éther borique volatil que l'on distille sur un poids donné de chaux

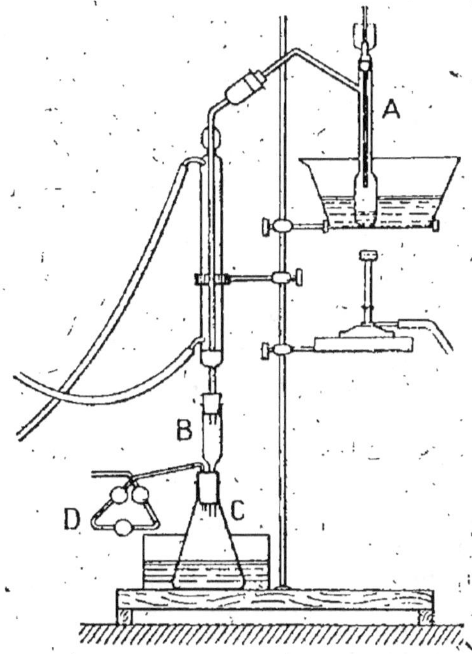

Fig. 18. — Appareil pour le dosage de l'acide borique.

pure; celle-ci décompose l'éther borique, avec formation de borate de chaux, sel fixe non décomposable par la chaleur: on calcine la chaux après l'opération, et l'augmentation de poids correspond à l'anhydride borique fixé.

Appareil. — L'appareil se compose d'une allonge à long col A fermée d'un bouchon traversé par un tube à entonnoir; le col de l'allonge porte à sa partie supérieure une tubulure coudée sur l'extrémité de laquelle est fixé un bouchon qui s'adapte à un tube à entonnoir coudé;

ce tube traverse un réfrigérant, et son extrémité inférieure s'introduit dans un petit entonnoir B fermé à sa partie supérieure par un bouchon de caoutchouc. L'extrémité inférieure de l'entonnoir B traverse un bouchon de caoutchouc qui obture une petite fiole conique C ; au cours de l'opération, cette fiole plonge dans un bain d'eau froide ; la fiole C est mise en communication avec un tube à boules D renfermant de l'ammoniaque diluée au cinquième.

L'allonge est chauffée dans un bain de chlorure de calcium dont le récipient est mobile.

Mode opératoire. — On pèse 0^{gr},500 de borax que l'on introduit dans le ballon A avec 1 centimètre cube d'eau et 1 centimètre cube d'acide nitrique pur ; on chauffe au bain de chlorure de calcium et on évapore à siccité. On retire le bain et on introduit dans le ballon A 5 centimètres cubes d'alcool méthylique ; puis on évapore à siccité à l'aide du bain de chlorure de calcium ; on renouvelle trois fois l'addition d'alcool méthylique, que l'on évapore chaque fois dans les mêmes conditions. Après quoi on traite à nouveau par 1 centimètre cube d'acide nitrique ; on évapore à sec et on fait trois traitements à l'alcool méthylique, comme il est dit ci-dessus ; on est certain, au bout de ce temps, d'avoir entraîné tout l'éther borique ; on s'en assure en recueillant une goutte du liquide distillé que l'on enflamme ; la flamme ne doit pas présenter trace de coloration verte.

A l'aide d'un jet de pissette, on lave l'intérieur du tube à entonnoir qui traverse le réfrigérant ; on a ainsi recueilli dans la fiole C tout l'éther borique ; on décante dans cette fiole l'eau ammoniacale contenue en D qui a arrêté les traces d'éther volatil non condensé en C.

On pèse 15 grammes de carbonate de chaux pur dans une capsule de platine ; on calcine ce carbonate soit au four Aubin, soit au four Bruno ; on s'assure par une pesée qu'on a bien obtenu le poids théorique de chaux vive, puis on hydrate cette chaux, et dans la chaux éteinte froide, on verse le contenu de la fiole C. On agite, on vérifie par l'addition d'une goutte de phénol-phtaléine que le mélange est bien alcalin, et on évapore à siccité d'abord au bain-marie pour chasser l'alcool, puis au bain de sable ; enfin on calcine au four. On pèse et on vérifie par une nouvelle calcination la constance du poids ; l'augmentation de poids de la capsule représente la quantité d'anhydride borique B^2O^3 contenue dans 0^{gr},500 de borax.

BISULFITES

Les bisulfites sont utilisés, notamment en vinification, comme agents conservateurs ; on se sert soit du bisulfite de soude, soit du bisulfite de potasse ; c'est ce dernier sel qui est le plus communément employé.

Le bisulfite usuel du commerce désigné sous le nom de métabisulfite de potasse renferme en moyenne de 53 à 55 p. 100 d'acide sulfureux ; on rencontre fréquemment des sels qui ont une teneur en acide sulfureux inférieure à cette moyenne ; toutefois il est rare que ce produit dose moins de 50 p. 100 d'acide sulfureux.

Dosage de l'acide sulfureux

Le dosage de l'acide sulfureux s'effectue à l'aide d'une solution titrée décinormale d'iode ; ce dosage est basé sur la réaction suivante :

$$SO^2 + 2H^2O + 2I = H^2SO^4 + 2HI.$$

Le titrage doit se faire sur une solution de bisulfite très diluée, contenant au plus 4 p. 10.000 d'acide sulfureux ; en outre il est important d'employer exclusivement de l'eau bouillie pour effectuer la dissolution du bisulfite à analyser.

Le dosage de l'acide sulfureux dans les bisulfites ne peut être effectué avec précision par titrage à l'aide d'une solution de permanganate de potasse.

Réactifs. — *Solution décinormale d'iode.* — On pèse 12^{gr},7 d'iode pur, on les introduit rapidement dans un ballon jaugé de 1 litre avec 20 grammes d'iodure de potassium et 200 centimètres cubes d'eau ; on agite pour faciliter la dissolution ; celle-ci effectuée, on complète à 1 litre.

Cette liqueur s'altérant rapidement au contact de l'air, on la conserve dans des petits flacons de 100 ou 200 centimètres cubes, bien bouchés. On peut d'ailleurs titrer rigoureusement cette liqueur à chaque série d'opérations, soit à l'aide d'acide arsénieux, soit à l'aide de bichromate de potasse et d'hyposulfite de soude, comme il est indiqué à l'analyse des huiles.

Empois d'amidon. — On délaie dans un verre de 150, 1 à 2 grammes d'amidon avec quelques centimètres cubes d'eau froide, puis on ajoute 100 centimètres cubes d'eau bouillante ; on agite et on laisse ensuite déposer. Le liquide clair est décanté dans un flacon ; il constitue la liqueur d'empois d'amidon.

Mode opératoire. — On pèse 10 grammes du bisulfite à analyser que l'on dissout dans un litre d'eau bouillie ; on prélève 20 centimètres cubes de cette solution ; on les introduit dans une fiole conique où l'on a mis préalablement 200 à 300 centimètres cubes d'eau bouillie ; on ajoute 1 à 2 centimètres cubes d'empois d'amidon et on procède au titrage.

La liqueur titrée d'iode étant introduite dans une burette graduée, on la fait couler goutte à goutte dans la solution de bisulfite à titrer, jusqu'à ce que le liquide prenne une légère teinte bleue, persistante.

Le nombre de centimètres cubes d'iode employé, multiplié par 0,0032, indique la quantité d'anhydride sulfureux contenue dans 20 centimètres cubes de la solution diluée, soit dans $0^{gr},200$ de bisulfite.

TANINS

Les tanins du commerce sont désignés, suivant leur mode de préparation, sous le nom de tanins à l'eau, tanins à l'alcool, tanins à l'éther ; on n'emploie pas en agriculture les tanins à l'eau, qui sont très impurs et ne renferment que 45 à 50 p. 100 de tanin ; on utilise les tanins à l'alcool, qui contiennent de 75 à 90 p. 100 de tanin, ou encore les tanins à l'éther, qui dosent de 95 à 100 p. 100 de tanin pur.

Dosage du tanin

Ce dosage s'effectue à l'aide de permanganate de potasse en présence de carmin d'indigo qui sert d'indicateur de fin de réaction ; on opère sur le tanin à essayer et par comparaison sur du tanin pur.

Réactifs. — *Solution de permanganate de potasse.* — On dilue au tiers la solution de permanganate utilisée pour le dosage du fer dans les terres.

Solution d'indigo. — On délaie 10 grammes de carmin d'indigo dans 40 centimètres cubes d'acide sulfurique, et on complète à 1 litre à l'aide d'eau distillée. 10 centimètres cubes de cette solution sont décolorés par environ $1^{cc},5$ de la solution de permanganate.

Mode opératoire. — On pèse 1 gramme du tanin à analyser que l'on introduit dans un ballon jaugé de

100 centimètres cubes, avec de l'eau distillée ; la dissolution est complétée à 100 centimètres cubes. On effectue de même à l'aide de tanin pur une solution à 1 p. 100.

Dans un verre de 1 litre, on introduit 10 centimètres cubes de la solution d'indigo et 500 centimètres cubes d'eau ; on verse goutte à goutte dans ce liquide du permanganate titré jusqu'à apparition d'une teinte jaune clair, soit a la quantité de permanganate utilisé.

Dans un autre verre de 1 litre, on introduit 10 centimètres cubes de la solution d'indigo, 500 centimètres cubes d'eau et 10 centimètres cubes de la solution de tanin à analyser ; on verse dans ce liquide, rapidement et en agitant à l'aide d'une baguette de verre, du permanganate de potasse jusqu'à apparition de la teinte jaune clair, soit b le nombre de centimètres cubes de permanganate employé.

On opère de même avec la solution de tanin pur ; soit c le nombre de centimètres cubes utilisés.

La quantité de tanin pur renfermé dans les 10 centimètres cubes de notre solution de tanin, soit $0^{gr},100$ du tanin à essayer, est :

$$0^{gr},100 \times \frac{b-a}{c-a} \text{ soit p. 100 : } 0^{gr},100 \, \frac{b-a}{c-a} \times 1000.$$

NOIX VOMIQUE

La noix vomique a été recommandée pour la destruction des petits rongeurs dans les champs et les bâtiments ruraux. Ce produit est vendu sous forme d'une poudre grumeleuse d'un gris jaunâtre, mélange de graines concassées et de bourres de poils provenant de la graine elle-même.

Cette matière peut être facilement fraudée à l'aide de graines étrangères concassées ; en outre, son broyage nécessite une dessiccation préalable qui, si elle a été poussée trop loin, fait perdre à la graine une proportion sensible de ses alcaloïdes ; il est donc important d'effectuer dans les noix vomiques le dosage des alcaloïdes dont la teneur varie entre 2 et 3 p. 100.

Dosage des alcaloïdes (strychnine et brucine)

On pèse 10 grammes de matière, que l'on épuise par 50 centimètres cubes d'eau acidulée par l'acide sulfurique à raison de 1 p. 100. Le liquide d'épuisement recueilli dans une capsule de porcelaine est neutralisé par de la magnésie calcinée ; on évapore à siccité au bain de sable en présence d'un excès de magnésie. La matière sèche est intégralement introduite dans un tube à épuisement simple ; on la traite d'abord par l'éther, qui dissout les matières grasses, sans entraîner sensiblement d'alcaloïdes ; puis on place au-dessous du tube une capsule tarée, et on verse dans le tube à épuisement du chloroforme, qui entraîne les alcaloïdes. Le chloroforme évaporé, la capsule est pesée ; le poids indique la quantité de strychnine et de brucine contenue dans 10 grammes de noix vomique.

JUS DE TABAC

Les manufactures de tabac livrent aux agriculteurs des jus de tabac dits « riches en nicotine », qui renferment 100 grammes de nicotine par litre ; si le dosage de la nicotine est inutile à effectuer dans les jus sortant des manufactures, les liquides revendus par des marchands nécessitent au contraire un contrôle ; ces jus peuvent être en effet facilement dilués d'eau sans qu'il soit possible de reconnaître la fraude autrement que par un dosage de la nicotine.

Dosage de la nicotine (méthode Schlœsing)

La nicotine se trouve dans les jus de tabac à l'état de sulfate de nicotine ; on décompose ce sel par un alcali ; la nicotine mise en liberté est absorbée par de l'éther qu'on évapore ensuite à l'air, et on dose l'alcaloïde par un titrage alcalimétrique.

Appareil. — Ce dosage nécessite l'emploi du chariot Schlœsing dont nous avons donné la description au dosage de l'acide phosphorique soluble dans le réactif Wagner (scories de déphosphoration).

Réactifs. — *Liqueur de sel marin saturée et alcalinisée.* — On prend 1 litre d'eau saturée de sel marin ; on y ajoute 40 centimètres cubes de lessive de soude à 45° B. ; après mélange, on filtre et on conserve pour l'emploi.

Liqueur sulfurique titrée. — Se basant sur la concentration constante des jus de tabac livrés au commerce, M. Schlœsing a indiqué la préparation d'une liqueur sulfurique telle que le nombre de dixièmes de centimètres cubes employés divisé par deux corresponde directement au taux de nicotine par litre.

Le jus de tabac renfermant 100 grammes de nicotine par litre, on opère sur 10 centimètres cubes correspondant à 1 gramme de nicotine ; la liqueur sulfurique est préparée de telle façon que 20 centimètres cubes, soit 200 divisions de la burette graduée, saturent ce gramme de nicotine ; donc une division correspond à $0^{gr},005$ de nicotine ($C^{10}H^{14}Az^2$), soit en anhydride sulfurique :

$$0^{gr},005 \times \frac{40}{162} = 0^{gr},0012345\overline{6} \ (SO^3).$$

La liqueur sulfurique sera donc préparée telle que 1 litre renferme $12^{gr},3456$ de SO^3.

Liqueur de soude titrée. — On prépare une liqueur de soude titrée dont un centimètre cube correspond à 1 centimètre cube de la liqueur sulfurique ; cette liqueur renferme par litre

$$12^{gr},3456 \ \frac{31}{40} = 9^{gr},5678 \ Na^2O.$$

Mode opératoire. — Dans un tube analogue au modèle ci-contre (fig. 19), spécial au chariot déjà décrit, on introduit successivement : 5 grammes de sel marin desséché, 50 centimètres cubes d'une solution de sel marin saturée et alcalinisée, 10 centimètres cubes de jus de tabac prélevés à l'aide d'une pipette que l'on rince intérieurement avec 2 centimètres cubes d'une solution de sel marin saturée, enfin 40 centimètres cubes d'éther distillé sur le sodium. Le tube ainsi rempli est bouché et couché avec précaution sur le chariot ; on évite de l'agiter dans la crainte de former une émulsion qui gênerait ultérieurement l'extraction de l'éther.

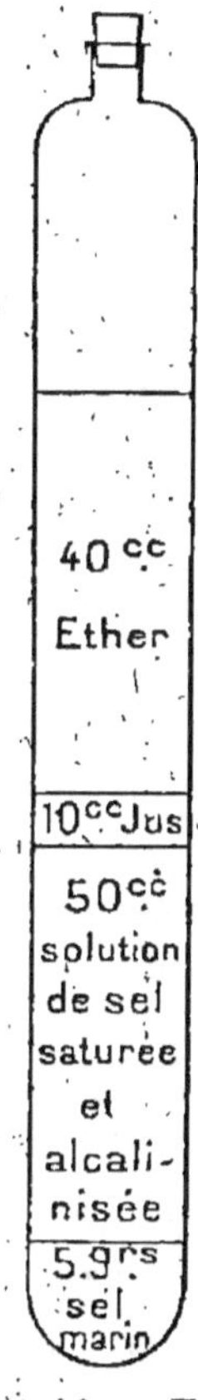

40 cc Ether

10 cc Jus

50 cc solution de sel saturée et alcalinisée

5 grs sel marin

Fig. 19.—Tube à éther.

Le chariot est mis en mouvement ; les deux couches d'éther et d'eau alcaline entraînées dans le mouvement de rotation glissent l'une sur l'autre sans s'émulsionner ; l'éther dissout la nicotine mise en liberté par la soude et insoluble dans l'eau salée. Au bout d'une demi-heure, on arrête le mouvement du chariot, on soulève le tube, on le pose sur un support, et, à l'aide d'un petit siphon, on soutire l'éther dans une capsule de porcelaine de 200 ; la tige du siphon est enfoncée le plus bas possible dans la couche d'éther, de manière à extraire le plus possible de cet éther ; toutefois il faut, bien entendu, éviter de siphoner l'eau alcaline de la couche sous-jacente.

L'éther soutiré, on en introduit à nouveau 40 centimètres cubes et on fait rouler une demi-heure ; l'éther est ensuite recueilli dans les mêmes conditions que précédemment dans une deuxième capsule de porcelaine. On procède ensuite à un troisième épuisement par l'éther et, après roulement, on soutire l'éther dans une troisième capsule.

L'éther est évaporé, à l'air libre, mais à l'abri des rayons solaires. L'éther évaporé, on abandonne vingt minutes à l'air, puis on procède au titrage de l'alcaloïde.

On remplit une burette de la liqueur sulfurique titrée ; puis, dans la capsule provenant du dernier épuisement, on verse 4 à 5 centimètres cubes d'eau et une goutte de tournesol neutre ; si l'opération a été bien conduite, 1 ou 2 dixièmes de centimètre cube de la solution acide suffisent pour acidifier le liquide de la capsule. Ensuite ce liquide est transvasé dans la capsule contenant le résidu du deuxième épuisement ; on lave avec très peu d'eau et on acidifie ; il faut en général employer 1 à 2 centimètres cubes de la solution titrée ; le liquide acide contenu dans cette capsule est décanté dans la capsule contenant le résidu du premier épuisement. A l'aide d'une petite baguette de verre, on mélange le tout, puis on verse 15 à 16 centimètres cubes de liqueur titrée dans cette capsule ; on remet alors quelques gouttes de la solution de tournesol neutre, et on achève le titrage.

On note le nombre de divisions d'acide titré utilisées ; si l'on avait dépassé le virage, on ramènerait à la teinte neutre avec une ou deux divisions de la solution alcaline titrée ; le nombre de divisions de soude employées serait défalqué du nombre de divisions d'acide.

Comme nous l'avons dit, le taux de nicotine par litre s'obtient en divisant par 2 le nombre de divisions de la burette ; par exemple on a employé 206 divisions d'acide ; puis on a neutralisé par 2 divisions de soude ; le jus de tabac analysé renferme :

$$\frac{206-2}{2} = 102 \text{ grammes de nicotine par litre.}$$

OXALATE DE NICOTINE

La manufacture des tabacs livre également au commerce de l'oxalate de nicotine, qui se présente sous forme de sel grumeleux : ce produit étant solide est d'un transport plus facile que les jus de tabac. Pour le dosage de la nicotine, on en fait une solution aqueuse, et on opère comme ci-dessus. Voici à titre de renseignement la composition de deux de ces produits :

Oxalates de nicotine

Nicotine....................	43,28	43,65
Acide oxalique........	47,32	52,92
Eau	8,32	»
Résidu insoluble (oxalate de chaux, etc.)	1,20	»

HUILES DE GOUDRON (CRÉOSOTES, CARBONILÉUM, CARBONYLES, ETC.)

Ces produits sont très employés pour la conservation du bois : constructions agricoles, échalas de vignobles, etc. L'analyse comporte la détermination de la densité, un essai de distillation et le dosage des phénols bruts ; les produits distillés sont classés en huiles légères, huiles moyennes et huiles lourdes.

Les compagnies de chemins de fer qui les premières ont utilisé ces produits pour l'injection des traverses des voies ferrées exigent que les produits qui leur sont livrés remplissent les conditions suivantes :

Densité à $+$ 15° .... 1.040 à 1.150

Distillation :

Jusqu'à 150°..............	$\leq$ 3 p. 100.
De 150° à 235°	$\geq$ 40	—
De 150° à 355°	$\geq$ 85	—
Phénols bruts..............	$\geq$ 10	—

Ces données peuvent servir de type pour apprécier les produits livrés à l'agriculture ; ceux-ci d'ailleurs ont des compositions très variables, comme l'indique le tableau suivant, donnant la composition des plus dissemblables de ceux analysés par nous.

	1	2	3	4	5
Début de la distillation......	75°	80°	80°	85°	100°
Huiles légères de distillation jusqu'à + 150°...........	10	6	18	15	1
Huiles moyennes de 150° à 235°	78	70	82	70	25
Huiles lourdes.............	12	24	»	20	74
Phénols bruts (p. 100)......	9	16	17	20	13

Nous signalerons également à titre de renseignement la composition d'un désinfectant composé d'huiles de goudron alcalinisées.

Distillation :

De 85 à 100°....   11 c. c. p. 100 d'huile.
De 100 à 150°....   65 —
De 150 à 200°...   20 à 25   —
Eau...............   9 —
Alcalis en Na²O ...   3ᵍʳ,30 —

Essai de distillation

On se sert d'une cornue tubulée en verre vert d'une capacité de 150 centimètres cubes. On pose cette cornue sur une toile métallique, le col légèrement incliné de façon à permettre l'écoulement des produits distillés que l'on recueille dans une éprouvette graduée placée sous l'extrémité du col. On ferme la tubulure par un bouchon sur lequel est fixé un thermomètre disposé de façon que son réservoir se trouve à hauteur du col de la cornue, afin de prendre la température des vapeurs qui distillent. La partie inférieure de ce thermomètre ne doit pas effleurer le liquide à distiller.

On introduit dans la cornue, par la tubulure, 100 centimètres cubes de l'huile de goudron à essayer ; on ajoute quelques grains de porcelaine concassée pour régulariser l'ébullition ; on place le bouchon sur la tubulure et on chauffe progressivement la cornue. On note la température indiquée par le thermomètre au début de la distillation, et on recueille le liquide distillant jusqu'à 150° ; lorsque le thermomètre a atteint cette température, on lit le nombre de centimètres cubes distillés.

On laisse le thermomètre monter jusqu'à 235° ; à ce moment, on peut arrêter la distillation : le nombre de centimètres cubes alors distillés représente la somme des huiles moyennes et des huiles légères. En retranchant de ce nombre le nombre de centimètres cubes de liquide distillé à 150° qui correspond aux huiles légères, on obtient la teneur en huiles moyennes ; le reliquat centésimal représente les huiles lourdes.

Dosage des phénols bruts

Dans un entonnoir à décantation de 1 litre, on introduit 100 centimètres cubes de soude à 36° B. et 200 centimètres cubes de l'huile à essayer ; on agite vigoureusement, on laisse en digestion cinq minutes, puis on ajoute 200 à 300 centimètres cubes d'eau ; on laisse reposer ; la liqueur alcaline se réunit au fond de l'entonnoir (fig. 20) ; on la fait couler sur un filtre mouillé disposé au dessus d'un verre de 2 litres.

On effectue à nouveau deux traitements alcalins en recueillant chaque fois les liquides dans le verre de 2 litres ; après quoi on peut estimer que tous les composés acides, phénols et crésols, ont été dissous dans la liqueur alcaline.

On acidifie par l'acide chlorhydrique les liquides réunis dans le verre de 2 litres, puis on sature de sel marin cette liqueur acidifiée afin d'insolubiliser les phénols.

Dans une ampoule à décantation analogue à celle déjà utilisée, on décante le liquide contenu dans le verre et on abandonne au repos ; les phénols montent à la surface du liquide. On élimine ensuite l'eau sous-jacente et on recueille les phénols dans une éprouvette graduée ; à

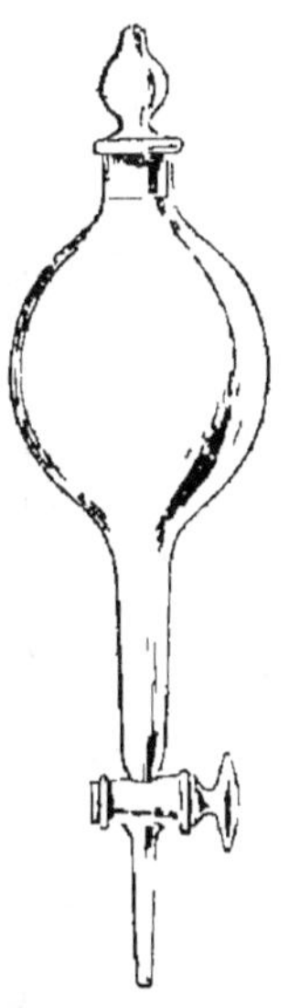

Fig. 20. — Cap. = 1 litre.

l'aide d'eau saturée de sel marin, on entraîne dans l'éprouvette les globules de phénols restant adhérents aux parois de l'ampoule.

On mesure le volume occupé par les phénols ; le nombre de centimètres cubes lu, divisé par 2, représente le taux p. 100 de phénols bruts.

ANALYSE DES VÉGÉTAUX

Détermination des Principes nutritifs dans les Fourrages, Pailles, Tourteaux, Drèches, Pulpes, etc.

Les remarquables travaux de O. Kellner, directeur de la station agronomique de Möckern, et les recherches effectuées en France par de nombreux agronomes, notamment par MM. Müntz, Grandeau et Mallèvre, ont sensiblement modifié la conception qu'on avait antérieurément de la nutrition animale (1).

Au point de vue de l'analyse chimique des fourrages, pailles, tourteaux, drêches et autres produits destinés à l'alimentation du bétail, quatre ou cinq faits particulièrement intéressants sont à retenir de tous ces travaux. Ces faits nous permettent de fixer les analyses chimiques utiles à effectuer sur les substances alimentaires et nous servent à calculer avec précision la valeur nutritive réelle d'un aliment donné.

Les matières azotées contenues dans les végétaux, matières désignées sous le nom de protéine, se partagent en deux groupes de fonction distincte : les matières albuminoïdes et les matières non albuminoïdes, auxquelles on a assez improprement donné le nom d'amides.

Ce n'est que depuis peu d'années que l'on est définitivement fixé sur la valeur nutritive respective de ces deux groupements. Les tables de Wolff, dans lesquelles nous trouvons indiquées les compositions moyennes des divers aliments du bétail, mentionnent bien à la fois la richesse de ces substances en protéine et en amides ; mais les formules de rationnement et les relations nutritives adjointes qui nous servent à établir les relations alimentaires ont été dressées en faisant intervenir exclusivement la richesse en matières azotées totales.

De ce fait la détermination chimique de la protéine reste

(1) Voy. les Tables de MALLÈVRE, dans l'*Agenda Aide-Mémoire agricole*, WÉRY. — Voy. aussi GOUIN, Alimentation rationnelle des animaux domestiques (ENCYCLOPÉDIE AGRICOLE).

la plus importante à effectuer ; mais, sachant que les matières albuminoïdes seules contribuent à la formation des muscles, alors que les matières non albuminoïdes ne jouent qu'un rôle analogue à celui des hydrates de carbone, on devra compléter la détermination de la protéine par celle des matières albuminoïdes, lorsque l'on aura à analyser un produit alimentaire nouveau.

O. Kellner a constaté que les divers hydrates de carbone avaient sensiblement la même valeur nutritive ; c'est là un fait particulièrement intéressant au point de vue analytique, puisqu'il dispense de doser séparément les multiples composés que Wolff a groupés sous l'expression « extractifs non azotés ».

Pour déterminer ce groupement, on dose la teneur centésimale en protéine, matières grasses, cellulose brute, matières minérales et eau ; la différence entre 100 et la somme de ces principes représente l'extractif non azoté.

O. Kellner a également déterminé la valeur nutritive exacte des matières grasses contenues dans les divers aliments du bétail ; de même l'influence de la teneur en cellulose brute sur la valeur nutritive réelle des pailles et fourrages a été précisée par ce savant. Enfin, plus récemment, on a déterminé l'efficacité réelle des sucres solubles, notamment du saccharose, suivant l'espèce animale qui les absorbe.

Toutes ces connaissances permettent d'apprécier avec certitude la valeur nutritive d'un aliment donné, mais rendent assez complexe le calcul des rations alimentaires : aussi, après avoir exposé les méthodes d'analyse des divers éléments contenus dans les aliments du bétail, nous indiquerons, en citant deux exemples, le mode de calcul à suivre pour arriver à déterminer la valeur nutritive réelle des produits alimentaires.

Nous avons, à titre de renseignement, réuni dans les tableaux suivants la composition de différents produits destinés à l'alimentation des animaux, produits analysés au Laboratoire de la Société des Agriculteurs de France et dont la richesse en principes nutritifs bruts ne se trouve pas indiquée dans les Tables de Wolff ou est sensiblement différente de la moyenne donnée dans ces tables ; nous présentons ces résultats en suivant la classification des Tables de Wolff.

Composition de quelques aliments du bétail

DÉSIGNATION DE L'ALIMENT	PROTÉINE	MATIÈRES grasses	HYDRATES de carbone	CELLULOSE	CENDRES	EAU
Fourrages verts						
Herbe de prairie d'engraissement.....	3,80	0,42	11,00	4,80	2,18	77,80
Ray-grass..........	1,84	0,56	10,50	7,10	3,00	77,00
Maïs- «Dent de cheval»	1,25	0,24	9,70	5,46	1,56	81,79
four- «Cinquantino »	1,41	0,39	9,54	4,69	1,79	82,18
rage «Gros jaune »	1,34	0,20	7,79	3,49	1,32	85,86
Trèfle violet.......	4,40	0,57	8,16	4,10	1,80	81,27
— incarnat.....	2,57	0,40	6,11	4,64	2,04	84,24
Luzerne..........	4,60	0,55	10,50	6,80	2,40	75,15
Sainfoin..........	4,00	0,45	9,00	7,20	2,70	76,65
Consoude.........	1,71	0,36	5,66	1,46	1,37	89,44
Sorgho sucré......	1,80	0,45	12,54	6,35	1,82	77,04
Roseaux d'étang des Dombes..........	5.16	0,47	20,53	17,80	3,58	52,46
Ajonc broyé.......	5,87	1,80	15,87	29,60	2,16	44,70
Sarments de vigne.	3,25	0,60	30,37	18,20	1,58	46,00
Choux fourrager...	1,60	0.26	6,18	2,46	1,40	88,10
Tiges de topinambour	2,62	0,64	18,51	6,34	3,12	68,80
Fleurs et tigelles de bruyère.........	4,65	2,50	20,14	30,66	2,30	39,75
Écorce d'osier.....	5,06	1,50	33,50	18,00	3,24	38,70
Branchettes de houx	4,00	3.30	18,24	31,25	2,28	40,93
Brindilles d'ormeau.	5,55	1,70	35,83	24,68	3,51	28,73
Ramilles de bouleau	4,00	2,47	27,99	24,96	1,13	39,45
Orties (feuilles et partie supérieure de la tige)...	6,50	0,78	7,25	1,67	4,21	79,59
Foins						
Foin de bon pré...	10,37	2,73	43,69	22,86	5,85	14,50
Luzerne..........	13,31	2,16	33,57	26,84	7,46	16,66
Sainfoin..........	13,75	1,60	37,55	28,00	3,80	15,30
Trèfle violet.......	12,80	2,30	36,54	27,10	5,36	15,90
Foin de marais....	8,25	1,80	48,71	25,12	4,66	11,46
Foin ensilé........	4,56	1,15	18,48	12,25	3,68	59,88
Algues...........	8,75	1,30	49,00	9,20	13,05	18,70
Goëmons.........	12,00	0,90	51,88	10,30	13,88	11,04

DÉSIGNATION DE L'ALIMENT	PROTÉINE	MATIÈRES grasses	HYDRATES de carbone	CELLULOSE	CENDRES	EAU
Pailles						
Paille de blé « Gros bleu »	3,43	1,30	45,15	37,12	4,36	8,64
Paille de blé « Hybride du bon fermier »	3,62	1,12	48,64	34,38	4,18	8,06
Paille de blé « Bordier »..	3,25	1,06	43,57	38,88	5,08	8,16
Paille de blé « Japhet » ..	3,06	0,98	42,96	40,96	4,24	7,80
Paille d'orge	4,00	2,40	42,45	36,12	5,40	9,93
Paille d'avoine « Salines »	2,87	1,70	43,01	38,52	5,26	8,64
Paille d'avoine « Ligowo »	2,68	1,42	41,02	40,14	6,00	8,74
Paille d'avoine « Champenoise »	3,25	1,66	40,47	40,36	5,86	8,40
Paille de riz	3,43	1,26	32,97	36,28	15,60	10,46
Balles et enveloppes de graines						
Balles d'avoine	3,87	1,60	37,45	31,28	10,60	15,20
Écorces de fèves	7,12	0,95	42,45	32,18	3,70	13,60
Cossettes de minette	11,56	1,14	44,70	20,10	11,70	10,80
— de sainfoin	6,12	0,82	42,10	32,06	6,96	11,94
Balles de riz	2,50	0,56	31,10	40,24	15,40	10,20
Paillettes de lin	8,75	3,24	50,46	30,20	12,10	13,25
Coques d'arachide..	3,25	2,26	21,53	63,40	2,54	7,00
— de cacao	13,80	3,82	48,96	13,62	7,50	12,30
Pellicules d'arachide	16,81	15,60	30,90	21,71	4,02	10,96
— de café	14,93	3,94	30,35	35,60	7,74	7,44
Racines et tubercules						
Betterave « Jaune à collet vert »...	1,32	0,02	6,82	0,87	1,03	89,94
Betterave « Ovoïde des Barres »...	1,25	0,02	6,70	0,83	1,04	90,16
Betterave « Lisette Mammouth »	0,92	0,02	6,60	0,70	1,10	90,66
Navet « Palatinat ».	1,08	0,04	4,50	1,22	0,71	92,45
— « Limousin ».	1,30	0,04	4,68	1,33	0,51	92,14
Pomme de terre....	1,64	0,02	15,73	0,87	0,46	81,28
Betterave sucrière séchée	4,37	0,20	75,11	4,66	5,00	10,66
Pomme de terre séchée	5,43	0,14	72,35	4,36	2,66	15,06
Topinambour séché.	8,12	0,44	70,48	3,30	3,92	13,74
Carotte blanche séchée...	6,25	0,40	68,05	5,40	4,84	15,06
Chicorée à café séchée...	6,00	0,50	70,32	4,12	4,40	14,66

DESIGNATION DE L'ALIMENT	PROTÉINE	MATIÈRES grasses	HYDRATES de carbone	CELLULOSE	CENDRES	EAU
Graines et fruits						
Blé « Bordier »....	12,12	1,40	71,14	1,80	1,78	11,76
— « Hybride du bon fermier ».	11,43	1,28	71,85	1,90	1,60	11,94
Avoine « blanche de Ligowo ».	11,56	4,14	62,10	9,30	2,50	10,40
— « Champenoise ».	9,75	5,94	64,99	6,24	2,64	10,44
Fèves décortiquées.	30,25	1,54	50,81	1,66	4,08	11,66
Sorgho...........	6,93	2,70	67,43	5,14	2,40	15,40
Kapok............	23,25	21,36	17,85	21,20	4,86	11,48
Glands décortiqués séchés..........	4,73	4,80	74,11	5,50	2,36	8,50
Châtaignes entières.	3,12	1,07	30,69	2,90	1,12	61,10
Riz moulu	7,06	0,24	76,40	0,50	0,42	15,38
Caroubes, gousses entières	5,37	0,40	61,35	7,63	2,50	22,75
Dari (sorgho des Indes).	10,93	3,84	68,79	1,54	2,86	12,04
Pommes séchées....	5,81	3,00	61,35	15,36	2,68	11,80
Farines et sons						
Farine d'orge......	10,37	1,20	71,21	0,70	0,82	15,70
Farine blanche de maïs...	10,00	2,20	75.04	0,50	0,96	11,30
— jaune — ...	9,84	3,00	73,59	0,90	0,86	11,84
Farine de fèves....	32,75	2,20	44,27	2,52	8,66	9,60
Farine de haricots..	25,00	1,60	56,24	1,54	4,66	10,96
Farine de manioc..	1,96	0,20	81,12	1,80	1,46	13,46
Farine basse de riz .	12,25	10,06	52,11	5,22	8,52	11,84
Son de blé........	14,65	3,30	55,27	8,84	5,60	12,34
Son de sarrasin....	7,15	1,16	44,19	30,60	2,10	14,80
Petit son de sarrasin	25,81	5,86	39,73	11,00	4,20	13,40
Son de sorgho.....	8,30	5,22	59,98	10,40	4,90	11,20
Son de pois de soya.	9,90	1,00	32,09	40,56	4,70	11,75
Son de pois chiches.	10,12	1,14	42,88	28,28	6,30	11,28
Cosses de fèves....	5,42	0,30	48,00	31,40	3,14	12,04

DÉSIGNATION DE L'ALIMENT	PROTÉINE	MATIÈRES grasses	HYDRATES de carbone	CELLULOSE	CENDRES	EAU
Résidus et produits industriels						
Tourteaux de graines oléagineuses normaux (Voy. à l'analyse de ces produits).						
Tourteau de lin cylindré..	37,00	11,84	27,90	10,46	5,20	7,60
Farine de tourteau de coton décortiqué..........	51,75	10,71	18,12	5,60	5,74	8,08
Tourteau de coton semi-décortiqué..	37,12	7,56	25,22	13,90	6,74	9,46
Tourteau d'olives...	6,07	12,20	17,65	33,84	1,96	28,28
— de noix ..	40,12	11,40	25,88	6,06	6,16	10,38
— de palmiste..	16,50	9,16	46,40	12,54	3,94	11,46
— de soya..	43,16	5,76	29,16	4,72	5,86	11,34
Résidus industriels (voy. aux diverses industries).						
Produits industriels spéciaux :						
Cossettes de betteraves à sucre	5,68	0,18	72,90	5,00	5,44	10,80
Pulpe sèche de betteraves .	9,68	0,80	59,18	15,80	4,62	9,92
Maltine............	28,20	12,36	32,82	5,64	7,04	13,94
Drèche de distillerie.	22,68	7,96	37,92	16,74	4,60	10,10
— de brasserie.	19,75	7,84	40,57	17,28	4,48	10,08
— de féculerie.	4,00	2,00	61,32	13,94	2,24	16,50
— d'igname...	7,12	1,54	64,29	18,49	1,90	6,66
— de patates desséchées	7,22	1,04	79,10	8,00	2,40	2,24
Pulpe de topinambour....	3,03	0,86	12,67	7,43	1,68	74,33
Remoulage de racines de manioc...	2,50	0,40	79,00	3,24	2,72	12,14
Petit blé.........	10,81	1,34	63,75	3,50	4,56	16,04
Marc de raisin égrappé, séché.......	12,87	7,16	36,59	22,84	6,56	13,98
Marc de pommes...	1,63	0,92	14,60	4,20	0,80	77,85
Pépins de raisin ...	8,94	10,18	24,58	44,32	2,80	9,18
Produits et résidus d'origine animale						
Viande moulue....	58,75	7,62	»	»	18,00	13,70
Farine de poisson azotée ..	60,00	9,70	»	»	18,90	11,30
— — phosphatée	39,75	2,10	»	»	43,22	12,46
Cretons..........	62,12	22,50	»	»	5,56	9,82
Sérum de lait......	0,81	0,03	3,78	»	0,78	94,60
Caséine..........	75,54	1,26	6,44	»	6,96	9,80
Lait desséché......	31,59	16,10	39,20	»	7,36	5,75

Préparation de l'échantillon

Les principes essentiels à déterminer dans les aliments du bétail sont :

1° Les matières azotées totales ou protéine brute ;
2° Les matières albuminoïdes ;
3° Les matières grasses ;
4° La cellulose brute ;
5° L'eau ;
6° Les matières minérales ;
7° Les hydrates de carbone ou extractifs non azotés (par différence).

Ces divers dosages doivent toujours être effectués sur la matière moulue finement et homogénéisée ; cette mouture ne peut bien entendu se faire que sur les produits secs ou ne renfermant pas plus de 15 p. 100 d'eau ; aussi est-il nécessaire de soumettre à une dessiccation préalable les fourrages verts, les drêches fraîches, en un mot tous les produits alimentaires humides.

On dessèche dans une étuve 1 ou 2 kilogrammes de ces matières ; on pèse après dessiccation, puis on passe la matière soit au moulin Anduze, soit au moulin Aimé Girard (fig. 21), et on la renferme dans un flacon pour l'analyse.

On détermine le taux de matières fixes et on prélève, pour effectuer les différents dosages, une quantité de matière séchée multiple simple du taux de matières fixes dans le produit desséché, quantité qui doit se rapprocher des poids utilisés pour l'analyse des aliments normalement secs. Par exemple, la dessiccation d'un fourrage vert a donné 24 p. 100 de matière sèche ; on verra plus loin que le dosage des matières grasses s'effectue d'ordinaire sur 5 grammes de foin sec, de paille ou de tourteau ; pour le fourrage vert séché dont il est question, on pèsera $4^{gr},800$, et on notera que l'analyse est effectuée sur un poids correspondant à 20 grammes de fourrage non séché ; on évite ainsi des calculs complexes en fin d'analyse.

Il est bon d'ajouter que le dosage de l'humidité doit toujours être effectué sur ces produits desséchés, ou plus exactement asséchés à l'étuve avant le broyage ; la matière peut encore en effet renfermer une quantité sensible d'eau, surtout lorsqu'elle contient de grosses parties ligneuses qui ne se dessèchent complètement qu'une fois la matière pulvérisée.

Dosage de la protéine brute

On opère le dosage de l'azote sur 2 grammes de matière pour les foins, pailles et pulpes ; sur 1 gramme pour les graines amylacées et les produits similaires et sur $0^{gr},500$

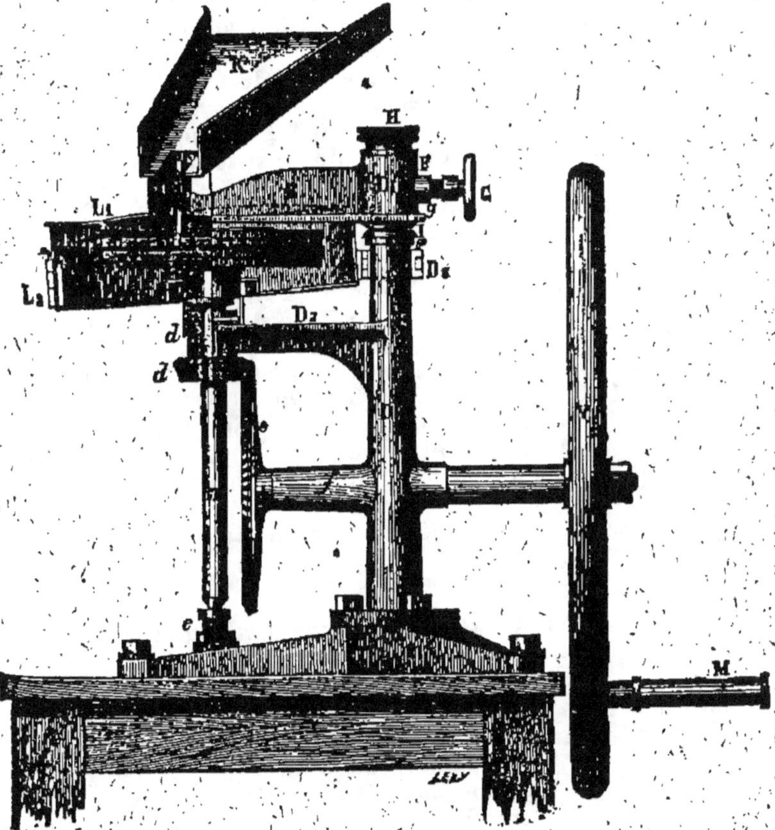

Fig. 21. — Moulin Aimé Girard

pour les tourteaux de graines oléagineuses particulièrement riches en protéine et faciles à homogénéiser. On dose l'azote par la méthode Kjeldahl, et le taux d'azote obtenu multiplié par 6,25 donne la teneur en protéine brute.

Dosage des matières albuminoïdes
(procédé Grandeau)

Le meilleur mode de dosage des matières albuminoïdes primitivement employé était celui de Ritthausen modifié par A. Stutzer; il consistait à insolubiliser complètement les principes albuminoïdes par formation d'un composé insoluble à l'aide d'hydrate de protoxyde de cuivre; on séparait par filtration ces matières azotées des matières non albuminoïdes solubles, et on dosait l'azote de la matière albuminoïde isolée.

M. Grandeau a étudié et contrôlé un procédé beaucoup plus pratique, que nous employons toujours pour ce dosage.

On porte à l'ébullition, dans un ballon de 250, 100 centimètres cubes d'eau acidulée par l'addition de 1 centimètre cube d'acide acétique; on projette dans le liquide bouillant 1 gramme du produit à analyser et on prolonge l'ébullition pendant dix minutes; après quoi les amides sont dissoutes. On recueille sur un filtre le résidu insoluble qui renferme toute la matière albuminoïde; le ballon et le filtre lavés, on introduit le filtre avec son contenu dans le ballon et on dose l'azote par le procédé Kjeldahl. Le taux d'azote obtenu multiplié par 6,25 donne la teneur en principes albuminoïdes.

La différence entre le dosage de la protéine brute et le résultat ci-dessus représente les matières azotées non albuminoïdes.

Dosage des matières grasses

Lorsque la substance est riche en matières grasses comme le sont les tourteaux de graines oléagineuses, on opère sur 5 grammes que l'on introduit dans un appareil à épuisement simple, composé d'un tube en verre de 30 centimètres de longueur étiré à l'une de ses extrémités; cette extrémité est obturée par un tampon d'amiante ou de coton de verre.

La matière introduite dans le tube et maintenue par le tampon d'amiante est traitée par l'éther ou mieux le sulfure de carbone; on place au-dessous de la pointe du tube une capsule de porcelaine tarée, et on verse sur la matière 20 centimètres cubes de sulfure de carbone; on obture l'orifice supérieur du tube par un bouchon de liège afin de prolonger le contact du sulfure de carbone avec la matière à analyser. On répète trois fois ce traitement à intervalle d'une demi-heure à une heure ; on laisse le sulfure de carbone s'évaporer à l'air libre, puis la capsule est portée un quart d'heure au bain de sable à 95-100° et pesée.

Lorsque le produit renferme peu de matières grasses, il est préférable de se servir d'un appareil à épuisement continu ; il en existe de nombreux modèles ; celui de M. Schlœsing est d'une construction très facile (fig. 22).

Il se compose d'un ballon de 200 centimètres cubes de capacité, fermé par un bouchon de liège percé de deux trous ; par l'un de ces trous passe un tube condenseur dont la partie horizontale plonge dans une cuvette où circule un courant d'eau froide ; l'autre trou du bouchon livre passage à l'extrémité d'un tube en S soudé à une allonge dans laquelle on place la substance à épuiser ; cette allonge est obturée par un bouchon que traverse l'autre extrémité du tube condenseur.

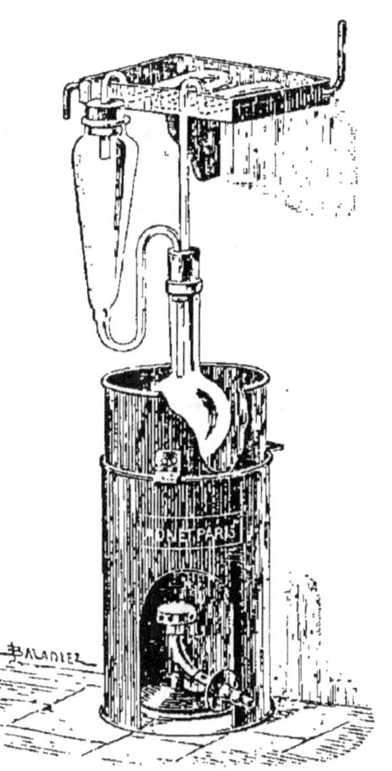

Fig. 22. — Appareil à extraction de M. Schlœsing

Dix ou 20 grammes de la matière à analyser sont introduits dans l'allonge préalablement munie d'un tampon d'amiante ou de coton. On recouvre la surface de la matière d'une couche mince de coton hydrophile, et l'allonge étant fixée au ballon, on verse sur la substance à analyser 100 centimètres cubes de sulfure de carbone ; puis on relie le condenseur à l'allonge et on chauffe au bain-marie.

Au bout de cinq à six heures, l'épuisement est terminé ; on peut s'en assurer en recueillant quelques gouttes du

sulfure de carbone qui s'écoule de l'allonge ; il ne doit,
après évaporation, rester aucun résidu.

Le contenu du ballon est décanté sur un filtre disposé
au-dessus d'une capsule tarée ; on lave avec quelques
centimètres cubes de sulfure de carbone le ballon et le
filtre : on évapore à l'air libre, on sèche pendant un quart
d'heure à 100° et on pèse.

Dosage de la cellulose brute
(méthode de Weende)

Cinq grammes de matière placés dans une capsule de
porcelaine sont additionnés de 5 centimètres cubes d'acide
chlorhydrique et de 200 centimètres cubes d'eau ; on fait
bouillir pendant une demi-heure en ajoutant de l'eau au
fur et à mesure de l'évaporation ; on laisse refroidir ; les
débris cellulosiques se déposent au fond de la capsule.
On décante le liquide surnageant en le versant sur une
toile métallique très fine (n° 200), afin de retenir les
particules de cellulose qui pourraient être entraînées ;
puis on verse dans la capsule 200 centimètres cubes
d'eau ; on fait bouillir et on décante à nouveau.

La matière est alors additionnée de 200 centimètres
cubes d'eau et de 3 grammes de potasse caustique ; on
fait bouillir pendant une demi-heure ; après refroidissement, on décante avec les mêmes précautions que
ci-dessus. On ajoute 200 centimètres cubes d'eau, on fait
bouillir puis on décante à nouveau, et on recueille les
débris cellulosiques sur un filtre taré ; on lave à l'eau
chaude jusqu'à ce que le liquide qui s'écoule ne soit plus
alcalin. On lave ensuite le filtre avec de l'acide chlorhydrique au vingtième, puis avec de l'eau chaude jusqu'à
ce que le liquide ne soit plus acide ; enfin, pour les
produits riches en matières grasses, notamment les
tourteaux, dont toute la graisse a pu ne pas être saponi-
fiée par la potasse, on termine le traitement par un
lavage du filtre à l'aide d'alcool à 90° ; après quoi on
sèche et pèse.

Le poids trouvé multiplié par 20 indique le taux p. 100
de cellulose brute ; il est utile, pour les tourteaux de
graines oléagineuses, qui souvent renferment un peu de
sable provenant de graines mal nettoyées avant le pressurage, d'incinérer le contenu du filtre afin de retrancher,
s'il y a lieu, le poids des matières minérales ainsi trouvées du poids de cellulose brute.

Aubin a apporté une légère modification à cette méthode ; les résultats obtenus sont les mêmes, mais ce procédé évite la surveillance que nécessite la méthode précédemment décrite.

On pèse 5 grammes de matière qu'on introduit dans un verre de 500, avec 20 centimètres cubes d'acide chlorhydrique et 400 à 500 centimètres cubes d'eau ; on chauffe au bain de sable pendant trois heures, puis on laisse refroidir. Les débris cellulosiques déposés, on décante le liquide surnageant, en évitant d'entraîner des fragments de cellulose ; on verse ensuite dans le verre 20 centimètres cubes de soude à 40° B. et 400 à 500 centimètres cubes d'eau ; on chauffe à nouveau la matière pendant trois heures au bain de sable, puis on laisse refroidir. On décante alors le liquide qui surnage les débris cellulosiques, et ceux-ci sont recueillis sur un filtre taré ; le liquide égoutté, on lave les débris cellulosiques avec 20 à 30 centimètres cubes d'une solution de soude au dixième chaude, puis, successivement, avec de l'eau chaude, de l'eau acidulée, de l'eau chaude et enfin de l'alcool.

Dosage de l'humidité

Cinq grammes de matière introduits dans une capsule de platine sont séchés à l'étuve à 100° pendant cinq heures ; on laisse refroidir la capsule dans un exsiccateur, et on pèse.

Dosage des cendres

Les 5 grammes de matière séchés à l'étuve sont calcinés à une température inférieure au rouge et, après combustion de la matière organique, on pèse le résidu minéral.

Certaines substances riches en sels alcalins s'incinèrent mal ; pour ces matières, on commence par carboniser toute la matière organique, puis on traite le résidu par quelques centimètres cubes d'eau chaude pour dissoudre les sels alcalins ; on filtre au-dessus d'un petit verre de 100, on lave la matière charbonneuse, puis on place le filtre dans la capsule ; on sèche et calcine ; le résidu s'incinère alors facilement ; après combustion complète du charbon, on décante dans la capsule le liquide de la filtration contenant les sels alcalins ; puis on évapore à siccité au bain de sable ; le liquide évaporé, on calcine légèrement et on pèse.

Extractif non azoté

Comme nous l'avons dit plus haut, l'extractif non azoté qui représente un groupement de substances diverses, de valeur alimentaire sensiblement analogue, se calcule par différence. On détermine par analyse le taux p. 100 de protéine, de matières grasses, de cellulose brute, d'humidité, de cendres, et la différence centésimale représente l'extractif non azoté ou hydrates de carbone.

CALCUL DE LA VALEUR NUTRITIVE RÉELLE DES ALIMENTS

Les principes nutritifs bruts une fois déterminés par l'analyse, il s'agit de calculer la valeur nutritive réelle de l'aliment soumis à l'analyse. Le calcul est assez simple lorsqu'il s'agit d'un produit pur, mais plus complexe lorsque l'on a à faire à un mélange de divers aliments destinés a fournir une ration complète.

A titre d'exemple, nous exposerons les calculs que nous avons été amené à effectuer pour déterminer la valeur de deux rations : l'une destinée à des chevaux, l'autre à des vaches laitières.

Les renseignements à fournir étaient :

1º Somme des unités nutritives digestibles ;
2º Relation nutritive ;
3º Valeur calorifique ;
4º Valeur nutritive nette exprimée en amidon.

Pour déterminer les principes nutritifs digestibles, on se servait autrefois des Tables dressées par Wolff, tables qui donnaient la composition moyenne des divers aliments en principes nutritifs bruts et la richesse correspondante en principes nutritifs digestibles. O. Kellner, à la suite de ses nombreuses recherches sur l'alimentation, a été amené à modifier sensiblement les coefficients de digestibilité de la plupart des aliments des Tables de Wolff.

Se basant sur ces travaux, M. Mallèvre a publié, dans l'*Agenda Aide-Mémoire agricole* de Wéry, de nouvelles tables d'alimentation ; c'est à ces tables qu'on doit avoir recours pour calculer les principes nutritifs digestibles d'un aliment analysé.

Nous rappellerons tout d'abord brièvement les données théoriques sur lesquelles on se base pour effectuer les calculs de ce genre.

Les matières azotées digestibles et les hydrates de carbone digestibles ont à peu près la même valeur nutritive ; les matières grasses digestibles ont au contraire une valeur très différente, sensiblement double des autres principes digestibles.

D'après O. Kellner : pour les graines et tourteaux oléagineux, une partie de matière grasse a une valeur nutritive 2,41 fois plus grande qu'une partie d'hydrate de carbone digestible ; pour les graines non oléagineuses et les sons, la valeur de la matière grasse est 2,12 fois plus grande ; pour les foins, pailles, racines et tubercules, la valeur nutritive de la matière grasse est 1,91 fois plus grande. C'est par ces chiffres qu'il y a lieu de multiplier le taux de matière grasse digestible pour faire entrer cet élément dans la somme des unités nutritives digestibles.

La relation nutritive est, comme on le sait, le rapport des matières azotées digestibles aux matières non azotées digestibles ; quant à la valeur calorifique, elle se calcule en multipliant la somme des unités nutritives digestibles par 4,1, la chaleur de combustion dans l'organisme de 1 gramme d'amidon pris comme unité de principe digestible étant de 4^{cal},123.

Nous établirons tout d'abord, par le mode de calcul habituel, la somme des principes nutritifs digestibles, la relation nutritive et la valeur calorifique des deux aliments analysés ; puis nous déterminerons la valeur nutritive nette exprimée en amidon de ces deux rations, suivant les données de M. Mallèvre.

1° *Ration pour chevaux*. — L'examen de cette ration a montré qu'elle était constituée d'un mélange de paille de blé, de mélasse et d'avoine ; en complément de la détermination des principes nutritifs bruts, on a dosé la teneur en sucre, suivant la méthode indiquée à l'analyse des mélasses et la teneur en amidon d'après le mode de dosage de l'amidon dans les grains. L'analyse a donné les chiffres suivants :

Principes nutritifs bruts

Protéine	7,52
Matières grasses	1,70
Extractif non azoté	48,55
Cellulose	19,58
Sucre	15,60
Amidon	13,80

D'après la teneur en sucre, nous concluons que nous avons 30 p. 100 de mélasse ; de même 13,80 p. 100

d'amidon correspondent à environ 25 p. 100 d'avoine; la paille de blé se trouve donc dans la ration dans la proportion de 45 p. 100.

Partant de ces données, nous établissons la quantité de principes nutritifs bruts qui revient à chacun des aliments de la ration, soit :

Principes nutritifs bruts	Avoine	Mélasse	Paille de blé	Total
Protéine	2,7	3,2	1,6	7,5
Matières grasses	1,2	»	0,5	1,7
Extractif non azoté	15,0	18,0	15,5	48,5
Cellulose	2,5	»	17,0	19,5

En nous servant des Tables de Mallèvre, nous déterminons la quantité de principes nutritifs digestibles correspondant à la teneur en principes bruts; soit comme exemple :

Pour la protéine de l'avoine, les tables indiquent 10,3 de protéine brute et 8,0 de matières azotées digestibles; les 2,7 unités de protéine brute qu'apporte l'avoine dans la ration correspondent donc à $8 \times 2,7 : 10,3$, soit 2,1 unités digestibles; en opérant de même pour les autres éléments, nous arrivons au résultat suivant :

Principes nutritifs digestibles	Avoine	Mélasse	Paille de blé	Total
Protéine	2,1	1,73	0,2	4,03
Matières grasses	1,0	»	0,2	1,2
Extractif non azoté	11,6	16,40	6,0	34,0
Cellulose	0,65	»	8,5	9,15

La somme des unités nutritives digestibles correspond à la somme de la protéine, de l'extractif non azoté et de la cellulose, augmenté du taux de matières grasses multiplié par 2,12 pour l'avoine et 1,91 pour la paille, soit :

$$\text{S. u. n. d.} = 4,03 + 2,5 + 34,0 + 9,15 = 49,7$$

La relation nutritive est :

$$\text{Relation nutritive} = \frac{1}{49,7 - 1} = \frac{1}{11,4}.$$

La valeur calorifique est :

$$\text{Valeur calorifique} = 49,7 \times 4,1 = 203,7.$$

2º *Rations pour vaches laitières.* — L'examen de cette ration a montré qu'elle était constituée par un mélange de tourteau d'arachide, de mélasse et de paille de blé. L'analyse a indiqué la composition suivante :

Principes nutritifs bruts

Protéine 13,30
Matières grasses................................ 2,00
Extractif non azoté 42,25
Cellulose....................................... 17,63
Sucre... 19,00

La richesse en sucre indique que la ration renferme environ 40 p. 100 de mélasse ; si l'on déduit de la teneur en protéine la quantité de matières azotées apportée par 40 p. 100 de mélasse, on calcule facilement, d'après cette différence, que la ration renferme environ 15 p. 100 de tourteau d'arachide et 45 p. 100 de paille.

Le tableau suivant indique la quantité de principes nutritifs bruts apportés par chacun des constituants :

Principes nutritifs bruts	Arachide	Mélasse	Paille de blé	Total
Protéine	7,2	4,4	1,6	13,2
Matières grasses.....	1,5	»	0,5	2,0
Extractif non azoté..	3,5	23,3	15,5	42,3
Cellulose............	0,7	»	17,0	17,7

En calculant comme précédemment à l'aide des Tables de Mallèvre, nous arrivons à la teneur suivante en principes nutritifs digestibles :

Principes nutritifs digestibles	Arachide	Mélasse	Paille de blé	Total
Protéine	6,6	2,26	0,2	9,1
Matières grasses.....	1,4	»	0,2	1,6
Extractif non azoté ..	2,9	21,2	6,0	30,1
Cellulose...........	0,12	»	8,5	8,6

En se rappelant que la teneur en matières grasses du tourteau d'arachide est à multiplier par 2,44 et celle de la paille par 1,91, on arrive à une somme d'unités nutritives digestibles de :

$$\text{S. u. n. d.} = 9,1 + 3,75 + 30,1 + 8,6 = 51,6$$

et une relation nutritive de :

$$\text{Relation nutritive} = \frac{9,1}{51,6 - 9,1} = \frac{1}{4,7}$$

La valeur calorifique est de :

$$\text{Valeur calorifique} = 51,6 \times 4,1 = 211,5.$$

VALEUR NUTRITIVE NETTE EXPRIMÉE EN AMIDON

Pour calculer la valeur nutritive nette exprimée en amidon, on doit, lorsque l'on a à faire à un aliment nouveau, compléter l'analyse des principes nutritifs bruts par la détermination de la teneur en matières albuminoïdes, les matières azotées non albuminoïdes n'entrant pas en ligne de compte dans le calcul.

Dans le cas des deux rations qui nous intéressent, il n'est pas nécessaire d'effectuer le dosage des matières albuminoïdes ; ces rations sont en effet constituées d'aliments connus, en proportion donnée. Il suffit de se reporter aux Tables de Mallèvre, où se trouve indiquée, à chaque aliment, la teneur en matières albuminoïdes pour une quantité donnée de matières azotées digestibles ; comme nous avons calculé plus haut la quantité de matières azotées digestibles apportées par chacun des aliments, on peut déterminer avec suffisamment de précision, par une simple règle de trois, la teneur en matières albuminoïdes des deux rations.

Le taux des matières albuminoïdes digestibles une fois déterminé, on le multiplie par 0,94 (1 unité de matière albuminoïde équivalant à 0,94 unité d'amidon) ; à ce chiffre on ajoute le taux d'extractif et de cellulose digestible, puis le taux de matières grasses multiplié par le coefficient approprié ; on obtient ainsi la valeur nutritive brute exprimée en amidon.

On détermine la valeur nutritive nette en multipliant la valeur nutritive brute par un coefficient spécial indiqué dans les Tables de Mallèvre pour les divers aliments, coefficient qui est fonction de la richesse de l'aliment en cellulose brute.

Pour les deux rations dont nous avons à déterminer la valeur, un autre facteur entre encore en jeu, c'est le sucre qui, ainsi que l'indique M. Mallèvre, a une valeur nutritive sensiblement analogue à l'amidon pour les animaux monogastriques, mais qui, par contre, a une valeur notablement inférieure à l'amidon pour les ruminants adultes, soit : 1 unité sucre = 0,76 unité amidon.

A l'aide de toutes ces données, on calcule facilement la valeur nutritive nette des rations alimentaires suivant leur destination. En ce qui concerne nos deux rations, pour lesquelles nous avons indiqué précédemment le mode de calcul des principes nutritifs digestibles, nous allons simplifier la détermination de la valeur amidon.

Nous savons par l'analyse que nos rations sont composées de trois aliments en proportion donnée; nous chercherons dans les Tables de Mallèvre les valeurs nutritives réelles de ces divers aliments; nous multiplierons ces valeurs par le taux p. 100 de l'aliment dans la ration, et la somme de ces trois résultats donnera la valeur nutritive réelle exprimée en amidon.

1º *Ration pour chevaux.* — Cette ration est composée de :

        Avoine........................... 25 p. 100.
        Mélasse.......................... 30   —
        Paille de blé.................... 45   —

en se reportant aux Tables de Mallèvre, nous arrivons à la valeur nutritive nette exprimée en amidon :

        Avoine................ 59,7 $\times$ 0,25 = 14,92
        Mélasse............... 48,0 $\times$ 0,30 = 14,40
        Paille de blé......... 11,0 $\times$ 0,45 = 4,95
        Valeur nutritive nette exprimée en amidon. 34,27

La ration étant destinée à des chevaux, nous n'avons pas à modifier par destination cette valeur amidon malgré la présence du sucre.

2º *Ration pour vaches laitières.* — Nous savons qu'elle se compose de :

        Tourteau d'arachide............. 15 p. 100
        Mélasse......................... 40   —
        Paille de blé................... 45   —

En prenant comme précédemment dans les tables les valeurs nutritives nettes de ces divers aliments, nous arrivons pour notre deuxième ration à une valeur nutritive nette de :

        Tourteau d'arachide....... 75,7 $\times$ 0,15 = 11,4
        Mélasse................... 50,0 $\times$ 0,40 = 20,0
        Paille de blé............. 11,0 $\times$ 0,45 = 4,95
        Valeur nutritive nette exprimée en amidon   36,35

Mais cette ration est destinée à des vaches laitières et renferme 19 p. 100 de sucre, qui se trouvent comptés comme unités amidon, alors que le coefficient 0,76 doit leur être appliqué.

La valeur nutritive nette, par destination, de cette ration sera donc de :

$$36,35 - 19 + 19 \times 0,76 = 34,8$$

ANALYSE DES DIVERS PRINCIPES IMMÉDIATS DES VÉGÉTAUX

ACIDES ORGANIQUES

Acide oxalique
(méthode de Berthelot et André)

Cette méthode consiste à précipiter l'acide oxalique à l'état d'oxalate de chaux, en présence d'acide borique et de chlorhydrate d'ammoniaque, qui empêchent la précipitation des acides tartrique, citrique et malique. On peut doser soit les oxalates solubles, soit la totalité des oxalates.

Pour doser l'acide oxalique total, on pèse les organes végétaux à analyser; on les broie dans un mortier, puis on introduit la matière dans une capsule de porcelaine, et on délaie avec de l'eau 400 centimètres cubes environ pour 100 grammes de plantes humides; on ajoute 20 à 30 centimètres cubes d'acide chlorhydrique; on chauffe pendant une heure à une température voisine de 100°, puis on laisse macérer pendant vingt-quatre heures.

On décante le liquide surnageant dans un ballon de 1 litre, puis on traite les débris par de l'eau chaude; on décante et filtre à nouveau; enfin on exprime dans un linge. On porte à l'ébullition, et on filtre le liquide s'il est trouble, après quoi on ajoute un excès d'ammoniaque, puis 50 centimètres cubes d'une solution concentrée d'acide borique; on acidule fortement par l'acide acétique; et on ajoute de l'acétate de chaux. On chauffe pendant une heure, sans faire bouillir, dans le but de concentrer le précipité que l'on recueille sur un filtre et lave.

Le précipité d'oxalate de chaux ainsi obtenu étant impur, on introduit le filtre dans un ballon où l'on redissout le précipité à l'aide d'acide chlorhydrique étendu; on filtre et on reprécipite par l'ammoniaque. On acidifie légèrement à l'aide d'acide acétique, on chauffe comme précédemment, et le précipité d'oxalate de chaux recueilli sur un filtre est calciné; du poids de chaux obtenu on déduit la teneur en acide oxalique.

Pour doser les oxalates solubles, on traite les plantes broyées par de l'eau non acidulée; on chauffe pendant une heure et on fait macérer vingt-quatre heures; on extrait les oxalates solubles avec les précautions indiquées ci-dessus; finalement, dans le liquide d'extraction filtré, on ajoute de l'acide chlorhydrique étendu; on porte à l'ébullition, et on effectue la précipitation de l'oxalate de chaux dans les conditions indiquées

Acides tartrique, citrique et malique
(méthode Lindet)

La méthode de séparation successive de ces trois acides, due à M. Lindet, consiste à isoler l'acide tartrique à l'état de bitartrate de potasse, puis l'acide citrique à l'état de citrate acide de quinine; enfin l'acide malique sous forme de malate acide de cinchonine.

Pour appliquer ces réactions à l'extraction des acides d'un jus végétal, on concentre ce jus par évaporation dans le vide, puis on l'additionne de potasse en quantité convenable pour transformer l'acide tartrique en bitartrate. L'extrait est alors traité par quatre fois son volume d'un mélange à parties égales d'alcool et d'éther; on abandonne pendant vingt-quatre heures dans un endroit frais; le bitartrate de potasse s'insolubilise complètement.

Le liquide éthéro-alcoolique qui contient les acides citrique et malique, séparé par filtration est évaporé; l'alcool et l'éther éliminés, on dilue d'eau et on traite par un excès de sous-acétate de plomb. Le précipité qui se forme contient les acides organiques, on le recueille sur un filtre, on le lave et on le décompose ensuite par un courant d'hydrogène sulfuré; le sulfure de plomb précipité est séparé par filtration du liquide qui contient les acides organiques en solution. Ce liquide est évaporé dans le vide jusqu'à consistance sirupeuse.

L'extrait est traité par l'alcool méthylique qui dissout les acides organiques. On prend un volume connu de cet extrait, qu'on étend d'alcool méthylique, de façon que la solution soit à 2,5 p. 100 environ d'acide; et l'on ajoute au liquide des quantités croissantes de quinine en poudre jusqu'à ce que celui-ci, après quelque temps d'agitation, se prenne en une masse cristalline. La quantité de quinine ajoutée ne doit pas dépasser 160 à 170 p. 100 de l'acide citrique supposé dans la liqueur.

Il faut éviter, en effet, d'ajouter un excès de quinine qui redissoudrait, momentanément du moins, le citrate acide et formerait du citrate neutre plus soluble. Quand les proportions de quinine qu'il convient d'ajouter ont été ainsi déterminées par un premier essai, on traite le reste du liquide par la quantité de quinine que le calcul montre nécessaire. On filtre après vingt-quatre heures de repos, et l'on recommence sur les eaux mères la même opération.

Lorsque l'acide citrique coexiste avec l'acide malique, on ajoute à la liqueur ne précipitant plus par la quinine, de la cinchonine, dont l'action n'est pas gênée par la quinine en excès. Si le liquide ne renferme pas d'acide citrique, c'est-à-dire s'il n'a pas précipité par la quinine, on recherche l'acide malique, en ajoutant dans un volume connu de la liqueur méthylique préparée au début, des quantités croissantes de cinchonine, dont la dose maxima doit être fixée à 140-150 p. 100 de la quantité d'acide malique estimé.

Il est facile de retirer des sels de quinine et de cinchonine obténus les acides correspondants ; il suffit d'ajouter à la solution aqueuse de ces sels de l'ammoniaque, de filtrer et d'ajouter à la liqueur du sous-acétate de plomb, puis de décomposer ensuite le précipité par l'hydrogène sulfuré.

On peut également insolubiliser par la baryte et décomposer le sel de baryte par l'acide sulfurique.

Acides acétique, formique, butyrique

Les végétaux peuvent renfermer des acides volatils; M. Schlœsing conseille d'en effectuer la recherche de la

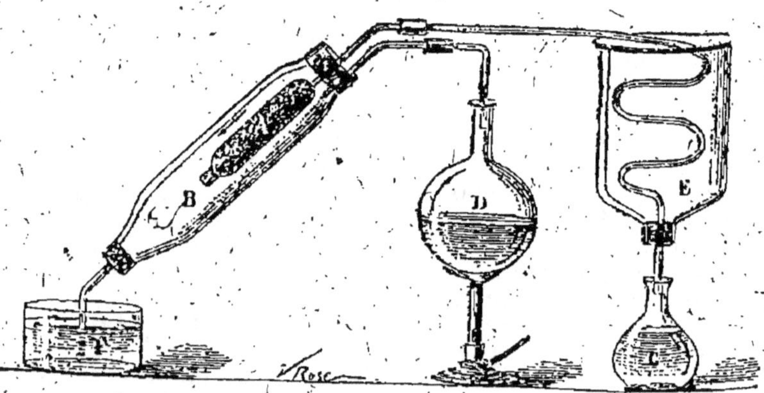

Fig. 23. — Appareil pour le dosage des acides volatils.

façon suivante : 10 grammes de plante réduite en poudre sont humectés d'eau et enfarinés d'acide tartrique en poudre fine.

On introduit aussitôt la matière dans un tube en verre A, où on la maintient entre deux tampons d'amiante ; ce tube est fixé dans un manchon de verre B; une de ses extrémités étirée sortant du manchon est reliée à un petit serpentin entouré d'eau froide (fig. 23).

Ces dispositions prises, le manchon est mis en communication avec un ballon plein d'eau bouillante ; la vapeur remplit le manchon, chauffe extérieurement le tube contenant la matière, pénètre dans ce tube et chasse l'acide volatil, qui se condense dans le serpentin et est recueilli dans un vase C contenant quelques gouttes de tournesol ; l'acide peut ensuite être dosé à l'aide d'une solution alcaline titrée. L'acide butyrique peut être caractérisé par son odeur de beurre rance ; quant à l'acide formique, on en détermine la présence en chauffant le liquide distillé avec de l'oxyde de mercure ou un sel d'argent ; on obtient une réduction métallique si ce liquide renferme de l'acide formique.

Composés pectiques

Les composés pectiques, corps gélatineux contenus dans les végétaux, peuvent se ranger en trois groupes ayant pour type :

La pectine neutre et soluble ;

La pectose neutre et insoluble ;

L'acide pectique généralement à l'état de pectate de chaux insoluble.

Ces propriétés différentes des composés pectiques permettent de les doser séparément dans une substance végétale ; on détermine successivement la teneur en pectine, acide pectique et pectose.

Pectine

La pectine se rencontre surtout en quantité notable dans les fruits ; on la dose sur le jus exprimé et filtré. Pour la doser dans les organes végétaux, on opère sur 50 grammes de matière que l'on triture et épuise par de l'eau ; on prélève deux lots de 100 centimètres cubes de jus qu'on additionne respectivement de huit à dix fois leur volume d'alcool, et on laisse en repos pendant vingt-quatre heures.

On recueille les précipités sur deux filtres ; on lave à l'alcool fort et on laisse égoutter ; les précipités sont

10.

détachés des filtres, séchés dans deux capsules tarées et pesés après dessiccation.

Sur l'un des précipités, on détermine la teneur en matières azotées en dosant l'azote et multipliant le taux d'azote par 6,25 ; sur l'autre précipité, on dose les matières minérales par calcination.

La quantité de pectine s'obtient en déduisant du poids du précipité la teneur en matières azotées et en matières minérales.

Acide pectique

La pectine éliminée par épuisement aqueux, il reste à l'état insoluble l'acide pectique et la pectose. Pour doser l'acide pectique, on lave la matière avec de l'alcool à 36° contenant 10 p 100 d'acide chlorhydrique, jusqu'à ce que le liquide filtré ne contienne plus trace de chaux ; puis on continue à laver avec de l'alcool ordinaire jusqu'à élimination de l'acide.

La matière contient l'acide pectique à l'état d'acide libre ; on l'introduit dans un ballon de 1 litre avec 600 à 700 centimètres cubes d'eau, puis on ajoute 50 centimètres cubes d'une dissolution neutre d'oxalate d'ammoniaque à 5 p. 100. On chauffe au bain-marie vers 35° pendant une ou deux heures ; l'acide pectique entre en dissolution ; on jette sur un filtre et on lave le résidu insoluble avec de l'eau tiède, à 1 p. 100 d'oxalate d'ammoniaque.

On ajoute à la liqueur filtrée un excès d'une solution d'acétate de chaux ; il se forme un abondant précipité d'oxalo-pectate de chaux ; on décante le liquide surnageant, on transvase le précipité dans un verre de 500 ; on acidule par de l'acide chlorhydrique, et on ajoute à la solution trois fois son volume d'alcool.

Le précipité d'acide pectique qui se forme est recueilli sur un filtre ou un linge fin, séché à 110° et pesé.

Pectose

La pectose n'a été enlevée ni par le traitement aqueux, ni par le traitement acide, ni par l'oxalate d'ammoniaque ; elle reste dans le résidu recueilli sur le filtre qui a servi à séparer la solution d'acide pectique.

La matière est introduite dans un ballon de 200 avec 150 centimètres cubes d'alcool à 85° et 5 centimètres cubes d'une solution de carbonate de soude anhydre à 20 p. 100 ; le ballon est fermé d'un bouchon surmonté d'un long tube destiné à condenser l'alcool qui sera vaporisé ultérieurement. On chauffe le ballon au bain-marie vers 75° pendant une heure ; au bout de ce temps, on peut estimer que la pectose a été transformée en acide pectique.

La matière est jetée sur un entonnoir au fond duquel on a placé un petit tampon de coton ; on lave avec un peu d'alcool, puis on verse sur le résidu 20 centimètres cubes d'acide chlorhydrique dilué de quatre fois son volume d'eau, pour transformer le pectate alcalin en acide pectique, que l'on dose comme il a été indiqué précédemment.

Dosage simultané des divers composés pectiques

On introduit 5 grammes de matière dans un ballon de 500 ; on ajoute 100 centimètres cubes d'alcool à 90° et 5 centimètres cubes d'une solution de carbonate de potasse à 10 p. 100 ; on obture le ballon d'un bouchon portant un long tube condenseur, et on chauffe au bain-marie à 75° pendant une heure ; après quoi on décante le contenu du ballon au-dessus d'un entonnoir bouché par un tampon d'amiante ou de coton de verre. On lave à l'alcool jusqu'à ce que le liquide passe incolore ; puis on verse sur la matière une solution alcoolique contenant 2 p. 100 d'acide chlorhydrique, et on termine par des lavages à l'alcool ordinaire, que l'on prolonge jusqu'à ce que le liquide qui s'écoule ne soit plus acide.

On laisse évaporer à l'air l'alcool que retient la matière recueillie sur l'entonnoir ; puis on introduit celle-ci dans un verre de 150 centimètres cubes ; on la traite par 50 centimètres cubes d'eau et 1 gramme d'oxalate d'ammoniaque. On laisse digérer du jour au lendemain à une température d'environ 35° ; après quoi on filtre au-dessus d'un verre de 500 ; on lave le résidu avec de petites quantités d'eau tiède ; on a ainsi recueilli la majeure partie de l'acide pectique. Pour extraire la petite quantité pouvant rester dans le résidu, on broie celui-ci avec du sable, et on traite à nouveau par de l'eau et de l'oxalate d'ammoniaque ; on filtre à nouveau au-dessus du verre de 500, et on additionne le liquide de trois ou quatre fois son volume d'alcool à 90°.

Le précipité gélatineux d'acide pectique qui se forme est recueilli sur un filtre taré, lavé avec soin à l'alcool, séché à 100° et pesé. Ce précipité peut être accompagné d'une proportion sensible de matières albuminoïdes ; aussi, après pesée du précipité, on y dose l'azote par la méthode Kjeldahl ; on multiplie le taux d'azote par 6,25, et la teneur en matières azotées ainsi trouvée est déduite du poids précédent.

Gommes

On désigne sous le nom de gommes des substances insolubles dans l'alcool, mais solubles dans l'eau, à laquelle elles communiquent une certaine viscosité. Pour doser les gommes, on porte à l'ébullition le jus végétal obtenu par pression ou infusion, afin de coaguler les matières albuminoïdes ; puis on traite par le sous-acétate de plomb jusqu'à cessation de précipité. Le précipité jeté sur un filtre est lavé avec soin ; après quoi on le met en suspension dans l'eau et on le décompose par l'hydrogène sulfuré. On sépare par filtration le sulfure de plomb, et la liqueur filtrée est évaporée à très petit volume. On précipite ensuite les gommes en ajoutant à cette liqueur deux fois son volume d'alcool.

La gomme ainsi précipitée est jetée sur un filtre taré ; on lave à l'alcool à 70°, on dessèche à l'étuve et on pèse ; on calcine ensuite, et la teneur en gomme est déterminée en retranchant le poids des matières minérales du poids précédent.

Sucres

On trouvera plus loin, dans le chapitre réservé à l'industrie sucrière, les détails des méthodes à suivre pour la détermination du sucre dans les végétaux riches en cet élément ; pour les végétaux renfermant peu de matières sucrées, on épuise 10 grammes de substance par de l'alcool à 36° ; on évapore à siccité. On reprend par de l'eau, on filtre et dans la liqueur filtrée on dose le sucre par la liqueur de Fehling, en suivant les prescriptions indiquées au titrage de cette liqueur.

Amidon

Le dosage de l'amidon dans les graines amylacées est indiqué d'une façon complète dans le chapitre réservé à l'amidonnerie et à la féculerie. Lorsque l'on effectue ce dosage dans les substances pauvres, feuilles, tiges ou racines de végétaux, fourrages, pailles, etc., on opère de la manière suivante :

On introduit 10 grammes de matière finement moulue dans un ballon de 200 avec 50 centimètres cubes d'eau ; on fait bouillir pendant une heure ; puis on pèse 0gr,10 de diastase pure, que l'on délaie dans quelques centimètres cubes d'eau ; le contenu du ballon de 200 étant à une température de 40 à 50°, on y verse la diastase. On fait digérer à l'étuve à 55-60° pendant cinq à six heures ; puis on laisse refroidir le liquide ; on y ajoute 4 centimètres cubes d'acide sulfurique au demi ; on amène au volume de 200, et par filtration on prélève 100 centimètres cubes ; ces 100 centimètres cubes sont introduits dans un flacon de 150 centimètres cubes de capacité, que l'on chauffe au bain-marie. Lorsque le liquide du bain-marie est arrivé à l'ébullition, on bouche le flacon ; on le ligature à l'aide d'un fil de fer ou de cuivre, et on continue à chauffer pendant cinq heures au bain-marie bouillant.

Le flacon refroidi, le liquide qu'il contient est neutralisé par addition de soude, décoloré par le noir, s'il y a lieu, et le sucre est dosé par la liqueur de Fehling.

Le résultat correspond au sucre existant dans le produit et à l'amidon ; en retranchant le dosage du sucre effectué comme ci-dessus, on déduit la teneur en matières réductrices correspondant à l'amidon ; cette quantité multipliée par 0,9 donne le taux d'amidon.

Cellulose saccharifiable

On opère sur 5 grammes de matière finement moulue et on traite au début comme il est indiqué ci-dessus au dosage de l'amidon ; mais, au lieu de filtrer après traitement par la diastase, on introduit la totalité de la matière dans le flacon, qui sera chauffé au bain-marie. On additionne de 4 centimètres cubes d'acide sulfurique au demi et on chauffe au bain-marie dans les conditions indiquées ; après avoir chauffé pendant cinq heures, on filtre et on neutralise le liquide filtré, que l'on amène à un volume donné ; on décolore la liqueur par le noir animal, s'il y a lieu, et on y dose le sucre. Le résultat trouvé correspond à la cellulose saccharifiable, à l'amidon et au sucre préexistant ; en déduisant de ce résultat celui obtenu au dosage de l'amidon, on obtient la teneur en cellulose saccharifiable.

Pentosanes

La fibre cellulosique brute telle qu'on l'a décrite précédemment peut être considérée comme un mélange de cellulose, de lignine et de pentosanes ; par fixation d'une molécule d'eau, ces pentosanes donnent des pentoses. Les pentosanes que l'on rencontre le plus communément dans les végétaux sont la xylane et l'arabane ; les pailles renferment de 20 à 25 p. 100 de pentosanes (xylane en majeure partie) et les foins de 10 à 15 p. 100.

La meilleure méthode de dosage des pentosanes est celle de Counclerc, modifiée par Tollens et Krüger ; la matière est traitée par l'acide chlorhydrique ; il se produit du furfurol, que l'on recueile par distillation et précipite au moyen de phloroglucine.

On introduit 2 ou 5 grammes de substance suivant la richesse, dans un ballon de 300 centimètres cubes avec 100 centimètres cubes d'acide chlorhydrique à 12 p. 100 (densité 1,06).

Le ballon est fermé par un bouchon à deux trous, l'un laissant passer un entonnoir à robinet dont la tige descend jusqu'au fond du ballon, l'autre communiquant avec un réfrigérant descendant. On place le ballon dans un bain d'alliage fusible de Rose (bismuth, 420 grammes ; étain, 207 ; plomb, 236) ; dès que ce ballon atteint 140 à 160°, on distille et l'on recueille en dix minutes un volume de 30 centimètres cubes.

On laisse alors couler à l'aide de l'entonnoir à robinet 30 centimètres cubes d'acide chlorhydrique dans le ballon, puis on recueille à nouveau par distillation 30 centimètres cubes de liquide. On ajoute encore de l'acide dans le ballon et on distille à nouveau ; on continue ainsi de suite jusqu'à ce qu'une goutte du liquide distillé recueillie à l'extrémité du réfrigérant ne se colore plus en rouge par l'acétate d'aniline.

Les liquides distillés sont recueillis dans une éprouvette de 400, et on y ajoute deux fois plus de phloroglucine que n'en exigerait la quantité présumée de pentoses. Cette phloroglucine est dissoute dans l'acide chlorhydrique à 12 p. 100, et avec ce même acide on complète le volume à 400 centimètres cubes ; on mélange bien et on laisse reposer vingt-quatre heures ; on filtre, lave, sèche et pèse.

On peut vérifier que la quantité de phloroglucine est suffisante, en examinant après trois heures de repos si le liquide donne encore une coloration avec l'acétate d'aniline ; dans ce cas, on ajoute encore un peu de la solution acide de phloroglucine.

Krœber a étudié cette méthode et a indiqué que le précipité de ploroglueide se forme suivant l'équation :

$$C^5H^4O^2 + C^6H^6O^3 = C^4H^6O^3 + 2H^2O.$$

En outre Krœber a signalé l'absorption rapide de l'humidité atmosphérique par la phloroglucide, d'où la nécessité d'effectuer la pesée rapidement et avec le plus grand soin. Enfin, après avoir déterminé la solubilité de la phloroglucide dans la liqueur de précipitation, Krœber a calculé la quantité de pentosanes et de pentoses correspondant à un poids donné de phloroglucide ; les quelques chiffres suivants, extraits de ces tableaux, pourront servir à calculer les résultats obtenus à la suite d'une analyse :

Phloroglucide	Pentosanes	Xylane	Arabane	Pentoses
0,050	0,0492	0,0446	0,0538	0,0559
0,100	0,0935	0,0848	0,1022	0,1063
0,200	0,1817	0,1649	0,1984	0,2065
0,300	0,2693	0,2450	0,2935	0,3060

ANALYSE DES FOURRAGES ENSILÉS

L'analyse des fourrages ensilés comporte la détermination des principes nutritifs bruts, protéine, matières albuminoïdes, matières grasses, cellulose et extractif non azoté ; ces dosages sont effectués comme il a été dit à l'analyse des fourrages. Cette détermination doit être complétée par la recherche de l'alcool et par le dosage des acides fixes et volatils contenus dans la substance ensilée ; un produit bien ensilé constitue en effet un excellent aliment pour le bétail, alors qu'un ensilage trop acide peut amener des inflammations intestinales.

Le tableau suivant résume la composition de quelques produits ensilés :

	Maïs ensilé (fermentation faible)	Fourrage ensilé (fermentation moyenne)	Roseaux ensilés (fermentation très acide)
Protéine..............	1,72	3,10	7,50
Matières grasses	0,84	0,86	1,08
Extractif non azoté.	15,24	18,74	22,92
Cellulose............	3,44	9,50	15,58
Matières minérales..	2,16	2,63	4,56
Eau.................	76,60	65,17	48,36
	100,00	100,00	100,00
Acidité totale exprimée en SO^4H^2...	$0^{gr},612$	$0^{gr},985$	$1^{gr},975$
Acidité volatile exprimée en $C^2H^4O^2$....	$0^{gr},290$	$0^{gr},430$	$0^{gr},960$

Dosage de l'alcool

On opère sur 1 kilogramme de fourrage que l'on introduit rapidement dans un ballon ; on ajoute 500 centimètres cubes d'eau, on acidifie à l'aide de quelques gouttes d'acide sulfurique, et on soumet le mélange à la distillation en chauffant le ballon dans un bain de chlorure de calcium ; on arrête la distillation lorsque l'on a recueilli environ 200 centimètres cubes de liquide. Le liquide distillé renferme la majeure partie des acides volatils contenus dans le fourrage ; on le neutralise à l'aide d'eau de baryte, et on distille à nouveau jusqu'à ce que l'on ait recueilli 50 centimètres cubes.

On prend le degré alcoolique et la température du liquide distillé ; si l'on ne possède pas de table de Gay-Lussac, on fera la correction du degré alcoolique par rapport à la température en retranchant 0°,2 par chaque degré au-dessus de 15°, ou en ajoutant 0°,2 pour chaque degré au-dessous de 15°.

Dosage des acides volatils

On introduit dans un ballon de 1 litre, 200 grammes de fourrage ensilé et 100 centimètres cubes d'eau ; on obture le ballon à l'aide d'un bouchon traversé par un tube relié à un réfrigérant descendant ; on distille au bain de chlorure de calcium, et on recueille le liquide distillé dans une fiole conique dans laquelle on a introduit 50 à 100 centimètres cubes d'eau froide.

Le liquide distillé est neutralisé à l'aide de la solution de soude titrée servant au dosage de l'azote ; et on note le nombre de centimètres cubes de liqueur titrée utilisé.

Le ballon de 1 litre refroidi, on y introduit à nouveau 100 centimètres cubes d'eau ; on distille et on titre le liquide distillé ; il ne doit plus rester, après cette opération, qu'une quantité négligeable d'acide volatil ; on peut s'en assurer par une troisième distillation et un dernier titrage.

Le résultat de cette analyse est exprimé en acide acétique ; soit n le nombre de divisions de soude employées au titrage ; on sait que 0^{cc},1 de la solution alcaline correspond à une quantité a d'azote ; le taux d'acide volatil exprimé en acide acétique par kilogramme sera :

$$n \times a \times \frac{C^2H^4O^2}{Az} \times 5$$

Dosage des acides fixes

Le résidu contenu dans le ballon de 1 litre après dosage des acides volatils est traité à plusieurs reprises par de petites quantités d'eau bouillante pour en extraire les acides fixes ; on jette les liquides d'épuisement sur un filtre, et on neutralise la liqueur filtrée à l'aide de la solution de soude titrée ; le résultat est exprimé en acide lactique par un calcul analogue au précédent.

DÉTERMINATION DE LA PURETÉ
DES TOURTEAUX DE GRAINES OLÉAGINEUSES
DESTINÉS A L'ALIMENTATION DU BÉTAIL

L'emploi sans cesse plus considérable, dans les rations alimentaires, des tourteaux de graines oléagineuses, riches en protéine et en matières grasses, a fait que ces produits ont atteint un prix assez élevé ; aussi les fraudeurs ont trouvé là une matière intéressante à falsifier.

Le tourteau de lin est l'objet des falsifications les plus importantes, vu son prix élevé et sa coloration brun foncé, qui se prête à l'addition de matières étrangères difficilement reconnaissables à un examen superficiel. Il est à espérer à ce sujet qu'une réglementation énergique viendra mettre un frein à la fabrication des tourteaux dits « tourteaux de lin mixte », qui bien souvent ne renferment pas plus de 20 p. 100 de lin et sont, pour le restant, formés de coques d'arachides ou de résidus industriels sans valeur alimentaire ; l'agriculteur est trompé par la dénomination de ces produits, dont la vente est actuellement tolérée.

Nous passerons en revue les divers tourteaux alimentaires usuels, en les examinant surtout au point de vue de la falsification dont ils peuvent être l'objet et en indiquant les moyens de la déceler ; nous renvoyons au traité de MM. Bussard et Fron : *Tourteaux de graines oléagineuses*, pour la partie botanique et pour l'étude des graines et tourteaux que l'on n'a pas coutume de rencontrer sur les marchés français.

L'examen d'un tourteau comporte la détermination des principes nutritifs bruts suivant les méthodes précédemment décrites ; puis l'examen des plaquettes ou fragments de tourteaux pour en estimer l'état de conservation, signaler s'il y a lieu la présence de moisissures, rechercher les graines entières qui ont résisté à la pression et dont l'aspect et la forme peuvent en permettre la détermination. Enfin l'examen au microscope des tissus cellulosiques, après une préparation spéciale ayant pour but de solubiliser toutes les substances renfermées à l'intérieur des cellules ; pour cet examen, l'emploi d'un microscope à revolver analogue au modèle ci-contre est très avantageux, car il permet d'examiner la préparation microscopique sous divers grossissements sans avoir à changer les objectifs et sans être obligé de déplacer la préparation.

Fig. 24. — Microscope à revolver.

Préparation des tourteaux en vue de l'examen microscopique. — On opère sur 5 à 10 grammes du tourteau passé au moulin et préparé pour l'analyse alimentaire ; on introduit ce tourteau moulu dans un mortier de verre, et on le triture à l'aide d'un pilon, avec 5 à 10 centimètres cubes d'une solution d'acide sulfurique à 2,5 p. 100 ; après quoi on verse dans le mortier 50 à 60 centimètres cubes d'acide sulfurique dilué à 2,5 ; on délaie et on décante le tout dans un verre de 500 centimètres-cubes. On laisse digérer pendant une demi-heure, puis on étend d'eau et on décante le liquide sans entraîner les débris de tourteaux tombés au fond du verre ; on verse à nouveau 300 à 400 centimètres cubes d'eau ; on agite, on laisse déposer et on décante le plus possible du liquide surnageant. Si quelques débris cellulosiques flottent sur le liquide, on décante celui-ci sur une toile métallique fine et, après décantation, on rejette dans le verre les particules arrêtées par la toile.

Après ce traitement, on introduit dans le verre 80 à 100 centimètres cubes d'une solution alcaline à 2,5 p. 100 de soude ; on agite la masse à l'aide d'une baguette de verre, et on laisse digérer pendant une demi-heure. Au bout de ce temps, on ajoute 200 à 300 centimètres cubes d'eau, et on laisse en digestion pendant deux heures ; puis on décante le liquide surnageant et on lave par décantation, à l'aide d'eau ordinaire, jusqu'à ce que le liquide ne soit plus sensiblement alcalin. On rend alors ce liquide légèrement acide par l'addition de 1 à 2 centimètres cubes d'acide chlorhydrique ; ce traitement clarifie très sensiblement les débris cellulosiques ; on lave une fois par décantation, puis on jette la masse sur un filtre, et on la lave deux ou trois fois à l'alcool.

Les débris cellulosiques une fois lavés à l'alcool et le filtre égoutté, on étale ce filtre sur une plaque de verre ; on mélange les débris à l'aide d'une petite spatule et on en prend un petit lot qu'on dépose sur une plaque de verre. On traite par une goutte d'acide lactique et on fait chauffer au-dessus d'un bec de gaz jusqu'à apparition de vapeurs blanches ; on pose alors sur la préparation une lamelle couvre-objet, et on examine au microscope.

Tourteaux de lin

Les tourteaux de lin renferment en moyenne 28 à 30 p. 100 de matières azotées, 8 à 10 p. 100 de matières grasses et 6 à 8 p. 100 de cendres ; lorsque l'on n'a pas à effectuer l'analyse chimique du tourteau à examiner, pour en déterminer la valeur alimentaire, il est important de compléter l'examen microscopique par le dosage des matières minérales, dont le taux élevé est un indice de falsification. Ces tourteaux sont parfois salés ; il y a lieu de s'assurer dans ce cas que le tourteau ne renferme pas de moisissures, le salage ayant pu avoir pour but d'arrêter le développement des moisissures dans un produit avarié.

Composition de quelques tourteaux de lin

Protéine	30,50	29,25	31,52	29,88
Matières grasses....	9,10	12,06	7,98	8,32
Extractif non azoté .	27,80	29,31	31,16	29,54
Cellulose.........	12,60	11,50	12,70	12,24
Matières minérales..	6,60	7,38	5,44	7,42
Eau	13,40	10,50	11,20	12,60
	100,00	100,00	100,00	100,00

Examen microscopique. — Les tourteaux de lin sont, comme nous l'avons dit, l'objet d'une importante falsification ; la teneur en principes nutritifs bruts des tourteaux falsifiés est sensiblement la même que celle des tourteaux de lin pur. Les fraudeurs additionnent le lin de produits à bas prix, tels que déchets de meunerie, son et coques d'arachide, coques de cacao, tourteaux de colza, de moutarde ; et, pour rehausser la teneur en protéine de ces mélanges, ils ajoutent du tourteau d'œillette plus riche en protéine, mais d'un prix inférieur au tourteau de lin. Le tourteau d'œillette est additionné en proportion telle que la teneur en azote du produit fabriqué soit sensiblement la même que celle du lin pur ; aussi l'analyse chimique est-elle absolument impuissante à déceler l'importance de la fraude, on n'y arrive qu'à l'aide de l'examen microscopique.

Pour rechercher l'amidon qui presque toujours annonce la présence de résidus de meunerie, on fait bouillir dans un tube à essai 5 à 10 centimètres cubes d'eau, dans laquelle on a projeté 2 à 3 décigrammes de tourteau. Après ébullition, on refroidit le liquide et on y verse 30 à 40 centimètres cubes d'eau iodée ; il se produit une coloration bleue caractéristique si le tourteau renferme de l'amidon.

Lorsque cette réaction se produit, on complète l'essai par un examen microscopique ; on introduit quelques décigrammes de tourteau dans un verre, avec 5 à 6 centimètres cubes d'eau ; on agite et on prélève une goutte de cette eau qu'on examine au microscope pour caractériser l'amidon et apprécier l'importance de l'addition de graines amylacées au tourteau de lin. Le plus souvent on a à faire à de l'amidon de blé ; toutefois, si le tourteau a été additionné de son et coque d'arachide, on peut se trouver simplement en présence d'amidon d'arachide, de dimension inférieure à l'amidon de blé.

Les graines de lin sont triées avec soin dans les huileries ; néanmoins elles renferment encore, au moment de l'ensachage, 2 à 3 p. 100 d'impuretés, constituées principalement par des graines de colza et des paillettes de lin ; il en résulte que le tourteau extrait, tout en étant considéré comme lin pur, renferme encore 4 à 5 p. 100 de graines étrangères, impuretés normales.

Caractéristique des préparations cellulosiques du lin et des graines qui peuvent l'accompagner. — *Tourteau de lin.* — Lorsqu'on examine au microscope une préparation de tourteau de lin pur effectuée dans les conditions indiquées plus haut, on trouve, en dehors du tissu cellulaire spongieux de l'amande qui n'offre rien de particulier, de nombreux téguments dont toute la surface est rayée de longues bandes minces et parallèles; au-dessus de cette assise de fibres parallèles, se voit un réseau de cellules à parois légèrement épaissies, cellules de formes assez irrégulières, d'un diamètre de 20 à 25 μ. On peut également rencontrer dans la préparation un ou deux téguments formés de cellules régulières à parois minces, hyalines, qui par endroits sont à l'intérieur fortement colorées en jaune brun et par ailleurs sont incolores par suite du départ, pendant la préparation, de la membrane colorée qui en formait le fond.

Coques de cacao. — Les téguments des coques de cacao se présentent sous forme de pellicules jaune brun dans lesquelles il est assez difficile de distinguer la forme des cellules du fait du plissage de leurs parois très minces; mais les préparations présentent en bordure d'assez nombreux filaments en spirales provenant des vaisseaux que contient l'enveloppe de la graine de cacao ; aucune des diverses graines qu'on emploie pour falsifier le tourteau de lin ne présente ces filaments spiralés, qui, selon nous, sont la meilleure caractéristique des coques de cacao.

Coques d'arachide. — Les téguments de coques d'arachide ont une coloration jaune clair qui tranche nettement sur la coloration brune des téguments de lin : toutefois il ne faut pas confondre les fragments de paillette de lin de coloration jaune également avec les téguments de coques d'arachide. Ces derniers ont une forme plus ou moins arrondie, tandis que les fragments de paillette de lin ont la forme de longs et étroits rectangles ; en outre, examinés au microscope, les téguments de coques d'arachide se montrent formés d'un enchevêtrement par faisceaux de longues et assez minces fibres cellulaires (200 à 300 μ de longueur, 8 à 10 μ de largeur), alors que les paillettes de lin sont formées de longues bandes cellulaires parallèles.

Colza. — Les téguments de l'enveloppe de colza sont formés de cellules à parois très épaisses et fortement colorées en brun ; ces cellules ont une largeur de 10 à 15 μ, et leurs lumières de forme ovale ou ronde ont un diamètre d'environ 6 μ.

Moutardes. — On peut facilement caractériser au microscope trois variétés de moutarde : la moutarde des champs *(Sinapis arvensis)*, qu'on peut rencontrer dans tous les tourteaux de lin ; la moutarde blanche *(Sinapis alba)*, qu'on trouve dans les tourteaux de lin des Indes, et la moutarde noire *(Brassica nigra)*, dont on a souvent à constater la présence dans les lins de Russie.

Les téguments de *Sinapis arvensis* sont formés de très petites cellules de 5 à 7 μ de diamètre, à parois épaisses et dont les lumières n'ont guère plus de 2 μ ; ces cellules sont colorées en jaune clair ; cette teinte les distingue de la moutarde blanche, dont les cellules sensiblement de même dimension sont complètement incolores.

Les téguments fortement colorés du *Brassica nigra* sont formés de cellules un peu plus larges que les cellules des deux autres moutardes. soit 8 à 10 μ, avec des lumières de 3 à 4 μ ; en outre ces téguments présentent un réseau, de teinte plus foncée, dû à la hauteur variable des cellules épaissies.

Œillette. — Préparés dans les conditions indiquées et examinés au microscope en faisant varier la mise au point, les téguments d'œillette apparaissent formés de cellules à parois minces de 20 à 25 μ de diamètre et de cellules à parois ponctuées. Les téguments d'œillette se caractérisent par la présence d'un large réseau de teinte plus foncée que la masse cellulaire et formé soit d'hexagones assez réguliers, soit le plus souvent de longs rectangles de 80 à 100 μ de longueur et de 40 à 50 μ de largeur.

Cameline. — La cameline se rencontre surtout dans les lins de Russie ; les téguments de cette graine sont très particuliers ; on y voit un réseau de cellules à parois minces, hyalines, assez régulières, de 50 à 60 μ ; puis un deuxième réseau de cellules à parois épaissies, moins régulières, généralement allongées et de teinte jaune brun ; enfin on remarque sur le tégument des taches ovoïdes brunes de 18 à 20 μ régulièrement disséminées et correspondant au centre des cellules du premier réseau.

Tourteau d'œillette ou pavot

Les tourteaux de pavot, riches en protéine, en matières grasses et en acide phosphorique, constituent un bon aliment pour les animaux ; néanmoins ils sont vendus à un prix inférieur au prix des autres tourteaux oléagineux de valeur nutritive équivalente ; on leur reproche d'être très hygroscopiques et par suite d'une conservation difficile. L'état de conservation de ce tourteau, caractérisé par l'absence ou la présence de moisissures, devra donc être signalé à l'agriculteur.

Composition de quelques tourteaux de pavot

Protéine............	36,00	40,00	35,62	38,37
Matières grasses......	10,50	11,92	9,34	8,26
Extractif non azoté...	20,06	17,18	21,22	20,46
Cellulose............	10,10	10,50	9,14	8,28
Matières minérales...	12,18	11,20	12,38	13,43
Eau................	11,16	9,20	12,30	11,20
	100,00	100,00	100,00	100,00

On distingue, d'après la coloration des plaquettes, le tourteau de pavot brun et le tourteau de pavot blanc ; ce dernier est dans le commerce fréquemment désigné sous le nom de tourteau d'œillette. Les graines de pavot étant très petites, le tourteau paraît très homogène et finement grenu.

Examiné au microscope, le tégument de ce tourteau, présente l'aspect particulier que nous avons indiqué en traitant du tourteau de lin.

Tourteaux de colza et de navette

Ces deux tourteaux de valeur nutritive équivalente sont très semblables d'aspect et difficiles à différencier au microscope ; leurs plaquettes sont de coloration brun noirâtre, tachetées de jaune franc.

Il est très important de faire une distinction entre les tourteaux de colza indigènes et les tourteaux de colza exotiques, tourteaux de colza de l'Inde. Ces derniers tourteaux riches en essence de moutarde et renfermant diverses graines nocives sont très dangereux pour les animaux ; on peut compléter l'examen microscopique et l'analyse chimique de ces tourteaux par la recherche de l'essence de moutarde.

Dosage de l'essence de moutarde (sulfocyanate d'allyle). — 50 grammes de tourteau pulvérisé, introduits dans une cornue tubulée de 1 litre avec 500 centimètres cubes d'eau sont mis à digérer au bain-marie à la température de 37-39°, pendant une demi-heure ; au bout de ce temps, on retire la cornue du bain-marie, on

adapte à un réfrigérant Liebig et on porte à l'ébullition.
On recueille les 50 premiers centimètres cubes distillés ;
on oxyde par le brome en excès en faisant l'opération
avec un réfrigérant de Stædeler. On chauffe le ballon au
bain-marie à l'ébullition pendant deux heures ; puis on
détache le réfrigérant et on chauffe le ballon à feu nu pour
chasser le brome ; on précipite ensuite l'acide sulfurique
formé, par le chlorure de baryum ; une partie de sulfate de
baryte pesé correspond à 0gr,535 d'essence de moutarde.

Tourteaux.	Essence de moutarde.
Colzas indigènes..............	0,0030 à 0,0100
— exotiques	0,0700 à 0,0900

Composition de quelques tourteaux de colza

Protéine	32,00	27,75	30,52	36,37
Matières grasses.....	8,10	12,44	10,06	9,25
Extractif non azoté...	28,42	28,69	29,68	27,14
Cellulose...........	12,74	10,60	10,20	10.20
Matières minérales ...	7,00	6,30	8,50	7,00
Eau..............	11,74	14,22	11,04	10,04
	100,00	100,00	100,00	100,00

Nous avons indiqué plus haut la forme des cellules de
colza ; MM. Bussard et Front signalent comme caractéristique des téguments de navette dont les cellules sont
sensiblement analogues à celles du colza, la présence de
lignes noires limitant des groupes de quatre à cinq cellules, lignes qui donnent une apparence craquelée aux
téguments de la graine de navette.

Colzas de l'Inde

Les tourteaux de colza des Indes, colzas de Guzerath, de
Calcutta, de Férozépore, de Bombay, de Cawnpore, tous
dangereux pour l'alimentation du bétail, se reconnaissent
à première vue des tourteaux de colza indigène par leur
coloration jaune clair ou rouge brun ; ils sont en outre
presque toujours accompagnés d'une graine spéciale, la
roquette *(Eruca sativa)*, qui fixe leur origine.
Examinés au microscope, les téguments de colza jaune
(Sinapis glauca) apparaissent formés de cellules de dimensions analogues à celles du colza indigène, mais incolores,
ce qui les différencie très nettement des colzas indigènes,
toujours colorés en jaune brun. Les colzas rouges sont
formés de cellules un peu plus petites que les colzas indigènes et de coloration très différente de ceux-ci.

Les téguments de l'*Eruca sativa* présentent deux réseaux qui caractérisent le test de cette graine ; un réseau d'assez larges cellules à parois minces, hyalines, d'une largeur de 50 à 60 μ, et un réseau sous-jacent de cellules à parois moyennement épaissies et de teinte jaune brun ; les cellules de cette zone ont une largeur de 30 à 35 μ avec des lumières de 25 à 30 μ.

Tourteaux de coton

Les tourteaux de coton proviennent soit d'huileries traitant la graine décortiquée, soit d'usines traitant la graine brute ou demi-décortiquée ; les premiers sont d'excellents aliments pour le bétail ; les seconds, par suite de la présence des téguments grossiers de l'enveloppe extérieure, peuvent amener chez les animaux des troubles intestinaux.

Les plaquettes de tourteau de coton décortiqué ont une teinte jaune clair ou jaune verdâtre caractéristique ; ces tourteaux sont pour la plupart importés d'Amérique. Les plaquettes de tourteau non décortiqué, tourteau de coton d'Egypte, présentent, au milieu de la masse jaune provenant de l'amande de la graine, des téguments épais d'un noir brillant qui sont les débris de la coque de cette graine.

L'examen microscopique des tourteaux de coton ne présente pas d'intérêt ; ces tourteaux en effet étant très homogènes ne se prêtent pas à la falsification. L'analyse chimique du tourteau de coton est, par contre, très utile, notamment la détermination de la richesse en matières grasses et de la teneur en cellulose. Ces tourteaux ont, suivant leur origine, une valeur nutritive très différente ; c'est ainsi que Mallevre, dans ses tables, estime que la valeur nutritive nette exprimée en amidon du tourteau de coton non décortiqué est d'environ 40 unités amidon, alors que le coton décortiqué a une valeur de 75 unités amidon.

Composition de quelques tourteaux de coton

	Décortiqués.		Non décortiqués.	
Protéine...............	43,28	45,87	23,12	24,12
Matières grasses......	9,64	11,80	5,10	4,16
Extractif non azoté...	25,60	21,03	31,08	30,86
Cellulose.............	7,04	4,40	23,70	22,60
Matières minérales....	7,00	7,76	5,30	7,52
Eau..................	7,44	9,14	11,70	10,74
	100,00	100,00	100,00	100,00

Tourteaux d'arachide

Ces tourteaux, vu leur richesse en protéine, sont très appréciés pour rehausser la relation nutritive des rations alimentaires. Le bétail marque souvent peu d'appétance pour ces tourteaux, ce qui fait croire aux agriculteurs que les tourteaux qui leur sont vendus sont falsifiés ou de mauvaise qualité ; c'est en réalité le goût spécial de ce tourteau qui fait que les animaux ne l'acceptent qu'avec difficulté ; il suffit de le saler légèrement pour le faire consommer par le bétail.

On trouve dans le commerce des tourteaux d'arachides non décortiquées et des tourteaux d'arachides décortiquées ; ces derniers ont bien entendu une valeur supérieure. On vend également pour l'alimentation du bétail des sons d'arachides qui ont une valeur alimentaire moyenne et des coques d'arachides qui n'ont aucune valeur nutritive. Le tableau suivant rappelle la composition de ces produits.

Composition des tourteaux d'arachides

	Tourteau.		Son.	Coques (1).
Protéine	49,50	47,34	20,10	4,35
Matières grasses	7,94	8,56	13,15	1,98
Extractif non azoté	24,80	23,00	29,24	23,30
Cellulose	4,80	3,95	22,77	57,92
Matières minérales	5,56	4,83	3,54	3,00
Eau	9,40	12,32	11,20	9,45
	100,00	100,00	100,00	100,00

Le tourteau d'arachide a une teinte blanc jaunâtre avec dans la masse quelques tests de couleur rougeâtre provenant de la pellicule qui entoure l'amande.

Examen microscopique du tourteau d'arachide. — Les téguments d'arachides se présentent, pour la majeure partie, formés de cellules à parois irrégulièrement épaissies, qui de ce fait ont un aspect dentelé caractéristique. Ces cellules sont de forme et de grandeur dissemblables ; elles ont de 25 à 35 μ de diamètre ; on peut également rencontrer dans une préparation quelques

(1) Les coques d'arachides peuvent renfermer jusqu'à 18 et 20 p. 100 de matières minérales du fait de la présence de sable adhérent aux cloisonnements extérieurs de l'enveloppe.

téguments formés de cellules larges de 50 à 60 μ, à parois minces, qui correspondent à l'assise externe du tégument de la graine ; enfin, dans les tourteaux d'arachides non décortiquées, on trouve des fragments de coques d'arachides, dont nous avons indiqué l'aspect en traitant du tourteau de lin.

On a signalé, il y a quelques années, des accidents causés par l'ingestion de tourteaux d'arachides non décortiquées ; ce fait a été attribué à la présence dans ces tourteaux de graines de ricin toxiques ; c'est surtout l'examen macroscopique qui peut renseigner dans ce cas ; les coques de ricin sont d'un noir brillant à l'extérieur et d'un blanc mat à l'intérieur. On pourra également essayer d'effectuer des coupes dans cette coque trop épaisse pour pouvoir être examinée directement au microscope ; on constatera que ces coupes sont formées d'une bande de très longues cellules parallèles à parois épaissies.

Tourteau de sésame

Le tourteau de sésame est vendu sous forme de plaquettes, de teinte blanc grisâtre, très compactes et par suite difficiles à broyer ; ces tourteaux, quoique de bonne qualité, sont peu employés dans l'alimentation du bétail. Pour en extraire les dernières traces d'huile, on les traite souvent dans les huileries par le sulfure de carbone ; ces tourteaux de sésame dégraissés dits tourteaux sulfurés sont employés comme engrais.

Composition des tourteaux de sésame

Protéine	37,82	41,50	36,62	38,87
Matières grasses	8,52	10,10	8,84	10,26
Extractif non azoté	23,00	18,60	22,90	21,55
Cellulose	6,86	8,30	8,54	6,00
Matières minérales	14,66	11,26	13,60	12,76
Eau	9,14	10,24	9,50	10,56
	100,00	100,00	100,00	100,00

Examen microscopique du tourteau de sésame. Les téguments du tourteau de sésame sont formés de cellules à parois minces, hyalines ou légèrement teintées en jaune ; ces cellules de formes irrégulières ont de 25 à 35 μ.

Tourteau de coprah

Le tourteau de coprah provient de l'extraction de la matière grasse de la noix de coco (*Cocos nucifera*) ; ce tourteau est très apprécié à cause de son arome spécial, qui, d'après beaucoup d'éleveurs, communique au beurre un goût agréable ; il est en général employé à petites doses en complément d'autres tourteaux oléagineux.

Composition du tourteau de coprah

Protéine	22,75	19,25	21,00	20,96
Matières grasses	8,64	7,26	7,00	7,36
Extractif non azoté	35,91	38,77	36,42	40,54
Cellulose	15,76	14,66	13,96	11,00
Matières minérales	6,20	6,54	8,56	6,84
Eau	10,74	13,52	13,06	13,30
	100,00	100,00	100,00	100,00

Le tourteau de coprah a une teinte marron clair et une apparence grumeleuse très uniformé.

Tourteau de palmiste

Ce tourteau provient comme le précédent, du fruit d'un palmier, l'*Elaeis guineensis* ; il se présente en plaquettes blanc grisâtre, mouchetées de petits fragments de coques noirs. Assez analogue au coprah, quoique plus pauvre en protéine ; voir composition dans les tables, page 157.

Tourteau de tournesol ou soleil

Le tournesol ou soleil, qui, dans nos régions, n'est utilisé que comme plante ornementale, est en Russie l'objet d'une culture assez considérable, en vue de l'extraction de l'huile. Le tourteau de tournesol est assez rarement employé en France ; il se présente sous forme de plaquettes de teinte grise dans lesquelles on distingue de nombreux débris du péricarpe de la graine, ayant l'aspect de l'enveloppe de la graine d'avoine, mais de teinte noire et de dimension un peu plus grande.

Composition du tourteau de tournesol

Protéine	29,18	32,00
Matières grasses	13,00	11,16
Extractif non azoté	25,96	26,75
Cellulose	16,04	14,60
Matières minérales	4,82	5,64
Eau	11,00	9,85
	100,00	100,00

Tourteau de niger

Le tourteau de niger provient de l'Inde ; on ne le rencontre que rarement sur les marchés français ; ce tourteau se présente en minces plaquettes dures et de teinte noire. Il possède une valeur alimentaire moyenne :

Protéine...............	33,00	30,75
Matières grasses.......	4,26	5,45
Extractif non azoté....	25,63	24,95
Cellulose.............	15,56	16,34
Matières minérales.....	10,00	10,75
Eau	11,55	11,75
	100,00	100,00

Tourteaux divers

Le tableau suivant résume la composition de quelques tourteaux peu intéressants au point de vue de l'examen microscopique, mais qui ont une importante valeur alimentaire ; parmi eux, les tourteaux de noix qui proviennent de petites huileries agricoles sont très nutritifs du fait de leur richesse en matières grasses.

Les tourteaux de gluten de maïs ont une composition qui les rapproche des tourteaux de graines oléagineuses ; ils sont vendus en plaquettes dures, de coloration jaune-paille. Il se trouve parfois dans les lots vendus des plaques de teinte brune que les éleveurs considèrent comme produits altérés ; en réalité, cette teinte est due à une légère torréfaction et n'enlève aucune qualité au tourteau ;

	Olives.	Noix.		Gluten de maïs.
Protéine	6,07	44,43	40,75	21,75
Matières grasses......	12,20	12,42	21,30	12,80
Extractif non azoté...	20,65	16,45	14,38	44,29
Cellulose............	34,84	11,28	10,20	8,44
Matières minérales ...	4,96	6,08	5,10	2,22
Eau..................	21,48	9,34	8,27	10,50
	100,00	100,00	100,00	100,00

EAUX

L'examen des eaux présente un grand intérêt pour la plupart des industries agricoles, qui presque toutes se livrent à la fabrication de produits alimentaires.

D'une manière générale, les eaux destinées à ces industries doivent présenter tous les caractères d'une eau potable, surtout lorsque ces eaux sont employées en grande quantité à la préparation des produits fabriqués, comme cela a lieu en brasserie, féculerie, etc. ; aussi nous examinerons tout d'abord les eaux au point de vue de leur valeur comme eau d'alimentation, puis nous indiquerons les quelques analyses complémentaires à effectuer sur les eaux destinées à certaines industries.

L'eau employée à l'alimentation humaine doit être limpide, fraîche, agréable au goût et légèrement minéralisée ; elle ne doit pas renfermer une proportion sensible de matières organiques en dissolution, et on ne doit pas y trouver trace d'ammoniaque ou de nitrites.

La contamination des eaux d'alimentation dans les exploitations agricoles est toujours le fait, soit d'infiltration d'eaux ménagères que l'on reconnaît à l'abondance des chlorures, soit d'infiltration de purin ou de fosses d'aisances, qui se caractérisent par un apport très sensible d'ammoniaque.

L'examen des eaux alimentaires peut également être effectué au point de vue microbien, mais ceci est plutôt du ressort des laboratoires de bactériologie que des laboratoires de chimie ; nous nous contenterons, dans ce chapitre d'examiner le côté purement chimique, renvoyant aux traités spéciaux, notamment à l'ouvrage de M. Kayser, en ce qui concerne l'étude bactériologique des eaux.

Les eaux destinées aux industries agricoles doivent avoir, comme nous l'avons dit, les propriétés d'une bonne eau potable ; elles ne doivent renfermer que peu de bicarbonate et de sulfate de chaux en dissolution, ces sels pouvant amener un trouble dans les produits fabriqués. Il est important également, pour quelques industries, que les eaux ne renferment pas de sels de fer en dissolution.

Les eaux utilisées à l'alimentation des chaudières doivent contenir le moins possible de sels minéraux en dissolution, notamment de bicarbonate de chaux, de sulfate de chaux et de chlorure de magnésium. Voir le mode de purification industrielle dans l'Annexe à l'article eau.

EAUX POTABLES

Dans le but de rendre comparables entre elles les analyses d'eau effectuées dans les différents laboratoires, le Comité consultatif d'hygiène de France a prescrit le mode d'analyse suivant :

1º Évaporer 1 litre d'eau au bain-marie ; chauffer quatre heures après dessiccation et peser. Rechercher qualitativement les nitrates sur le résidu ;

2º Évaporer 1 litre d'eau ; chauffer le résidu au rouge sombre et peser. La différence entre le poids du premier essai et le poids de ce second représente les matières organiques et produits volatils. Doser l'acide sulfurique dans le résidu ;

3º Déterminer les 4º hydrotimétriques ;

4º Concentrer à 50 centimètres cubes 1 litre d'eau, doser le chlore et calculer en chlorure de sodium ;

5º Faire bouillir pendant dix minutes exactement 100 centimètres cubes d'eau avec 5 centimètres cubes de solution de bicarbonate de soude pur et 10 centimètres cubes de permanganate titré à 0gr,50 par litre ; laisser refroidir, ajouter 2 centimètres cubes d'acide sulfurique pur et 5 centimètres cubes d'une solution titrée de sulfate de protoxyde de fer (20 grammes de sulfate ferreux et 10 grammes d'acide sulfurique par litre) ; ramener au rose par le permanganate. Refaire l'essai avec une quantité d'eau double et calculer en oxygène consommé par litre ;

6º Examen bactériologique si possible.

Le Comité a fixé les limites suivantes, qui permettent de classer les eaux suivant leur teneur en matières minérales et organiques :

	EAU PURE	POTABLE	SUSPECTE	MAUVAISE
Chlore.	$< 0,015$	$< 0,040$ (1)	0,050-0,100	$> 0,100$
Soit NaCl.	$< 0,027$	$< 0,066$	0,085-0,165	$> 0,165$
Acide sulfurique SO^3.	0,002-0,005	0,005-0,030	$> 0,030$	$> 0,050$
Soit CaSO^4.	0,003-0,008	0,008-0,051	$> 0,051$	$> 0,085$
Mat. organiques en oxygène.	$< 0,001$	$< 0,002$	0,003-0,004	$> 0,004$
Mat. organiques et produits volatils.	$< 0,015$	$< 0,040$	0,040-0,070	$> 0,100$
Degré hydrotimétrique total.	5-15	15-20	> 30	> 100
Degré hydrotimétrique après ébullition.	2-5	5-12	12-18	> 20

(1) Sauf au bord de la mer.

En pratique, on commence par effectuer quelques essais qualitatifs sur l'eau à analyser ; recherche des chlorures, des sulfates, des sels de chaux, des sels de magnésie, de l'ammoniaque et des nitrites. Ces différents essais permettent d'apprécier la qualité de l'eau et fixent sur les quantités de liquide à employer pour exécuter les essais hydrotimétriques, le dosage des matières organiques en dissolution et, s'il y a lieu, l'analyse quantitative des divers sels contenus dans l'eau.

Essais qualitatifs

Réactifs nécessaires. — *Liqueur titrée de nitrate d'argent.* — On introduit dans une fiole jaugée de 1 litre 2^{gr},369 de nitrate d'argent avec 20 centimètres cubes d'acide nitrique, et on complète à 1 litre avec de l'eau distillée. Cette liqueur est telle que 5 centimètres cubes sont susceptibles de précipiter tout le chlore de 50 centimètres cubes d'une eau qui renfermerait 0^{gr},05 de chlore par litre.

Liqueur de chlorure de baryum acide. — On prépare une

solution à 5 p. 100 de chlorure de baryum acidifiée par 5 centimètres cubes d'acide chlorhydrique. Cette liqueur peut se préparer à un titre quelconque ; il s'agit en effet de rechercher avant titre hydrotimétrique si l'eau renferme une proportion sensible de sulfate de chaux ; les titres hydrotimétriques avant et après ébullition effectués ultérieurement renseignent d'une manière exacte sur la teneur en sulfate.

Liqueur d'oxalate d'ammoniaque acide. — Solution saturée d'oxalate d'ammoniaque additionnée de 20 centimètres cubes d'acide acétique par litre.

Réactif de Nessler. — On dissout 50 grammes d'iodure de potassium dans 50 centimètres cubes d'eau chaude ; on verse lentement dans cette dissolution une solution aqueuse chaude de bichlorure de mercure, jusqu'à ce que le précipité rouge qui se forme cesse de se dissoudre (il faut environ 25 grammes de bichlorure de mercure) ; on filtre et on mélange ce liquide avec une solution de 150 grammes de potasse caustique dans 300 centimètres cubes d'eau. On étend à 1 litre et on ajoute 2 à 3 centimètres cubes de la solution de bichlorure de mercure ; il se forme un précipité qu'on laisse déposer, puis on décante le liquide surnageant dans un flacon en verre jaune bouchant hermétiquement.

Réactif de Trommsdorff. — On fait bouillir, dans un ballon muni d'un réfrigérant ascendant, 100 centimètres cubes d'eau dans laquelle on a dissous 20 grammes de chlorure de zinc et délayé 5 grammes de fécule. On chauffe jusqu'à ce que la solution soit devenue presque limpide, ce qui demande trois ou quatre heures ; après quoi on ajoute au liquide 2 grammes d'iodure de zinc, et on complète à 1 litre à l'aide d'eau distillée.

On filtre au-dessus d'un flacon jaune dans lequel la liqueur sera conservée ; cette filtration est assez longue ; il est bon de l'effectuer dans une chambre obscure.

Mode opératoire. — On utilise cinq verres à pied et un ballon jaugé de 50 centimètres cubes ; on verse dans chaque verre environ 50 centimètres cubes d'eau, et on remplit au trait de jauge le ballon de 50 centimètres cubes avec l'eau à analyser.

Dans ce ballon, on introduit 5 centimètres cubes de liqueur de nitrate d'argent ; on agite, on laisse déposer quelques instants et on filtre ; dans la liqueur filtrée, on verse quelques gouttes d'un chlorure pour constater s'il reste ou non un excès de sel d'argent en dissolution.

Le résultat de cet essai est consigné sur le bulletin d'analyse en exprimant suivant le cas $> 0^{gr},050$ de chlore par litre, ou $< 0^{gr},050$ par litre ; on peut employer l'expression *traces* si le nitrate d'argent ajouté à l'eau n'a donné qu'un louche sans précipité.

Dans un des verres à pied, on verse 10 à 15 centimètres cubes de la solution acide d'oxalate d'ammoniaque ; s'il se forme un précipité abondant, dû à la présence de sulfate ou de bicarbonate de chaux en forte proportion, on est avisé que le titre hydrotimétrique devra être effectué sur 10 ou 20 centimètres cubes de l'eau à analyser au lieu des 40 centimètres cubes que l'on a coutume d'employer pour cet essai.

Dans le second verre, on verse 2 à 3 centimètres cubes de chlorure de baryum acide ; lorsque l'eau est légèrement séléniteuse, on obtient un trouble immédiat ; si l'eau reste limpide, il est bon d'attendre quelques minutes avant de statuer sur l'essai, car, lorsque l'eau ne renferme que très peu de sulfate de chaux, le trouble n'apparaît qu'au bout de quelques minutes.

Dans le troisième verre, on introduit 10 centimètres cubes de citrate d'ammoniaque, quelques gouttes de phosphate d'ammoniaque et 10 à 15 centimètres cubes d'ammoniaque au tiers. On laisse digérer pendant quelques heures, puis on décante le liquide contenu dans le verre ; si l'eau à examiner renferme des sels de magnésie en dissolution, on constate un dépôt cristallin de phosphate ammoniaco-magnésien sur les parois du verre.

Dans le quatrième verre, on laisse tomber quelques gouttes de réactif de Nessler ; si l'eau contient une trace d'ammoniaque, il se produit une coloration orangée. Il est important, en effectuant cet essai, de se servir pour l'emploi du réactif de Nessler d'un tube étiré très propre, exempt de sels ammoniacaux, le réactif étant très sensible. Le dosage de l'ammoniaque est inutile, une eau renfermant des traces d'ammoniaque étant contaminée et impropre à l'alimentation.

Dans le cinquième verre, on verse II à III gouttes d'acide sulfurique pur, exempt de nitrite, ce dont on s'assure en faisant un essai préalable avec de l'eau distillée, et V à VI gouttes de réactif de Trommsdorff. Si l'eau renferme des nitrites, il se produit au bout de cinq à dix minutes une coloration bleue assez intense ; dans ce cas, l'eau est impropre à l'alimentation.

Titre hydrotimétrique

L'hydrotimétrie est basée sur la propriété que possède l'eau pure de mousser par agitation avec une solution de

savon, alors que les eaux minéralisées décomposent tout
d'abord l'eau de savon d'une façon sensiblement proportionnelle à leur teneur en sels et ne moussent qu'avec un
excès de savon. Le procédé de dosage institué sur ce
principe a été proposé par un chimiste anglais, Clark, et
perfectionné en France par Boutron et
Boudet.

Les eaux de pluie, les eaux de tor-
rents descendant des glaciers ont un
titre hydrotimétrique variant de 1°
à 2°,5 ; les eaux de rivières, Seine,
Marne, Rhône, Vanne, ont des titres
variant de 15 à 23° ; les eaux de puits
creusés en terrain gypseux ont un
titre de 120° à 130° ; une eau salée
d'un puits tunisien nous a donné un
titre de 252°.

Appareils nécessaires. — On
emploie à cet usage une burette (fig. 25)
et un flacon hydrotimétrique. La burette porte environ 50 graduations, qui
sont telles que 23 divisions correspondent à un volume de 2cc,4. Au-dessus
du 0 de la graduation se trouve un
trait circulaire, le volume compris entre ce trait et le zéro correspond à la
quantité de savon nécessaire pour
obtenir une mousse persistante avec
40 centimètres cubes d'eau distillée
pure.

Le flacon hydrotimétrique porte quatre divisions correspondant à 10, 20, 30
et 40 centimètres cubes (fig. 26).

Réactifs. — *Solution de savon.* —
On chauffe au bain-marie, dans un
ballon muni d'un réfrigérant, jusqu'à
dissolution, 25 grammes de savon blanc desséché et
râpé et 500 centimètres cubes d'alcool à 90° ; on ajoute
à la solution alcoolique 250 centimètres cubes d'eau
distillée ; on laisse déposer pendant deux jours et on
filtre.

Liqueur de chlorure de baryum. — On dissout dans
1 litre d'eau distillée 0gr,550 de chlorure de baryum cristallisé.

Titrage de la liqueur de savon. — La liqueur de savon
doit être telle qu'il faut en employer le volume de vingt-
trois divisions de la burette hydrotimétrique pour obtenir

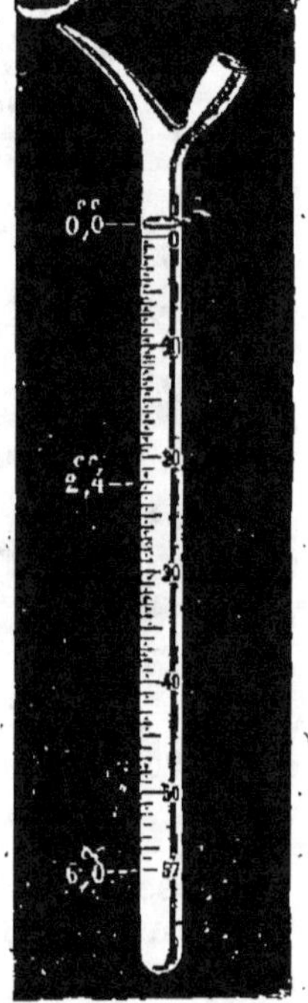

Fig. 25. — Burette
hydrotimétrique.

une mousse persistante avec 40 centimètres cubes de la solution de chlorure de baryum.

On introduit dans le flacon hydrotimétrique 40 centimètres cubes de la solution de chlorure de baryum ; puis, à l'aide de la burette hydrotimétrique remplie jusqu'au trait supérieur, on verse quelques gouttes de la liqueur de savon. On bouche le flacon et on agite vigoureusement ; puis on y introduit à nouveau quelques gouttes de la liqueur de savon et on agite ; on continue ainsi par petites additions jusqu'à ce qu'il se forme dans le flacon une mousse d'une épaisseur de 1 centimètre environ persistante pendant cinq minutes.

Si la liqueur est convenablement préparée, on aura employé vingt-trois divisions de la burette, soit 22° ; la liqueur de savon préparée est généralement trop forte ; on la dilue avec de l'eau distillée pour la ramener exactement en correspondance avec 22° de la burette,

Fig. 26. — Flacon hydrotimétrique.

en observant que la quantité d'eau nécessaire pour réduire d'un degré le titre de la liqueur est 1/23 de son poids.

Mode opératoire. — Les recherches qualitatives faites préalablement ont fixé d'une façon approximative sur la teneur de l'eau en sels de chaux, en sulfates et en chlorures ; si l'eau renferme peu de ces sels, on effectue la détermination du titre hydrotimétrique en opérant sur 40 centimètres cubes de l'eau à essayer. Dans le cas contraire, on prélève, à l'aide d'une pipette, soit 10, soit 20 centimètres cubes d'eau, que l'on introduit dans le flacon hydrotimétrique, et, à l'aide d'eau distillée, on complète à la division 40 ; l'essai est effectué comme il vient d'être indiqué pour le titrage de la liqueur de savon.

Pour que l'essai soit fait avec précision, on ne doit pas obtenir plus de 30° hydrotimétriques ; dans le cas contraire, il convient de diluer l'eau et de refaire un nouvel essai.

Le degré hydrotimétrique ainsi obtenu est appelé degré hydrotimétrique total ; il est en général suffisant pour apprécier la qualité d'une eau.

Seeligman a proposé de classer les eaux en trois catégories, en se basant sur ce degré total.

1° Eaux d'un titre hydrotimétrique inférieur à 30°. — Eaux excellentes pour les besoins domestiques et industriels ;

2° Eaux d'un titre compris entre 30 et 60°. — Eaux impropres aux usages domestiques et au savonnage, médiocres pour les besoins industriels ;

3° Eaux marquant plus de 60°. — Eaux impropres à tous les usages, domestiques ou industriels.

L'analyse hydrotimétrique complète, telle que la conseille le Comité consultatif d'hygiène, consiste à prendre le degré hydrotimétrique sur l'eau ;

1° À l'état naturel : degré hydrotimétrique total ;

2° Après ébullition : c'est-à-dire après élimination de l'acide carbonique et du carbonate de chaux ;

3° Après addition d'oxalate d'ammoniaque, c'est-à-dire après précipitation de tous les sels de chaux ;

4° Après ébullition et addition d'oxalate d'ammoniaque; soit après élimination de l'acide carbonique et des sels de chaux.

Cette analyse permet de déterminer approximativement la teneur de l'eau en anhydride carbonique, en carbonate de chaux, en sulfate de chaux et en sels de magnésie, sachant que 1° hydrotimétrique correspond au poids suivant par litre de ces divers éléments.

Valeur en grammes par litre d'eau des éléments suivants pour 1° hydrotimétrique.

	1° =	
	Gramme.	
Chaux	0,0057	CaO.
Chlorure de calcium	0,0114	$CaCl^2$.
Carbonate de calcium	0,0103	$CaCO^3$.
Sulfate de calcium	0,0140	$CaSO^4$.
Magnésie	0,0042	MgO.
Chlorure de magnésium	0,0090	$MgCl^2$.
Carbonate de magnésium	0,0088	$MgCO^3$.
Sulfate de magnésium	0,0125	$MgSO^4$.
Chlorure de sodium	0,0120	$NaCl$.
Sulfate de sodium	0,0146	Na^2SO^4.
Acide sulfurique anhydre	0,0082	H^2SO^4.
Chlore	0,0073	Cl.
Savon à 50 p. 100 d'eau	0,1064	Savon.
Acide carbonique (5 c. c.)	0,0099	CO^2.

Nous avons indiqué comment se détermine le degré hydrotimétrique total, soit a ce degré.

Pour déterminer le degré hydrotimétrique après ébullition, on fait bouillir pendant un quart d'heure dans un ballon de 200, muni d'un réfrigérant ascendant, environ 150 centimètres cubes d'eau; on laisse refroidir et on agite. On prélève par filtration au-dessus du flacon hydrotimétrique 40 centimètres cubes de l'eau bouillie; et on procède à la détermination du degré hydrotimétrique de cette eau, soit b. Le carbonate de chaux n'étant pas tout à fait insoluble dans l'eau, on retranche du degré b 3° représentant cette solubilité.

Le degré hydrotimétrique après addition d'oxalate d'ammoniaque se détermine en ajoutant à 100 centimètres cubes d'eau, 2 centimètres cubes d'une solution au dixième d'oxalate d'ammoniaque; on agite, on laisse déposer trois quarts d'heure, et on filtre; on effectue ensuite le titrage sur 40 centimètres cubes; soit c le résultat obtenu.

Le quatrième degré hydrotimétrique s'effectue sur l'eau bouillie et traitée ensuite par l'oxalate d'ammoniaque dans les conditions ci-dessus, soit d le degré obtenu.

Ces diverses opérations donnent le nombre de degrés correspondant aux divers corps énumérés plus haut pour les eaux ordinaires non salées; soit:

$$
\begin{array}{ll}
\text{Acide carbonique.....} & c - d \\
\text{Carbonate de chaux...} & [a - (b - 3)] - (c-d) \\
\text{Sulfate de chaux,.....} & (b - 3) - d \\
\text{Sels de magnésie.....} & d
\end{array}
$$

Matières organiques

On oxyde la matière organique en dissolution dans l'eau par une solution de permanganate de potasse titrée; de la quantité de permanganate décomposé, on déduit la proportion d'oxygène absorbé; ce résultat représente les matières organiques. La détermination peut se faire en solution acide et en solution alcaline.

Réactifs. — *Liqueur de permanganate titrée.* — La solution de permanganate à employer étant très diluée et par suite susceptible, au bout d'un certain temps, d'une oxydation sensible, on prépare tout d'abord une solution décime renfermant 3gr,162 de permanganate par litre; cette solution peut être titrée à l'aide de fer pur, comme nous l'avons indiqué au dosage du fer dans les terres.

On obtiendra la liqueur servant au titrage des eaux en diluant à 1 litre, 125 centimètres cubes de la solution décime; 1 centimètre cube de la solution diluée correspond à 0^{gr},0001 d'oxygène.

Solution de sulfate ferreux. — On dissout 5 grammes de sulfate de protoxyde de fer dans de l'eau distillée; on ajoute 20 centimètres cubes d'acide sulfurique pur et on complète à 1 litre.

Mode opératoire. — *En liqueur acide.* — Dans deux ballons de 375, on introduit respectivement 200 centimètres cubes d'eau distillée et 200 centimètres cubes de l'eau à analyser ; puis dans chacun d'eux 10 centimètres cubes d'acide sulfurique au 1/5 et 20 centimètres cubes de la solution titrée de permanganate ; on agite et on porte à l'ébullition, que l'on prolonge pendant dix minutes exactement ; il est utile d'introduire dans chaque ballon un fragment de porcelaine concassée pour régulariser l'ébullition. Les deux ballons sont refroidis rapidement dans un bain d'eau froide ; après quoi on verse dans chacun 20 centimètres cubes de sulfate ferreux ; puis, à l'aide du permanganate titré contenu dans une burette graduée, on ramène à la teinte rose.

La différence entre le volume de permanganate employé pour colorer en rose l'eau à analyser et celui employé pour colorer l'eau distillée représente l'oxygène absorbé pour brûler la matière organique contenue en dissolution dans 200 centimètres cubes d'eau ; en multipliant le nombre de centimètres cubes obtenu par 0^{gr},0005, on détermine la teneur en matières organiques, exprimées en oxygène absorbé, par litre.

En liqueur alcaline. — La méthode de dosage se trouve indiquée dans le rapport du Comité d'hygiène inscrit en tête de ce chapitre. Pour faire le calcul dans ce cas, où l'on opère respectivement sur 100 centimètres cubes et sur 200 centimètres cubes d'eau, on détermine la quantité de permanganate absorbée par 100 centimètres cubes de l'eau à analyser, en retranchant le nombre de centimètres cubes de permanganate obtenu au titrage des 100 centimètres cubes du nombre de centimètres cubes obtenu au titrage des 200 ; cette différence multipliée par 0^{gr},001 indique la teneur en matières organiques exprimées en oxygène absorbé par litre.

Dosage de l'oxygène dissous dans les eaux
(méthode de l'Observatoire de Montsouris)

Le dosage de l'oxygène dissous dans une eau a une certaine importance, puisqu'il permet d'apprécier l'état d'aération de cette eau ; mais il ne présente réellement d'intérêt que si l'on opère au moment du prélèvement de l'eau. Le procédé dont nous allons donner la description est basé sur l'absorption presque instantanée de l'oxygène en dissolution dans l'eau par l'hydrate de protoxyde de fer. Ce procédé n'est applicable avec précision que dans le cas où l'eau n'est pas trop chargée de matières organiques : c'est d'ailleurs dans ce cas seulement que cette détermination est intéressante, puisque les eaux chargées de matières organiques sont impropres à la consommation.

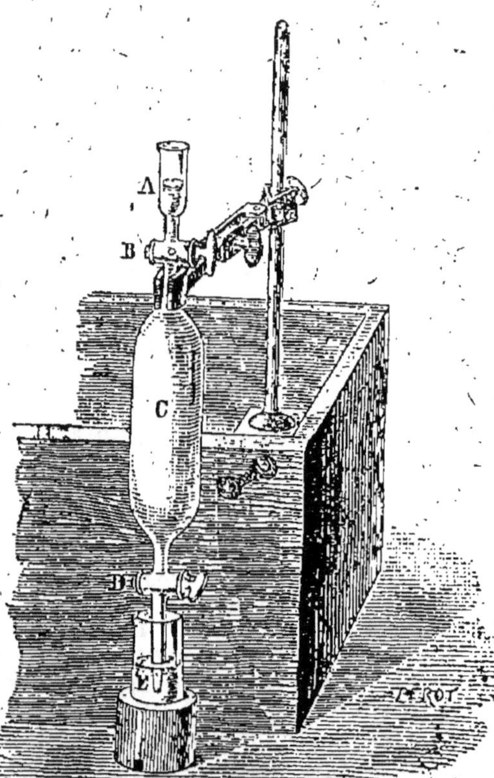

Fig. 27. — Dosage de l'oxygène dissous dans l'eau.

Mode opératoire —On se sert d'une pipette du modèle ci-dessus (fig. 27), d'une capacité d'environ 100 centimètres cubes ; on détermine exactement, une fois pour toutes, le volume V compris entre les robinets. On remplit cette pipette en la plongeant dans l'eau à analyser ; on ferme les robinets lorsque la pipette est pleine, et on la place dans une pince, la partie inférieure plongeant dans un verre contenant 2 centimètres cubes d'acide sulfurique au demi.

On verse dans l'entonnoir 2 centimètres cubes de potasse au dixième, et on ouvre légèrement les deux robinets afin d'introduire la solution de potasse sans effectuer une rentrée d'air. On referme les robinets, on essuie soigneusement l'intérieur de l'entonnoir et on y verse 3 centimètres cubes de sulfate de fer et d'ammoniaque (35 grammes par litre de ce sel double); on introduit comme précédemment cette solution dans la pipette ; ces deux opérations ont fait écouler de la pipette 5 centimètres cubes de l'eau à essayer ; le volume sur lequel on opère est donc V — 5.

Au bout de quelques secondes, tout l'oxygène de l'eau est absorbé ; on redissout les oxydes de fer en acidifiant ; pour cela, on verse dans l'entonnoir 2 centimètres cubes d'acide sulfurique dilué de son volume d'eau, et on ouvre le robinet supérieur ; la solution acide, dense, tombe dans la pipette et dissout les oxydes.

Lorsque la solution est limpide, on décante dans un verre le contenu de la pipette et du verre ; on lave avec soin ces deux récipients, et, à l'aide d'une solution de permanganate à 2 décigrammes par litre, on titre le sulfate ferreux ; soit n le nombre de dixièmes de centimètre cube de permanganate employé.

La différence entre le nombre de dixièmes de centimètre cube de permanganate nécessaires pour oxyder 3 centimètres cubes de sulfate ferreux et le nombre n représente à la fois l'oxygène dissous dans l'eau et l'action due aux matières organiques. Pour déterminer cette dernière action, on opère de la manière suivante : on remplit comme précédemment la pipette de l'eau à analyser ; on verse dans un verre de 500, on en déduit 5 centimètres cubes et on ajoute successivement 2 centimètres cubes de potasse au dixième, 4 centimètres cubes d'acide sulfurique dilué de son volume d'eau et 3 centimètres cubes de sulfate ferreux. On se trouve en solution acide, et le sulfate ferreux est sans action sur l'oxygène dissous ; on titre à l'aide du permanganate, soit n' le nombre de dixièmes de centimètre cube employés ; n' — n représente le volume de permanganate correspondant à l'oxygène dissous dans l'eau analysée.

Il importe maintenant de connaître l'équivalence en oxygène d'un dixième de centimètre cube de la liqueur de permanganate. On dissout $0^{gr},702$ de fer pur (0,002 pour correction d'impuretés) dans 50 centimètres cubes d'acide.

GUILLIN. — Analyses agricoles.   12

sulfurique au sixième ; quand le fer est dissous, on complète à 1 litre avec de l'eau bouillie ; 100 centimètres cubes de cette liqueur correspondent à 0^{gr},010 d'oxygène. On prélève 20 centimètres cubes de cette solution, et on titre à l'aide de permanganate ; soit N le nombre de dixièmes de centimètre cube employés ; ce nombre, multiplié par 5, équivaut à 10 milligrammes d'oxygène ; le volume correspondant d'oxygène à 0 et 760 sera obtenu en divisant par 1,43.

On déduira de ces trois nombres n, n' et N le poids et le volume d'oxygène par litre en calculant comme dans l'exemple ci-dessous :

$$N = 251 \quad n = 304 \quad n' = 419, \text{ et } V - 5 = 91 \text{ c. c.}$$

Soit :

$$10 \text{ milligrammes d'oxygène} = 251 \times 5 = 1255 \text{ dixièmes de centimètre cube de permanganate.}$$

1 litre d'eau contient en dissolution ;

$$\frac{419 - 304}{1255} \times \frac{10000}{91} = 10^{mg},16$$

ou

$$\frac{10,16}{1,43} = 7^{cc},1 \text{ d'oxygène}$$

EAUX INDUSTRIELLES

Les eaux destinées à un usage industriel sont examinées qualitativement, comme il est indiqué ci-dessus ; mais en complément de ces essais, il y a lieu de doser exactement la teneur en acide sulfurique, en chlore, en chaux, en magnésie ou en fer suivant le cas, Nous groupons ci-dessous les méthodes de dosage de ces divers éléments, et nous indiquerons par la suite, en traitant de chaque industrie, les conditions que doivent remplir les eaux employées dans cette industrie.

En ce qui concerne les eaux destinées à l'alimentation des chaudières, il importe qu'elles renferment très peu de sels de chaux, sulfate et bicarbonate en dissolution ; en outre, pour les machines puissantes, il convient de s'assurer de l'absence de sels de magnésie, le chlorure de magnésium étant susceptible de se dissocier à la température que l'on atteint dans les machines à haute pression et celles-ci étant de ce fait assez rapidement détériorées.

On trouvera à l'Annexe, à l'article eau, des indications pratiques sur l'épuration des eaux industrielles.

Dosage de l'acide sulfurique

Dans un ballon de 750 centimètres cubes, on introduit 500 centimètres cubes de l'eau à analyser; on ajoute 1 centimètre cube d'acide chlorhydrique; on porte à l'ébullition, et on précipite l'acide sulfurique par l'addition d'un excès d'une solution de chlorure de baryum. Le précipité est recueilli sur un filtre, calciné et pesé; le poids trouvé multiplié par 0,686 indique la teneur en acide sulfurique (SO^3); ce même poids multiplié par 1,166 indique la quantité de sulfate de chaux ($CaSO^4$) contenue dans 1 litre d'eau.

Dosage du chlore

On concentre 2 litres d'eau à 200 centimètres cubes environ; on filtre et dans la liqueur filtrée on ajoute un excès d'une solution de nitrate d'argent : le précipité de chlorure d'argent recueilli sur un filtre taré est lavé, séché à l'étuve et pesé; le poids de chlorure d'argent trouvé multiplié par 0,1235 indique la teneur en chlore par litre.

Dosage de la chaux

Ce dosage n'est utile que pour une eau renfermant beaucoup de sels de chaux en dissolution; on opère dans ce cas sur 500 centimètres cubes d'eau, auxquels on ajoute 5 centimètres cubes d'acide acétique. On porte à l'ébullition, et dans le liquide bouillant on projette quelques cristaux d'oxalate d'ammoniaque; l'oxalate de chaux précipité est recueilli sur un filtre, calciné et pesé; le poids de chaux vive obtenu, multiplié par 2, donne la teneur en chaux pour 1 litre d'eau.

Dosage de la magnésie

On concentre à 100 centimètres cubes 2 litres d'eau, auxquels on a ajouté 2 centimètres cubes d'acide chlorhydrique; dans la liqueur concentrée, on verse peu à peu de l'ammoniaque jusqu'à réaction alcaline, puis on acidifie à nouveau par l'addition de 2 à 5 centimètres cubes d'acide acétique ; on porte à l'ébullition et, dans le liquide bouillant, on précipite la chaux à l'aide de quelques cristaux d'oxalate d'ammoniaque.

On filtre, et le liquide filtré est évaporé à siccité dans une capsule de platine ; on calcine au rouge sombre pour détruire les sels ammoniacaux ; puis on reprend le contenu de la capsule par 5 centimètres cubes d'acide chlorhydrique et 10 à 20 centimètres cubes d'eau. On laisse digérer au bain de sable pendant cinq à dix minutes, et on filtre la dissolution au-dessus d'un verre à précipiter, en employant le moins d'eau possible pour le lavage du filtre, afin de ne pas trop diluer la solution, à laquelle on ajoute 5 centimètres cubes de citrate d'ammoniaque, 5 centimètres cubes de phosphate d'ammoniaque et 20 à 30 centimètres cubes d'ammoniaque. On agite fréquemment pour favoriser la formation du précipité de phosphate ammoniaco-magnésien que l'on recueille au bout de vingt-quatre heures. Le poids de pyrophosphate de magnésie obtenu, multiplié par $\dfrac{0,3603}{2}$, donne la teneur en magnésie par litre.

Dosage du fer

Les sels de fer en dissolution dans l'eau sont nuisibles en brasserie et tannerie par suite de la teinte qu'ils communiquent aux liquides contenant du tanin ; ces sels sont également nuisibles en féculerie, le dépôt d'oxyde de fer qui se forme dans les bacs en même temps que le dépôt de fécule pouvant communiquer à celle-ci une coloration jaunâtre.

Pour doser le fer, on évapore à siccité dans une capsule de porcelaine 2 litres d'eau ; on traite le résidu par 4 à 5 centimètres cubes d'acide nitrique et 1 centimètre cube d'acide chlorhydrique ; on évapore à nouveau à siccité. On reprend par de l'eau acidulée à l'aide d'acide chlorhydrique ; on filtre sur un verre de 100 centimètres cubes, dans lequel on précipite le fer par l'ammoniaque ; le poids de ce précipité divisé par 2 représente la teneur en Fe^2O^3 par litre d'eau.

On peut également doser le fer, en titrant par le permanganate les sels de fer réduits à l'état de protoxyde, suivant la méthode ordinaire.

INDUSTRIES AGRICOLES

AMIDONNERIE

Les principales graines utilisées en amidonnerie sont :
le maïs, le froment ou sa farine et le riz ; nous nous occuperons tout d'abord de l'analyse de ces graines ; puis nous
passerons à l'examen de l'amidon fabriqué et des sous-
produits de cette fabrication, les drêches et tourteaux
employés à l'alimentation des animaux et le gluten.

Analyse des grains

L'analyse des divers grains destinés à l'amidonnerie
comporte principalement le dosage de l'amidon ; mais, en
complément de cette analyse, il est utile de déterminer la
teneur en protéine, en matières grasses, en cellulose, en
eau et en matières minérales.

Le dosage de l'amidon s'effectue suivant la méthode
indiquée ci-dessous, et les autres éléments se déterminent
par les procédés signalés à l'analyse des végétaux ; le
dosage de la protéine s'effectue sur 1 gramme de matière
pour les graines de céréales et sur $0^{gr},500$ pour les graines
de légumineuses plus riches en matières azotées ; les
autres dosages sont exécutés comme d'ordinaire sur
5 grammes de substance finement moulue.

La teneur en amidon du maïs et du blé varie entre 60
et 70 p. 100 celle du riz entre 72 et 78 p. 100.

En dehors des déterminations précitées, le maïs et le blé
ne demandent aucun examen spécial ; le riz au contraire
nécessite un essai complémentaire, dû à ce fait que la
protéine se trouve diffusée uniformément dans toute la
masse du grain, ce qui rend difficile l'extraction de l'amidon. Suivant les variétés de riz, cette matière azotée se
solubilise plus ou moins facilement ; il est donc utile de
compléter le dosage de la matière azotée totale par la
détermination de la protéine insoluble.

12.

On effectue ce dosage en traitant 5 grammes de riz par une solution de soude à 1° B. et en dosant l'azote restant dans le riz après ce traitement; la différence entre la protéine totale et la protéine insoluble ainsi dosée représente la protéine soluble; les meilleurs riz sont bien entendu ceux qui renferment le moins de protéine insoluble.

Composition des principales graines amylacées

	MATIÈRES azotées	MATIÈRES grasses	HYDRATES de carbone	CELLULOSE	CENDRES	EAU
Blé gros bleu......	9,80	1,40	72,75	1,75	1,60	13,20
— Dattel.........	10,40	1,80	71,28	1,60	1,72	13,50
— de Bordeaux.....	11,30	1,50	70,59	2,16	1,50	12,95
Seigle...........	9,10	1,25	74,20	1,95	1,70	11,80
Avoine grise de Beauce..	9,80	5,10	62,40	9,60	3,00	10,10
— noire de Brie...	9,75	5,70	61,95	8,80	2,95	10,85
— rouge du Perche.	10,60	4,54	61,91	9,50	2,80	10,65
— blanche de Russie.	11,15	3,95	59,80	10,55	4,30	10,25
Orge de la Mayenne.	9,50	1,55	70,86	4,25	2,30	11,54
— de Tunisie....	9,90	1,63	70,58	5,37	2,37	10,15
Sarrasin décortiqué.	12,25	2,68	69,32	0,80	1,85	13,10
Maïs blanc........	9,25	4,12	71,52	1,90	1,54	11,67
— jaune........	9,65	4,65	70,14	1,76	1,25	12,55
Riz.............	6,90	0,50	79,60	0,45	0,55	12,00
Haricots blancs....	20,15	1,50	55,53	3,55	2,92	16,35
— rouges....	21,90	1,45	53,01	3,67	2,77	17,20
Pois.............	20,50	1,25	56,89	5,23	2,33	13,80
Lentilles.........	24,25	1,35	55,48	3,45	2,52	12,95
Fèves............	21,55	1,40	54,15	7,35	2,75	13,10
Châtaignes........	2,65	1,20	37,80	1,10	0,95	56,30
Marrons de Lyon ..	3,25	0,90	36,21	1,00	0,64	58,00
Mâcres (châtaignes d'eau)	7,53	0,43	39,00	0,65	1,37	51,02

Dosage de l'amidon

La graine réduite en poudre fine est délayée dans de l'eau qu'on fait bouillir pendant une heure; l'amidon se gonfle et se transforme en empois sur lequel on fait réagir de la diastase; celle-ci solubilise l'amidon en formant du sucre (maltose) et de la dextrine ; ce mélange, traité par de l'acide sulfurique dilué, est transformé en dextrose, que l'on dose à l'aide de la liqueur de Fehling.

Réactif. — *Liqueur de Fehling.* — Le procédé de dosage des sucres dits réducteurs par la liqueur de Fehling est basé sur le fait que 1 molécule de glucose ($C^6H^{12}O^6$) est susceptible de réduire à l'état d'oxydule insoluble le bioxyde de cuivre contenu dans 5 molécules de sulfate de cuivre ($CuSO^4$, 5àq) en solution tartrique alcaline.

Le dosage s'effectue soit en versant peu à peu une solution sucrée dans un volume donné de liqueur de Fehling et recherchant la quantité de solution sucrée nécessaire pour amener la décoloration de la liqueur de Fehling ; soit en versant une certaine quantité de solution sucrée dans un excès de liqueur de Fehling et dosant la quantité d'oxyde de cuivre précipité.

Différentes formules ont été proposées pour la préparation d'une liqueur de Fehling ; nous indiquerons celle employée à l'Institut agronomique, que nous utilisons.

On dissout d'une part :

40 grammes de sulfate de cuivre cristallisé,

dans :

200 centimètres cubes d'eau bouillante,

et par ailleurs on dissout :

160 grammes de tartrate neutre de potasse,
130 grammes de soude caustique en plaque,

dans :

600 centimètres cubes d'eau chaude.

On peut également préparer cette dernière solution tartrique alcaline en dissolvant :

160 grammes de tartrate neutre de potasse,

dans :

270 centimètres cubes de soude à 40° B.,
et 350 centimètres cubes d'eau chaude.

Les solutions de sulfate de cuivre et de tartrate alcalin sont introduites dans un ballon de 1 litre, et le mélange est porté à l'ébullition, que l'on prolonge pendant dix à quinze minutes : après refroidissement, on décante le liquide dans une fiole jaugée de 1 litre en évitant d'entraîner le dépôt d'oxyde de cuivre qui a pu se former pendant l'ébullition; on complète au volume de 1 litre, et la liqueur est conservée dans des flacons en verre jaune.

Titrage de la liqueur de Fehling par décoloration. — Le titrage de la liqueur de Fehling consiste à déterminer la quantité de sucre qui précipite la totalité de l'oxyde de cuivre contenu dans 10 centimètres cubes de la liqueur.

La précipitation de l'oxyde de cuivre étant légèrement influencée par les conditions de dilution dans lesquelles on fait le titrage et les divers sucres réducteurs ne réduisant pas à poids égal une même quantité d'oxyde de cuivre, il est important d'opérer le dosage des sucres réducteurs en se plaçant toujours sensiblement dans les mêmes conditions de dilution tant de la liqueur de cuivre que de la solution de sucre, et il est nécessaire de titrer la liqueur par rapport aux différents sucres que l'on doit analyser.

Le glucose et le sucre interverti produisent sensiblement la même réduction ; on effectue le titrage de la liqueur, par rapport à ces deux sucres, à l'aide du sucre interverti obtenu en partant du saccharose, que l'on trouve dans le commerce à un grand état de pureté.

Le lactose réduit la liqueur de Fehling dans des conditions notablement différentes ; c'est ainsi qu'une liqueur de cuivre, dont 10 centimètres cubes sont décolorés par 6 centimètres cubes d'une solution de sucre interverti à 1 p. 100, exige pour sa décoloration 8cc,2 environ d'une solution de lactose à 1 p. 100. La liqueur de Fehling doit donc être titrée par rapport au lactose pour le dosage de ce sucre.

Pour titrer la liqueur par rapport au sucre interverti, on pèse 0gr,950 de saccharose pur (sucre raffiné du commerce, pulvérisé et séché) ; on l'introduit dans un ballon jaugé de 100 centimètres cubes avec 60 à 80 centimètres cubes d'eau et 1 centimètre cube d'acide chlorhydrique ; on chauffe au bain-marie à l'ébullition pendant dix à quinze minutes, au bout de ce temps, tout le saccharose a été transformé en sucre interverti. Après refroidissement, on neutralise le liquide à l'aide de quelques gouttes d'une solution de soude, et on complète au volume de 100 centimètres cubes ; 95 parties de saccharose donnant par inversion 100 parties de sucre interverti, on obtient par cette préparation une liqueur renfermant 1 p. 100 de sucre interverti ; cette solution est décantée dans une burette graduée.

Dans un ballon de 250 centimètres cubes de capacité, on introduit 10 centimètres cubes de la liqueur de Fehling à titrer, 10 centimètres cubes d'une solution de potasse à

10 p. 100 et 20 à 25 centimètres cubes d'eau ; en tenant le ballon à l'aide d'une pince en bois, on porte à l'ébullition le liquide qu'il contient, et on s'assure qu'il ne se forme pas de précipité d'oxyde de cuivre.

On verse alors quelques gouttes de la solution sucrée contenue dans la burette ; on porte à l'ébullition, puis on écarte le ballon de la flamme pour y introduire à nouveau quelques gouttes de la solution sucrée, et aussitôt on chauffe à l'ébullition. On continue ainsi par petites additions de solution sucrée, en observant la coloration du liquide bouillant, qui devient de moins en moins intense jusqu'au moment où l'addition d'une seule goutte de la liqueur sucrée fait disparaître complètement cette coloration bleue.

Pour bien saisir ce point, on regarde rapidement par transparence le liquide qui surnage le précipité d'oxyde de cuivre tombé au fond du ballon, en portant le ballon à hauteur de l'œil et examinant en face d'un mur ou d'un écran blanc. On note le nombre de dixièmes de centimètre cube de liqueur sucrée employé, soit n ; ce nombre peut être considéré comme le titre de la liqueur ; c'est ainsi qu'une solution de sucre interverti à analyser donnant au titrage le nombre n', le taux p. 100 de sucre de cette liqueur sera $\dfrac{n}{n'}$.

Il importe, dans ce titrage, d'opérer avec rapidité et de maintenir le liquide presque bouillant ; l'oxydule de cuivre précipité absorbe avec facilité l'oxygène de l'air et se retransforme en bioxyde soluble ; cette réaction inverse de la réaction sur laquelle est basé le dosage se constate facilement dans les liquides que l'on vient de titrer et qu'on abandonne à l'air ; ces liquides reprennent rapidement une coloration bleu pâle.

Dosage des matières réductrices par détermination du cuivre réduit. — Dans un ballon de 300 centimètres cubes, on introduit 20 centimètres cubes de la solution sucrée, 10 centimètres cubes de la solution de potasse à 10 p. 100, 50 centimètres cubes de liqueur de Fehling et 50 centimètres cubes d'eau. On porte à l'ébullition, que l'on prolonge pendant deux à trois minutes ; on décante aussitôt la liqueur sur un filtre Berzélius, dans lequel on recueille tout l'oxyde de cuivre précipité ; on lave rapidement à l'eau bouillante jusqu'à ce que le liquide qui s'écoule de l'entonnoir ne soit plus alcalin.

Le filtre est séché à l'étuve et introduit dans une nacelle de platine ; on incinère le filtre à l'air et on place la nacelle dans un tube de verre chauffé au rouge sombre, dans lequel on fait passer un courant d'hydrogène pur ; lorsque l'oxyde de cuivre est réduit, on cesse de chauffer ; la nacelle refroidie, on pèse le cuivre.

On admet que 1 gramme de cuivre correspond à $0^{gr},569$ de glucose ou à $0^{gr},512$ d'amidon ; on peut utiliser ces multiplicateurs pour calculer la teneur en sucre ou amidon de la solution analysée ; mais il est préférable d'effectuer quelques essais avec des solutions types de sucre, dans des conditions identiques à celles où l'on a opéré, et de déterminer ainsi exactement la quantité de sucre qui correspond à un poids de cuivre réduit, sensiblement analogue à celui trouvé pour la solution sucrée analysée.

Il est important, au cours de ces opérations, de recueillir rapidement le précipité d'oxyde de cuivre et d'effectuer les lavages avec de l'eau bouillante ; l'emploi de cette dernière n'est pas sans amener une légère cause d'erreur ; mais cette erreur est moins grave que celle qu'occasionnerait l'emploi d'eau tiède ou froide qui, incomplètement purgée d'air, redissoudrait une notable partie de l'oxyde de cuivre précipité. L'eau bouillante, privée d'air, ne produit par cette réaction ; elle agit par contre sur la combinaison éthérée que forme l'oxyde de cuivre et l'acide tartrique, combinaison qui n'est stable qu'en solution fortement alcaline, et le poids du précipité recueilli se trouve légèrement accru par suite de cette décomposition.

Au lieu de recueillir le précipité d'oxyde de cuivre réduit, on peut doser le cuivre restant en solution ; dans ce cas, on effectue la réaction dans un ballon portant sur son col un trait de jauge, et on emploie les mêmes quantités de liqueur de Fehling et de solution de sucre que précédemment. Après ébullition de deux à trois minutes, on remplit le ballon jusqu'au trait de jauge à l'aide d'eau bouillante, on laisse déposer ; lorsque la liqueur est limpide, on en prélève en siphonant, partie aliquote dans un ballon jaugé, et on y dose le cuivre.

Connaissant la quantité de cuivre contenue dans la liqueur de Fehling, on déduit par différence entre cette donnée et le résultat obtenu à l'analyse la quantité de cuivre précipitée par le sucre.

Comme pour le dosage par la méthode précédente, on détermine à l'aide de solutions de sucre pur, à des titres différents, les quantités de cuivre qui correspondent à diverses teneurs en sucre, et on calcule la richesse d'une solution analysée en faisant le rapport entre la quantité de cuivre précipitée n par cette solution et la quantité de cuivre n' la plus rapprochée de n, obtenue dans les essais effectués avec des solutions de sucre pur.

Mode opératoire du dosage de l'amidon. — Pour les graines riches en amidon et renfermant peu de sucre, on peut opérer directement sur la graine finement moulue, dont on pèse 2 grammes qu'on introduit dans un ballon de 200, et qu'on traite comme il est indiqué ci-dessous ; après transformation de l'amidon et titrage du sucre formé, on calcule la somme des matières réductrices en amidon.

On opère avec plus de précision en traitant successivement les 2 grammes pesés, par de l'éther, de l'alcool à 80° et de l'eau, de façon à extraire les matières grasses, les sucres et les diverses substances solubles ; après quoi la matière est introduite dans un ballon jaugé de 200 centimètres cubes avec 60 à 80 centimètres cubes d'eau ; on fait bouillir pendant une heure afin de solubiliser l'amidon qui se transforme partiellement en empois, puis on laisse le liquide se refroidir.

On pèse 0ᵍʳ,100 de diastase pure, qu'on délaie dans quelques centimètres cubes d'eau, et on l'introduit dans le ballon de 200 ; ce dernier est placé dans une étuve réglée à 60° (la température de 65° ne doit jamais être dépassée). On prolonge la réaction pendant vingt-quatre heures ; au bout de ce temps l'amidon a été saccharifié ; on peut s'assurer qu'il ne reste plus d'amidon en prélevant une goutte du liquide du ballon et constatant qu'on n'obtient plus de coloration bleue avec l'iode.

Le liquide refroidi, on remplit presque complètement d'eau froide ; on ajoute 4 grammes d'acide sulfurique, soit 5 centimètres cubes d'acide sulfurique au demi ; on affleure à 200, on agite et on filtre dans un flacon d'une capacité de 150 centimètres cubes environ. Lorsque l'on a filtré 100 à 120 centimètres cubes, on place le flacon dans un bain-marie que l'on chauffe à l'ébullition ; à ce moment, l'air se trouve expulsé du flacon. On bouche avec un bon bouchon de liège que l'on fixe à l'aide d'un fil de cuivre, et on chauffe le flacon ainsi bouché, pendant cinq heures, au bain-marie bouillant ; au bout de ce temps, le maltose et la dextrine sont transformés en glucose, que l'on titre à l'aide de la liqueur de Fehling.

Ce dosage peut s'effectuer par décoloration ; pour cela, le flacon refroidi contenant le liquide saccharifié, dont le volume n'a pas varié, est ouvert ; on prélève 100 centimètres cubes de la liqueur dans un ballon jaugé à 100-110 ; on neutralise par quelques gouttes de soude et on complète à 110 ; après agitation, on décante le liquide dans un verre à pied. On le décolore à l'aide de noir animal ou de sous-acétate de plomb en poudre, et on titre le sucre réducteur contenu dans le liquide décoloré en suivant les prescriptions indiquées ci-dessus pour le titrage de la liqueur de Fehling ; le résultat trouvé multiplié par $\frac{110}{100}$

indique la quantité de sucre réducteur obtenue par saccharification de l'amidon contenu dans 1 gramme de grains. Le taux p. 100 de sucre obtenu, multiplié par 0,90, donne la teneur en amidon.

Lorsqu'il n'est pas possible de décolorer le liquide sucré à titrer, on se trouve dans la nécessité d'effectuer le dosage du sucre réducteur, en déterminant la production de cuivre précipité par un volume donné de la solution sucrée. On peut opérer soit en recueillant l'oxyde de cuivre précipité, soit en dosant le cuivre restant en solution après réduction partielle par la liqueur sucrée, suivant les méthodes indiquées ci-dessus.

AMIDONS

L'amidon est vendu soit sous forme pulvérulente, soit sous forme de bâtonnets prismatiques de 2 à 5 centimètres de long ; à cet état, on le désigne sous le nom d'amidon en aiguille.

Examen microscopique

La première détermination à effectuer sur un amidon est l'examen microscopique, qui permet d'en connaître l'origine : blé, maïs ou riz et l'état de pureté.

Les amidons de blé, de maïs et de riz sont très faciles à différencier au microscope. L'amidon de blé se présente sous forme de disques sphériques ou lenticulaires de 40 à 50 millièmes de millimètre de diamètre. L'amidon de maïs, assez irrégulier, a une forme polyédrique ; chaque grain possède un hile crucial caractéristique ; la dimension de cet amidon est d'environ 30 millièmes de millimètre. L'amidon de riz a la même forme polyédrique que l'amidon de maïs ; mais il est beaucoup plus petit. Un expérimentateur peu habitué à ces examens microscopiques peut d'ailleurs facilement se préparer des échantillons types d'amidons en broyant quelques grains de ces diverses graminées.

Dosage de l'humidité

L'amidon contient environ 12 p. 100 d'eau ; le type marchand ne doit pas en renfermer plus de 15 p. 100 ; l'hydratation est un des modes les plus communs de falsification des amidons. La détermination de la teneur en eau s'effectue en desséchant 5 grammes à l'étuve réglée à 110°, jusqu'à poids constant.

Dosage des cendres

Le dosage des cendres s'effectue en incinérant les 5 grammes d'amidon qui ont servi au dosage de l'humidité ; le taux de matières minérales varie entre 1 et 2 p. 100 ; s'il était plus important, on rechercherait la nature de ces matières ; les substances minérales les plus communément employées par les fraudeurs sont le carbonate et le sulfate de chaux.

Réaction de l'amidon

Si l'amidon est destiné à un emploi industriel, il est utile de s'assurer s'il possède une réaction acide ou alcaline ; l'amidon acide est estimé par les filateurs qui l'utilisent à l'encollage et à l'apprêt des tissus dans lesquels l'empois fait avec cet amidon pénètre mieux que l'empois confectionné avec un amidon alcalin ; par contre, ces derniers amidons sont très appréciés en papeterie, car l'empois qu'ils fournissent est très consistant.

GLUTENS

Le gluten issu des amidonneries où l'on traite la farine de froment est un produit relativement pur, qui ne renferme pas de cellulose et peu d'amidon ; aussi est-il utilisé pour la confection de pains ou pâtes pour diabétiques.

Composition de glutens

Gluten	65,10	75,10	73,20
Matières grasses	2,00	3,60	3,00
Amidon	22,50	10,90	12,50
Cellulose	0,10	»	»
Matières minérales..	0,70	1,10	0,90
Eau	8,80	8,90	9,50

La principale détermination à effectuer est celle de l'azote, qu'on dose par la méthode Kjeldahl, en opérant sur 0gr,500 ; la teneur en azote multipliée par 6,25 indique la richesse en matières azotées ; si cette teneur était faible et inférieure aux exemples ci-dessus, on rechercherait le motif de cette anomalie en dosant les autres constituants par les méthodes déjà décrites.

Résidus d'amidonnerie employés à l'alimentation du bétail

L'amidonnerie de froment donne peu de résidus de cette nature ; par contre l'amidonnerie de riz et surtout l'amidonnerie de maïs livrent à l'agriculture des résidus qui ont une grande valeur alimentaire, notamment les *glutenfeed*, tourteaux de gluten qui proviennent soit du traitement des eaux glutinées en amidonnerie, soit du traitement du maïs en distillerie.

L'analyse de ces produits comporte la détermination des principes nutritifs, que l'on effectue par les procédés indiqués à l'analyse des végétaux.

Composition des résidus d'amidonnerie

	PROTÉINE	MATIÈRES grasses	EXTRACTIF non azoté	CELLULOSE	CENDRES	EAU
Tourteau de riz ...	16,75	2,76	61,84	4,83	2,78	11,04
—	14,92	4,16	59,66	3,64	6,90	10,72
Drèche de maïs sèche	28,75	11,98	37,35	6,06	3,08	12,78
Gluten de maïs	23,93	8,40	46,27	6,42	3,18	11,80
—	21,75	12,80	44,29	8,44	2,22	10,50
Germes de maïs ...	13,56	17,64	39,82	12,16	5,94	10,88
Tourteau de germes de maïs dégraissés	16,20	2,54	46,54	6,88	12,06	15,78

FÉCULERIE

La pomme de terre est l'unique tubercule utilisé en Europe pour l'extraction de la fécule ; dans les exploitations coloniales, on traite également les racines de certaines plantes, notamment les Maranta, d'où l'on extrait l'arrow-root aux Indes et les Manihot, plantes de la famille des Euphorbiacées, d'où l'on retire la fécule de manioc.

Analyse de la pomme de terre

Le tableau ci-dessous indique la composition de quelques pommes de terre ; la détermination des divers éléments qui entrent dans cette composition s'effectue par les méthodes indiquées à l'analyse des végétaux.

	Pommes de terre.		Patates douces.	Manihot.
Protéine	1,62	1,81	2,00	1,00
Matières grasses......	0,12	0,16	0,16	0,20
Extractif non azoté...	17,63	29,67	21,41	31,21
Cellulose	0,87	0,70	0,60	1,56
Matières minérales ...	0,96	1,20	1,28	0,75
Eau................	78,80	66,46	74,55	65,28
	100,00	100,00	100,00	100,00

La détermination la plus importante à effectuer sur la pomme de terre est celle de la richesse en fécule ; cette richesse varie avec la variété cultivée et, pour une même variété, la teneur en fécule est fonction de la nature du sol, de la fumure, des conditions climatériques et de l'état de maturité ; du fait de ces variations, on comprend le grand intérêt que présente cette détermination de la richesse en fécule.

Teneur en fécule de quelques nouvelles variétés riches cultivées sur un même sol et au même état de maturité

Professeur Wohltmann............	22,60
Président Krüger	19,20
Impérator	20,60
Botha	22,20
Léo	23,00
Fréiher von Vaugenheim	24,00
Sas.........................	24,40

On peut déterminer la teneur en fécule de la pomme de terre par l'analyse chimique ; mais, plus communément, on apprécie cette teneur en déterminant la densité de la pomme de térre. Ce procédé est basé sur le fait que la fécule possède un poids spécifique assez élevé et qu'elle constitue la majeure partie des matières fixes contenues dans la pomme de terre.

A la suite de nombreux essais, on a constaté que la pomme de terre a sensiblement un poids spécifique d'autant plus élevé qu'elle est plus riche en fécule ; plusieurs appareils basés sur ce principe sont utilisés dans les féculeries ; le plus pratique pour un laboratoire est le féculomètre de MM. A. Girard et Fleurent.

Détermination de la richesse en fécule au moyen du féculomètre de MM. A. Girard et Fleurent

L'appareil imaginé par MM. A. Girard et Fleurent permet la détermination de la richesse en fécule en mesurant le volume d'eau déplacé par 1 kilogramme de pommes de terre.

L'appareil représenté ci-contre comprend un seau en fer-blanc de 5 litres environ de capacité, évasé à sa partie supérieure ; à l'intérieur de ce seau, peut être placé un panier métallique dans lequel on introduit les pommes de terre ; un flacon jaugé permet de recueillir et mesurer le volume d'eau déplacé par les tubercules.

Pour faire usage du féculomètre de MM. A. Girard et Fleurent, on opère de la façon suivante :

1° Le panier étant logé dans le seau en fer-blanc, on remplit celui-ci, jusqu'à 1 ou 2 centimètres au-dessus du robinet, d'eau prise à la température de la pièce où l'on opère ; on ouvre le robinet et on laisse écouler l'eau dans un vase quelconque, en suivant attentivement la descente du niveau dans le tube latéral. Lorsqu'on voit celui-ci se rapprocher de la ligne d'affleurement, on tourne doucement le robinet, de façon à rendre l'écoulement plus lent, et enfin, au moment précis où la ligne de courbure de ce niveau (ménisque) prend contact avec la ligne d'affleurement, on ferme brusquement le robinet ;

2° Les pommes de terre ayant été soigneusement échantillonnées, lavées, essuyées, on en pèse sur une balance ordinaire 1 kilogramme ; pour faire l'appoint, on peut, sans inconvénient, employer un ou deux fragments ;

3° Le panier est alors soulevé de façon à émerger de l'eau pour la plus grande partie, mais en restant cependandant toujours à l'intérieur du seau, et dans ce panier on descend une à une, en évitant les chocs qui détermineraient la projection de l'eau au dehors, les pommes de terre qui composent le kilogramme pesé ;

4° On descend doucement le panier jusqu'au fond du seau, puis on l'agite légèrement, et d'un mouvement circulaire, de façon à faire remonter à la surface les bulles d'air entraînées ;

5° Le ballon jaugé est alors placé au-dessous du robinet ; on ouvre celui-ci, et on laisse écouler l'eau déplacée par le kilogramme de tubercules , en suivant, lors de la première opération, la descente du niveau dans le tube latéral, et en arrêtant l'écoulement au moment précis où, dans les mêmes conditions, l'affleurement se produit ;

6° On lit alors sur le col du ballon jaugé la graduation qui correspond au niveau

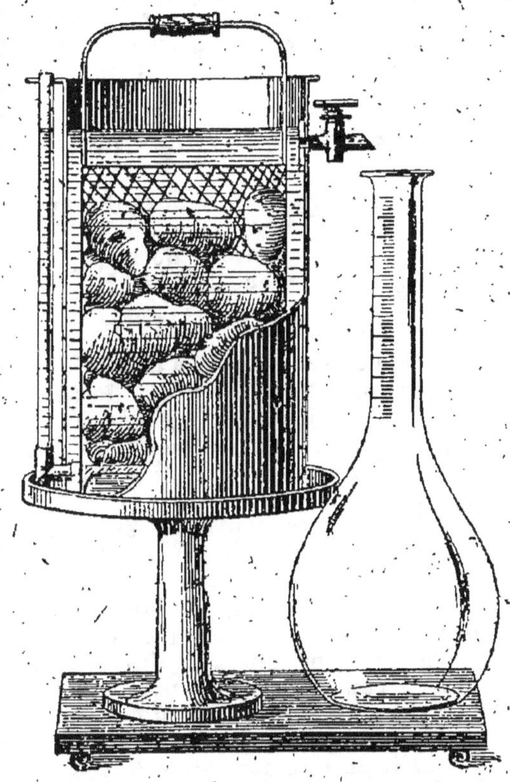

Fig. 28. — [Féculomètre de MM. A. Girard et E. Fleurent.

de l'eau ; celle-ci exprime, en centimètres cubes, le volume d'eau déplacé par le kilogramme de pommes de terre soumis à la mesure. Une table imprimée, jointe à l'appareil, donne la richesse centésimale en fécule anhydre correspondant à la graduation lue sur le col du ballon.

Détermination de la richesse en fécule par l'analyse chimique

La détermination de la richesse en fécule peut être effectuée en suivant la méthode indiquée pour le dosage de l'amidon dans les grains ; mais ce procédé a le défaut d'être assez long ; aussi en féculerie lui préfère-t-on la méthode Baudry, qui permet d'obtenir rapidement le résultat cherché.

Dosage de la fécule par le procédé Baudry

L'échantillon de pommes de terre est râpé en pulpe fine exempte de fragments ; on se sert à cet effet d'une large lime à bois, ou mieux de la presse (dite la Sans-Pareille) dont nous donnons la description à l'analyse de la betterave à sucre.

La pulpe recueillie dans une capsule de porcelaine est mélangée avec soin ; on en prélève 5^{gr},440, que l'on introduit dans un ballon jaugé de 200 centimètres cubes avec 70 à 90 centimètres cubes d'eau et 0^{gr},500 d'acide salicylique. On place le ballon sur la toile métallique d'un support, et on porte le liquide à l'ébullition, que l'on prolonge pendant cinquante minutes ; il est important de régler avec soin le brûleur afin de n'obtenir qu'une ébullition lente ; par ébullition tumultueuse, le liquide mousse et tend à sortir du ballon.

De temps à autre, pendant l'opération, on ajoute quelques centimètres cubes d'eau bouillante afin de maintenir à peu près constant le volume du liquide dans le ballon ; cette façon d'opérer est préférable à l'obturation du ballon par un bouchon muni d'un long tube faisant l'office de condenseur. Il arrive en effet fréquemment que pendant l'ébullition quelques parcelles de pulpe pouvant contenir de l'amidon sont projetées sur les parois internes du ballon et échappent à l'action du liquide bouillant ; le ballon étant ouvert, on peut d'un jet de pissette faire retomber cette pulpe dans le liquide.

Au bout de cinquante minutes, on cesse de chauffer ; le ballon refroidi, on complète avec de l'eau le volume du liquide à 200 centimètres cubes ; on filtre et on examine au polarimètre. Si l'on effectue cet examen dans un tube ordinaire de 20 centimètres, on calculera le taux p. 100 de fécule dans la pomme de terre en multipliant par 2 la déviation lue sur la graduation saccharimétrique.

FÉCULES

Les fécules sont vendues soit à l'état de fécules vertes, soit à l'état de fécules sèches, le plus souvent à ce dernier état. Lorsque les fécules sont vendues sous forme de fécules vertes, on exige qu'elles ne renferment pas plus de 56 p. 100 d'eau.

Les fécules sèches sont rarement soumises à l'examen d'un chimiste, si ce n'est pour la détermination de la teneur en eau, qui doit être inférieure à 22 p. 100 ; les marchés, d'ordinaire, se passent par comparaison à des types déposés à la Bourse du Commerce. Néanmoins, si l'on avait à apprécier l'état d'une fécule, il y aurait à spécifier en complément du dosage de l'humidité l'état de blancheur et de finesse, en statuant sur la présence ou l'absence de parties grumeleuses qui ne doivent pas exister dans une fécule de bonne qualité, mais qui se rencontrent dans les fécules qui ont été imprudemment séchées.

L'appréciation *de visu* de l'état de blancheur peut être complété par un examen microscopique, qui, pour une fécule de bonne qualité, permettra de constater l'absence de débris cellulosiques ; les débris cellulosiques altèrent la coloration de la fécule.

Dosage de l'humidité

On opère sur 5 grammes de fécule, que l'on introduit dans une capsule et dessèche dans une étuve dont on monte progressivement la température à 105-110° ; on recommande de dessécher au début vers 40 à 50°, afin d'éviter la formation superficielle d'empois qui rendrait très longue une dessiccation complète.

La capsule contenant la fécule séchée est retirée de l'étuve et placée dans un exsiccateur ; lorsqu'elle est refroidie, on la pèse rapidement, la fécule s'hydratant facilement au contact de l'air.

Examen des gras

Le gras de fécule ou fécule grise est, comme on le sait, constitué par la couche supérieure des dépôts de fécule ; on sépare ces gras de la fécule blanche sous-jacente, et on les traite par tamisage pour en extraire à nouveau de la fécule.

L'analyse de ces gras portera sur leur teneur en fécule, en cellulose et en matières azotées.

Gras de fécule

Matières azotées..................	3,93
Fécule..........................	40,80
Cellulose.......................	9,00
Eau.............................	44,20
Azote...........................	0,63
Acide phosphorique..............	0,27
Potasse.........................	0,19

Pulpes

Les pulpes sont utilisées pour l'alimentation du bétail; dans le voisinage des féculeries, on fait consommer aux animaux les pulpes fraîches; l'excédent de la consommation locale est desséché et vendu à l'état de pulpe sèche. L'analyse de ces produits comporte la détermination des principes nutritifs bruts que l'on effectue comme il a été indiqué à l'analyse des végétaux.

Composition de pulpes de féculeries

	Pulpes fraîches	Pulpes sèches	
Protéine................	0,90	3,93	4,31
Matières grasses.....	0,04	0,10	0,30
Extractif non azoté...	11,63	68,64	71,71
Cellulose.............	1,75	11,26	9,32
Matières minérales...	0,38	1,76	2,12
Eau..................	85,30	14,34	12,24
	100,00	100,00	100,00

EAUX POUR FÉCULERIE

Pour obtenir des fécules de belle qualité, les féculiers doivent avoir recours à des eaux remplissant les conditions suivantes :

1° Ne renfermer que la faible proportion de matières organiques en dissolution tolérée dans les eaux potables; ne contenir ni nitrites, ni ammoniaque, qui sont l'indice de décompositions organiques et, par suite, de la présence de bactéries susceptibles d'engendrer des fermentations nuisibles à un bon dépôt de la fécule ; ces différentes constatations seront effectuées par les méthodes indiquées à l'analyse des eaux.

2° Ne pas contenir de débris organiques en suspension ; ces débris pouvant passer à travers les tamis accompagneraient la fécule, et celle-ci une fois sèche, au lieu d'être bien blanche, se présenterait tachetée de petits points gris ; un examen *de visu* de l'eau suffit pour faire une constatation à ce sujet ; on peut compléter cet examen en filtrant une certaine quantité de l'eau, ce qui permet d'apprécier l'importance et la nature des dépôts recueillis sur le filtre.

3° Ne pas contenir de fer en dissolution ; les sels de fer en dissolution dans l'eau qui sert à l'entraînement de la fécule s'oxydent au contact de l'air, et le précipité ocreux qui en résulte, accompagnant la fécule pendant son dépôt dans les bassins de décantation, lui communique une teinte jaune qui la déprécie.

L'évaporation dans une capsule de platine de 1 litre d'eau permet de se fixer à ce point de vue ; si l'eau est ferrugineuse, le résidu de l'opération aura une teinte ocreuse caractéristique. On appréciera l'importance de la teneur en oxyde de fer en traitant le résidu par quelques centimètres cubes d'acide chlorhydrique au demi ; évaporant à nouveau à siccité, reprenant par l'acide chlorhydrique dilué et traitant la liqueur filtrée réduite à petit volume par quelques gouttes d'ammoniaque.

Si l'industriel se trouve dans la nécessité d'utiliser des eaux ferrugineuses, il devra les faire passer dans des appareils d'aération et les filtrer ensuite avant l'emploi.

GLUCOSERIE

Les produits utilisés en glucoserie sont : la fécule, l'amidon et divers acides, plus spécialement l'acide sulfurique,

L'examen des fécules et amidons s'effectue suivant les méthodes précédemment indiquées ; les déterminations de contrôle le plus fréquemment demandées, sont celles de l'eau et de l'amidon ; pour l'acide sulfurique, on s'assure qu'il peut être considéré comme exempt d'arsenic.

La glucoserie livre au commerce deux produits d'aspect différent :

1° Les sirops de glucose, sirops très épais transparents (sirop cristal) ;

2° Les glucoses massés, masses amorphes opaques de couleur blanche, vendus en gâteaux ou pains tronconiques.

GLUCOSES COMMERCIAUX

Composition de sirops et glucoses massés

	Sirop cristal	Glucoses massés	
Glucose..............	37,68	72,55	71,43
Matières infermentescibles (dextrine)..	41,73	11,32	10,87
Cendres	0,28	0,60	0,36
Eau.................	20,31	15,53	17,34

L'analyse des glucoses comporte les dosages du sucre, de l'humidité, des cendres et de l'extrait infermentescible (dextrine) ; la détermination de l'acidité ou de l'alcalinité ; enfin, l'examen des matières minérales lorsque celles-ci sont en proportion importante.

Dosage du glucose

On pèse 5 grammes du glucose à analyser, que l'on dissout dans 250 centimètres cubes d'eau, et on procède au dosage par la liqueur de Fehling en suivant les prescriptions indiquées au titrage de cette liqueur; si la solution est incolore, on l'introduit directement dans la burette graduée; dans le cas contraire, on la décolore au préalable à l'aide de noir animal ou d'un peu de sous-acétate de plomb.

Dosage de l'humidité et des cendres

Cinq grammes de glucose pesés dans une capsule tarée sont séchés à l'étuve à 110°; la dessiccation se fait lentement et peut demander vingt-quatre heures; on s'assure qu'elle est terminée en faisant deux pesées consécutives à une heure d'intervalle. L'humidité dosée, le contenu de la capsule est calciné, et du poids du résidu on déduit le taux p. 100 des cendres.

Dosage de la dextrine

Les matières infermentescibles presque exclusivement composées de dextrine sont d'ordinaire calculées par différence; on retranche du taux p. 100 des matières fixes les taux p. 100 de sucre et de cendres.

Si l'on veut doser directement la dextrine, on la précipite de sa solution aqueuse par l'alcool; toutefois, ce précipité n'étant pas sans entraîner du sucre et étant accompagné d'une faible proportion de matières gommeuses, on le redissout et le précipite à nouveau.

Dans un verre de Bohême taré, on introduit 20 grammes de sirop de glucose ou de glucose massé avec quelques centimètres cubes d'eau; on chauffe au bain-marie pour rendre la masse fluide. On pèse et on décante en mince filet environ 10 centimètres cubes de ce sirop dans un verre contenant 150 centimètres cubes d'alcool à 92°; on pèse à nouveau le verre dans lequel on a confectionné le sirop fluide. De ce poids et du poids précédent on déduit la quantité de glucose introduite dans les 150 centimètres cubes d'alcool; dans cet alcool, la dextrine s'est insolubilisée. On abandonne pendant quelques heures au repos dans un endroit frais; le précipité est ensuite recueilli sur un filtre taré, puis lavé, séché et pesé.

On prélève 2 grammes de ce précipité, que l'on introduit dans un ballon jaugé de 100 centimètres cubes; on dissout dans quelques centimètres cubes d'eau, puis on ajoute successivement 50 à 60 centimètres cubes d'alcool à 56°, trois ou quatre gouttes d'une solution de perchlo-

rure de fer neutre et 0ʳ,300 à 0ʳ,500 de craie en poudre.
On précipite ainsi les matières gommeuses; on complète
le volume du liquide à 100 centimètres cubes à l'aide
d'alcool à 56°; on filtre et on prélève 50 centimètres cubes.

Ces 50 centimètres cubes sont décantés dans un verre
où l'on a préalablement introduit 150 centimètres cubes
d'alcool à 92°; on abandonne ce mélange au repos dans
un endroit frais; on recueille ensuite sur un filtre taré,
on lave à l'alcool, sèche et pèse; on obtient ainsi là teneur
en dextrine de 1 gramme du précipité précédemment
recueilli.

Déterminations complémentaires

L'acidité ou l'alcalinité des sirops sera constatée à l'aide
de papiers de tournesol et le dosage sera effectué, s'il est
nécessaire, avec une solution titrée décime acide ou alcaline.

Les glucoses renferment d'ordinaire 0,20 à 0,60 p. 100
de matières minérales ; dans le cas d'un taux plus élevé,
il y aurait lieu de s'assurer de leur nature ; normalement
elles sont presque uniquement constituées de sulfate de
chaux.

Dans le cas de suspicion de toxicité, on devra s'attacher
à la recherche de l'arsenic presque toujours apporté par
l'acide sulfurique employé à la fabrication des glucoses.

SUCRERIE [1]

La sucrerie est l'industrie agricole qui nécessite le contrôle chimique le plus important ; nous indiquerons tout d'abord les méthodes d'analyses concernant tous les produits sucrés, betteraves, jus, masses cuites, mélasses, sucres ; puis les procédés d'examen des substances diverses utilisées en sucrerie ; laits de chaux, gaz de carbonatation, noir animal. Ensuite nous exposerons les méthodes permettant d'apprécier la valeur des résidus de fabrication et des produits sucrés employés à l'alimentation du bétail, pulpes, fourrages mélassés, sucres dénaturés et betteraves séchées. Enfin nous indiquerons le procédé d'analyse employé pour la sélection des betteraves sucrières porte-graines.

ANALYSE DE LA BETTERAVE

L'analyse complète des betteraves à sucre comporte les déterminations suivantes :

1° Poids moyen de la betterave ;
2° Sucre par 100 kilogrammes de betterave ;
3° Proportion de jus dans la betterave ;
4° Densité du jus ;
5° Sucre pour 100 centimètres cubes de jus ;
6° Sucre pour 100 grammes de jus ;
7° Sucres réducteurs ;
8° Extrait et non-sucre ;
9° Matières organiques et cendres ;
10° Quotient de pureté réel ou apparent,
11° Coefficient salin ;
12° Coefficient organique ;
13° Valeur proportionnelle.

Cette analyse complète n'est que rarement effectuée ; on se contente en général de déterminer : le poids moyen des betteraves, le sucre p. 100 de betteraves, la densité du jus, le sucre p. 100 centimètres cubes de jus et le degré de pureté apparent.

(1) Voy. SAILLARD, Sucrerie (ENCYCLOPÉDIE AGRICOLE).

Prélèvement des échantillons. — La richesse saccharine des betteraves étant très variable, suivant les sujets, le prélèvement de l'échantillon moyen d'un lot important de racines est une opération délicate, qu'elle soit effectuée dans un champ, sur une voiture ou dans un silo. Dans un champ, on a coutume de prélever une cinquantaine de betteraves par surface de 1 hectare ; sur une voiture, on prend 20 à 25 racines ; dans un silo, on fait effectuer des tranchées en plusieurs points, et on extrait des betteraves à diverses hauteurs, tant au centre du silo qu'à la périphérie.

Les racines prélevées sont classées en trois groupes suivant leur grosseur, et sur ces lots on prélève un échantillon moyen de 15 à 20 racines, sur lequel est effectué l'analyse. Si l'on a, par exemple, 170 racines réparties en : 50 grosses, 100 moyennes et 20 petites, on constitue l'échantillon moyen à analyser en prenant 5 grosses, 10 moyennes et 2 petites.

Les betteraves qui parviennent au laboratoire sont en général dépourvues de leurs feuilles ; s'il n'en est pas ainsi, on les sectionne à hauteur de la naissance des feuilles extérieures. Les betteraves ainsi décolletées sont lavées avec soin pour les débarrasser de toute terre ; on supprime également les radicelles situées sur les côtés et à la partie inférieure de la racine ; l'échantillon est prêt pour les diverses déterminations.

Poids moyen de la betterave

Cette détermination, qu'il est utile de consigner sur le bulletin d'analyse, parce qu'elle peut servir de contrôle d'échantillonnage, s'effectue en pesant la totalité du lot et divisant le poids ainsi trouvé par le nombre des racines.

Sucre par 100 kilogrammes de betterave

A l'aide d'une râpe, ou d'un foret-râpe, on prélève de la pulpe grossière sur toutes les racines ; on mélange cette pulpe, puis on en prend une partie aliquote que l'on transforme à l'état de pulpe-crème. On prélève 16^{gr},29 de cette pulpe, on l'introduit dans un ballon jaugé de 100 centimètres cubes, qu'on remplit d'eau, et on détermine la richesse en sucre de cette solution en l'examinant au saccharimètre ; le degré saccharimétrique correspond à la teneur en sucre de la betterave.

Préparation de la pulpe de betterave. — La betterave peut être réduite en pulpe soit à l'aide de râpes

Fig. 29. — Râpe conique Pallu

soit à l'aide de forts râpes. Il existe plusieurs modèles de râpes. La râpe conique Pallu, représentée par la figure 29, est un des meilleurs modèles; on peut aussi [utiliser] la râpe tubu...

Fig. 30. — ...

... betterave constituant l'échantillon à analyser. On recueille la pulpe dans une grande terrine et on la mélange intimement à la main; la presque totalité de cette pulpe servira à l'analyse du jus ; on en prélève une petite partie pour le dosage direct du sucre dans la betterave.

Les râpes sont des instruments avantageux qui donnent rapidement de grandes quantités de pulpe ; nous leur préférons cependant les forets-râpes, qui, d'un mécanisme moins compliqué, sont d'un maniement facile et peuvent être rapidement nettoyés ; le modèle ci-dessus est particulièrement intéressant.

Avec ces forets-râpes, si l'échantillon à analyser est important, on perce la betterave perpendiculairement à son axe vers le quart de sa longueur comptée à partir du sommet. La richesse de cet échantillon correspond très sensiblement à la richesse moyenne de la betterave ; un échantillon pris au-dessous serait plus riche en sucre ; plus près du collet, au contraire, la teneur en sucre serait plus faible ; si l'échantillon ne comporte que peu de racines, avec le foret-râpe on perfore chaque betterave en plusieurs points sur toute la hauteur ; on obtient ainsi une plus grande quantité de pulpe, tout en conservant l'homogénéité dans la pulpe extraite.

Préparation de la pulpe-crème. — La pulpe préparée à l'aide des appareils précédents est trop grossière pour qu'il soit possible, en la mettant en digestion dans l'eau, d'obtenir une diffusion instantanée du sucre au sein du liquide. Il est nécessaire, pour une telle opération, de posséder une pulpe très fine dite pulpe-crème, que l'on peut préparer en soumettant la pulpe grossière à l'action d'une presse spéciale la « Sans-Pareille » du modèle ci-contre.

Cet appareil (fig. 31) se compose d'un cylindre, ouvert à ses deux extrémités, dont la partie supérieure est légèrement évasée, tandis que la partie inférieure se termine par une bague en acier découpée de dents extrêmement fines. Un disque perforé de trous sur les côtés est vissé sur la partie inférieure du cylindre et vient l'obturer. Ce cylindre creux étant placé sur le support-châssis de l'appareil, un cylindre plein, en acier, d'une section presque égale à la section évidée du cylindre creux, peut s'enfoncer dans ce dernier jusqu'à venir en contact avec le disque vissé à sa partie inférieure.

Pour utiliser cet appareil, on remplit le cylindre évidé de pulpe préparée à l'aide de la râpe ou du foret-râpe ; puis on place une capsule sous le châssis au-dessous du disque ; on enfonce alors le cylindre plein dans le cylindre creux jusqu'à la partie inférieure de celui-ci. La pulpe pressée dans le cylindre creux ne peut s'échapper qu'entre les dents extrêmement fines qui terminent ce cylindre ; elle est de ce fait réduite à l'état impalpable. Le cylindre plein une fois enfoncé à bloc est remonté, et on dévisse le disque pour recueillir dans la capsule la petite quantité de pulpe qui, chassée du cylindre, a pu rester encas-

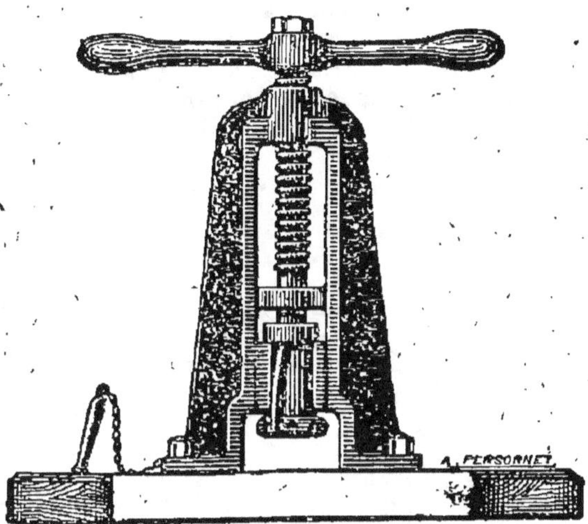

Fig. 31. — Presse pour pulpe-crème.

trée à l'intérieur de ce disque ; enfin toute la pulpe recueillie dans la capsule est malaxée à l'aide d'un agitateur pour l'homogénéiser.

Dosage de sucre. — *Appareil nécessaire. Saccharimètre.* — Il existe plusieurs modèles de saccharimètre : celui qui nous semble le plus pratique pour les laboratoires qui ont à examiner les divers jus de sucrerie est le saccharimètre-polarimètre à lumière jaune Laurent. Ce saccharimètre est à pénombre, comme tous les saccharimètres actuellement en usage, mais il est muni d'un mécanisme spécial qui permet de faire varier l'intensité de la pénombre suivant la coloration des liquides qu'on examine.

L'appareil du modèle ci-contre comporte une gouttière L sur laquelle se placent des tubes spéciaux de 2, 3 ou 4 décimètres de longueur, dans lesquels on introduit les solutions sucrées à examiner.

En O se trouve un oculaire mobile qui peut être enfoncé ou retiré pour permettre à chaque opérateur la mise au point de l'image éclairée.

Le cadran C est fixe ; appliqué sur sa surface se trouve un vernier qu'on peut mettre en mouvement à l'aide du bouton G ; le cadran et le vernier portent deux graduations concentriques ; l'extérieure correspond à la division du cercle en 360° ; elle est graduée en demi-degré ; le vernier de droite qui lui correspond donne des angles de rotation de deux minutes. La graduation intérieure du cadran C'est en centièmes de sucre, le vernier de gauche correspondant à cette graduation donne les dixièmes de division ; la lecture s'effectue à l'aide de la loupe N.

Le polariseur se trouve en R ; il peut être déplacé à

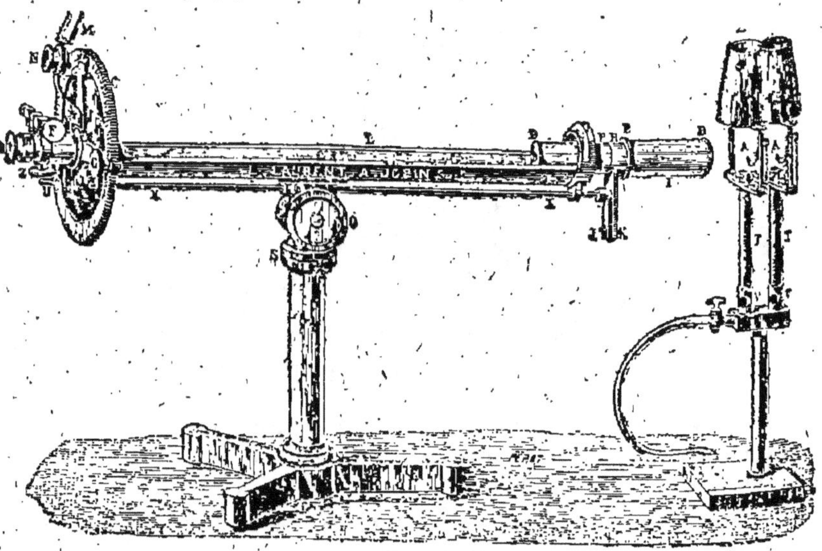

Fig. 32. — Saccharimètre-polarimètre Laurent.

l'aide des tiges K, J, X, U, afin de donner plus ou moins de lumière.

En avant de la lentille B qui termine l'appareil se place la source de lumière monochromatique, le milieu des flammes situé à 20 centimètres de B. La lumière monochromatique est obtenue en plaçant dans les nacelles A, qui surplombent les flammes sortant des tubes T, un fragment de chlorure de sodium fondu.

En sucrerie, on se sert exclusivement de la graduation saccharimétrique ; aussi nous ne rappelerons que brièvement les données et la formule qui permettent d'utiliser la graduation polarimétrique.

On appelle [α] le pouvoir rotatoire des substances ;

$[\alpha]_D$ est le pouvoir rotatoire correspondant à la raie D ; $[\alpha]_j$ le pouvoir rotatoire rapporté à la « teinte sensible », partie du spectre située entre les raies D et E dont on s'est servi pour effectuer plusieurs observations polarimétriques. Dans les formules, on désigne par α toute déviation polarimétrique lue.

Biot a donné la formule permettant de calculer le pouvoir rotatoire spécifique d'une substance : -

$$\varrho = \alpha \, \frac{V}{pl}$$

ϱ = pouvoir rotatoire spécifique de la substance.
α = la rotation polarimétrique observée.
p = le poids de substance dissoute.
V = le volume de la solution de p.
l = la longueur en décimètres du tube dans lequel est placée la solution examinée.

En interposant les lettres de cette formule, elle peut être utilisée pour déterminer toute inconnue.

Exemple :

On sait que le saccharimètre est gradué de telle façon que la division 100 correspond à la déviation polarimétrique donnée par une lame de quartz de 1 millimètre d'épaisseur, déviation qui est de 21°40' ou 21°67 centièmes. Sachant que pour le saccharose $[\alpha]_D = 66,5$, si l'on veut déterminer la quantité de saccharose qu'il faut dissoudre dans 100 centimètres cubes pour obtenir la déviation polarimétrique 21°67 ou la déviation saccharimétrique correspondante 100, en examinant la solution dans un tube de 2 décimètres de longueur, on appliquera la formule suivante :

$$p = \alpha \, \frac{V}{\varrho l}$$

d'où :

$$p = 21,67 \, \frac{100}{66,5 \times 2} = 16^{gr},29.$$

Avant d'utiliser l'appareil pour une analyse, il est nécessaire de s'assurer qu'il est réglé. Le saccharimètre étant placé dans une chambre noire, on allume le brûleur à gaz qui envoie dans l'appareil un faisceau de rayons lumineux monochromatiques (fig. 33). On regarde alors à l'oculaire O et on a l'apparence a ou c, c'est-à-dire un disque divisé en deux moitiés, l'une jaune clair, l'autre gris jaunâtre

plus ou moins foncé ; on sort ou on rentre le tube O de
manière à voir nettement la séparation entre les deux
demi-disques, puis on regarde à travers la loupe N et l'on
fait coïncider le O du vernier avec le O de la graduation
saccharimétrique du cadran, en agissant sur le bouton G.

On regarde à nouveau en O ; si l'appareil est réglé, on
a l'apparence b ; sinon on a l'une ou l'autre apparence a
ou c ; on tourne alors le bouton F dans un sens tel que la
partie foncée s'éclaircisse ; il arrive un moment où l'on
obtient l'égalité de teinte b ; l'appareil est réglé.

La graduation saccharimétrique est telle que, si l'on
examine dans un tube de 20 centimètres de longueur

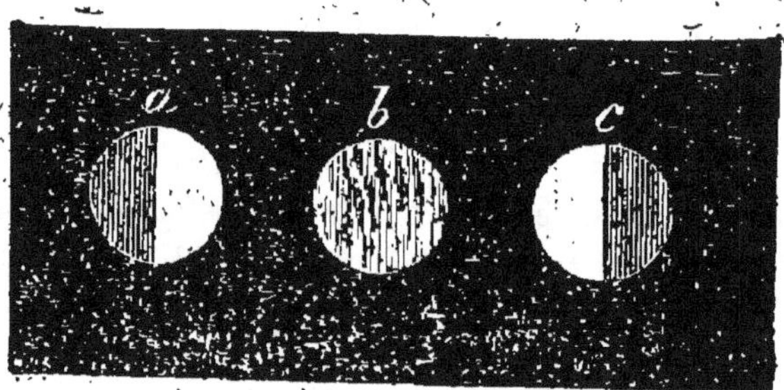

Fig. 33. — Vues du saccharimètre.

une solution de saccharose pur à 16^{gr},29 dans 100 centimètres cubes d'eau, l'égalité de teinte est obtenue lorsque
le O du vernier correspond à la division 100 du cadran.
De ce fait, pour doser le saccharose dans une matière
solide, on en pèse 16^{gr},29 et on effectue une dissolution
aqueuse dans 100 centimètres cubes ; examinée dans un
tube de 20 centimètres, cette solution donne une déviation
correspondant exactement au taux p. 100 de saccharose
dans la substance analysée.

Mode opératoire. — *Méthode de digestion aqueuse à
froid* (Pellet). — On pèse 16^{gr},29 de la pulpe-crème obtenue à l'aide de la presse spéciale, et on les introduit dans
un ballon jaugé de 100 centimètres cubes avec 85 centimètres cubes d'eau environ et 5 centimètres cubes de
sous-acétate de plomb à 30° B. ; on agite. S'il se produit
de la mousse, on la fait tomber avec une ou deux gouttes
d'éther, puis on affleure à 100 et on ajoute 0^{cc},85 représentant le volume du marc ; il existe d'ailleurs des ballons
appropriés jaugés à 100^{cc},85.

Le liquide étant à la température de 15°, on agite et on

filtre ; si le liquide est clair, on l'examine directement au saccharimètre, sinon l'addition d'une ou deux gouttes d'acide acétique suffit à le clarifier. La graduation lue au saccharimètre indique le taux p. 100 de sucre contenu dans la betterave.

Méthode de digestion aqueuse à chaud. — Le dosage du sucre peut s'effectuer après digestion à chaud si l'on ne dispose pas d'une râpe donnant une pulpe très fine.

On pèse comme précédemment $16^{gr},29$ de pulpe, qu'on introduit dans un ballon de 100 avec 80 centimètres cubes d'eau, 5 centimètres cubes de sous-acétate de plomb à 30° B., et on chauffe au bain-marie pendant trois quarts d'heure à la température de 85-90°.

On refroidit, on complète au volume de $100^{cc},85$, et on continue le dosage comme il a été indiqué pour la méthode de digestion aqueuse à froid.

Proportion de jus dans la betterave

On pèse 20 grammes de pulpe-crème, qu'on jette sur un filtre taré ; lorsque le jus est écoulé, on lave à plusieurs reprises à l'eau froide, puis à l'eau tiède, jusqu'à ce que le liquide qui s'écoule de l'entonnoir ne contienne plus rien en solution.

On sèche le filtre et son contenu à l'étuve à 100°, et on pèse. La différence entre le poids de pulpe dont on a extrait le jus sucré et le poids du marc séché représente le poids du jus contenu dans la pulpe traitée.

Pellet a établi le tableau suivant, qui peut servir de guide sur la proportion de jus contenu dans les betteraves.

Une betterave à 10 p. 100 de sucre contient 96 p. 100 de jus.
—   11   —   95   —
—   12   —   94   —
—   13   —   93   —
—   14   —   92   —
—   15   —   91   —
—   16   —   90   —
—   17   —   89   —

Densité du jus de betterave

Préparation du jus. — La pulpe obtenue à l'aide d'une râpe ou d'un foret-râpe, et dont nous avons ci-dessus indiqué la préparation, est, après mélange, introduite dans un sac spécial et soumise à l'action d'une presse puissante pour en extraire la majeure partie du jus.

Les presses à faible pression donnent des jus plus riches en sucre que le jus normal de la betterave ; aussi est-il nécessaire d'avoir recours à des presses puissantes. La presse du modèle ci-dessous (fig. 34) est très pratique et

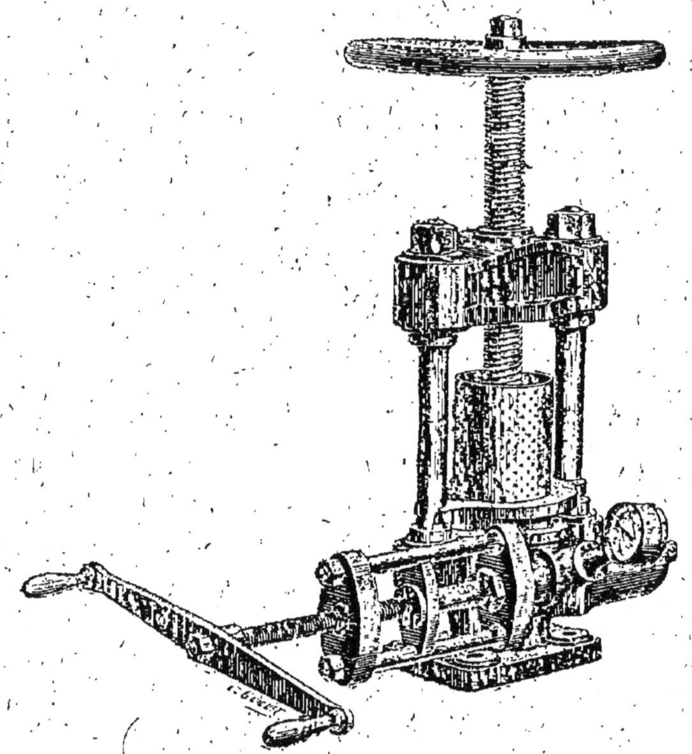

Fig. 34. — Presse stérhydraulique pour jus de betterave.

d'un maniement facile ; munie d'un manomètre, elle permet d'apprécier la pression donnée, ce qui est important pour les analyses de comparaison.

Le jus qui s'écoule de la presse est recueilli dans une terrine ou un verre ; on maintient ce récipient pendant quatre à cinq minutes dans un bain d'eau, afin d'amener le jus de la betterave à la température de 15o.

Après ce repos de quelques instants, le jus est décanté dans une éprouvette placée sur une assiette ; il est nécessaire de choisir une éprouvette assez large pour n'avoir pas à craindre l'adhérence du densimètre sur ses parois ; on verse le jus jusqu'à ce qu'il déborde de l'éprouvette ; on évite ainsi la présence de mousse ou de bulles d'air qui gêneraient la lecture du densimètre. Si, malgré ces précautions, quelques bulles d'air surnagent le jus contenu dans l'éprouvette, on les chasse en soufflant à la surface du liquide. On plonge alors un densimètre dans le jus, et on note la graduation d'affleurement ; on retire le densimètre et on prend la température du liquide afin de ramener par le calcul la densité du liquide à + 15°, si celui-ci ne se trouvait pas à cette température. On augmente ou on diminue la densité de 0°,1 par 4° de température au-dessus ou au-dessous de + 15° ; ainsi un jus accusant une densité de 1074 ou 7°,4 à + 19° a une densité à + 15° de 1075 ou 7°,5.

Sucre pour 100 centimètres cubes de jus

On introduit 100 centimètres cubes du jus dont on vient de prendre la densité dans une fiole jaugée à 100-110, puis on ajoute 10 centimètres cubes de sous-acétate de plomb à 30° B. ; il se produit un abondant précipité. On agite vigoureusement pour homogénéiser le liquide, puis on le jette sur un filtre placé au-dessus d'un verre de 100 centimètres cubes.

Le liquide filtré, très limpide, est introduit dans un tube saccharimétrique de 22 centimètres ou de 20 centimètres si l'on ne dispose pas de tube de 22, et on examine au saccharimètre ; soit D la déviation obtenue. La quantité de sucre contenu dans 100 centimètres cubes de jus sera $D \times 0,1629$ si l'on a opéré dans un tube de 22 centimètres et $(D + \frac{1}{10} D) \times 0,1629$ si l'on s'est servi d'un tube de 20 centimètres pour examiner la déviation.

Sucre pour 100 grammes de jus

La quantité de sucre contenue dans 100 grammes de jus est déterminée en divisant la teneur en sucre pour 100 centimètres cubes de jus par le poids de ces 100 centimètres cubes et multipliant par 100.

La densité du jus déterminée au densimètre étant d, le

poids de 100 centimètres cubes est $d - 0,1$; le taux de sucre pour 100 grammes de jus est donc :

Sucre pour 100 grammes de jus =

$$\text{Sucre pour 100 centimètres cubes} \times \frac{100}{d - 0,1}$$

Dosage des sucres réducteurs

Le dosage des sucres réducteurs dans les jus des betteraves saines ne présente pas grand intérêt, celles-ci n'en renfermant qu'une quantité insignifiante ; ce dosage a au contraire une certaine importance s'il s'agit d'étudier des betteraves en mauvais état de conservation.

Pour effectuer cette détermination, on ajoute au liquide filtré qui a servi à l'examen au saccharimètré, quelques décigrammes de carbonate de soude pur et sec afin de précipiter les sels de plomb en solution. On filtre et on introduit le liquide filtré dans une burette graduée ; on y dose le sucre réducteur par la liqueur de Fehling en suivant la méthode indiquée.

Extrait et non sucre

L'extrait réel est le poids des substances totales dissoutes dans 100 centimètres cubes de jus ; on le détermine en évaporant à siccité au bain de sable 10 centimètres cubes de jus versés dans une capsule de platine ; le liquide évaporé, on introduit la capsule dans une étuve réglée à 105°, où on l'abandonne jusqu'à poids constant.

On effectue rarement en sucrerie le dosage de l'extrait ; on se contente de déterminer l'extrait apparent en faisant intervenir la densité du jus et en se servant de tables spéciales.

Les tables dressées à cet usage sont nombreuses ; les plus communément utilisées en sucrerie française sont celles de Brix-Dupont et de Vivien ; ces tables indiquent les quantités de sucre que renferment, suivant leur densité, les solutions de sucre pur. La densité d'un jus de betterave étant connue, on recherche dans les tables la quantité de sucre qui correspond à cette densité, et ce chiffre est considéré comme extrait apparent du jus analysé.

Degrés Brix-Dupont, degrés Vivien et densité absolue des solutions de saccharose à la température de 15° C.

DEGRÉS Brix-Dupont sucre p. 100 gr.	DEGRÉS Vivien sucre p. 100 c. c.	DENSITÉ absolue	DEGRÉS Brix-Dupont sucre p. 100 gr.	DEGRÉS Vivien sucre p. 100 c.c.	DENSITÉ absolue
8,1	8,35	1,031	12,1	12,68	1,048
8,2	8,46	1,032	12,2	12,79	1,048
8,3	8,57	1,032	12,3	12,90	1,048
8,4	8,68	1,032	12,4	13,02	1,049
8,5	8,79	1,033	12,5	13,11	1,050
8,6	8,89	1,033	12,6	13,23	1,050
8,7	8,99	1,033	12,7	13,33	1,050
8,8	9,11	1,034	12,8	13,46	1,051
8,9	9,22	1,035	12,9	13,56	1,051
9,0	9,32	1,035	13,0	13,66	1,051
9,1	9,43	1,035	13,1	13,79	1,052
9,2	9,54	1,036	13,2	13,89	1,052
9,3	9,64	1,036	13,3	14,02	1,053
9,4	9,75	1,037	13,4	14,12	1,053
9,5	9,86	1,037	13,5	14,23	1,054
9,6	9,97	1,037	13,6	14,34	1,054
9,7	10,08	1,038	13,7	14,44	1,054
9,8	10,18	1,038	13,8	14,55	1,055
9,9	10,28	1,038	13,9	14,66	1,055
10,0	10,39	1,039	14,0	14,77	1,056
10,1	10,50	1,039	14,1	14,89	1,056
10,2	10,60	1,040	14,2	15,00	1,056
10,3	10,71	1,040	14,3	15,12	1,057
10,4	10,82	1,040	14,4	15,23	1,058
10,5	10,93	1,041	14,5	15,35	1,058
10,6	11,04	1,042	14,6	15,45	1,058
10,7	11,16	1,042	14,7	15,56	1,059
10,8	11,27	1,042	14,8	15,67	1,059
10,9	11,37	1,043	14,9	15,78	1,059
11,0	11,48	1,043	15,0	15,90	1,060
11,1	11,59	1,043	15,1	16,00	1,060
11,2	11,71	1,044	15,2	16,13	1,060
11,3	11,81	1,044	15,3	16,23	1,061
11,4	11,91	1,045	15,4	16,35	1,061
11,5	12,02	1,045	15,5	16,47	1,062
11,6	12,13	1,045	15,6	16,58	1,062
11,7	12,25	1,046	15,7	16,70	1,063
11,8	12,36	1,046	15,8	16,81	1,063
11,9	12,46	1,046	15,9	16,93	1,064
12,0	12,57	1,047	16,0	17,04	1,064

DEGRÉS Brix-Dupont sucre p. 100 gr.	DEGRÉS Vivien sucre p. 100 c.c.	DENSITÉ absolue	DEGRÉS Brix-Dupont sucre p. 100 gr.	DEGRÉS Vivien sucre p. 100 c.c.	DENSITÉ absolue
16,1	17,16	1,064	20,6	22,33	1,084
16,2	17,26	1,065	20,8	22,57	1,085
16,3	17,37	1,066	21,0	22,81	1,085
16,4	17,49	1,066	21,2	23,05	1,086
16,5	17,60	1,067	21,4	23,29	1,087
16,6	17,72	1,067	21,5	23,40	1,088
16,7	17,83	1,067	21,6	23,50	1,088
16,8	17,96	1,068	21,8	23,75	1,089
16,9	18,07	1,068	22,0	24,00	1,090
17,0	18,18	1,069			
17,1	18,29	1,069	22,2	24,24	1,091
17,2	18,40	1,070	22,4	24,47	1,091
17,3	18,53	1,070	22,5	24,59	1,092
17,4	18,64	1,070	22,6	24,71	1,092
17,5	18,75	1,071	22,8	24,95	1,093
17,6	18,86	1,072	23,0	25,20	1,094
17,7	18,98	1,072	23,2	25,43	1,095
17,8	19,09	1,072	23,4	25,67	1,096
17,9	19,20	1,073	23,5	25,79	1,097
18,0	19,33	1,073	23,6	25,90	1,098
18,1	19,45	1,073	23,8	26,15	1,099
18,2	19,56	1,073	24,0	26,40	1,100
18,3	19,60	1,074	24,2	26,63	1,101
18,4	19,78	1,074	24,4	26,88	1,102
18,5	19,89	1,075	24,5	27,00	1,103
18,6	20,00	1,075	24,6	27,12	1,103
18,7	20,12	1,075	24,8	27,37	1,104
18,8	20,24	1,076	25,0	27,62	1,104
18,9	20,36	1,076	25,2	28,06	1,105
19,0	20,47	1,077	25,4	28,12	1,106
19,1	20,58	1,077	25,5	28,24	1,107
19,2	20,69	1,077	25,6	28,36	1,107
19,3	20,81	1,078	25,8	28,61	1,108
19,4	20,92	1,078	26,0	28,86	1,109
19,5	21,03	1,079	26,2	29,11	1,110
19,6	21,15	1,079	26,4	29,36	1,111
19,7	21,27	1,080	26,5	29,49	1,112
19,8	21,38	1,080	26,6	29,61	1,113
19,9	21,59	1,081	26,8	29,86	1,114
20,0	21,60	1,081	27,0	30,11	1,115
20,2	21,85	1,082			
20,4	22,09	1,083			
20,5	22,21	1,084			

On comprend facilement que cet extrait ne représente qu'approximativement la somme des substances en dissolution dans le jus de betterave, les matières organiques et les substances salines qui accompagnent le sucre n'ayant évidemment pas la même densité que le sucre. Néanmoins, les résultats que donnent ces tables sont assez approchés pour que ces chiffres donnent d'utiles renseignements, notamment pour apprécier la pureté du jus.

On a coutume, en sucrerie, d'appeler degrés les chiffres portés sur ces tables ; les degrés Brix-Dupont indiquent la quantité de sucre contenue dans 100 grammes de liquide et représentent l'extrait apparent pour 100 grammes de jus de betterave, tandis que les degrés Vivien sont établis par rapport à 100 centimètres cubes de jus.

On désigne par l'expression « non-sucre » les substances organiques et les sels qui accompagnent le saccharose dans le jus de betterave. On calcule le non-sucre en retranchant la teneur en sucre déterminée par examen au saccharimètre de l'extrait, soit réel, soit apparent :

Non-sucre = substances totales dissoutes — sucre.

Le non-sucre s'exprime soit par rapport à 100 centimètres cubes, soit par rapport à 100 grammes de jus ; c'est ainsi qu'à l'aide de l'extrait apparent le non-sucre représente :

Non-sucre pour 100 grammes de jus = degré Brix-Dupont
— sucre pour 100 grammes.
Non-sucre pour 100 cent. cubes de jus = degré Vivien
— sucre pour 100 cent. cubes.

Matières organiques et cendres

En sucrerie, l'expression « matières organiques » ne désigne pas la totalité des substances organiques contenues dans le jus de betterave ; ces matières organiques se calculent en déduisant de l'extrait ou substances totales dissoutes le sucre et les cendres.

Pour doser les cendres, on verse quatre à cinq gouttes d'acide sulfurique sur le résidu contenu dans la capsule de platine qui a servi à déterminer l'extrait réel ; on abandonne quelques instants au bain de sable pour que l'acide se diffuse au sein de la masse ; puis on calcine à douce température jusqu'à ce que l'acide sulfurique en excès ait disparu. On chauffe ensuite progressivement jusqu'au rouge sombre pour brûler le charbon, puis on élève la température au rouge vif afin de décomposer les bisulfates ; on laisse ensuite la capsule se refroidir et on la pèse.

On obtient ainsi le poids de « cendres sulfatées » pour 10 centimètres cubes de jus ; on admet que l'acide sulfurique fixé sur les cendres représente un dixième de leur poids ; aussi, pour calculer le poids de « cendres » pour 100 centimètres cubes, on multiplie le poids de cendres sulfatées obtenu sur 10 centimètres cubes de jus successivement par 0,9 et par 10.

Connaissant la teneur en cendres et la richesse saccharine d'un jus, on déduit les matières organiques par la formule :

$$\text{Matières organiques} = \text{Extrait} - (\text{sucre} + \text{cendres}).$$

Quotient de pureté

On entend par quotient de pureté le rapport entre le sucre et la somme des substances dissoutes dans le jus ; on le calcule par la formule :

$$q = \frac{\text{Sucre} \times 100}{\text{Extrait}}.$$

Ce quotient de pureté représente donc la quantité de sucre pour 100 grammes de substances totales contenues dans le jus. Le quotient de pureté des jus de betterave varie entre 85 et 95° ; lorsque les betteraves donnent un jus accusant un quotient de pureté de 75°, on les considère comme impropres à l'extraction du sucre.

On distingue le quotient de pureté réel et le quotient de pureté apparent.

Le quotient de pureté réel se calcule en utilisant les dosages du sucre et de l'extrait ; le quotient de pureté apparent se détermine à l'aide du dosage du sucre et des degrés Brix-Dupont ou Vivien, qui donnent l'extrait apparent p. 100 d'après la densité.

$$\text{Quotient de pureté apparent} = \frac{\text{Sucre pour 100 c. c.} \times 100}{\text{Degré Vivien}}.$$

$$\frac{\text{Sucre pour 100 gr.} \times 100}{\text{Degrés Brix-Dupont}}$$

Coefficient salin

On entend par coefficient salin le rapport du sucre aux cendres ; il représente la quantité de sucre pour 1 de cendres :

$$\text{Coefficient salin} = \frac{\text{Sucre}}{\text{Cendres}} = x.$$

Coefficient organique

Le coefficient organique déterminé pour les divers jus de sucrerie, en cours de fabrication, permet d'apprécier si du sucre se détruit pendant le travail de ces jus ; c'est le rapport du sucre aux matières organiques ou sucre pour 1 de matières organiques :

$$\text{Coefficient organique} = \frac{\text{Sucre}}{\text{Matières organiques}}.$$

Le rapport $\dfrac{\text{matières organiques}}{\text{cendres}}$ que l'on détermine dans quelques usines permet la même appréciation que le précédent.

Valeur proportionnelle

Les betteraves sont d'autant plus avantageuses à traiter pour l'extraction du sucre, qu'elles renferment plus de sucre et que leur quotient de pureté est plus grand. Pour permettre un classement des betteraves suivant leur qualité, on calcule le coefficient « valeur proportionnelle » d'après la formule suivante :

$$\text{Valeur proportionnelle} = \text{Sucre} \times \frac{\text{Sucre}}{\text{Extrait}}.$$

Exemple d'une analyse complète de betteraves sur un lot de 17 racines

Poids moyen :

$$\text{Poids moyen} = \frac{\text{Poids total}}{n} = \frac{15^k,850}{17} = 0^k,930.$$

14.

Sucre pour 100 de betterave :

$$\text{Sucre pour 100 de betterave} = \text{Dév.} = 15,4.$$

Proportion de jus dans la betterave :

$$\text{Poids de marc sec pour 20 grammes} = 1^{gr},940.$$

$$\text{Proportion de jus} = (20 - 1,94)\,\frac{100}{20} = 90,30.$$

Densité du jus :

$$1073 \text{ à } + 19°, \text{ soit } 1074 \text{ à } + 15° \text{ ou } 7°,4.$$

Sucre pour 100 c. c. de jus :

$$\text{Examen au saccharimètre dans un tube de 20} = 97°,4.$$

$$\text{Sucre pour 100 c. c.} = \left(D + \frac{1}{10}D\right)0,1629 = (97°,4 + 9,74)\,0,1629$$
$$= 17^{gr},45.$$

Sucre pour 100 grammes de jus :

$$\text{Sucre pour 100 gr} = \frac{\text{s. p. 100 c. c.} \times 100}{d - 0,1} = \frac{17,45 \times 100}{107,4 - 0,1} = 16^{gr},27.$$

Extrait réel et cendres :

$$\text{Évaporé 10 c. c.} = 1^{gr},948 = \text{Extrait réel p. 100 c. c.} = 19^{gr},48.$$
$$\text{Cendres sulfatées} = 0^{gr},067 \text{ soit cendres p. 100 c. c.}$$
$$= 0,067 \times 0,9 \times 10 = 0^{gr},60.$$

Extrait apparent :

$$\text{Pour 100 c. c.} = \text{Degré Vivien pour D} = 1074 = 19,78.$$
$$\text{Pour 100 gr.} = \text{Degré Brix-Dupont pour D} = 1074 = 18,4.$$

Non-sucre et matières organiques :

$$\text{Non-sucre} = \text{Extrait} - \text{sucre} = 19^{gr},48 - 17^{gr},45 = 2^{gr},03.$$
$$\text{Matières organiques} = \text{Extrait} - (\text{sucre} + \text{cendres})$$
$$= 19,48 - (17,45 + 0,60) = 1,43.$$

Quotient de pureté réel et apparent :

$$\text{Quotient de pureté réel} = \frac{17,45 \times 100}{19,48} = 89,5$$

$$\text{Quotient de pureté apparent} = \frac{17,45 \times 100}{19,78} = 88,2$$

ou

$$\text{Quotient de pureté apparent} = \frac{16,27 \times 100}{18,4} = 88,4.$$

Coefficient salin :

$$\text{Coefficient salin} = \frac{\text{Sucre}}{\text{Cendres}} = \frac{17,45}{0,60} = 29,0.$$

Valeur proportionnelle :

$$\text{Sucre} \times \frac{\text{Sucre}}{\text{Extrait}} = 17,45 \times \frac{17,45}{19,48} = 15,61.$$

ANALYSE DES JUS

Analyse des cossettes fraîches, des jus de diffusion, des jus en travail et des masses cuites de premier, deuxième ou troisième jet

L'analyse de ces produits s'effectue comme il a été dit pour la betterave ou le jus de betterave ; pour les cossettes fraîches et les jus, on opère sur la matière normale, tandis que pour les masses cuites on dilue, soit au $\frac{1}{5}$, soit au $\frac{1}{10}$, avant examen.

Les principales déterminations à effectuer sont : la densité, le taux p. 100 de sucre, les cendres, le quotient de pureté (déterminé en général à l'aide des tables) et le coefficient salin ; en outre pour les jus en travail et les masses cuites on détermine l'alcalinité du jus.

Dosage de l'alcalinité

Doser l'alcalinité d'un jus, c'est déterminer la quantité de bases exprimée en chaux (CaO) que renferme 1 litre de jus.

On peut préparer pour cet usage deux liqueurs sulfuriques, l'une renfermant 17ᵍʳ,50 d'acide sulfurique (SO⁴H²) par litre ; l'autre, décime, contenant 1ᵍʳ,750 d'acide sulfurique par litre ; ces deux liqueurs sont telles que 1 centimètre cube de la première neutralise 0ᵍʳ,01 de chaux et 1 centimètre cube de la seconde neutralisé 0gr,001 de chaux.

On emploie comme indicateur la phtaléine du phénol en solution alcoolique à 5 p. 100, et on opère sur 20 centimètres cubes de jus.

Dans les sucreries, l'ouvrier qui surveille la carbonatation titre l'alcalinité des jus à l'aide du tube de Vivien (fig. 35).

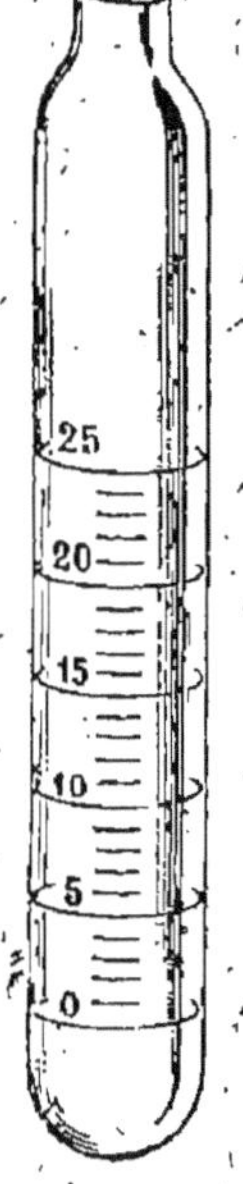

On prépare, pour les titrages à l'aide de ce tube, deux liqueurs sulfuriques additionnées de phtaléine ; l'une de ces liqueurs renferme 0gr,875 d'acide sulfurique (SO^4H^2) par litre ; elle sert pour les jus de première carbonatation ; la seconde liqueur, faite à un titre deux fois plus faible, est utilisée pour les jus de deuxième carbonatation. On verse dans le tube Vivien du jus sucré jusqu'à la division 0 ; puis la solution acide titrée contenue dans une burette est ajoutée par petites portions : le liquide se colore en rouge ; on lit chaque fois la division à laquelle on s'arrête, puis on agite le liquide. On continue les additions d'acide jusqu'à ce que la coloration rouge disparaisse ; si, par exemple, cette coloration s'est produite au trait 12, cela indique que le jus a une alcalinité égale à 1gr,20 de chaux par litre.

Fig. 35

Tube de Vivien

Cossettes épuisées

Dosage de l'eau

L'échantillon de cossettes épuisées étant bien homogénéisé, on en prélève 10 grammes qu'on place dans une capsule tarée, et on dessèche à l'étuve réglée à 105°. La perte de poids multipliée par 10 donne le taux p. 100 d'eau.

Dosage du sucre

Les cossettes épuisées renferment de 0,10 à 0,20 p. 100 de sucre ; pour en déterminer la richesse, on les soumet à la presse et on dose le sucre dans le jus extrait ; à cet effet, on prélève 100 centimètres cubes de jus, qu'on additionne de 10 centimètres cubes de sous-acétate de plomb ; on agite, filtre et examine dans un tube de 40 ou de 50 centimètres : les degrés lus sont divisés par 2 ou par 2,5 pour les ramener à l'observation dans le tube de 20.

Connaissant par le dosage précédent la teneur en eau des cossettes, on calcule à l'aide du taux de sucre trouvé dans le jus, le taux de sucre p. 100 de cossettes.

Pour déterminer la perte de sucre p. 100 de betterave, on multiplie par 0,9 le taux de sucre p. 100 de cossettes : on admet de ce fait que 100 kilogrammes de betterave donnent 90 kilogrammes de cossettes épuisées.

ANALYSE DE LA MÉLASSE ET DES BAS-PRODUITS

L'analyse des mélasses comporte la détermination de la densité à l'aide de l'aréomètre Baumé, le dosage du sucre, des matières réductrices et des cendres.

Lorsque la mélasse est destinée à la distillerie, il y a lieu de s'assurer qu'elle remplit bien les conditions suivantes exigées pour l'achat de ces produits par le syndicat des distillateurs de mélasse.

La mélasse doit accuser un degré Baumé compris entre 37 et 43°.

Le quotient salin ne doit pas dépasser 5.

La richesse en sucres réducteurs peut donner lieu à réduction de prix dans les proportions suivantes :

Matières réductrices.	$\leqslant$ 0,50 p. 100 pas de réduction.	
	De 0,5 à 2	réfaction de 0,05 par 0,01.
	De 2,01 à 3	— de 0,075 par 0,01.
	> 3	— de 0,10 par 0,01.

Analyse de quelques mélasses

Densité (degré Baumé)..	38°	41°	39°
Sucre....................	46,50	45,80	45,60
Matières réductrices.....	0,95	1,40	0,80
Eau	20,00	18,50	19,45
Cendres.................	9,28	11,45	10,48
Matières organiques.....	22,27	22,15	23,67

Densité

La prise de la densité s'effectue avec un aréomètre Baumé ; elle doit être faite autant que possible à la température de 15°, qu'il est facile d'obtenir en plongeant l'éprouvette contenant la mélasse dans un bain d'eau à cette température. Si l'on ne peut opérer à 15°, on ramènera sensiblement la densité à + 15°, en ajoutant ou retranchant 0,1 par 2° de température au-dessus ou au-dessous de 15°.

Dosage du sucre

1° Méthode Clerget. — *Principe de la méthode.* — Pour doser le sucre dans la mélasse par le procédé Clerget, on prépare une solution de mélasse à 16^{gr},29 p. 100 ; on en examine une partie au saccharimètre, on obtient une déviation A ; une autre partie de la solution est soumise à l'inversion. Cette solution invertie est de nouveau examinée au saccharimètre ; on obtient une déviation B ; on note la température du liquide au moment de la lecture, et on applique la formule Clerget :

$$ \text{Sucre} = \frac{100\,(A + B)}{144 - 1/2\,t}. $$

Mode opératoire. — On pèse 16^{gr},29 $\times$ 2, soit 32^{gr},58 de mélasse, qu'on introduit avec 100 à 150 centimètres cubes d'eau dans un ballon jaugé de 200 centimètres cubes ; on ajoute une quantité suffisante de sous-acétate de plomb pour produire la défécation du liquide, soit de 5 à 10 centimètres cubes suivant les mélasses ; puis on complète au volume de 200 centimètres cubes ; on agite et on filtre. On examine au saccharimètre une partie du liquide filtré, on note la déviation A ; puis on prend 100 centimètres cubes du liquide filtré, on ajoute 10 centimètres cubes d'acide chlorhydrique concentré, on agite ; on place le ballon dans un bain-marie dont on porte la température à 70° en dix ou douze minutes.

Au bout de douze minutes, on retire le ballon du bain-marie et on le refroidit en le plongeant dans un récipient contenant de l'eau froide. On agite, on décolore par le noir si cela est nécessaire, on filtre, on prend la température t du liquide et on examine immédiatement au saccharimètre en introduisant le liquide dans un tube de 22 garni de verre intérieurement ; on note ainsi la déviation B ; à l'aide de ces trois données, on calcule la richesse en sucre cristallisable en appliquant la formule Clerget.

2° Méthode Lindet modifiée par Bardy. — La méthode Clerget, que l'on doit appliquer pour le commerce des mélasses, présente quelques causes d'erreur ; aussi est-il préférable pour une analyse non commerciale d'appliquer la méthode de Lindet, qui permet de tenir compte de la raffinose et d'en déterminer la teneur.

Mode opératoire. — On pèse 32^{gr},58 de mélasse, que l'on introduit dans un ballon jaugé de 200 ; après défécation, on examine au saccharimètre : soit A la déviation lue.

On pèse par ailleurs 16^{gr},29 de mélasse, qu'on introduit dans une fiole conique de 200 avec quelques centimètres cubes d'eau ; on ajoute quelques fragments de verre ou de porcelaine pour éviter un dépôt sur le fond du ballon, puis 10 grammes de zinc en poudre et 1 centimètre cube d'une solution de sulfate de cuivre à 5 p. 100 dans le but de faciliter l'attaque du zinc ; on agite et on ajoute 5 centimètres cubes d'acide chlorhydrique dilué de son volume d'eau.

On porte au bain-marie à l'ébullition et, le liquide bouillant, on décante dans le ballon de petites quantités d'acide dilué, jusqu'à concurrence de 20 centimètres cubes ; on agite pendant cette opération ; lorsque l'acide est introduit, on retire du bain-marie et on ajoute 1 gramme de zinc. Le liquide refroidi, on le décante dans un ballon jaugé de 200 centimètres cubes ; après avoir complété au volume de 200, on filtre et on examine au saccharimètre ; la déviation lue est multipliée par 2, soit B le résultat.

Les teneurs en saccharose et raffinose sont données par les formules :

$$ S = \frac{(A \pm B) - 0,489A}{0,81}, $$

$$ R(C^{12}H^{11}O^{11}, 3aq) = \frac{A - S}{1,54}, \qquad R(C^{12}H^{11}O^{11}) = \frac{A - S}{1,78}. $$

Dans la formule du sucre cristallisable, on applique A + B quand les déviations saccharimétriques sont de sens contraire, A — B lorsqu'elles sont de même sens.

Dosage du sucre réducteur ou incristallisable

On pèse 20 grammes de mélasse, qu'on introduit avec 100 à 150 centimètres cubes d'eau dans un ballon de 200 ; on ajoute une quantité suffisante de sous-acétate de plomb ; on complète à 200 centimètres cubes, on agite et on filtre. Dans la liqueur filtrée, on projette quelques décigrammes de carbonate de soude pour précipiter l'excès de plomb ; on filtre à nouveau et on titre les matières réductrices par la liqueur de Fehling en opérant sur 2cc,5 ou 5 centimètres cubes de cette liqueur.

Dosage de l'eau et des cendres

On pèse 5 grammes de mélasse dans une capsule de platine qu'on introduit dans une étuve réglée à 105° ; on contrôle de temps à autre la perte de poids, et, lorsque le poids ne varie plus, ce qui demande dix à douze heures, on note la pesée. En retranchant de 5 grammes le poids de la matière sèche et multipliant cette différence par 20, on obtient le taux p. 100 d'eau.

Le contenu de la capsule est alors additionné de 0cc,5 à 1 centimètre cube d'acide sulfurique dilué de son volume d'eau ; on évapore au bain de sable ; puis on calcine, d'abord lentement, ensuite au rouge ; le résidu salin pesé et multiplié par 0,9 et par 20 donne la quantité de cendres contenue dans 100 grammes de mélasse.

Dans ces cendres, on peut doser la potasse par la méthode ordinaire.

Matières organiques

A côté du sucre, les mélasses renferment une quantité importante de matières organiques, composés pectiques divers, dont le dosage est impossible ; la teneur en matières organiques se calcule par différence centésimale ; on retranche de 100 la somme des autres constituants de la mélasse : sucre, matières réductrices, eau et cendres.

ANALYSE DES SUCRES BRUTS

L'analyse commerciale des sucres bruts comporte la détermination du sucre, des cendres, des matières réductrices et de l'eau.

La différence entre 100 et la somme des matières ainsi dosées est exprimée en matières indéterminées ou matières organiques.

Dosage du sucre

On pèse 16gr,29 de sucre ; on les introduit dans un ballon jaugé de 100 centimètres cubes ; on dissout à l'aide de 60 à 80 centimètres cubes d'eau, puis on ajoute une quantité de sous-acétate de plomb à 30° B. suffisante pour précipiter les matières étrangères (1 à 2 centimètres cubes) ; on complète à 100 centimètres cubes, on filtre et on examine au saccharimètre.

Le chiffre lu sur la graduation indique le taux p. 100 de sucre.

Dosage des cendres

Méthode commerciale. — On pèse 5 grammes de sucre dans une capsule de platine tarée ; à l'aide d'un tube étiré, on imbibe cette masse de 1 centimètre cube d'acide sulfurique ; on chauffe d'abord doucement, puis au rouge sombre dans le moufle ; les cendres sont pesées lorsque tout le charbon a disparu : le poids de cendres multiplié par 20 donne le taux p. 100 de cendres sulfatées ; on retranche un dixième pour avoir les cendres réelles.

Méthode Régie. — On opère sur la solution sucrée et on obtient de ce fait les cendres solubles. Dans une solution de sucre à 48^{gr},87 (16,29 × 3) dans 150 centimètres cubes, préparée pour les divers dosages, on prélève, à l'aide d'une pipette spéciale jaugée à 12^{cc},28, une quantité de solution filtrée correspondant à 4 grammes de sucre : on ajoute 1 centimètre cube d'acide sulfurique, on évapore au bain de sable et on calcine au moufle. Le poids des cendres ainsi obtenu multiplié par 25 et déduit de 1 dixième indique le taux pour 100 de cendres solubles.

Dosage des matières réductrices

Ce dosage s'effectue à l'aide de la solution cupro-potassique suivant la méthode précédemment indiquée ; la teneur en glucose est en général très faible, soit moins de 0,50 p. 100.

Dosage de l'eau

On pèse 5 grammes de sucre dans une capsule tarée qu'on abandonne dans une étuve réglée à 105° jusqu'à poids constant ; la perte de poids multipliée par 20 donne le taux d'humidité.

Calcul du rendement

On entend par rendement d'un sucre brut la quantité de sucre raffiné que l'on estime pouvoir être donnée par ce sucre.

Le rendement se calcule en déduisant du taux de sucre, le poids des cendres multiplié par 4 et le poids des sucres réducteurs multiplié par 2; soit par exemple un sucre brut donnant à l'analyse :

Sucre (déviation saccharimétrique). .	93,3
Sucre réducteur	0,1
Cendres (cendres sulfuriques — 1/10)	1,4
Eau. . . . . :	2,6
Matières organiques	2,6
	100,0

Le rendement sera :

$$93,3 - (0,1 \times 2 + 1,4 \times 4) = 87,5.$$

On a coutume, en exprimant le résultat, de ne pas tenir compte des décimales.

ANALYSE DES PRODUITS DIVERS UTILISÉS AU COURS DE LA FABRICATION

Laits de chaux

On peut doser la chaux dans les laits soit en déterminant l'alcalinité du lait, soit en dosant directement la chaux libre, en suivant la méthode que nous avons indiquée à l'analyse des chaux.

Dans les sucreries, on prend le degré Baumé du lait de chaux, et, à l'aide de la table suivante, on obtient la teneur en chaux par hectolitre ou pour 100 kilogrammes du lait.

Richesse du lait de chaux en chaux (CaO) à + 15° C.
(d'après BLATNER, GALLOIS et DUFONT)

DEGRÉS Baumé	POIDS de 1 litre de lait de chaux	CaO dans 1 litre	CaO taux p. 100	DEGRÉS Baumé	POIDS de 1 litre de lait de chaux	CaO dans 1 litre	CaO taux p. 100
1	1007	7,50	0,745	16	1125	159	14,13
2	1014	16,50	1,64	17	1134	170	15,00
3	1022	26	2,54	18	1142	181	15,85
4	1029	36	3,50	19	1152	193	16,75
5	1037	46	4,43	20	1162	206	17,72
6	1045	56	5,36	21	1171	218	18,61
7	1052	65	6,18	22	1180	229	19,40
8	1060	75	7,08	23	1190	242	20,34
9	1067	84	7,87	24	1200	255	21,25
10	1075	94	8,74	25	1210	268	22,15
11	1083	104	9,60	26	1220	281	23,03
12	1091	115	10,54	27	1231	295	23,96
13	1100	126	11,45	28	1241	309	24,90
14	1108	137	12,35	29	1252	324	25,87
15	1116	143	13,26	30	1263	339	26,94

Gaz de carbonatation

On se contente en général de doser l'acide carbonique dans les gaz de carbonatation ; pour ce dosage, on fait arriver le gaz dans une cuve à eau, on le laisse dégager pendant cinq minutes, puis on emplit une cloche graduée de 50 ou de 100 centimètres cubes, préalablement remplie d'eau, et on lit exactement le volume du gaz recueilli.

On place dans le creux de la main trois ou quatre pastilles de potasse caustique, et on glisse la main sous la cloche de façon à introduire la potasse dans celle-ci ; on obture avec la main et on agite. L'acide carbonique se dissout, on mesure le volume du gaz restant ; par différence, on déduit le volume d'acide carbonique que contenait le gaz recueilli dans la cloche, et avec ces deux données on calcule le taux p. 100 d'acide carbonique dans le gaz.

On peut effectuer l'analyse complète de ce gaz, comme

on le fait pour le gaz des générateurs, à l'aide de l'appareil d'Orsat (fig. 36).

On mesure un certain volume du gaz; et on le traite par de la potasse; l'acide carbonique absorbé, on mesure le volume du reliquat, puis on traite ce résidu gazeux par

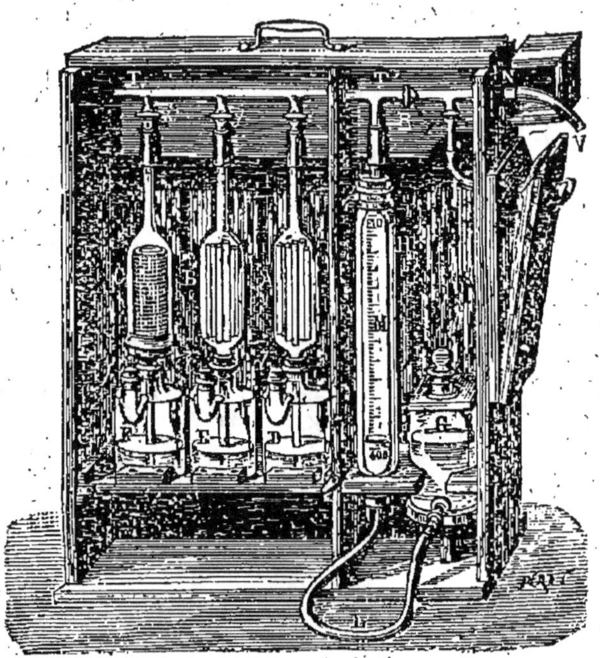

Fig. 36. — Appareil d'Orsat.

l'acide pyrogallique qui dissout l'oxygène. On détermine le volume de gaz restant, et on traite finalement ce gaz par du chlorure de cuivre acide qui dissout l'oxyde de carbone; on mesure, et le résidu gazeux est considéré comme de l'azote.

Noir animal

Pour apprécier la valeur d'un noir animal destiné à la décoloration des jus sucrés, on détermine le poids de l'hectolitre de ce noir, sa teneur en eau et sa richesse en charbon azoté; enfin on examine son pouvoir épurant, ce dernier essai constituant l'examen le plus important.

Poids de l'hectolitre. — On mesure exactement 1 litre de noir dans une mesure ordinaire, et on le pèse. Les bons noirs pèsent de 60 à 70 kilogrammes l'hectolitre.

Par l'usage, la densité du noir s'accroît, les parties les plus légères se détruisant ou s'incrustant de chaux ; un noir revivifié dont le poids à l'hectolitre atteint 90 kilogrammes ne donnera plus qu'un très mauvais travail.

Dosage de l'humidité. — La teneur en humidité d'un noir neuf ne doit pas atteindre 6 p. 100 ; on la détermine en séchant 5 grammes de noir à l'étuve réglée à 105°.

Dosage du charbon azoté. — On introduit 5 grammes de noir dans un verre de Bohême de 100 ; on ajoute 20 à 30 centimètres cubes d'eau, puis 10 centimètres cubes d'acide chlorhydrique dilué de son volume d'eau ; on fait digérer au bain de sable vers 80 à 100° pendant un quart d'heure ; la presque totalité des sels de chaux entre en dissolution, alors que le charbon reste insoluble. On recueille ce charbon sur un filtre taré et on le pèse après dessiccation à l'étuve, puis on le calcine et on pèse le résidu minéral ; par différence entre ces deux pesées, on déduit la quantité de charbon azoté contenue dans 5 grammes de noir. Les noirs neufs contiennent 10 à 12 p. 100 de charbon et 0,8 à 0,9 p. 100 d'azote, qu'on peut doser par la méthode Kjeldahl.

Pouvoir épurant. — Le noir animal épure les jus sucrés non seulement en les décolorant, mais aussi en absorbant les matières organiques azotées et les sels calcaires qu'ils contiennent en dissolution ; aussi il est important d'examiner les noirs à ces divers points de vue. Un noir qui a servi plusieurs fois comme épurant peut très bien réagir encore sur la matière colorante, alors qu'il est sans effet sur les autres impuretés dont on veut débarrasser les solutions sucrées.

Pouvoir décolorant. — *Appareil nécessaire. Colorimètre.* — Le colorimètre Duboscq (fig. 37 et 38) est le plus usité à cet usage ; il se compose de deux verres CC' dans lesquels on verse les solutions colorées dont on veut comparer l'intensité. Un miroir M placé au-dessous de ces deux verres permet d'envoyer un faisceau de rayons lumineux à travers les solutions qu'ils contiennent. Les verres C et C' sont fixes ; deux tubes de verre pleins, T et T', mobiles et indépendants l'un de l'autre, peuvent s'enfoncer dans les verres CC' ; ces tubes T et T' sont mus par des vis placées en arrière de l'appareil ; chaque vis est accompagnée d'un vernier qui se déplace le long de

deux graduations gravées sur le bâti de l'appareil et dont
le 0 correspond à la position la plus basse que puissent
occuper T et T'.

Les rayons lumineux qui ont traversé les solutions

Fig. 37 et 38. — Colorimètre Duboscq.

contenues dans les verres C et C', puis les tubes T et T'
viennent frapper les prismes P et P' et de là sont renvoyés
dans la lunette A, par laquelle l'œil peut les recevoir.
En regardant en A, on voit deux demi-disques colorés
d'intensité différente, comme dans le saccharimètre ; en
faisant mouvoir T et T', on arrive à avoir égalité de teinte
pour les solutions placées en C et C'.

On admet que l'intensité de la coloration est en raison inverse de la hauteur du liquide traversé par les rayons lumineux ; si donc, par égalité de teinte, on a les hauteurs H et H', le rapport des intensités de coloration sera :

$$\frac{C}{C'} = \frac{H'}{H}$$

Mode opératoire. — A l'aide de caramel dont la coloration est analogue à celle des jus de sucrerie, on fait une solution type qui servira à l'examen des noirs comparativement à un noir normal type.

Dans deux flacons on introduit respectivement 100 centimètres cubes de la solution colorée, puis dans l'un 20 grammes de noir type et dans l'autre 20 grammes de noir à examiner ; on agite pendant dix minutes à l'aide d'un agitateur mécanique ; on filtre et on examine les liquides filtrés au colorimètre.

Pouvoir absorbant. — *Méthode de Corenwinder.* — Cette méthode est basée sur la propriété que possèdent les noirs, d'absorber une quantité plus ou moins grande de la chaux d'une solution de saccharate de chaux, suivant leur état de division et leur qualité.

Réactifs. — *Solution d'acide sulfurique normale.*

Solution titrée de saccharate de chaux. — Dans un ballon de 1 litre, on introduit 500 à 600 centimètres cubes d'eau : on y dissout 125 à 130 grammes de sucre, puis on ajoute 15 à 20 grammes de chaux vive ; on porte à l'ébullition, on filtre et on complète à 1 litre.

Pour préparer à l'aide de cette liqueur une solution titrée définitive, on en prélève 50 centimètres cubes, qu'on neutralise par de l'acide sulfurique normal ; s'il faut, par exemple, 125 centimètres cubes, on établit la proportion $125 : 100 :: 100 : x$, d'où $x = 80$. En prenant 800 centimètres cubes de la solution de sucrate et diluant à 1 litre, on aura une liqueur titrée telle que 50 centimètres cubes de sucrate saturent 100 centimètres cubes d'acide.

Mode opératoire. — On prélève 50 grammes de chacun des noirs à essayer, on les introduit dans des flacons avec 100 centimètres cubes de la liqueur de sucrate de chaux titrée ; on agite et on laisse en contact pendant une heure en agitant de temps à autre ; puis on filtre et on prélève 50 centimètres cubes du liquide filtré de chacun des flacons. On détermine la quantité d'acide sulfurique normale nécessaire pour effectuer la saturation ; on a par différence les degrés de chaux absorbés ;

si, par exemple, pour l'un d'eux on a employé 35° de la burette, $100 - 35 = 65$ représente la proportion de chaux absorbée.

Noirs épuisés

Les noirs épuisés vendus sous le nom de noirs de sucrerie ou noirs de raffinerie sont, soit utilisés directement comme engrais, soit employés à la fabrication de superphosphates.

Les noirs vendus comme engrais sont examinés au point de vue de leur richesse en acide phosphorique ; on peut également s'assurer qu'ils ne sont pas additionnés de phosphates naturels, d'un prix moins élevé. Les déterminations les plus intéressantes à effectuer dans ce but sont celles de la silice, de l'oxyde de fer et de l'alumine.

Pour les noirs employés à la fabrication des superphosphates, il est important de déterminer, en complément du dosage en acide phosphorique, la teneur en carbonate de chaux. Certains noirs très épuisés renferment une forte proportion de calcaire ; de tels produits ne peuvent être employés économiquement à la fabrication de superphosphates.

Analyses de quelques noirs épuisés

Azote	0,40	0,90	0,50
Acide phosphorique	17,02	27,90	23,36
Phosphate de chaux	37,11	60,83	50,92
Carbonate de chaux	26,89	13,53	25,40
Matières organiques	13,84	20,80	17,10
Eau	20,66	3,64	4,58
Matières indéterminées	1,50	4,20	2,00

PRODUITS DE SUCRERIE
EMPLOYÉS A L'ALIMENTATION DU BÉTAIL

Pulpes

Le dosage du sucre dans les cossettes épuisées présente, comme nous l'avons vu, un grand intérêt, puisqu'il renseigne sur la bonne marche de la diffusion ; mais, en outre, les cossettes épuisées peuvent être examinées au point de vue de leur valeur nutritive, puisque, sous le nom de pulpes de sucrerie, elles sont utilisées à l'alimentation des bovidés ; l'analyse, dans ce cas, comportera la détermination des divers principes nutritifs.

Composition de pulpes de sucrerie

	Pulpes fraîches.			Pulpe sèche.
Protéine	1,11	1,06	1,25	7,27
Matières grasses	0,05	0,05	0,08	0,25
Extractif non azoté	6,06	5,62	7,35	54,20
Cellulose	1,86	2,40	2,64	17,66
Cendres	0,50	0,47	0,70	5,00
Humidité	90,42	90,40	88,98	15,62
	100,00	100,00	100,00	100,00

Fourrages mélassés

Depuis plusieurs années, on vend pour l'alimentation des animaux, des produits alimentaires à base de mélasse qui se préparent en faisant absorber la plus grande quantité possible de mélasse à des résidus végétaux, tout en conservant au produit fabriqué un état physique permettant de l'employer facilement.

On utilise comme support de mélasse soit des produits n'ayant qu'une faible valeur nutritive : paillettes de lin, coques de cacao, coques d'arachides, pailles de céréales, tourbes ; soit des produits possédant une assez grande valeur nutritive : sons, drêches d'amidonnerie, germes de brasserie, etc.

Les divers principes nutritifs se déterminent comme il a été dit à l'analyse des fourrages ; le dosage du sucre s'effectue par la méthode suivante :

Dosage du sucre. — On triture dans un mortier, 10 grammes du produit mélassé à analyser avec 20 à 30 centimètres cubes d'eau tiède à 50 ou 60° ; on décante le liquide dans un ballon de 200. On répète cette opération plusieurs fois de suite, de façon à entraîner toute la mélasse ; on complète finalement le volume du liquide à 200 centimètres cubes.

On filtre au-dessus d'un ballon jaugé de 100, et on prélève 100 centimètres cubes du liquide filtré, on y ajoute 1 centimètre cube d'acide chlorhydrique, et on chauffe un quart d'heure au bain-marie à 70° pour amener la totalité du sucre à l'état de sucre réducteur.

Après inversion, on décante le contenu du ballon de 100 dans un ballon de 200 ; on neutralise par addition de quelques gouttes d'une solution de soude à 40° B. et on complète à 200 centimètres cubes. On décolore à l'aide du noir animal, ou on défèque par l'addition de quelques centigrammes de sous-acétate de plomb, et on titre le sucre réducteur à l'aide de la liqueur de Fehling.

15.

Le taux p. 100 de sucre réducteur trouvé, multiplié par 0,95, indique la teneur du fourrage mélassé en saccharose.

On peut en outre titrer directement la quantité de sucre réducteur existant dans le fourrage mélassé.

Sucre dénaturé

La loi du 5 janvier 1901 autorise la dénaturation des sucres roux destinés à l'alimention du bétail, afin d'exonérer ces sucres de l'impôt de consommation.

Cette dénaturation se fait en ajoutant à 100 kilogrammes de sucre de turbinage dosant moins de 95° saccharimétriques, 2 kilogrammes de sel marin et 20 kilogrammes de produits alimentaires divers : tourteaux oléagineux, son, tourbe en poudre, farines de viande de poisson, cossettes pulvérisées, farine de marc de raisin distillé.

L'analyse des sucres dénaturés comporte la détermination de la richesse en sucre par examen au saccharimètre et la recherche de la nature des dénaturants par examen au microscope.

Analyses de sucres dénaturés

	A.	B.
Sucre (déviation polarimétrique)	80,0	78,7
Nature du dénaturant organique	Son.	Tourteau de lin.

Betteraves séchées

Quelques industriels ont trouvé avantageux de dessécher les betteraves à sucre pour vendre ces aliments concentrés aux agriculteurs ; la betterave sucrière est coupée en cossettes qui sont séchées dans des fours spéciaux.

Le dosage du sucre dans ces produits s'effectue par examen au saccharimètre.

Composition de betteraves séchées

	Betteraves séchées.			Topinambour séché.
Protéine	5,06	5,43	6,15	8,25
Matières grasses	0,14	0,10	0,06	0,36
Extractif non azoté	76,70	70,00	77,39	72,70
Cellulose	4,72	5,30	4,40	3,84
Matières minérales	3,94	6,08	4,98	3,60
Eau	9,44	13,09	7,02	11,25
	100,00	100,00	100,00	100,00

ANALYSE DES BETTERAVES PORTE-GRAINES

Les betteraves destinées à la production de la graine sont choisies au moment de la récolte parmi les plus parfaites de forme et de dimension ; on les conserve en silo jusqu'au mois de mars, époque à laquelle on détermine leur richesse saccharine avant la replantation.

Les betteraves mères doivent être aussi peu endommagées que possible par la prise d'un échantillon de pulpe ; on se sert à cet effet d'un forêt-râpe Keil (fig. 39).

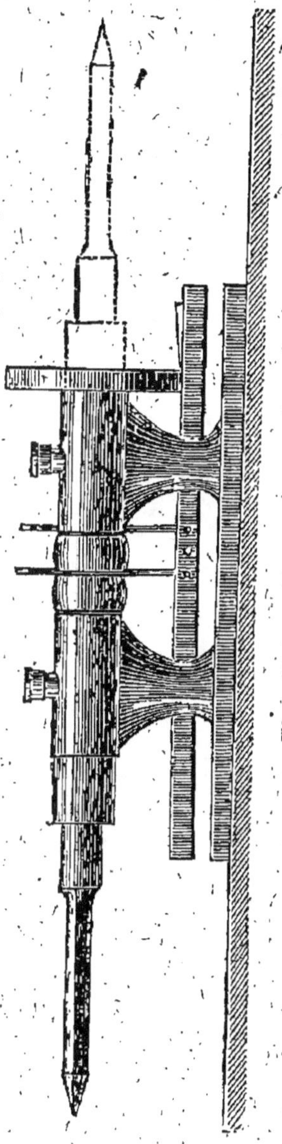

La foret-râpe Keil comporte, comme pièce principale, un tube de 20 à 25 centimètres de longueur, évidé intérieurement et terminé par un cône cannelé et perforé de trois trous ; le foret mis en marche est animé d'une vitesse de 1800 à 2000 tours à la minute.

On présente la betterave devant le foret et on la transperce suivant une ligne médiane inclinée par rapport à l'axe de la betterave et commençant au quart de la betterave à partir du collet. La pulpe passe à travers les trous pratiqués dans le cône et vient se loger dans le tube.

On arrête la machine, on retire le cône et on recueille la pulpe contenue dans le tube.

Dosage du sucre. — On pèse 4^{gr},07 de pulpe, quantité correspondant au quart du poids normal ; on introduit cette pulpe dans un ballon de 50 centimètres cubes, dans lequel on ajoute de l'eau et du sous-acétate de plomb. Dans les usines, on remplit le ballon de 50

Fig. 39. — Foret-râpe Keil.

à l'aide d'eau additionnée préalablement de 50 centimètres cubes par litre de sous-acétate de plomb à 28° B.

On agite vigoureusement en bouchant le col du ballon avec le pouce, et on filtre.

Dans le liquide filtré, on ajoute deux à trois gouttes d'acide acétique afin de le clarifier et faciliter ainsi la lecture au saccharimètre.

On a pris le quart du poids normal de pulpe, et la dissolution sucrée a été amenée à 50 centimètres cubes ; si l'on fait la lecture dans un tube de 40 centimètres, on obtiendra directement le taux p. 100 du sucre de la betterave ; si l'on ne dispose que de tubes de 20 centimètres, la déviation obtenue devra être multipliée par 2.

DISTILLERIE [1]

MATIÈRES PREMIÈRES UTILISÉES EN DISTILLERIE

Sur les 2 000 000 d'hectolitres d'alcool d'industrie fabriqués en France, 1 600 000 hectolitres proviennent du traitement des betteraves et des mélasses de sucrerie, ces deux matières premières de la fabrication de l'alcool entrant sensiblement pour une part égale dans cette somme. Les 400 000 hectolitres restant proviennent du traitement des graines amylacées, du maïs notamment et des tubercules, topinambours et pommes de terre.

Les betteraves destinées à la distillerie, en général moins riches en sucre que les betteraves de sucrerie, sont soumises au même examen que ces dernières. Les mélasses doivent remplir certaines conditions imposées par le Syndicat des distillateurs de mélasse ; nous les avons indiquées en décrivant les méthodes d'analyse de ces produits. Les graines amylacées et les pommes de terre sont soumises au même examen qu'en amidonnerie et en féculerie ; le topinambour est la seule matière première de distillerie dont nous n'avons pas encore indiqué la méthode d'analyse.

ANALYSE DU TOPINAMBOUR

Le topinambour, assez riche en matières azotées, renferme à la fois un principe amylacé, l'inuline, et une matière sucrée complexe, la lévuline ou synanthrose, qui, d'après Tanret, est un mélange de saccharose et de diverses lévulosanes, l'hélianthénine, l'inulénine, la synanthrine.

Le tableau suivant indique la composition de quelques topinambours :

Protéine....................	1,52	1,39	1,45
Matières grasses............	0,10	0,15	0,12
Matières hydrocarbonées saccharifiables............	14,63	13,50	15,40
Matières hydrocarbonées non saccharifiables......	3,90	2,46	3,20
Cellulose brute............	1,10	1,00	0,90
Cendres,....................	1,12	1,86	1,20
Eau........................	77,63	79,64	77,73
	100,00	100,00	100,00

(1) Voy. BOULLANGER, Distillerie (ENCYCLOPÉDIE AGRICOLE).

Dosage des matières saccharifiables

Le topinambour renfermant une matière amylacée, on peut doser les matières saccharifiables en suivant exactement la méthode indiquée à l'analyse des graines amylacées ; mais l'inuline se transformant facilement en lévulose par l'action des acides, on se contente de faire bouillir la pulpe pendant deux heures au bain-marie avec de l'eau acidulée.

Dans un ballon de 200, on introduit 4 grammes de pulpe, 100 centimètres cubes d'eau et 1 centimètre cube d'acide sulfurique ; on chauffe au bain-marie bouillant pendant deux heures, le ballon plongeant dans l'eau du bain-marie.

Au bout de deux heures, la saccharification est terminée : on refroidit le liquide, puis on neutralise la solution et on l'amène au volume de 200 centimètres cubes ; on filtre, puis on décolore la solution filtrée avec du noir animal, et on dose le sucre réducteur à l'aide de la liqueur de Fehling.

Dosage successif de la synanthrose et de l'inuline

La synanthrose représente les neuf dixièmes des matières saccharifiables que renferme le topinambour. Si l'on veut doser séparément les sucres et l'inuline, on suivra la méthode suivante, indiquée par M. Müntz :

Cinq grammes de topinambour desséché et moulu sont introduits dans un tube à épuisement simple et traités tout d'abord par de l'éther qui dissout les matières grasses et les résines ; puis par de l'alcool à 80°, en prolongeant le lavage jusqu'à ce que quelques gouttes d'alcool évaporées sur une lame de verre ne laissent plus de résidu appréciable. L'inuline reste à l'état insoluble dans le tube. La solution alcoolique est évaporée à un petit volume, de manière à chasser tout l'alcool, et le résidu est additionné de 20 centimètres cubes d'acide sulfurique au dixième ; puis on amène le liquide à un volume de 100 centimètres cubes.

On met cette solution dans un flacon bouché, et on chauffe au bain-marie, à 100°, pendant un quart d'heure ; la synanthrose s'intervertit et se transforme en sucres réducteurs ; dans la solution refroidie, on dose ces sucres au moyen de la liqueur de Fehling. On a ainsi dosé en bloc les glucoses provenant de la transformation de la synanthrose et les glucoses qui ont pu préexister dans le tubercule.

Lorsque l'on tient à connaître cette quantité de glucose existant originairement, il faut la déterminer directement dans le jus de topinambour, parce que, pendant la série des opérations précédentes, une partie de la synanthrose a pu s'intervertir. Dans ce but, on râpe quelques tubercules ; on en exprime le jus ; on en prend 100 centimètres cubes, qu'on additionne d'une quantité suffisante de sous-acétate de plomb, et on amène le volume total à 200 centimètres cubes ; on agite fortement, on filtre et on détermine par la liqueur de Fehling, en employant le procédé par décoloration, le glucose existant originairement. Cette quantité de glucose est toujours très faible, et on peut sans erreur sensible rapporter à 100 de tubercule la quantité trouvée p. 100 de jus.

Le dosage de la totalité des sucres réducteurs obtenu par la première opération est rapporté par le calcul au topinambour frais ; on en retranche le glucose préexistant dosé comme ci-dessus ; en multipliant la différence par 0,95, on obtient le poids de la synanthrose.

L'inuline est restée insoluble dans le résidu épuisé par l'alcool ; pour la doser, il faut la transformer en glucose en employant le procédé suivant. La matière contenue dans le tube est versée dans un petit ballon avec 30 centimètres cubes d'eau et 5 centimètres cubes d'acide acétique ; on chauffe au bain-marie, en bouchant le ballon, pendant une heure. On décante sur un petit tampon d'amiante ; on lave et on amène le volume à 50 centimètres cubes ; on filtre et, dans la liqueur filtrée et décolorée par le noir s'il y a lieu, on dose le sucre réducteur formé par l'inuline, au moyen de la liqueur de Fehling. Le glucose dosé multiplié par 0,90 donne la quantité d'inuline.

Rendement alcoolique

Suivant les données de Pasteur, les matières sucrées et amylacées sont susceptibles de donner le rendement alcoolique suivant :

100 kilogrammes de sucre de canne peuvent fournir : 51^{kg},10 d'alcool pur.

soit :

64^l,30 d'alcool à 100°.

ou

71^l,44 d'alcool à 90°.

100 kilogrammes d'amidon ou de fécule peuvent fournir :

53^{kg},49 d'alcool pur.

soit :

67^l,87 d'alcool à 100°.

ou

75^l,42 d'alcool à 90°.

100 kilogrammes de glucose ou de sucre interverti peuvent fournir :

48^{kg},55 d'alcool pur.

soit :

61^l,09 d'alcool à 100°.

ou

67^l,88 d'alcool à 90°.

Dans la pratique, on ne peut songer à atteindre ces rendements, et on admet qu'un bon travail industriel donne environ :

Pour 100 kilos de saccharose.   60 lit. d'alcool à 100°.
—   d'amidon   63   —

MM. Ch. Gallois et J. Dupont ont établi dans le tableau suivant les rendements probables des diverses matières premières utilisées en distillerie.

Tableau des rendements probables en alcool des diverses matières premières utilisées en distillerie.

100 KILOGRAMMES	DONNENT PAR UN		
	Bon travail Alcool à 100°	Moyen travail Alcool à 100°	Mauvais travail Alcool à 100°
	lit.	lit.	lit.
Pommes de terre à 15 0/0 de fécule....	9,00	8,40	7,50
— 18 —	10,80	10,08	9,00
— 20 —	12,00	11,20	10,00
— 22 —	13,20	12,32	11,00
— 24 —	14,40	13,44	12,00
Maïs à 60 0/0 d'amidon....	36,00	33,60	30,00
Seigle à 56 —	33,60	31,36	28,00
— 50 —	30,00	28,00	25,00
Orge maltée à 50 —	30,00	28,00	25,00
Mélasse à 44 0/0 de sucre	26,50	25,00	23,00
— 46 —	27,60	26,20	24,00
— 48 —	28,80	27,00	25,00
Riz à 63 0/0 d'amidon....	40,00	38,00	36,00
Topinambour à 12 0/0 lévuline et inuline.	7,50	7,00	6,00
— 14 —	8,70	8,00	7,00
— 16 —	9,90	9,40	8,50
— 18 —	11,10	10,50	9,50
Betterave à 10 0/0 de sucre	6,00	5,00	4,50
— 11 —	6,60	5,50	5,00
— 12 —	7,20	6,00	5,50
— 14 —	8,40	7,00	6,50

ANALYSE DES MOUTS SUCRÉS

Les moûts provenant des matières premières sucrées sont examinés simplement au point de vue de leur richesse en sucre et de leur acidité.

Les moûts de grain nécessitent un examen plus complet ; on y détermine la richesse saccharine, la teneur en dextrine, en maltose, en amidon non transformé, et on y dose l'acidité ; nous ne nous occuperons que du dosage de l'acidité de ces moûts, le mode de détermination des autres principes ayant déjà été indiqué en traitant de l'amidonnerie et de la sucrerie.

Dosage de l'acidité totale

Réactif. — *Solution alcaline titrée.* — On prépare une solution titrée de soude, telle qu'elle sature son propre volume d'une solution d'acide sulfurique titrée contenant par litre 20 grammes d'acide sulfurique (SO^4H^2) ; on peut préparer cette liqueur en diluant convenablement la liqueur de soude titrée qui sert au dosage de l'azote dont on connaît exactement le titre.

Mode opératoire. — On opère sur 50 centimètres cubes de moût, dans lequel on verse goutte à goutte la liqueur alcaline titrée contenue dans une burette graduée ; la burette de Sidersky se recommande particulièrement à cet usage. Le moût étant toujours plus ou moins coloré, on ne peut y introduire, en vue d'un titrage, quelques gouttes d'une solution de tournesol qui permettrait d'apprécier le point de saturation. On est obligé d'opérer par touches sur un papier de tournesol sensible ; tant que le liquide est acide, les gouttes déposées sur le papier sensible ont une coloration rouge ; au moment où le liquide devient neutre le papier conserve sa teinte violacée ; l'addition d'une goutte d'alcali le fait virer au bleu.

Dosage de l'acidité organique et de l'acidité minérale

Méthode Sidersky. — Pour évaluer séparément l'acidité minérale et l'acidité organique des jus de distillerie, on peut faire usage de papier à filtrer imbibé d'une solution aqueuse au millième de rouge de Congo 4 R. Une goutte d'acide minéral dilué produit sur le papier rouge une tache bleu foncé, tandis que les acides organiques sont sans action sur cette matière colorante. En versant peu à peu une liqueur alcaline titrée dans un volume connu de jus à essayer et en déposant périodiquement une gouttelette du liquide sur le papier rouge, on voit les taches produites devenir de plus en plus faibles ; à un moment donné, la tache n'apparaît plus, tout l'acide sulfurique libre ayant été saturé. Si l'on a soin d'humecter au préalable le papier rouge, la sensibilité de la réaction est suffisante ; mais il existe une autre réaction, beaucoup plus sensible que la précédente, produite par la matière colorante contenue dans la betterave.

On sait que la betterave à sucre renferme une matière colorante qui s'oxyde au contact de l'air et se colore en rouge brun de plus en plus foncé. L'addition d'acide sulfurique entrave l'oxydation de cette matière de telle sorte que le jus acidulé de la distillerie reste clair et limpide, d'une nuance variant du jaune pâle au rose suivant les variétés de la plante. Lorsqu'on ajoute goutte à goutte une solution titrée de potasse dans un volume déterminé de jus, la couleur de ce dernier vire au brun foncé, mais le virage disparaît par l'agitation du liquide, tant que celui-ci contient un excès d'acide sulfurique. Dès que ce dernier est saturé, il se produit un virage très net et stable de la couleur du jus, en même temps que celui-ci se trouble légèrement.

Ce point est très facile à observer, surtout si l'on fait l'opération dans des capsules en porcelaine à fond plat et en pleine lumière. M. Sidersky a vérifié bien des fois cette réaction en se servant du papier au rouge de Congo comme témoin. La concordance a toujours été parfaite, mais le virage naturel de la couleur du jus est plus facile à observer que l'essai au papier. En continuant l'addition de la liqueur alcaline, le jus noircit et se trouble de plus en plus, jusqu'au point de la neutralité complète, que l'on reconnaît aisément au papier de tournesol. La première réaction indiquant l'acide sulfurique libre, la deuxième l'acidité totale, on a, par différence, l'acidité due aux acides organiques.

ANALYSE DES JUS FERMENTÉS

L'analyse chimique des jus fermentés comporte le dosage de l'alcool, du sucre restant, de l'acidité fixe et de l'acidité volatile ; nous ne nous occuperons pas du dosage du sucre déjà indiqué.

Dosage de l'alcool

Le dosage de l'alcool s'effectue à l'aide d'un appareil à distiller, soit l'appareil Salleron, soit l'appareil d'Aubin et Alla (fig. 40).

Le jus fermenté, 1 litre ou 500 centimètres cubes, est introduit dans la cucurbite en cuivre de l'appareil ; on neutralise le jus par l'addition de pastilles de potasse et on relie le récipient au serpentin. L'eau circulant dans le réfrigérant, on distille et on recueille soit 500, soit 250 centimètres cubes du liquide condensé, dont on prend le degré alcoolique et la température.

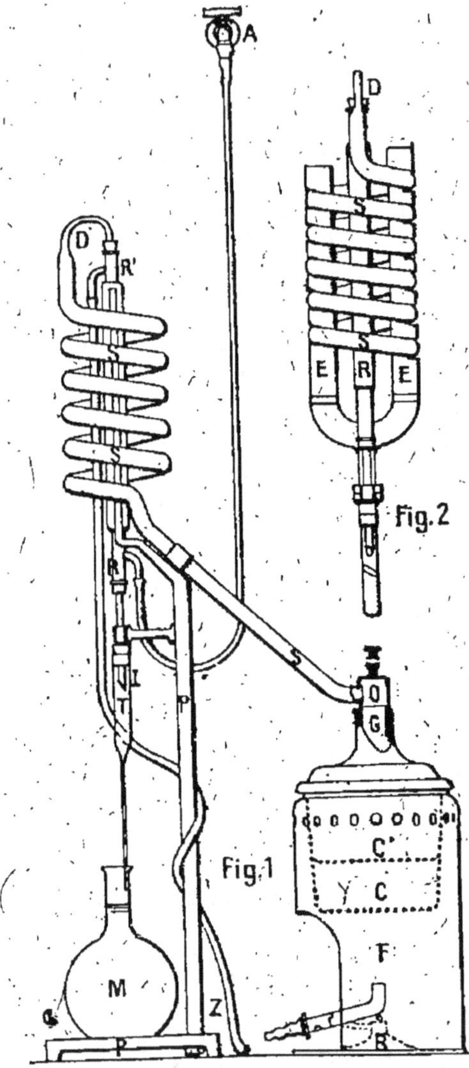

Fig. 40. — Appareil à distiller de MM. Aubin et Alla
pour le dosage de l'alcool.

Acidité fixe et acidité volatile

On détermine, d'une part, l'acidité totale sur 10 centimètres cubes du jus fermenté ; puis on évapore à siccité dans le vide 20 centimètres cubes de jus, et on détermine l'acidité du résidu ; on obtient ainsi l'acidité fixe ; on calcule l'acidité volatile en retranchant de l'acidité totale l'acidité fixe.

ANALYSE DES ALCOOLS D'INDUSTRIE

Alcoométrie

L'alcoométrie est basée sur la différence de densité des mélanges d'alcool et d'eau, l'alcool pur ayant à $+ 15°$ une densité de 0,79433.

En France, la richesse alcoolique est évaluée en volume, c'est-à-dire qu'on exprime le volume d'alcool contenu dans 100 volumes d'une liqueur alcoolique.

En Allemagne, la richesse alcoolique est évaluée en poids, c'est-à-dire qu'on détermine le poids d'alcool contenu dans 100 parties en poids d'une liqueur alcoolique.

L'alcoomètre centésimal est gradué à 15° C. ; plongé, à cette température, dans l'eau pure, il affleure au 0, et dans l'alcool absolu, à la division 100 ; introduit dans un liquide alcoolique à $+ 15°$, sa tige marque au point d'affleurement le volume d'alcool contenu dans 100 parties du liquide ; c'est le titre réel ou force réelle. On appelle titre apparent le degré qu'indique l'alcoomètre lorsqu'on le plonge dans un liquide alcoolique à une température différente de $+ 15°$.

Gay-Lussac a publié une table qui indique la force réelle des liquides alcooliques, c'est-à-dire qui donne le volume d'alcool que renfermerait le liquide alcoolique examiné, si ce liquide était amené à la température de $+ 15°$ pour en déterminer la richesse alcoolique.

Cette table ne donne pas la quantité d'alcool contenu dans le volume de liquide analysé, puisque celui-ci a, à la température où nous effectuons l'examen, un volume différent de celui qu'il aurait à $+ 15°$. Il est donc nécessaire, avec la table de Gay-Lussac, de faire une correction relative au volume pour déterminer la richesse alcoolique réelle du liquide analysé,

La régie française a dressé une table de correction des degrés alcooliques apparents ; cette table permet de déterminer exactement le volume d'alcool contenu dans le liquide soumis à l'analyse. Les degrés portés sur cette table représentent, en effet, pour chaque indication apparente de l'alcoomètre, le nombre de litres d'alcool à 15° C. contenus dans 100 litres du liquide à la température à laquelle le titre apparent a été constaté.

Les tables de la Régie indiquent, en outre, le volume du liquide correspondant, pour 100 kilogrammes, au degré apparent: on peut donc, à l'aide de ces tables, déterminer le volume d'alcool pur contenu dans un fût dont on connaît le poids net lorsqu'on a pris le degré apparent de l'alcool et la température du liquide au moment de l'examen.

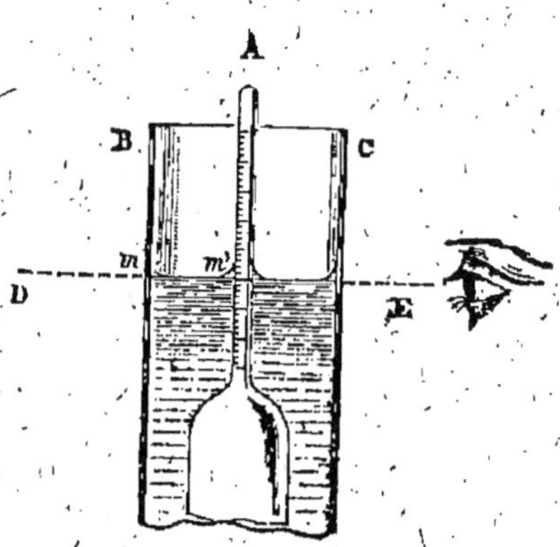

Fig. 41
Lecture de l'alcoomètre.

Dosage de l'alcool

L'alcool d'industrie est décanté dans une éprouvette d'un diamètre double de celui du réservoir de l'alcoomètre. On introduit un thermomètre dans le liquide, et on en prend la température ; puis on y plonge un alcoomètre centésimal nettoyé avec soin ; on évite toute adhérence de l'alcoomètre avec les parois de l'éprouvette, et on fait la lecture en notant la division de l'alcoomètre placée à la base du ménisque, comme l'indique la figure 41.

Tableau de correction des degrés alcooliques (Régie).

DEGRÉS DU THERMOMÈTRE	INDICATIONS DE L'ALCOOMÈTRE OU DEGRÉ APPARENT											
	25	30	35	40	45	50	55	60	65	70	75	80
	VOLUME DU LIQUIDE CORRESPONDANT POUR 100 KILOGRAMMES AU DEGRÉ APPARENT											
	lit. 103,1	lit. 103,6	lit. 104,3	lit. 105,1	lit. 106,0	lit. 107,1	lit. 108,2	lit. 109,5	lit. 110,9	lit. 112,4	lit. 114,0	lit. 115,8
	DEGRÉS DE RICHESSE ALCOOLIQUE OU LITRES D'ALCOOL A 15° CONTENUS DANS 100 LITRES DU LIQUIDE											
10	26,9	32,1	37,1	42,1	47,1	52,0	57,0	62,0	67,0	71,9	76,9	81,9
11	26,5	31,7	36,7	41,7	46,7	51,7	56,6	61,6	66,6	71,6	76,5	81,5
12	26,1	31,2	36,3	41,3	46,3	51,2	56,2	61,2	66,2	71,2	76,1	81,1
13	25,7	30,8	35,8	40,9	45,9	50,9	55,8	60,8	65,8	70,8	75,8	80,8
14	25,3	30,4	35,4	40,4	45,4	50,4	55,4	60,4	65,4	70,4	75,4	80,4
15	25,0	30,0	35,0	40,0	45,0	50,0	55,0	60,0	65,0	70,0	75,0	80,0
16	24,7	29,6	34,5	39,5	44,6	49,6	54,6	59,6	64,6	69,6	74,6	79,6
17	24,4	29,2	34,1	39,1	44,1	49,2	54,2	59,2	64,2	69,2	74,2	79,2
18	24,0	28,8	33,6	38,6	43,7	48,8	53,8	58,8	63,8	68,8	73,8	78,9
19	23,6	28,3	33,2	38,2	43,4	48,4	53,4	58,4	63,5	68,5	73,5	78,5
20	23,3	27,9	32,8	37,8	43,0	48,0	53,0	58,0	63,0	68,1	73,1	78,1
21	22,9	27,5	32,4	37,4	42,5	47,6	52,6	57,6	62,7	67,7	72,7	77,8
22	22,5	27,1	32,0	36,9	42,1	47,1	52,2	57,2	62,3	67,3	72,3	77,4
23	22,2	26,7	31,6	36,5	41,6	46,7	51,8	56,8	61,9	66,9	72,0	77,0
24	21,8	26,3	31,1	36,1	41,2	46,3	51,4	56,4	61,5	66,5	71,6	76,6
25	21,5	26,0	30,7	35,7	40,8	46,0	51,0	56,0	61,1	66,1	71,2	76,3
26	21,2	25,6	30,3	35,3	40,4	45,5	50,5	55,6	60,7	65,7	70,8	75,9
27	20,8	25,2	29,9	34,8	40,0	45,1	50,2	55,2	60,3	65,3	70,4	75,5
28	20,5	24,8	29,5	34,4	39,6	44,7	49,8	54,8	59,9	64,9	70,1	75,1
29	20,2	24,4	29,1	34,0	39,1	44,3	49,4	54,4	59,5	64,5	69,7	74,7
30	19,8	24,0	28,7	33,6	38,7	43,8	49,0	54,0	59,1	64,1	69,3	74,3

DISTILLERIE.

Tableau de correction des degrés alcooliques (Régie).

DEGRÉS DU THERMOMÈTRE	INDICATIONS DE L'ALCOOMÈTRE OU DEGRÉ APPARENT											
	85	86	87	88	89	90	91	92	93	94	95	100
	VOLUME DU LIQUIDE CORRESPONDANT POUR 100 KILOGRAMMES AU DEGRÉ APPARENT											
	lit. 117,7	lit. 118,1	lit. 118,6	lit. 119,0	lit. 119,5	lit. 119,9	lit. 120,4	lit. 120,9	lit. 121,4	lit. 122,0	lit. 122,5	
	DEGRÉS DE RICHESSE ALCOOLIQUE OU LITRES D'ALCOOL A 15° CONTENUS DANS 100 LITRES DE LIQUIDE											
10	86,8	87,8	88,7	89,7	90,7	91,7	92,7	93,7	94,7	95,6	96,5	»
11	86,4	87,4	88,4	89,4	90,4	91,4	92,4	93,3	94,3	95,3	96,2	»
12	86,0	87,0	88,0	89,0	90,0	91,0	92,0	93,0	94,0	95,0	95,9	»
13	85,7	86,6	87,7	88,7	89,7	90,7	91,7	92,7	93,7	94,6	95,6	»
14	85,4	86,4	87,4	88,3	89,3	90,3	91,3	92,3	93,3	94,3	95,3	»
15	85,0	86,0	87,0	88,0	89,0	90,0	91,0	92,0	93,0	94,0	95,0	100,0
16	84,6	85,6	86,6	87,6	88,6	89,6	90,6	91,7	92,7	93,7	94,7	99,7
17	84,2	85,2	86,2	87,2	88,2	89,3	90,3	91,3	92,4	93,4	94,4	99,5
18	83,9	84,9	85,9	86,9	87,9	88,9	89,9	91,0	92,0	93,0	94,0	99,2
19	83,6	84,6	85,6	86,6	87,6	88,6	89,6	90,7	91,7	92,7	93,7	98,9
20	83,2	84,2	85,2	86,2	87,2	88,2	89,2	90,3	91,3	92,4	93,4	98,6
21	82,8	83,8	84,8	85,9	86,9	87,9	88,9	90,0	91,0	92,0	93,1	98,4
22	82,4	83,4	84,4	85,5	86,5	87,6	88,6	89,6	90,7	91,8	92,8	98,1
23	82,1	83,1	84,1	85,1	86,1	87,2	88,3	89,3	90,4	91,4	92,4	97,8
24	81,7	82,7	83,7	84,7	85,7	86,8	87,9	88,9	90,0	91,1	92,1	97,5
25	81,3	82,3	83,4	84,4	85,4	86,5	87,5	88,6	89,7	90,7	91,8	97,2
26	80,9	81,9	82,9	84,0	85,0	86,1	87,2	88,2	89,3	90,4	91,5	97,0
27	80,5	81,6	82,6	83,6	84,7	85,7	86,8	87,9	89,0	90,0	91,1	96,7
28	80,2	81,3	82,3	83,3	84,3	85,4	86,5	87,5	88,6	89,7	90,8	96,4
29	79,8	80,9	81,9	83,0	84,0	85,0	86,1	87,2	88,2	89,3	90,4	96,1
30	79,4	80,5	81,5	82,6	83,6	84,7	85,8	86,9	87,9	89,0	90,1	95,8

Essai de la pureté des alcools

Les diverses impuretés de l'alcool peuvent se doser par fonction, en ramenant l'alcool à 50° et opérant la recherche des aldéhydes, des alcools supérieurs, des éthers, du furfurol et des bases, comme il est indiqué à l'analyse des eaux-de-vie. Communément, on se contente d'un dosage en bloc de ces impuretés, et on apprécie la qualité de l'alcool par la méthode Barbet.

Cette méthode est basée sur l'altération que subit une solution de permanganate mise en contact d'alcool impur ; le permanganate change d'autant plus rapidement de couleur que l'alcool est plus impur. On apprécie la pureté d'un alcool, d'après le temps qu'un certain volume de cet alcool additionné de permanganate met à acquérir la teinte d'une solution colorée type ; on opère sur de l'alcool au litre 94-96° et à la température de + 18°.

Réactifs nécessaires. — *Solutions types colorées.* — On prépare deux solutions types colorées, l'une type faible, l'autre type fort ; ces liqueurs doivent être préparées au moins un jour avant d'en faire usage.

Type faible. — Dans un ballon de 50 centimètres cubes, on introduit 2 centimètres cubes d'une solution de fuchsine à 0gr,01 par litre, 3 centimètres cubes d'une solution de chromate neutre de potasse à 0gr,500 par litre, et on complète à 50 avec de l'eau distillée.

Type fort. — Dans un ballon de 50 centimètres cubes, on introduit 12 centimètres cubes de la solution de fuchsine et 30 centimètres cubes de la solution de chromate neutre de potasse, et on complète à 50.

Solution de permanganate de potasse. — On prépare deux solutions, type faible et type fort, pour lesquelles les solutions colorées type faible et type fort serviront respectivement de témoin.

Type faible. — Solution de permanganate de potasse à 0gr,200 par litre.

Type fort. — Solution de permanganate de potasse à 1 gramme par litre.

Mode opératoire. — On prend deux flacons de même diamètre, en verre blanc, d'une contenance de 80 à 100 centimètres cubes, portant un trait de jauge correspondant à un volume de 50 centimètres cubes ; on remplit l'un d'eux jusqu'au trait à l'aide de la solution colorée faible.

GUILLIN. — Analyses agricoles.   16.

L'alcool à examiner étant amené, à l'aide d'alcool
pur, au titre 94/96° s'il n'y est déjà et à la température
de 18°, on en remplit le second flacon jusqu'au trait de
jauge ; puis l'on prélève à l'aide d'une pipette jaugée
2 centimètres cubes de la solution faible de permanganate, que l'on introduit rapidement dans l'alcool. Avec
une montre à secondes, on prend note du moment exact
où l'on a introduit le permanganate ; on agite le contenu
du flacon ; puis, on abandonne côte à côte sur une feuille
de papier blanc les deux flacons et on note l'instant où
leur coloration arrive à égalité de teinte. Comme on connaît l'heure à laquelle on a introduit le permanganate et
l'heure à laquelle on a obtenu l'égalité de teinte, on en
déduit le temps employé par la réaction.

M. Barbet a trouvé pour les divers alcools les laps de
temps suivants :

Grains

Alcool pur	43'30"
Très bon extra-fin	10'05"
Extra-fin	5'00"
Demi-fin	0'10"
Moyens goûts de tête	0'05"
Alcool médiocre	0'11"
Moyens goûts de tête	0'04"
Moyens goûts de queue	0'12"
Produits éthériques de betteraves, moyens goûts de tête	1'55"

Vin

3/6 de vin à 86° sortant de l'éprouvette	0'07"
Alcool neutre courant	23'00"
Alcool fin	0'45"

Lorsque l'alcool est très impur et décolore instantanément la solution faible de permanganate employée,
on répète l'opération avec la solution forte de permanganate, en opérant comme il vient d'être dit et en
comparant la coloration à celle de la liqueur colorée
type fort.

ANALYSE DES ALCOOLS DESTINÉS
A LA DÉNATURATION

Les alcools présentés à la dénaturation ne devront pas
contenir plus de 1 p. 100 d'huiles essentielles. Ils devront
marquer 90° alcoométriques à la température de 15°

(sans correction), étant entendu que les industriels justifiant de l'emploi de l'alcool dénaturé pour des applications spéciales, telles que fabrication des vernis ou de produits chimiques déterminés, seront autorisés à présenter à la dénaturation des alcools d'un titre supérieur à 90°.

Dosage des huiles essentielles dans les alcools

Essai qualitatif. — Placer dans un tube à essai 5 centimètres cubes d'alcool et y ajouter 30 à 35 centimètres cubes d'eau salée colorée par un peu de violet d'aniline.

A. Il ne surnage aucune couche huileuse ;

B. Il flotte à la surface du liquide une quantité plus ou moins importante d'alcools supérieurs teintés en violet.

Analyse quantitative. — A. *Il ne surnage aucune couche huileuse sur l'eau salée.* — 1° Prendre 100 centimètres cubes d'alcool, les introduire dans un entonnoir à décantation de 1 litre ; ajouter 60 à 70 centimètres cubes de sulfure de carbone, puis 450 centimètres cubes d'eau salée saturée et une quantité d'eau suffisante pour redissoudre le sel qui se précipite (50 centimètres cubes environ) ;

2° Agiter vigoureusement l'entonnoir, puis laisser reposer ;

3° Décanter le sulfure de carbone dans un entonnoir à robinet de 300 centimètres cubes environ, en évitant l'introduction de l'eau ;

4° Faire deux autres épuisements semblables et réunir le sulfure de carbone à celui provenant du premier essai ;

5° Agiter alors le sulfure de carbone avec une quantité d'acide sulfurique concentré suffisante pour que celui-ci tombe au fond de l'entonnoir après agitation (2 à 3 centimètres cubes en général sont suffisants) ;

6° Laisser bien reposer, puis décanter l'acide dans une fiole de 125 centimètres cubes ; laver deux fois le sulfure de carbone avec 1 centimètre cube d'acide sulfurique chaque fois et réunir ces liquides à celui déjà introduit dans la fiole ;

7° Faire passer ensuite un courant d'air à la surface du liquide en chauffant au besoin vers 60°, de façon à chasser le sulfure de carbone qui a pu être entraîné ;

8° Ajouter une quantité d'acétate de soude cristallisé

nécessaire pour neutraliser la presque totalité de l'acide sulfurique (pour 10 centimètres cubes d'acide sulfurique, 15 grammes d'acétate suffisent) ; puis chauffer au bain-marie pendant un quart d'heure, en ayant soin de munir la fiole d'un bouchon portant un tube de verre de 1 mètre de longueur faisant fonction de réfrigérant ;

9° Laisser refroidir et ajouter 100 centimètres cubes d'eau salée, puis introduire le tout dans un entonnoir à décantation de 300 centimètres cubes, dont la partie inférieure est graduée en dixièmes de centimètre cube ;

10°, Laisser reposer quelque temps, puis décanter le liquide de façon à amener les acétates des alcools supérieurs dans les limites de la graduation, et lire le nombre de centimètres cubes qu'ils occupent.

Le nombre lu, multiplié par 0,8, donne la quantité d'alcools butylique et amylique existant dans l'alcool.

Pour doser les alcools propyliques, filtrer sur du papier mouillé l'eau salée contenant l'alcool, afin de la débarrasser du sulfure de carbone, puis distiller jusqu'à ce que le liquide marque 50° à +15° (à ce moment la totalité des alcools a passé à la distillation). En remplir une burette à robinet et faire couler goutte à goutte dans un becherglass contenant 1 centimètre cube de permanganate de potasse à 1 gramme par litre et 50 centimètres cubes d'eau, jusqu'à obtention d'une teinte rouge-cuivre semblable à une teinte type.

Dans ces conditions, il faut à peu près 2cc,5 d'alcool à 50° contenant 1 p. 100 d'alcool isopropylique pour avoir la teinte voulue.

Il suit de là que, d'après le nombre de centimètres cubes employés, on peut en déduire la teneur approchée du liquide en alcool propylique ; ce nombre devra être ramené à la prise d'essai initiale.

En ajoutant le nombre ainsi trouvé au résultat donné par la méthode au sulfure, on aura la proportion totale d'huiles essentielles existant dans les 100 parties d'alcool essayé.

Le dosage approximatif de l'alcool propylique ainsi pratiqué sera suffisant dans la majeure partie des cas. Si une détermination plus précise était nécessaire, elle serait faite par la méthode homéotropique.

Nota. — La teinte cuivre type s'obtient en mélangeant 20 centimètres cubes de la fuchsine à 0gr,01 par litre et 30 centimètres cubes de chromate neutre de potasse à 0gr,500 par litre et complétant à 150 centimètres cubes au moyen d'eau distillée.

B. *Il surnage une couche huileuse sur l'eau salée.* —
1º Prendre 100 centimètres cubes d'alcool, les mettre
dans une boule à décanter de 1 litre environ avec
500 centimètres cubes d'eau environ ; agiter, puis laisser
reposer ;

2º Séparer la solution alcoolique aqueuse de la couche
d'huiles essentielles et l'introduire dans une boule à
décanter de 1 litre ;

3º Mesurer le nombre N de centimètres cubes d'huiles
essentielles insolubles ;

4º Opérer ensuite sur la liqueur alcoolique comme il a
été dit en A ; on obtiendra alors pour les huiles essentielles dissoutes un nombre n de centimètres cubes
d'acétates.

Le titre sera la somme des deux nombres $N + (n \times 0,8)$.

Dosage de l'alcool vinique dans les huiles essentielles

1º Mettre 500 centimètres cubes d'huiles essentielles
dans un entonnoir à décantation de 1 litre ;

2º Ajouter 150 centimètres cubes d'eau salée, agiter
énergiquement et décanter cette eau dans un entonnoir à
robinet de 1 litre.

Faire trois autres traitements semblables et réunir
toutes les eaux de lavage ;

3º Agiter avec 125 centimètres cubes de sulfure de
carbone et répéter quatre fois ce traitement, afin d'enle-
ver au liquide les alcools butylique et amylique pouvant
être en solution ;

4º Le sulfure de carbone ayant été séparé après
chaque épuisement, filtrer la solution aqueuse sur un
filtre mouillé, puis l'introduire dans un ballon de
1 litre ;

5º Distiller le liquide et recueillir 250 centimètres
cubes ;

6º Prendre le degré alcoométrique et la température ;
ramener à 15º au moyen de la table de correction et
diviser par 2 pour avoir la teneur p. 100 en alcool.

Ce nombre sera corrigé, s'il y a lieu, de la teneur en
alcool propylique, dont le dosage sera pratiqué, ainsi
qu'il a été dit précédemment.

Dosage volumétrique de l'acétone dans les méthylènes

L'essai nécessite la préparation des liqueurs suivantes :
Dissolution au cinquième normale d'iode. — Peser exacte-

ment 127 grammes d'iode pur bisublimé et les dissoudre avec 350 grammes d'iodure de potassium dans de l'eau distillée; amener la solution au volume de 5 litres à 15°.

Dissolution au vingtième d'hyposulfite de soude. — Dissoudre 62^{gr},025 d'hyposulfite de soude pur, séché à l'air, dans de l'eau distillée; amener la solution au volume de 3 litres à 15° après addition de 15 centimètres cubes de soude.

Solution d'acide sulfurique. — Liqueur contenant 100 grammes d'acide sulfurique pur par litre.

Solution de soude. — Liqueur contenant environ 80 grammes de soude NaOH par litre.

Ces deux solutions doivent se neutraliser volume à volume.

Empois d'amidon. — Délayer 5 grammes d'amidon dans 500 centimètres cubes d'eau distillée; faire bouillir une heure environ, puis compléter à 1 litre avec de l'eau salée.

Pratique de l'essai. — 1° Mesurer exactement 20 centimètres cubes de méthylène; verser dans un ballon de 1 litre à demi rempli d'eau distillée; compléter à 1 litre avec de l'eau, puis agiter vigoureusement pour rendre homogène;

2° Introduire 30 centimètres cubes de soude dans un flacon de 250 centimètres cubes à essai d'argent;

3° Ajouter 20 centimètres cubes de la solution diluée de méthylène;

4° Verser N centimètres cubes de solution d'iode (55 centimètres cubes environ); laisser réagir dix minutes au moins en agitant;

5° Verser 30 centimètres cubes de liqueur sulfurique au moins, de façon à rendre la liqueur acide;

6° Laisser tomber ensuite la liqueur d'hyposulfite jusqu'à ce que la décoloration soit presque complète; à ce moment ajouter 4 à 5 centimètres cubes d'empois d'amidon et continuer à verser la solution d'hyposulfite jusqu'à complète décoloration.

Noter le nombre de centimètres cubes employés, soit n ce nombre, et chercher sa valeur en centimètres cubes d'iode (la solution d'hyposulfite étant quatre fois plus faible que celle d'iode, il convient, pour arriver à l'équivalence, de diviser par 4 le nombre n);

7° Soustraire ce nombre $\dfrac{n}{4}$ du nombre N centimètres cubes employés et multiplier la différence par 0,6073.

La formule $\left(N - \dfrac{n}{4}\right) \times 0,6073$ donne la quantité d'acétone p. 100 contenue dans le méthylène.

Pour que le dosage ait toute l'exactitude désirable, il est nécessaire que $\dfrac{n}{4}$ soit au moins égal à 10 centimètres cubes de liqueur d'iode.

Exemple :

$$N = 49^{cc},55$$
$$n = 41^{cc},8$$
$$\frac{n}{4} = 10^{cc},45$$

$$N - \frac{n}{4} = 49,55 - 10,45 = 39,10$$

$$39,10 \times 0,6073 = 23,74 \text{ p. 100 d'acétone.}$$

Nota. — Si un essai à blanc fait avec la soude indiquait que cette soude renferme des nitrites, il y aurait lieu de tenir compte, dans les essais, de la correction due à la présence de ces nitrites.

Dosage volumétrique de l'acétone dans les alcools dénaturés

1º Prendre exactement 50 centimètres cubes d'alcool dénaturé au moyen d'une pipette à deux traits ;

2º Laisser tomber dans un ballon de 500 centimètres cubes à demi rempli d'eau distillée ;

3º Compléter jusqu'au trait par addition d'eau distillée, puis agiter pour rendre homogène ;

4º Prélever 20 centimètres cubes de cette solution et laisser tomber dans un flacon de 750 centimètres cubes bouché à l'émeri, dans lequel on a préalablement mis 25 centimètres cubes de solution de soude à 80 grammes par litre ;

5º Ajouter ensuite 250 centimètres cubes d'eau distillée, puis N centimètres cubes d'iode au cinquième (45 centimètres cubes environ) et agiter ;

6º Laisser réagir quinze minutes au moins et vingt minutes au plus à une température comprise entre 15 et 20º C. ; rendre acide par l'addition de 25 centimètres cubes d'acide sulfurique à 100 grammes par litre ;

7º Verser la solution d'hyposulfite au vingtième normale jusqu'à presque complète décoloration ; ajouter quelques centimètres cubes d'empois d'amidon et achever la décoloration ;

8° Noter le nombre n de centimètres cubes employés ;

9° Diviser ce nombre n par 4 pour avoir la valeur en centimètres cubes de l'iode non employé (ce nombre $\frac{n}{4}$ doit toujours être au moins égal à 10 centimètres cubes) ;

10° Retrancher le quotient trouvé du nombre N et multiplier cette différence par 0,12146 pour avoir l'acétone p. 100 en volume dans l'alcool essayé :

$$\left(N - \frac{n}{4}\right) \times 0,12146 = \text{acétone p. 100.}$$

Exemple :

$$N = 44^{cc},1$$
$$n = 44^{cc},4$$
$$\left(N - \frac{n}{4}\right) \times \left(44^{cc},1 - \frac{44^{cc},4}{4}\right) = 33^{cc},0$$
$$33^{cc},0 \times 0,12146 = 4,0 \text{ p. 100 d'acétone.}$$

Dosage des impuretés méthyliques dans les méthylènes commerciaux

Instrument nécessaire. — Tube de Röse dont la partie inférieure est jaugée à 50 centimètres cubes et dont la boule supérieure est d'environ 200 centimètres cubes.

La tige réunissant ces deux parties est divisée en centimètres cubes et dixièmes, de 50 à 55 centimètres cubes.

Mode opératoire. — 1° Mesurer très exactement à la température de 15° un volume de 50 centimètres cubes de chloroforme pur, au moyen d'une pipette à deux traits et à robinet. Introduire ce chloroforme dans le tube de Röse ;

2 Préparer d'autre part le mélange suivant :

25 centimètres cubes de méthylène ;

38 centimètres cubes de bisulfite de soude corrigé à 1,35 de densité (Voy. note A) ;

60 centimètres cubes d'eau.

Refroidir ce mélange à 15°, puis le verser dans le tube ; fermer au moyen du bouchon rodé, retourner l'appareil et agiter fortement ; laisser reposer et lire l'augmentation de la couche chloroformique à la température de + 15 ;

3° Multiplier par 4 pour exprimer la valeur des impuretés méthyliques totales p. 100 de méthylène.

La quantité de ces impuretés évaluée par la méthode

ci-dessus devra être au minimum de 2,5 p. 100, déduction faite des produits saponifiables par la soude.

Lorsque les méthylènes renferment de ces produits, le dosage en sera fait de la façon suivante :

1° Introduire 20 centimètres cubes de méthylène dans un ballon de 200 centimètres cubes environ ; ajouter 50 centimètres cubes de soude caustique demi-normale et quelques gouttes de solution alcoolique de phénolphtaléine à 1 p. 100 ;

2° Adapter le ballon à un réfrigérant ascendant et chauffer au bain-marie à 100 pendant une demi-heure pour détruire les éthers ;

3° Titrer la soude en excès au moyen d'acide sulfurique demi-normal, soit N le nombre de centimètres cubes ajoutés. La différence 50 — N indique la quantité de soude employée à la destruction des éthers. La quantité de produits saponifiables (calculée en acétate de méthyle) contenue dans 100 parties en volume du méthylène à essayer sera donnée par la formule :

$$\frac{100\,(50 - N) \times 0,3894}{n},$$

n étant le nombre de centimètres cubes de méthylène employé.

(Si le chiffre des impuretés totales dépasse 10 p. 100, ajouter 5 centimètres cubes de soude en plus par 1 p. 100 d'impuretés, par exemple : 60 centimètres cubes pour 12 p. 100.)

Le nombre ainsi déterminé sera déduit du quantum d'impuretés obtenu par le traitement du chloroforme.

Les impuretés pyrogénées devront être entièrement dues aux produits naturels de la distillation du bois ; toute autre matière, de quelque nature qu'elle soit, ajoutée au méthylène dans le but de fausser les indications du chloroforme, entraînera le rejet du méthylène.

Note A. — *Correction du bisulfite de soude.* — Les bisulfites de soude du commerce, quoique ayant 1,35 de densité, ne donnent pas toujours le 0 dans un mélange synthétique de méthylène pur à 25 p. 100 d'acétone.

Lorsqu'il en est ainsi, il convient de le corriger de la façon suivante :

« Introduire 100 centimètres cubes de bisulfite à corriger dans une boule à décantation bouchée à l'émeri et munie d'un robinet à la partie inférieure. Ajouter 175 centimètres cubes d'eau et 50 centimètres cubes de chloroforme ; agiter, puis laisser les deux couches se séparer complètement. Filtrer 5 centimètres cubes environ de chloroforme sur du papier, recevoir le liquide filtré dans un tube à essai et y ajouter trois gouttes de solution d'iode $\frac{N}{5}$. Agiter fortement et observer si le chloroforme prend une teinte rose persistante. Si la coloration rose disparaît (ce qui est le cas le plus fréquent), ajouter de la soude caustique (en solution à 1,35 de densité) à l'aide d'une burette graduée, par petites portions, en répétant après chaque addition de soude, l'essai de l'iode indiqué ci-dessus, jusqu'à ce que l'on observe une coloration rose persistante du chloroforme. »

« Si n représente le nombre de centimètres cubes de soude (densité 1,35) employés, il y aura lieu d'ajouter n centimètres cubes $\times 10$ de soude à 1,35 par litre du bisulfite à corriger.

« On procédera ensuite au dosage en employant les quantités suivantes de réactifs :

Méthylène pur à 90° contenant 25 p. 100
    d'acétone...................................... 25 c. c.
Bisulfite corrigé .... 38 —
Eau distillée .... 60 —
Chloroforme .... 50 —

« Dans ces conditions, l'augmentation de la couche chloroformique devra être nulle. »

Méthylènes admissibles à la dénaturation. — Les méthylènes admissibles à la dénaturation des alcools doivent marquer 90° alcooliques à la température de 15° C.

Ils doivent contenir 25 p. 100 d'acétone avec une tolérance de 0,5 p. 100 en plus ou en moins et 2,5 p. 100 au minimum (déduction faite des produits saponifiables par la soude et exprimés en acétate de méthyle) d'impuretés pyrogénées, le complément à 100 volumes étant formé d'eau et d'alcool méthylique libre de toute combinaison.

Recherche et dosage de l'alcool méthylique dans l'alcool éthylique (Procédé Trillat)

Principe. — L'oxydation de l'alcool méthylique donne du méthylal et de l'acide acétique, alors que l'oxydation de l'alcool éthylique fournit de l'aldéhyde formique, de l'éthylal et de l'acide acétique. Condensés avec la diméthylaniline, le méthylal et l'éthylal donnent deux dérivés différents :

$$CH^2 < {CH^3O \atop CH^3O} \qquad\qquad C^2H^4 < {C^2H^5O \atop C^2H^5O}$$
Méthylal.   Éthylal.

$$CH^2 = \left[C^6H^4Az < {CH^3 \atop CH^3} \right]^2$$
Tétraméthyldiamidodiphénylméthane.

$$C^2H^4 = \left[C^6H^4Az < {C^2H^5 \atop C^2H^5} \right]^2$$
Tétraéthyldiamidodiphényléthane.

Le dérivé méthylé oxydé à l'aide de bioxyde de plomb prend une coloration bleue dont l'intensité est proportionnelle à la teneur en méthylène de l'alcool analysé.

Mode opératoire. — On opère avec un volume d'alcool voisin de 10 centimètres cubes d'alcool absolu, que l'on dilue à 150 centimètres cubes ; soit donc 10 centimètres cubes d'un alcool à 95-100°, que l'on introduit dans un ballon à col court, de 300 centimètres cubes, avec 140 centimètres cubes d'eau. On ajoute 70 centimètres cubes d'acide sulfurique au cinquième, 15 grammes de bichromate de potasse ; on agite et on laisse en contact pendant vingt minutes ; puis on relie le ballon à un appareil à distiller ; on élimine les 25 premiers centimètres cubes et on distille ensuite 100 centimètres cubes.

On agite et prélève la moitié du liquide distillé ; ces 50 centimètres cubes, introduits dans un flacon de 75 bouché à l'émeri, sont additionnés de 1 centimètre cube de diméthylaniline pure et chauffés au bain-marie à 70—80° pendant deux heures et demie ; on agite trois ou quatre fois pendant ce laps de temps.

Le contenu du flacon est transvasé dans un ballon de 100 centimètres cubes ; le liquide est neutralisé aussi exactement que possible à l'aide d'une solution de soude ; puis on distille pour éliminer la diméthylaniline ; on arrête la distillation lorsque l'on a éliminé 25 centimètres cubes de liquide.

Le contenu du ballon est acidifié à l'aide d'acide acétique ; on ajoute 25 centimètres cubes d'eau et une goutte d'eau contenant en suspension du bioxyde de plomb, puis on porte à l'ébullition ; si l'alcool renfermait du méthylène, le liquide se colorera en bleu. On peut déterminer la teneur en méthylène en examinant au colorimètre l'alcool analysé comparativement à une liqueur bleue préparée à l'aide d'alcool éthylique et additionnée d'une quantité connue d'alcool méthylique.

Il est important, pour la sensibilité de la réaction, d'opérer avec de la diméthylaniline pure, qu'on prépare en rectifiant, à l'aide d'un appareil à boules, le produit commercial et en recueillant le liquide distillant à 192°.

En outre, il ne faut traiter la base méthylée que par une très petite quantité de bioxyde de plomb ; on arrive à ce résultat en broyant 2 grammes de bioxyde de plomb en présence d'eau et en délayant la pâte obtenue, dans 1 litre d'eau ; au moment de l'emploi, on agite le ballon et on prélève à l'aide d'un tube étiré une goutte du liquide.

ANALYSE DES VINASSES

Les vinasses, résidus de la distillation des jus fermentés, doivent être soumises à l'analyse pour s'assurer qu'elles ne renferment plus d'alcool.

Dans les distilleries, on se sert pour ce dosage d'un alambic construit sur les modèles industriels, qui permet d'opérer sur une dizaine de litres de vinasse.

Dans un laboratoire agricole, on pourra se servir pour cette recherche du serpentin ascendant de l'appareil Schlœsing-Aubin, qu'on reliera à un ballon de 3 litres ; on fait bouillir 3 litres de vinasses et on recueille 150 centimètres cubes du liquide distillé. On effectue deux autres distillations sur un même volume de vinasses ; puis on réunit les trois liquides distillés, on les introduit dans un ballon de 1 litre. On neutralise par l'addition d'une ou deux pastilles de potasse, et on distille à nouveau ; on recueille 100 centimètres cubes du liquide distillé et on en prend le degré alcoolique, qui sera presque nul si la distillation industrielle s'est effectuée normalement.

Dans les vinasses, on peut également doser l'acidité et la teneur en sucre ; ces dosages s'effectuent par les méthodes déjà indiquées.

RÉSIDUS DE DISTILLERIE

Pulpes et drêches.

La distillerie de betterave donne comme produit résiduaire de la pulpe de macération ou de diffusion dont la valeur nutritive est analogue à celle des pulpes de sucrerie ; la distillerie de grain donne comme résidu des drêches qui ont une grande valeur alimentaire. Le tableau suivant indique la composition de quelques-uns de ces produits.

Leur analyse s'effectue suivant les méthodes ordinaires indiquées à l'analyse des végétaux :

	Pulpe de distillerie	Drêches de distillerie de maïs		Drêches de Maïs-orge
Protéine	1,26	6,24	30,50	25,50
Matières grasses ...	0,06	2,34	12,84	7,66
Hydrates de carbone	8,60	13,56	34,74	38,81
Cellulose..........	5,00	1,45	9,44	7,83
Cendres	1,26	1,17	7,66	9,90
Eau	83,82	75,24	4,82	10,30
	100,00	100,00	100,00	100,00

Salins

Les vinasses de distillerie de mélasse étant très riches en potasse, on les traite en vue de l'utilisation de cet élément fertilisant ; les vinasses sont évaporées et calcinées ; on obtient un résidu salin composé en majeure partie de carbonate de potasse.

L'analyse des salins comporte le dosage de la potasse et la détermination de la teneur en carbonate de potasse ; on effectue ces analyses suivant les méthodes indiquées à l'analyse des sels de potasse.

Les salins renferment 45 à 55 p. 100 de carbonate de potasse et 15 à 20 p. 100 de sulfate et chlorure de potassium.

BRASSERIE (1)

Les trois principales matières premières utilisées en brasserie sont : l'orge, le houblon et l'eau ; au cours de la fabrication, l'orge est tout d'abord trempée et soumise à la germination. Au sortir du germoir, l'orge prend le nom de malt ; ce malt, desséché dans des tourailles et dégermé, est employé à la confection du moût de fermentation.

Nous indiquerons successivement les méthodes d'analyse de ces divers éléments de la brasserie, éléments qui nécessitent un contrôle chimique sérieux pour arriver à obtenir une bière de bonne qualité ; nous examinerons pour terminer les résidus de brasserie employés à l'alimentation du bétail ; nous renvoyons à notre traité d'*Analyse des produits alimentaires* pour l'examen et l'analyse de la bière.

ORGES DE BRASSERIE

L'examen des orges destinées à la brasserie comporte l'étude de leurs caractères physiques, la détermination de leur faculté germinative et le dosage de leurs principes immédiats.

Caractères physiques des orges de brasserie. — Les grains d'orge doivent être d'une grosseur régulière ; leur enveloppe doit être fine et posséder une belle couleur jaune clair qui est l'indice d'un bon état de conservation ; on peut également s'assurer de cet état de conservation par l'odeur du grain.

L'amande des grains d'orge doit présenter à la cassure un aspect farineux et non vitreux ; avec des grains vitreux on aurait à craindre la présence d'une trop grande quantité de matières azotées, qui nuit à une bonne fabrication.

On peut apprécier la qualité du grain en déterminant le poids de l'orge à l'hectolitre ; ce poids doit être supérieur à 60 kilogrammes ; on peut encore rechercher le poids de 1 000 grains, qui varie de 35 à 40 grammes.

Faculté germinative. — La faculté germinative des orges de brasserie varie de 95 à 100 p. 100 ; elle doit être

(1) Voy. BOULLANGER, Brasserie (ENCYCLOPÉDIE AGRICOLE).

aussi voisine que possible de 100 ; une orge qui a une faculté germinative inférieure à 95 p. 100 ne peut être utilisée en brasserie.

Pour déterminer cette faculté germinative, on prend deux ou trois lots de cent grains, qu'on met tremper dans l'eau pendant vingt-quatre heures ; puis chaque lot est introduit dans un germinateur en terre poreuse, ou, si l'on ne possède pas de germinateur, entre des feuilles de papier buvard mouillé. On abandonne jusqu'à germination dans une étuve réglée à 20 à 25°, dont on maintient l'atmosphère saturée de vapeur d'eau en plaçant sur le fond un large récipient rempli d'eau.

Après germination, on compte dans chaque lot les grains non germés ; on calcule la moyenne et, par différence centésimale, on obtient le taux de germination de l'orge examinée.

Analyse des orges

Les principaux éléments à déterminer sont l'amidon et les matières azotées. Le dosage de l'amidon s'effectue suivant la méthode indiquée à l'analyse des grains en amidonnerie. La teneur en matières azotées se détermine comme d'ordinaire, en dosant l'azote sur 1 gramme de matière par la méthode Kjeldahl et multipliant le taux d'azote par 6,25.

Les déterminations de la teneur en matières grasses, cellulose, humidité et cendres, se font d'après les méthodes de dosage indiquées à l'analyse des végétaux.

Composition de quelques orges de brasserie

Protéine	8,90	9,16	10,12	8,48
Matières grasses	1,56	1,80	1,40	1,76
Matières hydrocarbonées	74,67	71,84	62,28	70,90
Cellulose	3,74	3,00	4,06	3,25
Cendres	2,93	2,64	3,00	2,84
Eau	11,20	11,56	12,14	12,77
	100,00	100,00	100,00	100,00

BLÉ

Le blé est employé en quantités de plus en plus importantes à la fabrication des bières à fermentation haute : en vue de cet emploi, le blé est soumis aux mêmes examens que l'orge ; son poids à l'hectolitre doit être compris entre 75 et 77 kilogrammes.

Les blés à amande vitreuse ne peuvent être employés ; leurs cellules à amidon se désagrègent difficilement, et l'amidon est de ce fait incomplètement utilisé ; on recherche donc les blés à amande blanche et farineuse, faciles à reconnaître à la coloration jaune claire de leur enveloppe.

On apprécie la qualité d'un blé de belle apparence en faisant le classement des grains d'après leur coloration extérieure ; on trie sur quelques lots les grains vitreux et demi-vitreux ; on admet qu'un bon blé pour brasserie ne doit pas renfermer plus de 10 à 15 p. 100 de grains vitreux et 40 p. 100 de grains demi-vitreux.

MALT

On donne le nom de malt, comme nous l'avons dit, à l'orge sortant du germoir ; pour distinguer ce produit du malt séché, on donne au premier le nom de malt vert et au second celui de malt touraillé ; le malt commercial est du malt touraillé et dégermé. Le malt a un aspect qui diffère suivant la nature de la bière qu'on veut obtenir ; les deux types principaux sont : le type Munich ou de Bavière, avec lequel on fabrique les bières foncées, et le type Pilsen ou de Bohême, qui est employé à la fabrication des bières pâles.

L'analyse du malt doit être effectuée suivant les méthodes conventionnelles admises par le Congrès de chimie appliquée de Vienne.

L'institution de ces méthodes conventionnelles avait pour but d'arriver à rendre comparables entre eux les résultats d'analyse de malt donnés par les divers laboratoires ; la mouture du malt était la cause principale des divergences constatées autrefois entre les différentes analyses et, pour supprimer cette cause, le Congrès a admis un mode de mouture uniformé, la mouture fine. La farine de malt obtenue doit remplir les conditions indiquées dans les méthodes conventionnelles ; Jalowetz, pour compléter ces indications, signale que la mouture fine doit être telle que 90 à 95 p. 100 de la farine obtenue passent à travers un tamis ayant seize mailles au centimètre.

Depuis la publication de ces méthodes officielles, quelques critiques en ont été faites ; on a reproché notamment à l'analyse d'un malt moulu finement de donner un rendement trop élevé et de ne pas permettre de différencier suffisamment les bons malts des médiocres. Aussi la station de brasserie de Berlin a décidé de procéder à la fois à l'examen des malts sur mouture fine et sur mouture grossière ; cette mouture grossière est obtenue à l'aide d'un moulin fabriqué par les frères Seck (de Dresde), moulin construit de façon à donner une mouture analogue à celle utilisée en brasserie.

D'autres critiques ont encore été faites de ces méthodes conventionnelles. M. Fernbach signale notamment l'omission du dosage des sucres réducteurs que le malt acquiert au germoir, sucres dits préformés ; on calcule suivant les méthodes officielles tout le sucre réducteur en maltose brut ; on est ainsi amené à établir un rapport $\dfrac{\text{maltose}}{\text{non-maltose}}$ peu exact.

M. Fernbach estime en outre que la détermination du pouvoir diastasique des malts, que les méthodes conventionnelles considèrent comme peu importante, présente au contraire un grand intérêt ; cette détermination devrait toujours être effectuée.

Pouvoir diastasique des malts
(Procédé Lintner)

Réactif. — *Solution à 2 p. 100 d'amidon soluble.* — L'amidon soluble se prépare en traitant, pendant trois jours et à la température de 40°, de la fécule de pomme de terre par une solution chlorhydrique à 7,5 p. 100.

On décante ensuite le liquide surnageant l'amidon et on lave par décantation avec de l'eau froide jusqu'à ce que la liqueur ne soit plus acide. On recueille la poudre d'amidon ainsi obtenue, on l'essore et on la sèche à l'air ; cet amidon est soluble dans l'eau chaude ; on en fait pour l'examen du malt une solution à 2 p 100.

Mode opératoire. — On prépare la solution diastasique en traitant 25 grammes de malt finement moulu par 500 centimètres cubes d'eau, à la température du laboratoire, pendant six heures. On filtre, puis dans dix tubes à essai renfermant chacun 10 centimètres cubes de la solution d'amidon soluble, on introduit respectivement 0cc,1, 0cc,2, 0cc,3,..., 1 centimètre cube de la solution d'extrait de malt filtrée ; on agite, on laisse en contact pendant une heure et on dose le sucre formé dans chacun des tubes.

On verse 5 centimètres cubes de liqueur de Fehling

dans chaque tube ; on agite et on chauffe les tubes dans un bain-marie bouillant pendant huit minutes. Le tube dans lequel la réduction du cuivre est complète donne le volume d'extrait de malt nécessaire pour produire la quantité de sucre réduisant 5 centimètres cubes de la liqueur cupro-potassique.

Soit n le volume d'extrait introduit dans ce tube. La puissance d'un malt dont $0^{cc},1$ d'extrait suffit à réduire 5 centimètres cubes de la liqueur de Fehling étant désignée par 100, la puissance diastasique du malt examiné sera donnée par le rapport $\dfrac{100}{n}$.

Conventions relatives à l'analyse des malts votées par le IIIe Congrès de chimie appliquée à Vienne en 1898.

Prise d'échantillon. — L'échantillon destiné à l'analyse devra représenter véritablement un échantillon moyen. Les diverses portions d'un tas de malt ayant une composition différente, il faudra, au préalable, bien mélanger le tas en le pelletant ; puis on prendra, en divers points, assez nombreux, des échantillons aussi égaux que possible, qu'on mélangera. Sur le mélange on prélèvera l'échantillon destiné à l'analyse.

Il est très utile de se servir d'un instrument spécial pour prendre les échantillons, parce qu'on peut aller les chercher à diverses profondeurs, et il est particulièrement important de prendre des échantillons à toutes les profondeurs pour constituer l'échantillon moyen, lorsque le malt est conservé en silos.

Lorsque le malt est conservé en sacs, il faut préparer un mélange d'échantillons puisés dans plusieurs sacs, à différentes profondeurs.

Grandeur et emballage de l'échantillon. — La quantité de malt à envoyer pour l'analyse doit être d'au moins 500 grammes.

Le mode d'emballage doit exclure toute altération du malt et en particulier tout changement dans la teneur en eau. On pourra se servir, pour l'emballage du malt, de bouteilles en verre, fermées au liège ou à fermeture mécanique, de bouteilles bouchées à l'émeri, de fioles à conserves, ou de vases en fer-blanc à couvercle bien vissé ou fermés hermétiquement avec du liège. Il faut éviter l'emballage dans des sacs en papier, cartons, boîtes en bois.

Lorsqu'un échantillon emballé de cette manière défectueuse sera exceptionnellement analysé, il en sera fait mention sur le bulletin d'analyse.

Les échantillons destinés à être conservés longtemps seront mis à l'abri de la lumière.

Désignation des échantillons. — Chaque échantillon de malt devra porter une étiquette, de telle sorte qu'il ne puisse y avoir de confusion.

Chaque échantillon de malt devra être accompagné de détails sur l'objet de son envoi, ainsi que sur les points suivants :

   a. Provenance de l'orge ;
   b. Mode de maltage ;
   c. Touraillage ;
   d. Age du malt depuis le touraillage ;
   e. Mode d'emmagasinage (silos, caisses, sacs, tas).

Analyse du malt

Analyse mécanique. — a. *Poids de l'hectolitre.* — On le déterminera avec les appareils spéciaux existant pour cet usage ;

   b. *Poids de cent grains.* — Le poids trouvé sera rapporté au malt sec ;

   c. *Grosseur des grains.* — Cette détermination sera faite à l'aide d'un trieur, mis en mouvement par un agitateur mécanique et pourvu de trois tamis, dont les mailles auront des ouvertures de $2^{mm},8$, $2^{mm},5$ et $2^{mm},2$. On y introduira 100 grammes de malt, et on le maintiendra en mouvement pendant dix minutes ;

   d. *État de l'amande*, déterminé à l'aide du farinotome (de Printz, Heinsdorf ou Grobeker). On indiquera la teneur centésimale en grains vitreux, demi-vitreux et farineux, en grains légèrement et fortement brunis. Au lieu de couper les grains, on pourra aussi bien se servir du diaphanoscope.

   e. *Longueur de la plumule.* — On la déterminera sur deux cents grains au moins, et on indiquera la teneur centésimale en 1° grains non germés ; 2° grains dont la plumule est plus petite que la moitié de la longueur du grain ; 3° grains dont la plumule atteint la moitié de la longueur du grain ; 4° grains où elle est les deux tiers de cette longueur ; 5° grains où elle atteint les trois quarts de cette longueur ; 6° grains dont la plumule est égale ou supérieure à la longueur du grain.

   f. *Pureté du malt.* — Sa teneur en grains endommagés,

en grains moisis, en graines étrangères; autres impuretés; désignation de l'odeur.

Analyse chimique. — a. *Teneur en eau.* — Pour déterminer la teneur du malt en eau, on en pèse environ 5 grammes, qu'on broie et qu'on chauffe dans une étuve bien ventilée, sans dépasser la température de 105° C. Le malt est placé dans un petit vase en verre soufflé. Il est recommandable de ne pas dépasser la température de 80° C. pendant les premières heures; cette précaution est indispensable lorsqu'on a affaire à du malt manifestement humide. Les vases en verre soufflé qu'on emploie doivent être bouchés à l'émeri, avoir une hauteur de 5 à 6 centimètres et un diamètre de 3^{cm},5.

Les différences admissibles entre deux dosages sont de 0,25 p. 100.

La portion de malt qui est destinée à faire un brassin d'essai (120 à 150 grammes) est réduite, dans un moulin, en farine assez fine pour qu'on ne voie plus les enveloppes et qu'il ne reste plus de gruaux.

On introduit cette farine dans un flacon bouché à l'émeri, dans lequel on la conserve, sans que cependant la durée de la conservation puisse excéder huit jours.

Comme la teneur en eau du malt peut changer sensiblement pendant le passage au moulin, il faut la déterminer sur la farine avant de faire l'analyse.

b. *Préparation de l'extrait.* — On brasse 50 grammes de farine de malt avec 200 centimètres cubes d'eau à 45° C. dans un gobelet en cuivre, en nickel, en aluminium ou en verre, dont on connaît la tare. On maintient la température du bain-marie à 45° C., exactement pendant une demi-heure. Ensuite on monte en vingt-cinq minutes jusqu'à 70° C; de telle sorte que la température s'élève régulièrement de 1° par minute. On maintient ensuite la température à 70° C., jusqu'à saccharification et même plus longtemps, pendant au moins une heure.

Pendant toute la durée du brassage, il faut agiter doucement et régulièrement. Le mieux est de se servir d'un agitateur mécanique marchant lentement. Lorsque la température atteint 70° C., on note l'heure et on compte à partir de ce moment le temps nécessaire pour la saccharification complète.

Dix minutes après le moment auquel on a atteint la température de 70° C., on fait un premier essai avec l'iode, et on recommence cet essai toutes les cinq minutes, ou seulement de dix en dix minutes, si l'on a affaire à un malt manifestement mauvais. Pour faire cet essai, on fait tomber une goutte du brassin, à l'aide d'un agitateur, sur

Table d'extrait de Windisch

DENSITÉ à 15°	EXTRAIT POUR		DENSITÉ à 15°	EXTRAIT POUR		DENSITÉ à 15°	EXTRAIT POUR	
	100 gr.	100 c.c		100 gr.	100 c.c		100 gr.	100 c.c
1001	0,26	0,26	35	8,75	9,05	1069	16,76	17,90
2	0,52	0,52	36	9,00	9,31	70	16,99	18,16
3	0,77	0,77	37	9,24	9,57			
4	1,03	1,03	38	9,48	9,83	1071	17,22	18,43
5	1,28	1,29	39	9,72	10,09	72	17,45	18,69
6	1,54	1,55	40	9,96	10,35	73	17,68	18,95
7	1,80	1,81				74	17,90	19,21
8	2,05	2,07	1041	10,20	10,61	75	18,24	19,47
9	2,31	2,32	42	10,44	10,87	76	18,47	19,73
10	2,56	2,58	43	10,68	11,13	77	18,69	20,00
			44	10,92	11,39	78	18,92	20,26
1011	2,81	2,84	45	11,16	11,65	79	19,15	20,52
12	3,07	3,10	46	11,40	11,91	80	19,26	20,78
13	3,32	3,36	47	11,62	12,17			
14	3,57	3,62	48	11,87	12,43	1081	19,48	21,04
15	3,82	3,87	49	12,10	12,69	82	19,71	21,31
16	4,07	4,13	50	12,34	12,95	83	19,93	21,57
17	4,32	4,39				84	20,16	21,83
18	4,57	4,65	1051	12,58	13,21	85	20,38	22,09
19	4,82	4,91	52	12,81	13,47	86	20,60	22,36
20	5,07	5,17	53	13,05	13,73	87	20,83	22,62
			54	13,28	13,99	88	21,05	22,88
1021	5,32	5,43	55	13,52	14,25	89	21,27	23,14
22	5,57	5,69	56	13,75	14,51	90	21,49	23,44
23	5,82	5,94	57	13,99	14,77			
24	6,06	6,20	58	14,22	15,03	1091	21,72	23,67
25	6,31	6,46	59	14,45	15,29	92	21,94	23,93
26	6,56	6,72	60	14,69	15,55	93	22,16	24,20
27	6,80	6,98				94	22,38	24,46
28	7,05	7,14	1061	14,92	15,81	95	22,60	24,72
29	7,29	7,50	62	15,15	16,07	96	22,82	24,99
30	7,54	7,76	63	15,38	16,33	97	23,04	25,25
			64	15,61	16,60	98	23,25	25,54
1031	7,78	8,02	65	15,84	16,86	99	23,47	25,78
32	8,02	8,27	66	16,07	17,12	100	23,69	26,04
33	8,27	8,53	67	16,30	17,38			
34	8,51	8,79	68	16,53	17,64	1101	23,91	26,30

17.

une plaque de plâtre ou de porcelaine, et on ajoute une goutte de solution d'iode.

On prépare la solution d'iode en dissolvant 2^{gr},5 d'iode et 5 grammes d'iodure de potassium dans 1 litre d'eau.

On considère la saccharification comme terminée lorsque l'iode ne donne plus qu'une coloration rougeâtre, ou franchement jaune, ou brunâtre. Les malts foncés donnent toujours une faible réaction rosée.

Le temps qui s'est écoulé depuis l'instant où le brassin a atteint 70° C. jusqu'au moment où la saccharification est terminée est désigné en minutes sous le nom de durée de saccharification.

Il est nécessaire de noter l'odeur du brassin.

Lorsque le brassage est terminé, on sort le gobelet du bain-marie, on mélange la masse avec 200 centimètres cubes d'eau froide et on refroidit rapidement à 15° C., en plongeant le gobelet dans l'eau glacée. On amène ensuite le poids total du brassin à 450 grammes, en ajoutant de l'eau.

Après avoir bien agité, on verse le brassin sur un filtre à plis sec, suffisamment grand pour contenir toute la masse, et on recueille le liquide dans un flacon sec, en ayant soin de couvrir l'entonnoir avec une lame de verre.

Dès qu'on a recueilli 100 centimètres cubes de liquide filtré, on les reverse sur le filtre, puis on laisse filtrer, tout le moût.

On note la durée de filtration, afin de savoir si elle est lente ou rapide. Le moût peut s'écouler brillant, clair, opalescent, faiblement ou fortement trouble. Il sert à déterminer l'extrait et certains éléments constitutifs de l'extrait.

c. *Détermination de l'extrait.* — On détermine la densité du moût à 15° C. à l'aide d'un pycnomètre à long col, portant un trait ou une graduation, et on cherche dans les tables l'extrait correspondant.

Les tables d'extrait dont on se servira sont celles élaborées par le Dr Windisch, intitulées : « Tables pour la détermination de la teneur en sucre des solutions aqueuses de sucre, d'après leur densité à 15° C. et tables d'extrait pour l'analyse des bières, vins doux, liqueurs, jus de fruits, etc. »

L'emploi d'aréomètres ou de densimètres donne des résultats inexacts.

On peut également déterminer la densité en se servant de la balance de Westphal ; mais il faut la contrôler avec précision à l'aide du pycnomètre. Il faut aussi déterminer de temps en temps le poids d'eau contenue dans le

Table pour la détermination du maltose,
d'après E. WEIN

MILLIGRAMMES de cuivre	MILLIGRAMMES de maltose	MILLIGRAMMES de cuivre	MILLIGRAMMES de maltose	MILLIGRAMMES de cuivre	MILLIGRAMMES de maltose	MILLIGRAMMES de cuivre	MILLIGRAMMES de maltose
30	25,3	98	84,8	166	145,8	234	206,5
32	27,0	100	86,6	168	147,6	236	208,3
34	28,7	102	88,4	170	149,4	238	210,0
36	30,5	104	90,1	172	151,2	240	211,8
38	32,2	106	91,9	174	152,9	242	213,6
40	33,9	108	93,7	176	154,7	244	215,4
42	35,7	110	95,5	178	156,5	246	217,2
44	37,4	112	97,3	180	158,3	248	219,0
46	39,1	114	99,0	182	160,1	250	220,8
48	40,9	116	100,8	184	161,8	252	222,6
50	42,6	118	102,6	186	163,6	254	224,4
52	44,4	120	104,4	188	165,4	256	226,2
54	46,1	122	106,2	190	167,2	258	228,0
56	47,8	124	108,0	192	169,0	260	229,8
58	49,6	126	109,8	194	170,7	262	231,6
60	51,3	128	111,6	196	172,5	264	233,4
62	53,1	130	113,4	198	174,3	266	235,2
64	54,8	132	115,2	200	176,1	268	237,0
66	56,6	134	117,0	202	177,9	270	238,8
68	58,3	136	118,8	204	179,6	272	240,5
70	60,1	138	120,6	206	181,4	274	242,4
72	61,8	140	122,4	208	183,2	276	244,2
74	63,6	142	124,2	210	185,0	278	246,0
76	65,4	144	126,0	212	186,8	280	247,8
78	67,1	146	127,8	214	188,6	282	249,6
80	68,9	148	129,6	216	190,4	284	251,3
82	70,6	150	131,4	218	192,1	286	253,1
84	72,4	152	133,2	220	193,9	288	254,9
86	74,1	154	135,0	222	195,7	290	256,6
88	75,9	156	136,8	224	197,5	292	258,4
90	77,7	158	138,6	226	199,3	294	260,2
92	79,5	160	140,4	228	201,1	296	262,0
94	81,2	162	142,2	230	202,9	298	263,7
96	83,0	164	144,0	232	204,7	300	265,5

volume du pycnomètre. On calcule la teneur en extrait en la rapportant au malt tel quel, aussi bien qu'au malt sec, et les deux chiffres sont mentionnés dans le bulletin d'analyse, en arrondissant le chiffre des dixièmes p. 100.

Les déterminations d'extrait doivent concorder à 0,25 p. 100 près.

d. *Couleur du moût.* — On la détermine soit par comparaison avec des verres colorés, soit à l'aide d'un colorimètre.

On se sert, comme point de départ, d'une solution d'iode centinormale (1^{gr},27 d'iode, 4 grammes d'iodure de potassium dans 1 litre), et on exprime la coloration en centimètres cubes de cette solution, qu'il faut ajouter dans 100 centimètres cubes d'eau pour obtenir la coloration d'un moût à 10 p. 100. On peut remplacer la solution d'iode par une solution de matière colorante convenablement choisie.

Il faut noter que la solution d'iode s'altère à la longue. Il faut la conserver peu de temps et, en tout cas, à l'abri de la lumière.

e. *Détermination de la teneur en sucre.* — On dose le sucre du moût par la méthode pondérale. On étend 30 centimètres cubes de moût à 200 centimètres cubes. Dans une capsule de porcelaine couverte de 13 centimètres de diamètre et d'une capacité de 350 centimètres cubes environ, on porte à l'ébullition 50 centimètres cubes de liqueur de Fehling. On ajoute, aussitôt que le liquide bout, 25 centimètres cubes de moût dilué, et on maintient en ébullition exactement pendant quatre minutes. L'oxydule de cuivre est rapidement filtré dans un tube à amiante taré, lavé à l'eau chaude, à l'alcool, à l'éther, chauffé au rouge sombre, d'abord dans un courant d'air, afin de détruire les matières organiques qu'il peut renfermer, puis réduit dans un courant d'hydrogène. Le cuivre pesé est converti en maltose, à l'aide des tables de Wein, et exprimé en maltose brut.

On calcule le rapport du sucre au non-sucre d'après la teneur en extrait, en supposant le maltose brut égal à 1.

La détermination d'autres sucres dans l'extrait n'est pas actuellement indiquée. Si l'on désire, dans certains cas particuliers, déterminer les quantités des divers sucres de moût, il faut indiquer, dans le bulletin d'analyse, quelle méthode on a employée pour les séparer et les doser.

f. *La détermination du pouvoir diastasique* ne se fait que sur demande spéciale, d'après la méthode de Lintner modifiée par Kjeldahl.

LABORATOIRE.

ANALYSE DE MALT.

Nº d'ordre.   Entré le   Expédié le
Provenance.
Expéditeur.

100 parties de malt tel que donnent :

Eau :   Extrait :

100 parties de malt sec donnent :

Extrait :   Maltose brut :   Rapport du sucre au non-sucre :
Durée de saccharification :   minutes.   Odeur du moût :   Filtration du moût :
Couleur du moût, en centimètres cubes de solution d'iode centinormale :
Poids de l'hectolitre :   kilos.   Poids de 1.000 grains secs :

Développement de la plumule.		*État de l'amande.*	
Grains non germés	0/0	Grains farineux blancs..............	0/0
Moins que 1/2 de la longueur du grain..	0/0	— — brunis..............	0/0
Egale à 1/2 —	0/0	— demi-vitreux	0/0
— 2/3 —	0/0	— entièrement vitreux	0/0
— 3/4 —	0/0	— faiblement brunis.............	0/0
— 1/1 —	0/0	— fortement brunis	0/0
Hussards	0/0		

Grains moisis :   0/0   Grains cassés :   0/0   Graines étrangères :   0/0   Déchets de triage :   0/0

Observations :

L'analyse a été faite d'après les conventions du IIIe. Congrès international de chimie appliquée, à Vienne, en 1898.

g. Le moût peut encore servir à doser l'azote, les cendres, l'acide phosphorique.

Rédaction des résultats de l'analyse. — Les chiffres donnant les résultats de l'analyse exprimeront, en vertu d'une convention, la teneur centésimale du malt (sauf ceux relatifs à la couleur du moût) et seront inscrits sur une feuille adoptée universellement, dont nous reproduisons le modèle (p. 301).

Pour l'analyse des malts colorants, on se servira des mêmes méthodes.

On prépare le moût de malt colorant en saccharifiant 25 grammes de farine de malt colorant avec 25 grammes de la farine d'un malt de composition connue.

Rendement et degré-hectolitre d'un malt

En complément des résultats d'analyse donnés par les méthodes conventionnelles indiquées ci-dessus, il y a lieu de calculer le rendement et le degré-hectolitre d'un malt.

Le rendement d'un malt se calcule en faisant intervenir le dosage de l'extrait et la teneur en eau de ce malt.

Soit e l'extrait p. 100 trouvé au cours de l'analyse effectuée par la méthode ci-dessus, h l'humidité p. 100 du malt.

Le brassin a été fait avec 50 grammes; on a ajouté au moût 400 grammes d'eau; la quantité d'eau contenue dans ce moût est donc de :

$$400 + \frac{h}{2} \; ;$$

pour $100 - e$ d'eau nous avons l'extrait e, pour $\left(400 + \frac{h}{2}\right)$ eau nous avons l'extrait :

$$\text{Extrait pour 50 grammes malt} = e \, \frac{\left(400 + \dfrac{h}{2}\right)}{100 - e}.$$

Donc l'extrait p. 100 de malt ou le rendement R_A est :

$$R_A = e \, \frac{\left(400 + \dfrac{h}{2}\right)}{100 - e} \times 2.$$

Le rendement donné par cette formule est le rendement sur le malt normal ; on l'appelle rendement humide ; le rendement sec est obtenu par la formule :

$$R_s = R_h \frac{100}{100 - h}.$$

Les degrés-hectolitre produits par 100 kilogrammes de malt se calculent en divisant le rendement pratique par le facteur 2,6.

MOÛTS DE FERMENTATION

L'analyse d'un moût comporte les mêmes dosages que l'analyse d'un malt.

La densité se prend soit à l'aide du densimètre centésimal, soit par la méthode du flacon (pycnomètre).

L'extrait se détermine d'après la densité, soit à l'aide de la table de Windisch, qui donne la teneur en extrait pour 100 grammes ou pour 100 centimètres cubes de moût ; soit en appliquant la formule approximative suivante :

$$Ev = 0,26 (d - 1.000).$$

On ne peut déterminer par cette formule que l'extrait p. 100 en volume ; Ev est exprimé en grammes pour 100 centimètres cubes de moût.

On peut encore, pour déterminer l'extrait, employer le saccharomètre Balling, dont la graduation indique approximativement l'extrait contenu dans 100 grammes de moût.

Les moûts renferment deux principes essentiels : des sucres (maltose en majeure partie) et de la dextrine ; le dosage des sucres ou maltose brut s'effectue à l'aide de la liqueur de Fehling, soit par décoloration, soit par pesée du cuivre réduit, suivant la méthode conventionnelle ; la dextrine se détermine par la méthode suivante :

Dosage de la dextrine dans le moût

On introduit, dans un ballon de 500, 50 centimètres cubes de moût filtré, 400 centimètres cubes d'eau et 15 centimètres cubes d'acide chlorhydrique à 16° B. (D = 1,125) ; on obture le ballon d'un bouchon portant un long tube condenseur et on introduit ce ballon dans un bain-marie que l'on porte à l'ébullition ; au bout de trois heures, toute la dextrine et le maltose ont été transformés en glucose. On refroidit le liquide, on neutralise par l'addition de quelques centimètres cubes d'une solution de soude; on complète le volume à 500 centimètres cubes et on dose le glucose par la liqueur de Fehling.

Soit G le poids de glucose trouvé; on connaît la quantité M de maltose brut contenu dans le moût; on sait que 1 de maltose donne 1,053 de glucose et que 9 parties de dextrine donnent 10 parties de glucose; le taux p. 100 de dextrine est donc donné par la formule :

$$D = [G - 1,053\,M]0,9.$$

Détermination du rendement en degrés-hectolitre des sucres ou substances sucrées employés en brasserie (Méthode officielle).

Faire dissoudre 100 grammes du produit dans 75 à 80 centimètres cubes d'eau distillée. La dissolution opérée, compléter le volume à 1 litre mesuré à $+$ 15° et évaluer à cette température l'indication donnée par le densimètre.

Cette évaluation fournit en degrés-hectolitre et en dixièmes de degré le rendement afférent à 10 kilogrammes du produit analysé.

HOUBLON

L'analyse du houblon comporte l'examen des caractères extérieurs du cône, la détermination de la teneur en lupuline et le dosage des éléments essentiels : principes amers, tanin, humidité, cendres, extrait alcoolique, extrait aqueux et résine.

Examen des caractères extérieurs du houblon

Les cônes doivent être entiers, munis de leur queue et sensiblement de dimension uniforme; ils ne doivent pas renfermer de graines; les cônes munis d'akènes étant moins riches en lupuline que les cônes stériles. La coloration du houblon doit être verte ou jaune verdâtre; cette teinte fonce avec l'âge, et le houblon devient orange ou rouge brun, en même temps qu'il perd une grande partie de ses qualités. L'odeur d'un houblon permet également d'en apprécier la valeur; très aromatique à l'état frais, le houblon perd peu à peu son arome et prend, lorsqu'il est en mauvais état de conservation, une odeur désagréable;

le plus souvent, dans ce cas, les bractées apparaissent piquetées de points noirs.

Les bractées doivent être recouvertes à leur base de petits corpuscules ou petites glandes jaunes, qu'on désigne sous le nom de lupulin ou lupuline. Lorsque le houblon est frais, ces petites glandes, qui contiennent une résine fluide, laissent une trace huileuse quand on les écrase sur une feuille de papier ; avec l'âge, les résines s'oxydent ; leur belle couleur jaune se fonce ; elles prennent une teinte orange ou rouge brun et perdent leur apparence huileuse.

Détermination de la teneur en lupuline

Les petites glandes qui constituent la lupuline renferment, en dehors du tanin, tous les principes actifs du houblon, notamment l'huile essentielle et les principes amers qui communiquent à la bière son parfum et son goût.

Pour déterminer la richesse d'un houblon en lupuline, on le dessèche, soit au soleil, soit dans une étuve à 40° ; après dessiccation, on ouvre les cônes au-dessus d'un tamis, on détache et on froisse les bractées ; puis on recueille et pèse la poudre jaune de lupuline, qui passe à travers le tamis ; la proportion varie de 8 à 15 p. 100.

Dosage des principes amers (Méthode Lintner)

On a isolé de la lupuline deux acides amers, l'acide amer α et l'acide amer β ; ce dernier est également appelé acide lupulique et le premier acide humulique ; le dosage des principes amers s'effectue en bloc et s'exprime suivant les indications de Lintner en acide lupulique.

On opère sur 10 grammes de houblon, qu'on introduit dans un ballon de 500, portant un trait de jauge à 505 centimètres cubes (5 centimètres cubes correspondant au volume du houblon) ; on verse dans le ballon 300 centimètres cubes environ d'éther de pétrole bouillant à 30 à 50° ; on obture le ballon d'un bouchon supportant un réfrigérant à reflux, et on le plonge de 2 à 3 centimètres dans un bain-marie chauffé à 50° ; on prolonge l'ébullition de l'éther pendant huit heures.

Au bout de ce temps, on refroidit le liquide, on complète au trait de jauge avec de l'éther de pétrole et on filtre rapidement dans un flacon.

On prélève, pour le titrage des acides amers, 400 centimètres cubes du liquide filtré, quantité correspondant à 2 grammes de houblon ; on introduit ces 100 centimètres cubes dans un ballon de 375 ; on ajoute 80 centimètres cubes d'alcool à 96° et cinq à six gouttes d'une solution de phtaléine du phénol à 1 p. 100, puis on titre avec une solution décinormale de potasse dans l'alcool à 90° ; on ajoute de la potasse jusqu'à ce que le liquide se colore en rose.

Lintner recommande d'effectuer un essai à blanc afin de déterminer la quantité de potasse titrée nécessaire pour colorer en rose un mélange de 100 centimètres cubes de l'éther de pétrole et de 80 centimètres cubes de l'alcool utilisé.

Une molécule d'acide amer correspond à 1 molécule de potasse, et 1 centimètre cube de la solution alcaline correspond à 0^{gr},04 d'acide lupulique ; on détermine donc l'acidité en acide lupulique (acide amer β) en multipliant le volume de potasse employé par le facteur 0,4, et on exprime par rapport à 100 parties de houblon sec, qui normalement renferment de 11,50 à 13 p. 100 d'acides amers.

Dosage du tanin (Procédé Héron)

Les houblons renferment 2 à 7 p. 100 de tanin ; pour en effectuer le dosage, on opère sur 10 grammes de houblon, qu'on introduit dans un ballon portant un trait de jauge à 1005 ; on verse dans ce ballon 900 centimètres cubes d'eau et on chauffe au bain-marie bouillant pendant une heure. Après ce laps de temps, on refroidit le liquide, on filtre et on prélève 100 centimètres cubes, qu'on titre à l'aide du permanganate de potasse, suivant la méthode de Lowendahl décrite à l'analyse des tanins ; on obtient ainsi la quantité de permanganate absorbée par le tanin et les matières organiques de la dissolution.

Pour déduire la quantité de permanganate absorbée par les matières organiques, on traite 200 centimètres cubes de la liqueur filtrée par un excès d'une solution de gélatine additionnée de quelques centimètres cubes d'acide sulfurique au dixième. Le tanin est précipité, alors que les matières organiques qui l'accompagnaient restent en dissolution ; on filtre 100 centimètres cubes de cette liqueur et on titre par le permanganate. Par différence entre ces deux titrages, on déduit la teneur en tanin du houblon analysé.

Dosage de l'humidité et des cendres

Les dosages de l'humidité et des cendres s'effectuent sur 5 grammes de houblon ; le dosage de l'humidité est toujours un peu supérieur à la réalité du fait de l'évaporation de l'huile aromatique volatile que le houblon renferme dans la proportion de 0,10 à 0,50 p. 100.

Les houblons doivent contenir de 12 à 15 p. 100 d'eau et de 8 à 10 p. 100 de matières minérales.

Extrait alcoolique, extrait aqueux, résine

Pour déterminer l'extrait alcoolique, on introduit dans un ballon de 505 centimètres cubes muni d'un réfrigérant à reflux 10 grammes de houblon et 450 centimètres cubes d'alcool à 90° ; on chauffe au bain-marie à l'ébullition pendant une heure. On refroidit ensuite le liquide, on complète à 505 ; on filtre et on évapore 50 centimètres cubes du liquide filtré dans une capsule ou un verre taré. On rapporte le résultat de l'analyse à 100 parties de houblon sec ; cet extrait alcoolique est compris d'ordinaire entre 35 et 40 p. 100.

L'extrait aqueux peut être obtenu en évaporant partie aliquote du liquide d'épuisement par l'eau, préparé pour le dosage du tanin.

La teneur en résine est calculée en faisant la différence entre l'extrait alcoolique et l'extrait aqueux ; les houblons renferment de 15 à 20 p. 100 de résine.

LUPULINES

Suivant Hager, les lupulines pures ne doivent pas renfermer plus de 10 p. 100 de cendres ; elles doivent donner un extrait soluble dans l'éther au moins égal à 70 p. 100 ; en Angleterre, on tolère jusqu'à 15 p. 100 de matières minérales ; par contre, aux États-Unis, on n'accepte pas de lupulines ayant plus de 8 p. 100 de cendres.

Dosage des matières minérales

On opère sur 2 grammes de lupuline ; lorsque toute la matière organique est transformée en charbon, on épuise le résidu par l'eau afin de dissoudre les sels alcalins. On recueille sur un filtre le charbon et les cendres insolubles ; on lave le filtre, qu'on calcine ensuite au rouge sombre ; puis on réunit le liquide d'épuisement aux cendres insolubles ; on évapore au bain de sable, on calcine à 150 ou 180° pour éliminer l'eau de cristallisation, et on pèse.

Extrait soluble dans l'éther

On épuise 10 grammes de lupuline dans un appareil de Soxhlet jusqu'à ce que l'éther qui traverse la matière passe incolore ; on peut évaporer l'éther et peser l'extrait ou, ce qui est préférable, peser le résidu insoluble dans l'éther et déterminer par différence les matières solubilisées par l'éther ; on évite ainsi l'erreur due à la volatilisation de l'huile aromatique pendant la dessiccation de l'extrait.

EAUX DE BRASSERIE

Les eaux destinées à la fabrication de la bière doivent posséder les qualités d'une bonne eau potable ; la présence de microorganismes est particulièrement dangereuse, car ces germes peuvent nuire à la fermentation.

L'eau ne doit pas renfermer de sels de fer en dissolution ; ceux-ci colorent la bière et lui communiquent un goût désagréable. Kukla a signalé à ce sujet l'emploi, dans une brasserie, d'une eau renfermant 2 grammes de fer par hectolitre : cette eau communiquait à la bière une coloration noire intense.

On attribue une importance exagérée à l'emploi d'eaux séléniteuses ; c'est ainsi qu'en Angleterre on considère que l'ale de Burton, très renommée, doit sa qualité à la présence de sulfates alcalino-terreux dans l'eau qui sert à sa fabrication. Aussi, dans bon nombre de brasseries où l'on fabrique de l'ale, on introduit du sulfate de chaux dans l'eau utilisée, lorsque celle-ci n'en contient pas.

Windisch et Boden ont entrepris de longs travaux pour déterminer exactement l'influence du sulfate de chaux dans l'eau de brasserie ; ils ont été amenés à conclure que le sulfate de chaux joue un rôle plutôt défavorable, son influence se faisant particulièrement sentir sur l'amylase du malt.

RÉSIDUS DE BRASSERIE

Les résidus de brasserie utilisés à l'alimentation du bétail sont : les germes ou radicelles d'orge et les drêches de brasserie ; ces drêches sont consommées soit à l'état frais, soit séchées. L'analyse de ces produits comporte la détermination des principes nutritifs bruts, qu'on effectue suivant les méthodes décrites à l'analyse des fourrages.

Composition des drêches de brasserie et germes d'orge.

	Drêches fraîches.		Drêches sèches.	Germes d'orge.
Protéine	5,24	6,26	21,12	23,56
Matières grasses ...	1,70	1,40	6,54	1,10
Extractif non azoté .	10,47	11,26	41,87	44,46
Cellulose..........	3,25	5,10	15,60	11,38
Cendres..........	0,90	1,24	4,25	6,40
Eau..............	78,44	74,74	10,62	13,10
	100,00	100,00	100,00	100,00

FABRICATION DES SUPERPHOSPHATES (1).

La fabrication des superphosphates comporte l'emploi :

1° De phosphate naturel ou de poudre d'os dont nous avons indiqué les méthodes de dosage à l'analyse des engrais ;

2° D'acide sulfurique à 53° B. ou d'acide phosphorique à 50° B. ; ou encore de pyrites servant à la préparation de l'acide sulfurique. Nous indiquerons successivement les essais à effectuer sur ces divers produits.

ACIDE SULFURIQUE

On se contente en général de prendre la densité ou le degré Baumé de l'acide utilisé et de déterminer la richesse en acide sulfurique en se servant des tables ci-contre.

Les densités sont prises à la température de $+ 15°$; lorsque l'on effectue une prise de densité à une température différente de $+ 15°$, on admet qu'il faut faire une correction de 0,001 en plus ou en moins par degré de température au-dessus ou au-dessous de la température normale.

On peut compléter les indications données par la prise de densité, en dosant l'acide sulfurique sur une liqueur suffisamment diluée et en déterminant l'acidité par un titrage alcalimétrique effectué à l'aide de la solution de soude titrée qu'on utilise pour le dosage de l'azote.

(1) Voy. PLUVINAGE, Industrie des Engrais (ENCYCLOPÉDIE AGRICOLE).

Richesse des solutions aqueuses d'acide sulfurique à + 15°
(J. Kolb).

DEGRÉS BAUMÉ	DENSITÉS.	100 PARTIES EN POIDS CONTIENNENT :		DEGRÉS BAUMÉ.	DENSITÉS.	100 PARTIES EN POIDS CONTIENNENT :	
		SO^3 p. 100.	SO^4H^2 p. 100.			SO^3 p. 100.	SO^4H^2 p. 100.
1	1007	1,5	1,9	34	1308	32,8	40,2
2	1014	2,3	2,8	35	1320	33,8	41,6
3	1022	3,1	3,8	36	1332	35,1	43,0
4	1029	3,9	4,8	37	1345	36,2	44,4
5	1037	4,7	5,8	38	1357	37,2	45,5
6	1045	5,6	6,8	39	1370	38,3	46,9
7	1052	6,4	7,8	40	1383	39,5	48,3
8	1060	7,2	8,8				
9	1067	8,0	9,8	41	1397	40,7	49,8
10	1075	8,8	10,8	42	1410	41,8	51,2
				43	1424	42,9	52,8
11	1083	9,7	11,9	44	1438	44,1	54,0
12	1091	10,6	13,0	45	1453	45,2	55,4
13	1100	11,5	14,1	46	1468	46,4	56,9
14	1108	12,4	15,2	47	1483	47,6	58,3
15	1116	13,2	16,2	48	1498	48,7	59,6
16	1125	14,4	17,3	49	1514	49,8	61,0
17	1134	15,1	18,5	50	1530	51,0	62,5
18	1142	16,0	19,6				
19	1152	17,0	20,8	51	1540	52,2	64,0
20	1162	18,0	22,2	52	1563	53,5	65,5
				53	1580	54,9	67,0
21	1171	19,0	23,3	54	1597	56,0	68,6
22	1180	20,0	24,5	55	1615	57,1	70,0
23	1190	21,1	25,8	56	1634	58,4	71,6
24	1200	22,1	27,1	57	1652	59,7	73,2
25	1210	23,2	28,4	58	1672	61,0	74,7
26	1220	24,2	29,6	59	1691	62,4	76,4
27	1231	25,3	31,0	60	1711	63,8	78,1
28	1241	26,3	32,2				
29	1252	27,3	33,4	61	1732	65,2	79,9
30	1263	28,3	34,7	62	1753	66,7	81,7
				63	1774	68,7	84,1
31	1274	29,4	36,0	64	1796	70,6	86,5
32	1285	30,5	37,5	65	1819	73,2	89,7
33	1297	31,7	38,8	66	1842	84,6	100,0

ACIDE PHOSPHORIQUE

Les solutions d'acide phosphorique employées à la fabrication des superphosphates doubles sont en général très impures, aussi on ne peut se contenter d'en prendre la densité pour déterminer leur richesse en acide phosphorique.

On dose dans ces solutions l'acide phosphorique par précipitation à l'état de phosphate ammoniaco-magnésien, et on détermine la richesse en acide phosphorique libre par titrage acidimétrique ; on doit s'assurer que ces solutions ne renferment pas d'acide sulfurique.

L'analyse suivante indique la composition d'une solution d'acide phosphorique commerciale employée à la fabrication de superphosphate double :

Degré Baumé..........................	50°
Anhydride phosphorique..............	43,27
Acide orthophosphorique.............	59,00
Acide sulfurique	0,24
Oxyde de fer........................	1,50

PYRITES

Les pyrites de fer commerciales renferment de 50 à 53 p. 100 de soufre ; lorsque la teneur en soufre est inférieure à 50, on peut compléter la détermination du soufre par le dosage de l'humidité, de la silice et surtout du carbonate de chaux. Certaines pyrites renferment en effet une quantité importante de carbonate de chaux qui les déprécie, ce carbonate de chaux présentant un double inconvénient. Pendant le grillage des pyrites, il émet de l'acide carbonique qui dilue l'acide sulfureux et en rend l'oxydation plus difficile ; en outre, il se transforme en sulfate de chaux, dont la présence en quantité notable dans les cendres de pyrites en rend impossible l'utilisation industrielle.

Dosage du soufre

Le dosage du soufre s'effectue en traitant la pyrite broyée par de l'acide nitrique et précipitant l'acide sulfurique formé, par le chlorure de baryum.

Mode opératoire (procédé Noaillon). — On introduit 1 gramme de pyrite porphyrisée dans un verre de Bohême de 100 dans lequel on ajoute 10 centimètres cubes d'une solution de chlorate de soude à 30 p. 100 et 10 centimètres cubes d'acide nitrique (D = 1,4).

Pour rendre la réaction lente, il est nécessaire de placer le verre de 100 dans un récipient contenant de l'eau froide. Au bout d'une demi-heure, l'oxydation est complète; cette oxydation s'effectue sans séparation de soufre et presque sans dégagement gazeux.

On évapore à siccité au bain de sable, puis on reprend par 10 à 15 centimètres cubes d'acide chlorhydrique, et on évapore de nouveau à siccité pour éliminer l'acide nitrique. On reprend par 4 à 5 centimètres cubes d'acide chlorhydrique, on chauffe pendant cinq minutes au bain de sable et on ajoute 50 centimètres cubes d'eau. On laisse digérer pendant une demi-heure au bain de sable, puis on décante le contenu du verre dans une fiole jaugée de 500 centimètres cubes; on étend à 400 centimètres cubes environ, et on précipite le fer par un excès d'ammoniaque.

Le liquide refroidi, on en complète le volume à 500 centimètres cubes, dont on prélève par filtration 250 centimètres cubes correspondant à 0^{gr},500 de pyrite. Ces 250 centimètres cubes sont introduits dans un ballon de 500; on porte à l'ébullition pour chasser l'excès d'ammoniaque; on acidifie par l'addition de 1 centimètre cube d'acide chlorhydrique, et dans le liquide bouillant on précipite l'acide sulfurique par le chlorure de baryum.

Le poids de sulfate de baryte obtenu multiplié par 0^{gr},137 donne la teneur en soufre pour 0^{gr},500 de pyrite.

CENDRES DE PYRITE

Les cendres de pyrite, lorsqu'elles ne renferment que peu de soufre et de sulfate, sont introduites dans les hauts fourneaux pour en extraire le fer.

Le dosage du soufre s'effectue dans les cendres de pyrite par la même méthode que dans les pyrites; mais on opère sur une quantité plus importante de matière, 2 ou 4 grammes. En outre, on prolonge la digestion au bain de sable de la solution chlorhydrique diluée, et on agite fréquemment ce liquide, afin de faciliter la dissolution du sulfate de chaux que renferment les cendres de pyrite provenant du grillage de pyrites calcaires.

ESSAI DE FABRICATION DE SUPERPHOSPHATE

La fabrication du superphosphate tend vers la production de phosphate monocalcique ; théoriquement cette transformation s'effectue suivant la formule :

$$Ca^3(PO^4)^2 + 2SO^4H^2 + 5H^2O = CaH^4(PO^4)^2 + 2CaSO^4,2aq + 2H^2O.$$

Il faudrait donc, d'après cette formule, employer 2 molécules d'acide sulfurique pour 1 molécule de phosphate tricalcique ; en réalité, on emploie dans la pratique 2 molécules un quart à 2 molécules et demie d'acide sulfurique pour 1 molécule de phosphate. En outre, il y a lieu de déterminer les quantités d'acide sulfurique nécessaires pour décomposer le carbonate de chaux et le fluorure de calcium et pour dissoudre les sesquioxydes de fer et d'aluminium attaquables par l'acide.

L'acide employé à la fabrication des superphosphates minéraux est de l'acide sulfurique à 53° B. ; pour traiter les os verts plus difficiles à attaquer que les phosphates naturels, on emploie de l'acide sulfurique à 60° B.

Suivant Sorel, on peut admettre les multiples suivants pour calculer la quantité d'acide à 53° nécessaire à la fabrication d'un superphosphate :

Phosphate tribasique................... 1,14
Oxyde de fer et alumine 3,34
Carbonate de chaux..................... 1,46
Non dosé (fluorures, chlorures de cal-
 cium, etc.)........................ 0,12

Pour effectuer un essai de fabrication de superphosphate, avec un phosphate ou un mélange de phosphates, on détermine le dosage en phosphate, alumine, oxyde de fer et carbonate de chaux, et on calcule à l'aide des multiplicateurs indiqués ci-dessus la quantité d'acide à 53° à employer p. 100 du produit à traiter ; puis le phosphate étant finement broyé (5 p. 100 de refus, au maximum, au tamis 80), on en dispose une couche au fond et sur le bord d'une large terrine. On fait couler dans la cuvette ainsi formée l'acide à employer, en même temps qu'on fait tomber en nappe et par petites portions le reste du phosphate ; puis l'acide et le phosphate introduits, on mélange intimement à l'aide d'une large spatule en bois ; on agite jusqu'à ce que la masse commence à devenir consistante, et on abandonne ensuite au repos. Le lendemain et le surlendemain, on examine le produit fabriqué ; on note son aspect, son état de dessiccation, sa consistance, concrète ou poreuse ; on détermine le poids de superphosphate obtenu et on examine l'état de solubilité de l'acide phosphorique en dosant l'acide phosphorique soluble dans l'eau, l'acide phosphorique soluble dans le citrate d'ammoniaque et l'acide phosphorique resté à l'état de phosphate insoluble.

PRODUITS DES PETITES INDUSTRIES AGRICOLES

CIRE

La cire d'abeilles est un produit complexe duquel on a isolé des hydrocarbures, des composés acides et des produits neutres.

Les deux hydrocarbures isolés et définis sont : l'heptacosane normal $C^{27}H^{56}$ et l'hentriacontane normal $C^{31}H^{64}$; ces deux carbures correspondent respectivement aux acides cérotique et mélissique ; suivant MM. A. et P. Buisine, la cire d'abeille renferme de 12,5 à 14,5 p. 100 d'hydrocarbures.

Les éléments acides de la cire sont : l'acide cérotique $C^{27}H^{54}O^2$, l'acide mélissique $C^{31}H^{62}O^2$, l'acide palmitique combiné à l'alcool mélissique $C^{16}H^{32}O^2$ et des acides de la série oléique libres ou combinés aux alcools. D'après Hehner, la cire d'abeilles renferme une quantité d'acide libre correspondant à 13,22 à 15,71 p. 100 d'acide cérotique. MM. A. et P. Buisine, en déterminant l'indice d'iode et déduisant l'iode fixé par les carbures non saturés, ont calculé que la cire d'abeilles renferme 7,85 p. 100 d'acides non saturés exprimés en acide oléique.

Les produits neutres isolés de la cire sont formés des combinaisons de l'alcool cérylique aux acides cérotique ou palmitique, de l'alcool mélissique à l'alcool palmitique $C^{31}H^{64}O$ et d'alcool aux acides gras.

Normalement la cire possède une belle teinte jaune ; on la blanchit soit par exposition à la lumière et à l'air, soit par exposition à l'air après addition de 3 à 5 p. 100 de suif ; soit à l'aide de noir animal ; soit avec des agents chimiques, permanganate ou bichromate ; ces traitements modifient sensiblement les constantes de la cire.

La cire est falsifiée le plus communément par addition de paraffine à point de fusion se rapprochant de celui de la cire d'abeille, ou encore de cire du Japon, cire végétale que sécrète un arbre de la famille des Anacardiées exploité dans l'île Kiousou. Cette cire végétale, d'un prix assez élevé, est souvent elle-même l'objet de falsifications ; c'est ainsi que nous avons eu l'occasion d'analyser une cire du Japon fraudée par l'addition de 75 p. 100 de paraffine.

L'analyse d'une cire comporte les déterminations suivantes : densité, point de fusion, dosage des acides libres et de la totalité des acides; détermination de l'indice d'iode et recherche des hydrocarbures. Ces données suffisent pour apprécier la pureté d'une cire ; on peut les compléter par le dosage de l'humidité, la recherche des matières minérales ou organiques étrangères et l'examen de la matière colorante; ces déterminations complémentaires s'effectuent directement sur l'échantillon à examiner; l'analyse proprement dite se fait sur la cire préalablement lavée à l'eau bouillante.

Épuration de la cire

Dans un verre de Bohême de 500, on introduit 50 grammes environ de cire avec 300 à 400 centimètres cubes d'eau bouillante ; on chauffe au bain-marie pendant un quart d'heure en brassant fréquemment la masse à l'aide d'un agitateur. La cire fond rapidement, le miel qu'elle peut contenir passe en dissolution dans l'eau ; les petits débris organiques qui accompagnent la cire se séparent de la masse fondue, qu'on décante dans une capsule de porcelaine ; on sèche à l'étuve à 110° et on laisse ensuite refroidir.

Détermination de la densité

La densité des cires jaunes varie de 0,962 à 0,968.

La détermination de la densité peut s'effectuer soit à l'aide du pycnomètre (fig. 42) pour solides, soit à l'aide de la balance de Mohr.

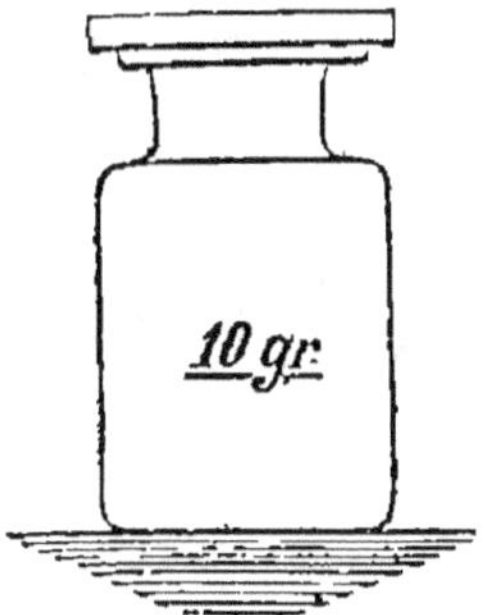

Pour utiliser le pycnomètre, on fait fondre la cire et on en remplit le pycnomètre en formant un ménisque au-dessus du flacon; lorsque la cire est refroidie et solidifiée, on enlève l'excès en faisant glisser le couvercle sur le goulot.

Pour utiliser la balance de Mohr (fig. 43), on prélève sur la cire lavée un cube ou parallélipipède d'une dizaine de centimètres cubes. On prend exactement le poids P, puis

Fig. 42. — Pycnomètre pour solides.

on le fixe sur le fil qui supporte le flotteur F en faisant pénétrer légèrement et par glissement ce fil dans la cire ; on place sur le fléau le cavalier qui équilibre la balance lorsque le flotteur plonge dans l'eau ; puis on enfonce sous l'eau le flotteur et la cire. A l'aide des autres cavaliers, on établit l'équilibre de la balance ; soit p la valeur de ces derniers cavaliers ; cette valeur est obtenue en multipliant le poids réel des cavaliers 0^{gr},5, 0^{gr},05, etc., par le chiffre de l'encoche où ils sont placés et divisant par 10 ; ainsi le poids de 0^{gr},5 placé au chiffre 4 se lit : 0,5 $\times$ 4 : 10 = 0^{gr}, 200.

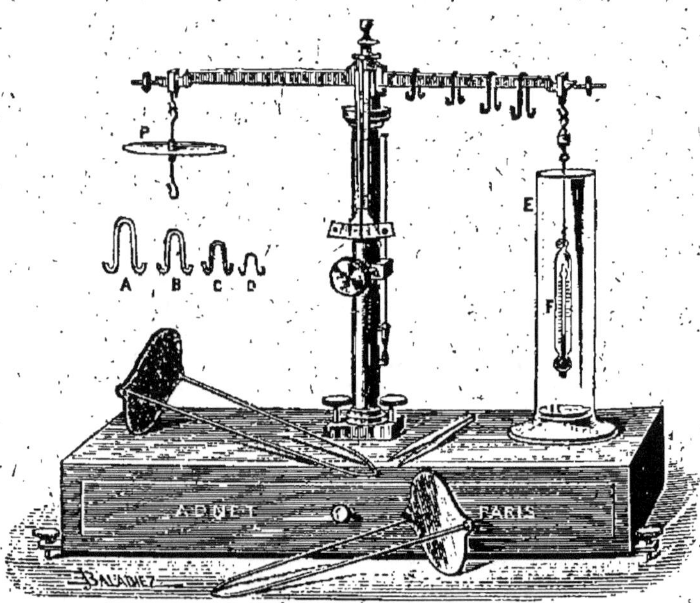

Fig. 43. — Balance de Mohr.

Soit π la poussée subie par la cire plongée dans l'eau ; elle est équilibrée par le poids de la cire P augmenté de la valeur p des cavaliers ; la densité est donc égale à :

$$\frac{P}{P + p}.$$

Détermination du point de fusion.

Le point de fusion de la cire pure est très constant (63 — 64°) ; un point de fusion différent est l'indice certain d'une falsification ; aussi cet essai doit-il être effectué avec beaucoup de soin.

Pour déterminer le point de fusion, on introduit, dans un verre de Bohême de 100, 50 à 60 centimètres cubes de mercure. Il est important que la surface du mercure soit absolument brillante ; on obtient cette surface nette en filtrant le mercure, c'est-à-dire en le versant dans le verre par l'intermédiaire d'un entonnoir à pointe très effilée.

Le verre contenant le mercure est placé sur un bain de sable chauffé à petite flamme ; on plonge dans le mercure le réservoir d'un thermomètre sensible et on dépose à la surface du mercure un petit fragment de la cire à analyser.

Lorsque le thermomètre accuse 55°, on surveille attentivement le thermomètre et la cire ; celle-ci se ramollit puis devient transparente ; la division marquée à cet instant par le thermomètre indique le point de fusion de la cire. On peut laisser refroidir le mercure et recommencer l'opération pour bien s'assurer du point exact de fusion.

On peut également déterminer le point de fusion en faisant fondre au bain-marie 100 ou 200 grammes de cire ; plongeant complètement dans la masse fondue le réservoir d'un thermomètre ; laissant se solidifier la cire, puis chauffant à nouveau au bain-marie. Le thermomètre, monte lentement jusqu'au moment où la cire atteint la température de son point de fusion ; la colonne de mercure reste alors stationnaire.

Dosage des acides libres

Réactifs. — Le dosage des acides libres et de la totalité des acides dans la cire nécessite l'emploi de deux solutions alcooliques, une solution acide et une solution alcaline ; ces solutions étant très instables, on ne les prépare que peu de temps avant l'emploi.

Solution alcoolique de potasse pure. — On dissout 5 grammes de potasse pure dans de l'alcool à 95° et on complète au volume de 1 litre.

Solution alcoolique d'acide chlorhydrique. — On mélange à 1 litre d'alcool à 95°, 10 centimètres cubes d'acide chlorhydrique à 22° B.

Titrage de ces solutions. — Ces deux solutions étant quelconques, on titre la solution de potasse à l'aide d'une solution d'acide sulfurique décinormale ; on détermine ainsi la quantité de potasse (KOH) contenue dans 10 centimètres cubes de la solution de potasse.

Pour titrer la solution chlorhydrique par rapport à la solution alcaline, on prélève 10 centimètres cubes de cette dernière solution qu'on introduit dans un ballon de 150 avec 50 centimètres cubes d'alcool et quelques gouttes de phénol-phtaléine. On chauffe vers 60-70°, et dans cette liqueur chaude on verse goutte à goutte la solution chlorhydrique contenue dans une burette graduée jusqu'à décoloration de la liqueur; on détermine ainsi le volume de la solution chlorhydrique correspondant à 10 centimètres cubes de la solution de potasse.

Mode opératoire. — On introduit dans un ballon de 150 centimètres cubes 2 grammes de cire, 50 centimètres cubes d'alcool à 95° et quelques gouttes d'une solution de phénol-phtaléine. On porte le mélange à l'ébullition, puis on y verse goutte à goutte la solution de potasse contenue dans une burette graduée, jusqu'à coloration rose; on chauffe de nouveau quelques secondes pour s'assurer que la coloration est bien persistante; dans le cas contraire, on ajoute quelques gouttes de solution alcaline.

On lit le nombre n de centimètres cubes de solution alcaline employé; le résultat s'exprime en milligrammes de potasse (KOH) absorbé par 1 gramme de cire; sachant que 10 centimètres cubes de la solution de potasse contiennent N milligrammes de KOH, on déduit par un calcul simple le nombre de milligrammes de potasse fixé.

Dosage de la totalité des acides

Dans le ballon de 150 où l'on a effectué le titrage des acides libres, on a introduit n centimètres cubes de la solution de potasse; on y verse $(50-n)$ centimètres cubes de potasse de façon à mettre la cire en présence de 50 centimètres cubes de la liqueur alcaline. On obture le ballon d'un bouchon relié à un réfrigérant à reflux, et on fait bouillir pendant deux heures pour saponifier les acides de la cire.

Au bout de deux heures, on détache le ballon et on y introduit goutte à goutte la solution chlorhydrique jusqu'à décoloration; on lit le volume de la solution acide employé. Connaissant le rapport entre la solution chlorhydrique et la solution de potasse, on détermine le nombre de centimètres cubes de la solution de potasse absorbé par les acides de la cire. Sachant la quantité de potasse (KOH) contenue dans 10 centimètres cubes de la solution alcaline, on déduit par le calcul le nombre de milligrammes de potasse absorbée par la totalité des acides contenus dans 1 gramme de cire.

Détermination de l'indice d'iode

Les cires d'abeilles renferment des carbures non saturés et des acides gras de la série oléique susceptibles de fixer de l'iode ; les cires d'abeilles pures fixent de 8 à 11 p. 100 d'iode.

Réactifs. — *Solution alcoolique d'iode.* — 25 grammes d'iode dans 500 centimètres cubes d'alcool à 95°.

Solution de bichlorure de mercure. — 50 grammes de chlorure mercurique dans 500 centimètres cubes d'alcool à 95°.

Solution d'iodure de potassium. — 50 grammes d'iodure de potassium dans 500 centimètres cubes d'eau.

Solution décinormale d'hyposulfite de soude. — 24^{gr},800 d'hyposulfite de soude pur dans 1 litre d'eau.

Mode opératoire. — On pèse 2 grammes de cire qu'on introduit avec 25 centimètres cubes de chloroforme pur dans un flacon de 250, bouché à l'émeri. On chauffe au bain-marie pour activer la dissolution et, le liquide refroidi, on y introduit 10 centimètres cubes de la solution alcoolique d'iode et 10 centimètres cubes de la solution de bichlorure de mercure.

Dans un flacon témoin, on introduit 25 centimètres cubes de chloroforme, 10 centimètres cubes de la solution d'iode et 10 centimètres cubes de la solution mercurique ; on agite et on abandonne les deux flacons pendant deux heures. Ce temps écoulé, on introduit dans chaque flacon 40 centimètres cubes de la solution aqueuse d'iodure de potassium, 100 centimètres cubes d'eau et 1 à 2 centimètres cubes d'une solution d'empois d'amidon.

On verse dans le flacon témoin la solution d'hyposulfite, contenue dans une burette graduée, jusqu'à décoloration ; soit n le nombre de centimètres cubes employé ; 10 centimètres cubes de la solution alcoolique d'iode renferment donc :

$$n \times 0^{gr},0127 \text{ d'iode.}$$

On décolore de la même façon le liquide du flacon dans lequel on a introduit la cire ; soit n' le nombre de centimètres cubes d'hyposulfite employé ; l'indice d'iode est donné par la formule :

$$(n - n')\ 0^{gr},0127 \times \frac{100}{2}.$$

Recherche des hydrocarbures

Réactifs. — *Chaux potassée*. — On mélange 1 partie de potasse finement pulvérisée à 2 parties de chaux vive en poudre.

Mode opératoire. — On pèse 10 grammes de cire qu'on place dans une capsule de porcelaine ; on chauffe au bain de sable jusqu'à fusion de la cire, puis on introduit dans la cire fondue 10 grammes de potasse finement pulvérisée. On malaxe à l'aide d'un agitateur et on laisse refroidir ; la masse se prend en bloc et se détache facilement de la capsule.

Dans un mortier en porcelaine, on introduit 30 grammes de chaux potassée. On concasse le bloc de cire et de potasse, et on l'incorpore intimement à la chaux potassée en l'introduisant dans celle-ci par petites portions. Le mélange pulvérulent obtenu est introduit dans un petit matras de 150 centimètres cubes, et on chauffe pendant deux heures dans un bain d'étain à la température de 250°. Au bout de ce temps, on laisse refroidir, on brise le matras, on recueille la matière, on la pulvérise et on l'épuise par l'éther de pétrole.

L'éther évaporé, on pèse le résidu ; on sait que les cires d'abeilles renferment de 12,5 à 14,5 p. 100 d'hydrocarbures ; si l'on trouve un poids d'hydrocarbures supérieur à 14,50 p. 100, on détermine la quantité de paraffine ajoutée frauduleusement à la cire en retranchant 14,50 du taux p. 100 d'hydrocarbures trouvé.

MM. A. et P. Buisine ont établi les limites entre lesquelles varient : le point de fusion, les acides libres, la totalité des acides, l'indice d'iode et les hydrocarbures de la cire, et des diverses matières employées à sa falsification ; ces nombres se trouvent rapportés dans le tableau ci-contre (p. 323) :

Dosage de l'humidité

Les cires doivent renfermer moins de 1 p. 100 d'eau ; on dose l'humidité en séchant 5 grammes de cire à l'étuve réglée à 110°.

Recherche de l'addition de poudres minérales ou organiques

On chauffe 20 grammes de cire avec 50 à 60 centimètres cubes de chloroforme ; la cire se dissout complètement ; si elle est additionnée frauduleusement de matières miné-

NATURE DE LA SUBSTANCE	POINT de fusion	ACIDES LIBRES en milligrammes de KOH pour 1 gramme de matière	TOTALITÉ des acides en milligrammes de KOH pour 1 gramme de matière	INDICE D'IODE p. 100 de matière	HYDROCARBURES p. 100 de matière
Cires jaunes pures	63 à 64°	19 à 21	91 à 97	8 à 11	12,5 à 14,5
Cires jaunes pures blanchies à l'air	63 à 64°	20 à 21	93 à 100	4 à 7	11 à 13
Cires jaunes pures blanchies avec addition de 3 à 5 p. 100 de suif	63 à 64°	21 à 23	105 à 115	6 à 7	11 à 12
Cires jaunes pures blanchies par le noir animal	63 à 64°	19 à 21	91 à 97	8 à 11	12,5 à 14,5
Cires jaunes pures blanchies à l'aide d'agents chimiques	63 à 64°	20 à 24	98 à 108	1 à 6	11 à 13
Paraffines	38 à 74°	»	»	1,7 à 3,1	100
Cires minérales	60 à 80°	»	»	0 à 0,6	100
Cire du suint de mouton	62 à 66°	95 à 115	102 à 119	13 à 18,5	14 à 18
Cire de Carnaüba	83 à 84°	4 à 6	79 à 82	7 à 9	1,6
Cire du Japon	47 à 54°	18 à 28	216 à 222	6 à 7,5	»
Cire de Chine	53°,5	22	218	6,85	»
Cires végétales	47 à 54°	17 à 19	218 à 220	6,6 à 8,2	»
Cires de Bornéo	30°	20	198	30,92	»
Suif	42 à 50°,5	2,75 à 5	196 à 213	27 à 40	»
Acide stéarique	55°,5	204	209	4	»
Résines	»	168	178	135,6	»

rales ou organiques, celles-ci se déposent au fond du verre; on les recueille sur un filtre, on les pèse et on s'assure de leur nature par les moyens ordinaires.

Recherche de matières colorantes artificielles

On chauffe dans un verre de Bohême, au bain-marie bouillant, 20 grammes de cire et 40 à 50 centimètres cubes d'eau bouillante; on agite fréquemment. Les colorants qu'on a pu incorporer à la cire, rocou, curcuma, gomme-gutte, se dissolvent dans l'eau et lui communiquent une coloration jaune; l'addition à l'eau de 5 à 10 centimètres cubes de soude à 40° B. fait virer au rouge cette coloration jaune.

GEMMES DE PINS

On désigne sous le nom de gemmes de pins les résines brutes qui s'écoulent des entailles faites sur le tronc des conifères; ces gemmes fondues et purifiées par décantation et filtration prennent le nom de térébenthines.

On utilise diverses variétés de conifères à l'extraction de la gemme; les térébenthines du commerce sont en général désignées sous le nom de leur pays d'origine; on a :

La térébenthine de Bordeaux, provenant du pin maritime;

La térébenthine de Norwège, provenant du pin sylvestre;

La térébenthine d'Autriche, provenant du pin noir d'Autriche;

La térébenthine de Venise, provenant du mélèze;

La térébenthine ou baume du Canada, provenant du sapin du Canada.

L'analyse des gemmes comprend le dosage des terpènes ou essences, des résines, de l'eau et des débris organiques; la gemme commerciale de pin maritime à la composition moyenne suivante :

Terpènes	18
Colophane	70
Eau	10
Débris organiques	2
	100

Dosage des impuretés solides et de l'eau

L'échantillon de gemme étant bien homogénéisé, on en pèse 100 grammes dans un verre de Bohême de 500 centimètres cubes. On introduit dans ce verre 150 centimètres cubes d'essence de térébenthine et on chauffe au bain-marie jusqu'à liquéfaction de la gemme. On décante sur un filtre la gemme fluide; on recueille sur ce filtre les impuretés solides, on les lave à l'essence de térébenthine et on les pèse.

L'eau s'est séparée en une mince couche tombée au fond du verre de 500; on la décante dans une éprouvette graduée, et on en détermine le volume.

Dosage des terpènes

On peut doser les terpènes soit en desséchant à l'étuve 10 grammes environ de gemme et pesant le résidu solide, soit en recueillant les terpènes par distillation et les mesurant.

Dans le premier cas, on chauffe la matière à l'étuve à 100-110° pendant deux heures environ, puis on élève progressivement la température jusqu'à atteindre le point d'ébullition de l'essence, soit 156°. On laisse ensuite la masse se refroidir, et on pèse le résidu ; la différence entre le poids mis à sécher et le poids du résidu représente l'eau et les terpènes évaporés ; connaissant le poids de l'eau par la détermination précédente, on déduit la teneur en terpènes.

Pour isoler et doser directement l'essence contenue dans la gemme, on introduit 50 grammes environ de cette gemme dans un matras portant un tube de dégagement coudé et relié à un réfrigérant. On introduit un thermomètre dans le matras et on chauffe au bain de sable ; on recueille l'eau et la presque totalité de l'essence à 100° ; on continue à chauffer jusqu'à ce que le thermomètre atteigne 155 à 156° ; on mesure ensuite l'eau et l'essence recueillies à l'extrémité du réfrigérant.

SAFRAN

Le safran commercial est constitué par les stigmates de la fleur du *Crocus sativus* ; vu son prix élevé et la facilité avec laquelle il peut être falsifié, ce produit a depuis longtemps attiré l'attention des fraudeurs. C'est ainsi que, devant l'extension de la falsification du safran, Henri II, le 18 mars 1555, édictait une ordonnance en vue de réagir contre cet abus ; l'ordonnance d'Henri II indique les différentes substances alors employées à la falsification.

« ... Nous ayant été duement avertis que depuis quelques temps en ça s'est trouvé certain nombre dudit saffran qui a été altéré, déguisé et sophistiqué, et chargé d'huile, miel, moulx et autres mixtions et sophistications, afin que ledit saffran, qui se vend au poids, se trouve plus pesant, encore y mettent plusieurs autres herbes approchant de la couleur et des chairs de bœufs recuites et effilandrées..., à quoi avons voulu obvier à tels abus... »

On vend les stigmates de safran soit entiers, soit pulvérisés ; sous l'une ou l'autre de ces deux formes, les safrans peuvent être fraudés.

Les stigmates entiers sont chargés de miel, de sirop de glucose ou de sels minéraux ; dans ce dernier cas, les stigmates sont imbibés d'une solution de sel, puis séchés et ensuite huilés pour faire disparaître l'efflorescence saline ; ils ont alors un aussi bel aspect que les safrans purs.

L'analyse suivante du safran en stigmates le plus falsifié que nous ayons eu l'occasion d'analyser montre quelle importance peut atteindre cette falsification.

	Safran falsifié	Safran pur
Humidité	19,25	14,60
Cendres	20,75	5,40
Matières organiques	60,00	80,00
	100,00	100,00
Extrait aqueux précipité par l'alcool (gommes, dextrine)	24,50	
Sucres réducteurs	10,60	

Ce safran était donc additionné d'environ un tiers de son poids de gomme et de glucose commercial, et de

15 p. 100 de sels minéraux (sulfate de soude en majeure partie).

Les poudres de safran sont additionnées de poudres végétales colorées artificiellement ou de poudres minérales denses, carbonate de chaux, sulfate de chaux et surtout sulfate de baryte.

L'analyse des safrans comporte un examen de leurs caractères physiques et de leur matière colorante; le dosage de l'humidité et des cendres; la recherche de la dextrine et des sucres.

Examen des caractères physiques et de la coloration du safran

Le safran en stigmates est vendu sous forme d'une masse lâche et souple, mélange de longs filaments enchevêtrés. Ces filaments, désignés sous le nom de flèches, sont les uns colorés en rouge orangé : ce sont les stigmates proprement dits; les autres colorés en jaune clair, sont les styles qui dans chaque fleur supportent trois stigmates. Le poids de 200 filaments ou flèches d'un safran commercial varie de 425 à 450 milligrammes; les safrans fraudés ont en général un poids plus considérable.

On examine à la loupe les filaments de safran pour s'assurer qu'ils ne sont pas mélangés de fragments d'autres fleurs.

On compare au colorimètre l'intensité d'une solution aqueuse obtenue avec un poids donné du safran à examiner, à l'intensité d'une solution obtenue avec un même poids d'un échantillon type de safran pur, afin de s'assurer que le safran essayé n'a pas été épuisé.

Le safran en poudre est examiné au microscope pour apprécier si les tissus cellulaires qui composent la poudre proviennent tous des stigmates et styles du safran. Les cellules de l'épiderme du stigmate du safran sont de forme allongée, presque rectangulaire, et munies de protubérances caractéristiques.

Les grains de pollen qu'on peut rencontrer dans la préparation permettent également de caractériser la poudre végétale. Le pollen du safran est complètement sphérique, alors que le pollen du souci qui sert assez couramment à la falsification du safran possède trois turgescences ou pores très apparents.

On peut également rechercher la falsification d'un safran pulvérisé, en plaçant sur une lame de verre

1 ou 2 centigrammes de la poudre, imbibant d'une goutte d'acide sulfurique concentré et examinant aussitôt au microscope, à petit grossissement, la coloration que prennent les différents débris cellulosiques de la préparation. Les débris cellulosiques du safran prennent une belle coloration bleu-indigo; cette coloration étant instable, l'examen doit être effectué rapidement.

Comme pour le safran en stigmates, on compare au colorimètre la coloration d'une solution de la poudre de safran à analyser à la coloration donnée par une poudre de safran type.

Pour s'assurer de la nature de la matière colorante d'un safran, on peut se baser sur les faits suivants. Le safran colore l'eau en jaune-orange en solution concentrée et en jaune franc en solution diluée. Quelques matières colorantes artificielles utilisées pour teindre les stigmates de safran épuisés, communiquent à l'eau une coloration rouge. La matière colorante du safran n'est pas soluble dans l'eau additionnée d'acide chlorhydrique, alors que la plupart des matières colorantes dérivées de la houille, avec lesquelles on teint frauduleusement les safrans épuisés, colorent l'eau chlorhydrique.

Dosage de l'humidité et des cendres

Le dosage de l'humidité s'effectue sur 5 grammes de safran qu'on dessèche dans une étuve réglée à 100°. L'humidité déterminée, on incinère la matière sèche qui se brûle facilement, la combustion du safran ne donnant que peu de sels alcalins.

Les safrans purs renferment de 13 à 15 p. 100 d'eau et de 4,50 à 6,50 de cendres.

Recherche des gommes et dextrines

On chauffe pendant une demi-heure au bain-marie bouillant 10 grammes de safran avec 100 centimètres cubes d'eau. Après refroidissement, on complète exactement à 100 centimètres cubes, on filtre et on prélève 50 centimètres cubes du liquide filtré ; ces 50 centimètres cubes sont introduits dans un verre de Bohême et concentrés à 10 ou 15 centimètres cubes. On décante cette solution concentrée dans un verre où l'on a introduit au préalable 150 centimètres cubes d'alcool à 90°. Il se produit un précipité abondant si le safran est additionné de gomme, de dextrine ou de sirop de glucose ; avec les safrans purs, le précipité de matières gommeuses obtenu correspond à 2 à 4 p. 100.

Recherche des sucres

On chauffe pendant une demi-heure au bain-marie bouillant, 5 grammes de safran avec 100 centimètres cubes d'eau ; le liquide refroidi, on filtre au-dessus d'un verre conique dans lequel on précipite la matière colorante du safran par quelques décigrammes de sous-acétate de plomb. On filtre à nouveau et on recherche le sucre à l'aide de la liqueur de Fehling. Il est nécessaire d'opérer cet essai sur une liqueur complètement incolore, la matière colorante du safran réduisant très sensiblement la solution tartro-cuprique.

FIBRES TEXTILES

Les fibres textiles se classent en deux groupes de composition élémentaire différente : les fibres animales, laine, soie, poils et crins, constituées par des matières azotées, et les fibres végétales, chanvre, lin, coton, jute, ramie, etc., presque exclusivement formées de cellulose.

Les fibres animales peuvent se distinguer des fibres végétales par la combustion. Les fibres animales en brûlant se boursouflent, donnent une flamme fuligineuse et dégagent une odeur de corne brûlée ; les fibres végétales brûlent avec une flamme vive, sans se boursoufler, conservent leur forme et dégagent une odeur empyreumatique caractéristique.

Plongées pendant quelques secondes dans une solution ammoniacale de rosaniline chaude et lavées ensuite, les fibres animales se teignent, alors que les fibres végétales ne se colorent pas.

Les réactions chimiques suivantes permettent de différencier la laine, la soie et les fibres végétales.

La laine et la soie sont solubles dans une solution bouillante de soude à 8° B., alors que les fibres végétales restent insolubles.

La soie et les fibres végétales sont solubles dans la liqueur de Schweitzer (solution ammoniacale d'oxyde de cuivre) ; la laine est insoluble dans ce réactif.

La soie est soluble dans le chlorure de zinc neutre à 60° B., bouillant ; alors que la laine et les fibres végétales sont insolubles dans ce réactif.

Examen microscopique

Laine. — Les fibres de la laine apparaissent garnies de nombreuses stries perpendiculaires à leur axe ; ces stries donnent à leurs bords une apparence dentelée caractéristique.

Soie. — La soie se présente sous forme de filaments pleins, très fins, non striés et d'un diamètre assez régulier.

Fig. 44. — Laine.

Fig. 45. — Soie.

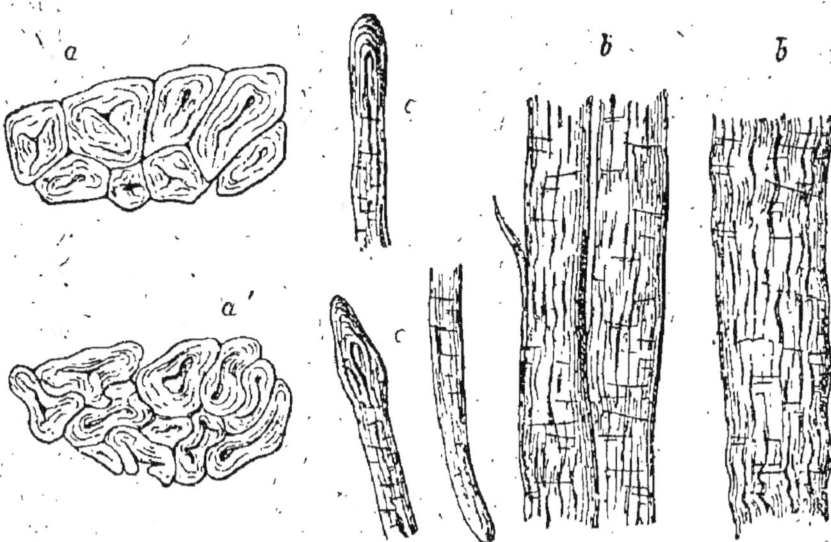

Fig. 46. — Chanvre.

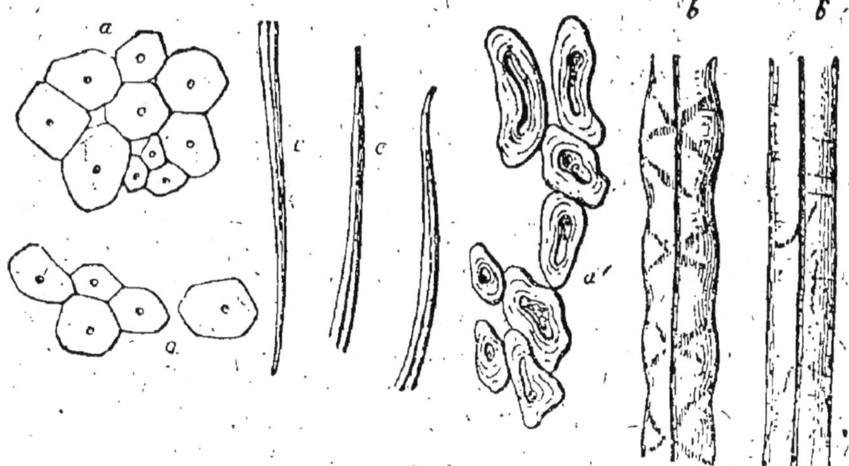

Fig. 47. — Lin.

19.

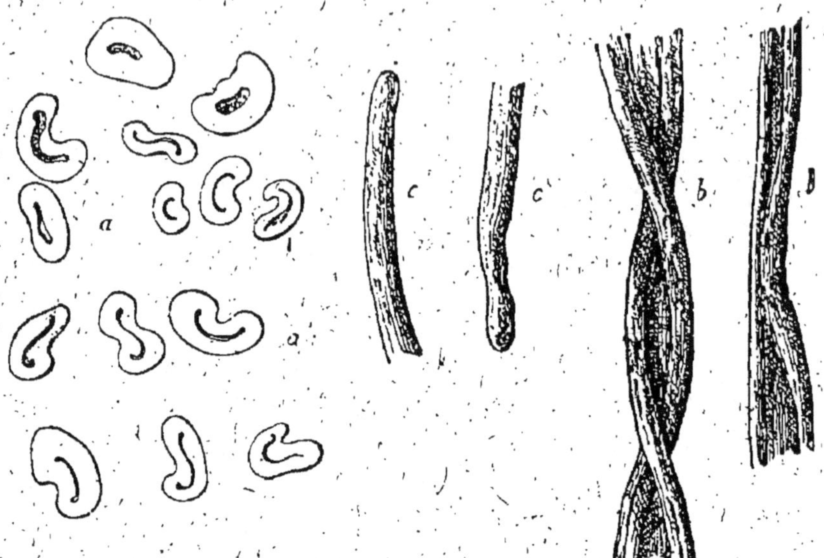

Fig. 48. — Coton.

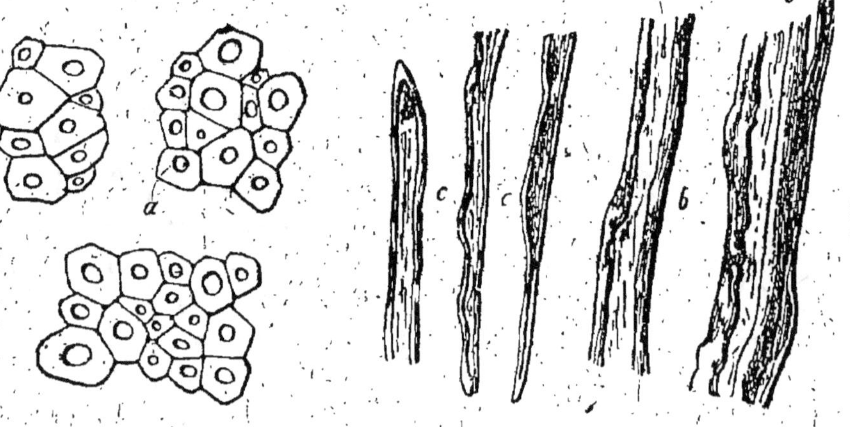

Fig. 49. — Jute.

Chanvre. — Les fibres du chanvre sont d'un diamètre irrégulier, souvent agglomérées en faisceaux, peu transparentes ; leur canal central est à peine visible ; elles sont striées à la surface de petites lignes transversales.

Lin. — Les fibres du lin sont lisses et transparentes ; elles possèdent un canal central fin, très apparent, coloré en jaune ; sur la plupart des fibres, on distingue nettement des lignes obliques qui se croisent ; ces lignes, de teinte plus sombre que le reste de la fibre, correspondent à des renflements de cette fibre.

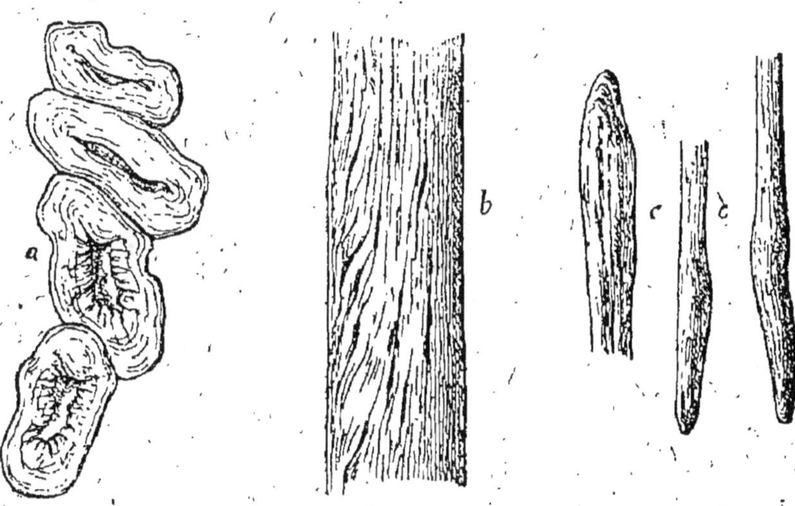

Fig. 50. — Ramie.

Coton. — Les fibres du coton sont tordues en spirale ; elles portent sur chaque bord un bourrelet rond et lisse ; le milieu de la fibre apparaît plat et strié.

Jute. — Les fibres du jute ont un contour très irrégulier ; elles possèdent un large canal central qui forme une bande claire au milieu de la fibre ; les parois sont d'épaisseur inégale ; les bords sont tantôt lisses, tantôt fortement ondulés.

Ramie. — Les fibres de la ramie sont de plus grande dimension que les autres fibres végétales ; elles ressemblent un peu aux fibres du chanvre ; toutefois elles sont beaucoup plus uniformes et elles ne sont pas striées de lignes transversales, comme le sont les fibres du chanvre.

MATIÈRES TANNANTES

Les principales matières tannantes ont une richesse en tanin qui varie dans les limites suivantes :

Tans de chêne................	8 à 13 p. 100.	
Chêne. { Écorce............	7,68	—
Aubier............	0,92	—
Cœur............	3,65	—
Feuilles de sumac............	18 à 22	—
Bois de châtaignier.........	4 à 9	—
Bois de quebraco.........	12 à 19	—
Dividivi................	15 à 20	—
Galles d'Alep............	60 à 75	—
Écorce de manglier.........	16 à 18	—
Extrait de châtaignier.....	28 à 32	—
— de quebraco.......	35 à 40	—

Dosage du tanin

Le dosage du tanin dans ces diverses matières peut s'effectuer par le procédé de Lœventhal, indiqué à l'analyse des tanins purs, p. 144. Pour les écorces, bois et feuilles sèches, on pèse 20 grammes de matière, que l'on introduit dans une allonge et qu'on épuise par de l'eau bouillante au-dessus d'un ballon jaugé de 1 litre ; après avoir complété au litre, on prélève 50 centimètres cubes de cette solution pour le titrage du tanin. Les extraits solides sont dissous dans l'eau chaude à raison de 10 grammes par litre et les extraits liquides ou sirupeux à raison de 20 grammes par litre.

On peut également effectuer le dosage du tanin dans les solutions par la méthode Müntz et Ramspacher.

Ce procédé de dosage est basé sur le fait qu'une dissolution de matière tannante filtrée par pression à travers un morceau de peau, sortant du travail de rivière, lui abandonne tout son tanin, alors que les autres matières en solution ne sont pas arrêtées par le tissu animal.

L'appareil de Müntz et Ramspacher (fig. 84) se compose d'un socle, d'une couronne et d'un chapeau ; ces trois parties sont reliées au moyen de trois petites pinces *p* fixées au socle et destinées à serrer la peau P. Le chapeau porte une vis *v* terminée par un petit disque de bronze.

En abaissant la vis, le disque vient comprimer le caoutchouc C, qui, communiquant la pression qu'on lui donne
au liquide placé en A le force à traverser la peau.

La couronne qui sépare le chapeau du socle porte un
petit orifice en forme d'entonnoir, par lequel on introduit
le liquide et que l'on bou-
che d'un petit bouchon à
vis *b*.

La peau à employer est
celle qui sort du travail
de rivière, c'est-à-dire
qui, après avoir été dé-
poilée, a séjourné quel-
ques jours dans l'eau
courante. Les parties qui
se prêtent le mieux à
l'analyse sont : dans le
bœuf, le flanc ; dans la
vache, le flanc et la tête ;
dans le veau, la tête seulement.

Le morceau étant dé-
coupé à la grandeur vou-
lue, on l'exprime à la
main pour en faire couler
l'eau qui l'imbibe ; on le
pose en place et on le
serre avec les pinces.

Le liquide contenant le
tanin est alors introduit
dans l'appareil par l'orifice *b*, qui est ensuite
rebouché. Ce liquide rem-
plit en partie ou en totalité l'espace A compris
entre le caoutchouc et la
peau. En abaissant la
vis *v*, on exerce sur le
caoutchouc une pression

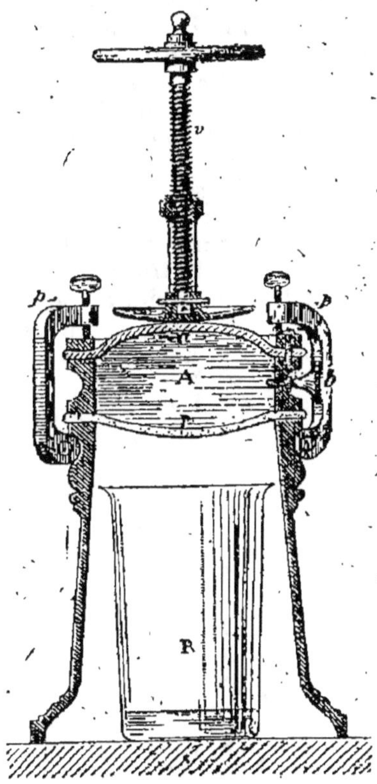

Fig. 51. — Appareil de Müntz
et Ramspacher.

qui force le liquide à filtrer à travers la peau ; il tombe
goutte à goutte dans le vase R, avec une rapidité variant avec la pression donnée. Il est nécessaire de rejeter
les 20 ou 25 centimètres cubes qui passent en premier lieu
et qui contiennent l'eau imbibant la peau.

Quand on a obtenu assez de liquide, on prélève 20 centimètres cubes de la liqueur tannique et autant de la
liqueur filtrée ; on évapore à sec dans des capsules à fond

plat, que l'on maintient quelque temps à 110°. La différence entre les deux poids donne la quantité de tanin contenue dans les 20 centimètres cubes du liquide employé.

L'association des chimistes du cuir a proposé de doser le tanin avec de la poudre de peau en suivant les prescriptions suivantes :

On se sert d'une cloche filtrante de Procter, de 3 centimètres de diamètre et de 7 centimètres de hauteur ; cette cloche est munie d'une tubulure de 17 millimètres. On obture l'orifice inférieur avec une mousseline retenue par une bague de caoutchouc, et on introduit dans la cloche 7 grammes de poudre de peau.

On fait filtrer sur cette poudre de peau 200 centimètres cubes de la solution tannique à analyser, qui doit être amenée au préalable à une teneur en tanin de 3 à 4 p. 100.

On détermine le poids de l'extrait sur la liqueur non filtrée et sur la liqueur filtrée. Les solutions sont évaporées au bain-marie, et l'extrait séché ensuite à l'étuve à 100°. La différence entre les deux extraits représente les matières tannantes absorbées.

GÉLATINES

Les gélatines sont employées concurremment avec le blanc d'œuf pour le collage des vins; l'analyse des gélatines comporte les déterminations suivantes : dosage de l'azote pour en déduire la richesse en gélatine; dosage de l'humidité et des matières minérales; enfin recherche de la quantité de tanin précipitée par 100 parties de gélatine. Les gélatines sont vendues soit à l'état solide, en plaque ou en poudre; soit en solution ; les résultats de l'analyse sont rapportés à 100 parties en poids pour la gélatine solide et à 100 parties en volume pour la gélatine en solution. Le tableau suivant indique la composition de quatre échantillons de gélatine.

	Gélatine en plaque	Gélatine en poudre	Gélatines en solution	
Eau..................	14,85	8,20	49,46	48,65
Cendres.............	3,60	13,05	11,67	10,91
Matières organiques.	81,55	78,75	38,87	40,44
Azote	14,92	14,40	7,00	7,34
Gélatine d'après azote	81,46	78,62	38,22	40,07
Tanin précipité par 100 parties de gélatine..............	96,25 pour 100 gr. de gélatine	95,10	47,61 pour 100 c.c. de gélatine	48,54

Dosage de l'azote

Pour les gélatines solides, on pèse 0^{gr},500 de matière et on dose l'azote par la méthode Kjeldahl. Les gélatines contenant 18,30 p. 100 d'azote; on détermine la teneur en gélatine de l'échantillon analysé en multipliant le taux d'azote trouvé par $\frac{100}{18,3} = 5,46$.

Pour les gélatines en solution, on prélève 10 centimètres cubes du liquide à analyser; on les introduit dans un ballon jaugé de 100 ; on lave la pipette et on complète à 100 centimètres cubes avec de l'eau distillée. On prélève sur ce liquide dilué 10 centimètres cubes correspondant à 1 centimètre cube de la solution de gélatine, et on y dose l'azote par la méthode Kjeldahl.

Dosage de l'humidité et des cendres

Pour les gélatines solides, on pèse 5 grammes qu'on introduit dans une capsule de platine et qu'on sèche dans une étuve à 105-110° jusqu'à poids constant ; on incinère ensuite la matière pour déterminer le taux de cendres.

Pour les gélatines en solution, on dessèche et incinère dans une capsule de platine tarée, 10 centimètres cubes de la solution.

Tanin précipité par 100 parties de gélatine

Réactifs. — Solution saturée de chlorhydrate d'ammoniaque pur.

Solution de tanin à 2^{gr},500 par litre dans une solution saturée de chlorhydrate d'ammoniaque.

Mode opératoire. — Pour les gélatines solides, on introduit 2 grammes de matière dans un ballon jaugé de 200 avec 100 à 150 centimètres cubes d'une solution saturée de chlorhydrate d'ammoniaque. La gélatine dissoute, on complète au volume de 200 avec la solution de chlorhydrate ; on obtient ainsi une solution de gélatine à 1 p. 100 ; on remplit avec cette solution une burette graduée.

Dans un petit verre de 100 centimètres cubes, on introduit 40 centimètres cubes de la solution de tanin, quantité correspondant à 0^{gr},100 de tanin, et on y verse la solution de gélatine jusqu'à précipitation complète du tanin. Pour contrôler cette précipitation, on lit sur la burette le volume de gélatine employé, on filtre le liquide contenu dans le verre de 100, et on examine si quelques gouttes de la solution de gélatine précipitent encore la liqueur filtrée.

Il est assez difficile à un premier titrage d'apprécier exactement le volume de la solution de gélatine nécessaire pour précipiter 0^{gr},100 de tanin. Aussi on effectue deux ou trois essais chaque fois avec 40 centimètres cubes de la solution de tanin, afin de déterminer rigoureusement le volume de la solution de gélatine nécessaire pour précipiter 0^{gr},100 de tanin.

Soit n le nombre de centimètres cubes de la solution de gélatine nécessaire à la précipitation intégrale du tanin. On sait que 1 centimètre cube de cette solution renferme $0^{gr},01$ de gélatine; $n \times 0^{gr},01$ de gélatine précipitent donc $0^{gr},100$ de tanin; 100 grammes de gélatine précipiteront : $0,100 \times \dfrac{100}{n \times 0,01}$.

Pour déterminer la quantité de tanin que 100 centimètres cubes de gélatine en solution sont susceptibles de précipiter, on prélève 40 centimètres cubes de la solution de gélatine diluée au dixième, préparée pour le dosage de l'azote. Ces 40 centimètres cubes sont introduits dans un ballon jaugé de 200 que l'on remplit de la solution saturée de chlorhydrate d'ammoniaque. La liqueur ainsi obtenue contient, dans 100 centimètres cubes, 2 centimètres cubes de la solution de gélatine à analyser. On remplit avec cette liqueur une burette graduée et on opère la précipitation du tanin sur 40 centimètres cubes de la solution tannique dans les mêmes conditions que ci-dessus.

LIES ET TARTRES

Les lies contiennent 25 à 30 p. 100 d'acide tartrique combiné à de la potasse sous forme de bitartrate de potasse et à de la chaux sous forme de tartrate neutre de chaux. Les lies normales renferment trois à quatre fois plus de bitartrate de potasse que de tartrate de chaux; par contre, les lies provenant de vins plâtrés contiennent plus de tartrate de chaux que de bitartrate de potasse.

Les tartres bruts, de bonne qualité, renferment 70 à 90 p. 100 de bitartrate de potasse et 5 à 10 p. 100 de tartrate de chaux. Les tartres provenant de raisins récoltés en terrain calcaire, ou de vins plâtrés contiennent 30 à 40 p. 100 de bitartrate de potasse et 45 à 50 p. 100 de tartrate de chaux.

On dose dans les tartres soit la totalité de l'acide tartrique, soit exclusivement le bitartrate de potasse.

Dosage de l'acide tartrique total
(Méthode de Goldemberg et Géromon)

Réactifs. — Acide chlorhydrique dilué (D = 1,10). Solution de carbonate de potasse à 20 grammes dans 100 centimètres cubes.

Solution de soude titrée demi-normale.

Mode opératoire. — On pèse 6 grammes de lie ou 3 grammes de tartre finement pulvérisé, et on les introduit dans un ballon jaugé de 100 centimètres cubes, avec 9 centimètres cubes d'acide chlorhydrique dilué. On laisse digérer pendant une heure à la température ambiante en agitant fréquemment; puis on ajoute 9 centimètres cubes d'eau, et on laisse digérer à nouveau pendant une heure en agitant de temps en temps.

Au bout d'une heure, on remplit le ballon jusqu'au trait de jauge à l'aide d'eau distillée et on filtre; on prélève 50 centimètres cubes du liquide filtré qu'on introduit dans un verre de Bohême de 100. On ajoute 18 centimètres cubes de la solution de carbonate de potasse, et on chauffe à l'ébullition, que l'on prolonge pendant dix minutes; le carbonate de chaux se précipite sous forme cristalline; on filtre au-dessus d'une capsule de porcelaine de 150, et on lave le filtre à l'eau bouillante.

On évapore au bain-marie le liquide contenu dans la capsule jusqu'à ce qu'il soit réduit à un volume de 13 à 15 centimètres cubes ; on laisse refroidir, puis on ajoute 3 à 4 centimètres cubes d'acide acétique cristallisable ; on agite et on verse dans la capsule 100 centimètres cubes d'alcool à 95°, puis on brasse la masse pendant cinq minutes avec un agitateur.

On laisse déposer le précipité de bitartrate de potasse qui se forme, puis on filtre et on lave avec de l'alcool, jusqu'à ce que le liquide qui s'écoule du filtre ne soit plus acide. On dissout alors le bitartrate de potasse dans l'eau chaude, et on titre l'acidité de cette dissolution à l'aide de la solution de soude demi-normale en employant comme indicateur la phtaléine du phénol. On calcule facilement la teneur en acide tartrique, sachant que 1 centimètre cube de soude demi-normale = 0,0375 d'acide tartrique.

Pour les lies, on fait une correction afin de tenir compte du volume du résidu insoluble ; pour un rendement en acide tartrique de 20 p. 100, on déduit 0,70 ; pour une teneur n en acide tartrique, on retranche du poids trouvé $0,7 + (n - 20) \times 0,02$.

Dosage du bitartrate de potasse
(Procédé américain)

Réactif. — Liqueur alcaline au cinquième normale.

Mode opératoire. — On pèse 3ᵍʳ,760 de lies ou de tartres finement pulvérisés et on les introduit dans un ballon jaugé de 1 litre avec 600 centimètres cubes d'eau environ. On fait bouillir cinq minutes ; on ajoute 200 à 300 centimètres cubes d'eau ; on agite vigoureusement et on laisse refroidir en agitant de temps à autre, puis on remplit le ballon au trait de jauge.

On homogénéise la solution et on filtre ; on prélève 500 centimètres cubes du liquide filtré, que l'on décante dans une capsule de porcelaine de 750, et on évapore à siccité au bain-marie. L'eau évaporée, on retire la capsule du bain-marie ; on imbibe les cristaux avec 5 centimètres cubes d'eau distillée, et on les écrase avec une baguette de verre à bout aplati.

La capsule étant complètement refroidie, on y verse 100 centimètres cubes d'alcool à 95° et on mélange ; on laisse reposer une demi-heure, puis on filtre. L'alcool décanté, on dissout dans l'eau chaude le précipité de bitartrate : on ajoute à la liqueur quelques gouttes d'une solution de phénol-phtaléine, et on titre à l'aide de la liqueur alcaline normale double-décime.

On titre par cette opération l'acidité du bitartrate de potasse contenue dans $1^{gr},88$ de lie ou de tartre ; comme on a opéré avec une liqueur alcaline au cinquième normale, on obtient le taux p. 100 de bitartrate de potasse en multipliant par 2 le nombre de centimètres cubes de la solution alcaline employée. Toutefois, pour correction de solubilité du bitartrate de potasse dans l'alcool, on ajoute 0,3 au taux p. 100 de bitartrate calculé.

ANNEXE

Composition des engrais, des aliments du bétail et des produits industriels agricoles

---

A

Abeilles (pressurage de cire d'). — Débris d'insectes, résidu de la purification de la cire ; engrais azoté Az, 5 à 6,50 p. 100.

Acétates de cuivre. — Voyez verdets.

Acétate de plomb $(C^2H^3O^2)^2$ Pb, 3 aq. — Employé avec l'arséniate de soude comme insecticide : Pb 52 à 54 p. 100. $SO^4Pb \times 0,683 = Pb$; $SO^4Pb \times 1,25 =$ acétate de plomb. On emploie 1050 grammes acétate de plomb et 475 gr. arséniate de soude pour 100 litres d'eau.

Acide acétique $CH^3CO^2H = 60$. — Théoriquement l'oxydation de 46^{ks} alcool éthylique par le ferment acétique forme 60^{ks} acide acétique pur ; par suite de l'évaporation il y a perte d'environ 10 p. 100 en bonne fabrication.

Acide cyanhydrique. $HCAz = 27$. — Se dose dans le crude ammoniac à l'état de bleu de prusse ; voyez analyse du crude. Se recherche dans les aliments du bétail ; a été constaté notamment dans des haricots exotiques ayant déterminé des intoxications. Le procédé de recherche de **M. Guignard** est très pratique ; tremper du papier filtre dans une solution d'acide picrique au centième, laisser sécher ; puis tremper dans une solution de carbonate de soude au dixième et laisser sécher. Faire une pâte avec de l'eau et quelques grammes de l'aliment suspect moulu ; l'introduire dans un flacon ; y suspendre une feuille du papier jaune préparé ; s'il y a émanation d'acide cyanhydrique, le papier se colore en rouge orangé.

Acide phosphorique. $PO^4H^3 = 98$: Ph, 31,63 ; P^2O^5, 72,44 p. 100. — Employé à la fabrication du superphosphate double ; acide à 50° B., impur, titrant P^2O^5, 43 à 44 p. 100 ; l'acide pur de cette densité contient 50 P^2O^5. En sucrerie de cannes on a proposé l'acide phosphorique glacial pour la clarification des jus. Plaquettes vitreuses titrant 88 à 90 p. 100 d'acide métaphosphorique.

Acide sulfurique. $SO_4H_2 = 98$: S, 32,65 ; SO_3, 81,63 p. 100. — L'acide sulfurique employé à la fabrication du superphosphate est de l'acide titrant 53° B. ; exceptionnellement on utilise du 60° B.

Acide à 53° B. $= 0^k857\ SO_3 = 1^k059\ SO_4H_2$ par litre.
Acide à 60° B. $= 1^k092\ SO_3 = 1^k336\ SO_4H_2$ par litre.

Albumine. — Utilisée au collage des vins ; on emploie le plus souvent du blanc d'œuf renfermant 12 à 13 p. 100 d'albumine, mais on utilise également des albumines d'œuf, préparées industriellement, qui contiennent 80 p. 100 d'albumine ; 5 p. 100 de cendres ; 15 p. 100 d'eau.

Alcools. — Les deux principaux alcools agricoles sont l'*alcool méthylique* : $CH_4O = 32$; pt d'ébull. $= 66°,3$; et l'*alcool éthylique* $CH_3CH_2OH = 46$: pt d'ébull. $= 78°,05$; densité 0,8026 à 0°.

Alcool méthylique. — L'esprit de bois rectifié contient 92 à 99,5 p. 100 d'alcool méthylique ; pur, il est employé à la fabrication des couleurs d'aniline ; mélangé d'acétone il est utilisé à la dénaturation de l'alcool éthylique ; voyez méthylène.

Alcool éthylique. — En bon travail de distillerie :

100 kg. saccharose	$= 60$	litres alcool pur
— glucose	$= 57$ à 58	—
— amidon	$= 60$ à 61	—
— maïs à 60 °/₀ amidon	$= 34$	—
— pommes de terre à 20 °/₀	$= 11$ a 12	—
— pommes de terre à 25 °/₀	$= 14$	—
— betteraves Dens. $= 7°$	$= 7,5$	—

On obtient successivement à la distillation : des alcools bruts ou flegmes d'une richesse alcoolique de 60 à 80 p. 100 et des alcools rectifiés qui ne peuvent dépasser 95°. L'alcool absolu s'obtient par la distillation de l'alcool rectifié dans lequel on a préalablement fait digérer de la chaux caustique, du chlorure de calcium fondu ou d'autres substances déshydratantes. Le mélange d'alcool éthylique et d'eau se produit avec une forte contraction :

50 litres alcool $+$ 53 litres 7 eau $=$ 100 litres liquide alcoolique.

Ce liquide renferme 50 p. 100 d'alcool en volume et 42,7 p. 100 en poids.

Dans le commerce, les alcools sont désignés par des noms divers, suivant leur richesse alcoolique ; les eaux de vie titrent 37° à 59° ; au delà de ce titre les liquides alcooliques prennent le nom d'esprits ; le $\dfrac{3}{6}$ est de l'alcool à 85° ; l'alcool à 90° s'appelle communément : esprit rectifié.

Algues. — Les algues marines sont parfois employées comme fourrage ; on en trouvera deux analyses dans les tableaux des aliments du bétail page 154. Le plus souvent les plantes marines sont incinérées et employées à l'extraction de l'iode ; ces cendres renferment environ 0,50 p. 100 d'iode. L'iode brut livré en pains par les usines sous le nom d'iode pressé contient 80 à 85 p. 100 d'iode.

Les cendres de plantes marines sont vendues, comme engrais potassique, dans l'ouest de la France, sous le nom de cornail.

Nous avons dosé les principaux éléments des cendres de l'algue dont nous donnons l'analyse organique page 154 : ces cendres renfermaient :

Silice	22,10	Magnésie	8,75
Anhydride phosphorique	1,45	Potasse	17,60
Chaux	11,70	Soude	6,10

Amendements. — *Marnes et calcaires friables* : marnes argilo-calcaires pour les terres siliceuses ; marnes calcaires pour les terres fortes ; 20.000 à 30.000^{ks} à l'hectare.

Chaux. — On emploie les chaux grasses en pierres contenant CaO, 80 à 95 p. 100, à raison de 1.000 à 2.000^{ks} à l'hectare. A proximité des fours à chaux, on utilise les déchets de fours ; ces déchets peuvent renfermer beaucoup d'incuit ; la teneur en CaO libre peut tomber à 20 ou 30 p. 100, il est nécessaire de déterminer la proportion de chaux libre pour pouvoir effectuer un chaulage normal.

Amidons. — Les principales céréales employées à l'extraction de l'amidon renferment :

Riz	72 à 73 p. 100 d'amidon	
Froment	60 à 65 p. 100	—
Maïs	55 à 65 —	—

Les amidons du commerce contiennent ; amidon 80 à 85, et eau 14 à 18 p. 100.

Apatite. Ca^5 (PO^4)^3 (Fl, Cl). — L'analyse révèle 91 à 92 p. 100 de phosphate de chaux, 4,5 à 7,5 de fluorure de calcium, 0 à 4 de chlorure de calcium. Forme d'importants gisements de roches compactes ; ces phosphates cristallisés sont considérés comme peu assimilables.

Argile. — L'argile joue un rôle important en agriculture ; ce n'est pas une roche primitive comme le quartz, le feldspath, la calcite.

L'argile provient de la décomposition lente des roches silicatées sous l'influence des agents atmosphériques. L'argile est un silicate d'alumine hydraté plus ou moins mélangé d'oxyde de fer ; il en existé de grandes variétés ; la plus pure est le Kaolin $H^4Al^2Si^2O^9$ (voir page 43).

Une bonne terre de culture doit renfermer 15 à 20 p. 100 d'argile qui contribue à maintenir une humidité normale.

Arséniate de soude. — Employé comme insecticide à raison de 475 grammes avec 1050 grammes d'acétate de plomb pour 100 litres d'eau.

Les produits commerciaux contiennent 55 à 60 p. 100 d'anhydride arsénique. Voyez p. 134.

Asphodèle. — Plante à racines tuberculeuses vivaces, du midi de l'Europe ; les tubercules récoltés au bout de trois ou quatre années contiennent 15 p. 100 de sucre fermentescible d'où l'on extrait de l'alcool. Tubercules jeunes très pauvres ; des tubercules d'un an, très aqueux (92 p. 100) ne nous ont donné que 2 p. 100 de sucre.

Azotine. — Engrais azoté provenant du traitement des déchets de laine et de peaux, par l'acide sulfurique. Azote 5 à 6 p. 100.

B

Balles. — Les balles de céréales, blé, avoine, ont une valeur nutritive analogue aux pailles (voir page 155). Les balles d'orge dangereuses et les balles de riz trop cellulosiques, cellulose 45 à 50 p. 100, ne doivent pas être utilisées à l'alimentation.

Les balles d'orge avec leur barbe épineuse peuvent être employées avec avantage dans les jardins pour protéger les semis et les jeunes plantes contre les limaces ou loches.

Betteraves. — On distingue en agriculture les betteraves fourragères et les betteraves à sucre. Les premières dont on trouvera la valeur nutritive page 155, contiennent 4 à 6 p. 100 de sucre.

Les betteraves sucrières par suite d'une sélection intensive sont de plus en plus riches en sucre ; il y a quelques années elles donnaient des jus de 6 à 8 de densité correspondant à une richesse en sucre de 12 à 15 p. 100 ; actuellement la plupart des betteraves sucrières donnent des jus dépassant 9° de densité et 20 de sucre.

Les betteraves demi-sucrières de 6 à 6,5 de densité, considérées en distillerie comme donnant un meilleur rendement à l'héctare en sucre et en pulpe, tendent de plus en plus à être supplantées par les betteraves riches qui, en réalité, donnent d'aussi bons rendements en pulpe et alcool à l'hectare.

Bisulfites. — Utilisés en vinification ; on emploie le plus souvent le métabisulfite de potasse, sel raffiné, généralement très pur, titrant SO_2, 55 p. 100. On utilise aussi le bisulfite de soude ; ce sel à l'état pur contient SO_2, 60 à 62 p. 100 ; on rencontre fréquemment des bisulfites de soude très oxydés contenant moins de 50 p. 100 de SO_2. Un bisulfite de soude livré à un Syndicat viticole ne nous a donné que SO_2,11 p. 100 ; il était presque complètement transformé en sulfate de soude.

Boues de ville. — Voyez gadoues.

Bouillies cupriques. *Bouillie bordelaise.* — 2 kilogrs. sulfate de cuivre dans 100 litres d'eau ; on précipite l'hydrate d'oxyde de cuivre par un lait de chaux ; 1 kgr. chaux grasse dans 5 litres d'eau.

Bouillie bourguignonne. — 2 kilogrs. sulfate de cuivre et 900 grammes carbonate de soude sec ou 2 kg. 500 de cristaux de carbonate de soude, pour 100 litres. Il se forme un précipité d'hydrocarbonate de cuivre.

L'hydrate d'oxyde de cuivre et l'hydrocarbonate de cuivre fraîchement préparés forment un précipité volumineux se maintenant en suspension dans l'eau. Il nous a été signalé que, dans le Midi, par temps très chaud, des bouillies de bonne apparence au moment de leur préparation, perdaient rapidement leur aspect et les pulvérisateurs ne projetaient plus que de l'eau. Ceci s'explique par le fait que les précipités de cuivre perdent à chaud leur forme volumineuse, deviennent cristallins, très denses et tombent instantanément au fond des pulvérisateurs. Pour obvier à cet inconvénient nous conseillons, par les fortes chaleurs, l'addition de 100 grammes de sulfate d'alumine ou 200 grammes d'alan aux 2 kilogrammes de sulfate de cuivre ; le précipité d'alumine qui se produit enrobe le précipité cuprique et ne prend pas à chaud la forme cristalline.

Bouillies préparées. — Généralement mélange de sulfate de cuivre et de carbonate de soude sec, parfois additionné de chaux, fréquemment de talc. Ces bouillies sont garanties à 13 p. 100 de cuivre correspondant à 50/52 de sulfate ou encore à 15 p. 100 de cuivre correspondant à 60/62 sulfate de cuivre.

Les produits entrant dans la préparation doivent être secs, sinon le mélange entre en réaction, s'échauffe et la bouillie perd de sa qualité ; l'oxyde ou le carbonate de cuivre prenant la forme cristalline très dense.

Les bouillies doivent être examinées au point de vue de leur réaction. Les bouillies alcalines sont caustiques. Il nous a été signalé que, des bouillies employées avec des pulvérisateurs portés à dos de mulets avaient fait tomber le poil de ces animaux. Ces bouillies renfermaient par hectolitre 200 grammes de carbonate de soude en excès.

GUILLIN. — Analyses agricoles. 20

Il est intéressant que les bouillies conservent une petite quantité de cuivre soluble ; des bouillies du commerce bien préparées nous ont donné 0,50 à 1.25 de cuivre soluble contre 13 à 15 de cuivre en totalité.

Bourres de laine. — Voyez déchets de laine.

Bourres de soie. — Engrais azoté : Azote, 15.50 à 16.50 p. 100.

Bourres de tannerie. — Déchets de poils et peaux généralement vendus à l'état humide. Azote : 2,50 à 2,80. Eau 60 à 70.

C

Calcaires. — Le carbonate de chaux pur $CaCO_3 = 100$, renferme : $CaO = 56,00$; $CO_2 = 44,00$ p. 100. La *dolomie* répond généralement à la formule $CaMgC_2O_6$; carbonate de chaux 54,21 ; carbonate de magnésie 45,79 ; soit $CaO = 30,35$; $MgO = 21,80$; $CO_2 = 47,85$. Au point de vue agricole, voyez amendements.

Canne à sucre. — Eau, 72 à 73 ; saccharose, 16 à 18 ; sucre fermentescible, 0,25 à 1 ; cellulose, 9 à 9,50 ; cendres, 0,30 à 0,50. La canne à sucre contient environ 90 p. 100 de jus renfermant 18 à 20 p. 100 de sucre.

Carbonate de potasse $K_2CO_3 = 138$: K_2O, 68,16 ; CO_2, 31,84 p. 100. Le carbonate de potasse pur est rarement employé en agriculture. Le salin, engrais potassique, est en majeure partie constitué de carbonate de potasse.

Carbonate de soude. *Anhydre* $Na_2CO_3 = 106$: Na_2O, 58,49 ; CO_2, 41,51 p. 100. *Cristallisé* (cristaux de soude) Na_2CO_3, 10 aq $= 286$; Na_2O, 21,67 ; CO_2, 15,38 ; H_2O, 62,95 p. 100. Les carbonates de soude Solvay employés en viticulture à la préparation des bouillies renferment 92 à 95 p. 100 de carbonate anhydre.

Carbonyle. — Voyez huiles de goudron.

Carnallite. — Sel brut de Stassfürth ; mélange de chlorure de potassium et de chlorure de magnésium. Rarement expédié en France du fait de son hygroscopicité. Quelques échantillons nous ont donné : KCl, 23 à 28 ; $MgCl_2$, 27 à 34 ; Eau à 100°, 16 à 20 ; soit K_2O, 14,50 à 16,50 ; MgO, 11,50 à 14,50 p. 100.

Caséine. — Poudre blanche, légère, extraite du lait ; s'emploie au collage du vin, 10 grammes par hectolitre. Az, 12,50 à 14,50 ; P²O⁵, 2,00 p. 100. L'analyse complète d'une caséine commerciale nous a donné :

    Caséine soluble 79,87
    —   insoluble............. 5,10
    Matières hydrocarbonées 4,43
    —   minérales 3,60
    Eau.......................... 7,00

Cendres. *Cendres de houille* — Constituées en majeure partie de silice, d'alumine et d'oxyde de fer ; renferment moins de 0,50 p. 100 de potasse assimilable et 2 à 8 p. 100 de chaux ; sans valeur agricole.

Cendres d'os. — Proviennent de la calcination des os qui est rarement effectuée, aussi ces produits ne se rencontrent qu'exceptionnellement ; dosent de 35 à 37 p. 100 d'acide phosphorique.

Cendres de pyrites. — Voyez pyrites.

Cendres végétales. — Les cendres végétales sont intéressantes par leur richesse en phosphates, en sels de potasse et en carbonate de chaux. Composition variable suivant la nature du terrain ; suivant la partie de la plante incinérée. Voyez p. 111. Les cendres des arbustes, des menues branches sont beaucoup plus riches en potasse que les cendres du gros bois ; des cendres de brindilles de bouleau nous ont donné 22 p. 100.

Les cendres des herbes sont également riches en potasse. Les cendres d'un bon foin de prairie nous ont donné :

SiO²	34,54	Al²O³	0,14
P²O⁵	6,40	MnO	0,60
SO³	3,50	CaO	14,60
CO²	3,70	MgO	4,35
HCl	5,35	K²O	22,78
Fe²O³	0,28	Na²O	1,87

Cendres d'huilerie. — Les plaquettes de tourteaux non comestibles et pauvres en azote sont utilisées comme combustible dans les huileries ; elles donnent des cendres qui, obtenues à haute température, renferment 3 p. 100 de potasse à l'état de sels solubles dans l'eau et 7 à 12 p. 100 de potasse à l'état de silicates basiques dissociables par les acides faibles.

Charbons. — Voyez combustibles.

Charrées. — Cendres lessivées ; amendement calcaire, CaCO³, 40 à 60 ; P²O⁵, 1 à 2 ; K²O, 1 p. 100.

Chaux. — La chaux grasse en pierre utilisée au chaulage contient 85 à 95 p. 100 de chaux, CaO.

La chaux éteinte, vendue en poudre pour la fabrication des bouillies, renferme 60 à 72 pour 100 de CaO.

Les chaux hydrauliques renferment des doses variables de silice et d'alumine. Sont classées suivant l'indice d'hydraulicité, rapport des substances hydraulisantes ($SiO^2 + Al^2O^3$) et de la chaux.

Chaux hydrauliques	Indices d'hydraulicité
chaux faiblement hydrauliques..........	0,10 à 0,16
chaux moyennement —	0,16 à 0,31
— simplement —	0,31 à 0,42
— éminemment —	0,42 à 0,50
— limites....................	0,50 à 0,65

Chiffons. — Voyez déchets de laine.

Chiquettes de lapin. — Déchets de peaux de lapin ; Az, 9,50 à 12 ; P^2O^5, 1,50 à 2,50 p. 100.

Chiquettes de mouton. Az, 9 à 10 p. 100.

Chlorure de baryum. $BaCl^2$, 2 aq = 244 : Ba, 56,15 ; Cl, 29,10 ; H^2O, 14,75 p. 100. — Employé comme insecticide. On utilise soit le sel pur à 98/99 ou des talcs mélangés de chlorure de baryum en doses variables, 10 à 50 p. 100, suivant les marques commerciales.

Chlorure de potassium. KCl = 74 : K, 52,45 = K^2O, 63,19 ; Cl, 47,55 p. 100. — On ne rencontre que rarement des chlorures raffinés titrant 60 à 62 p. 100 de potasse ; les chlorures de Stassfürth renferment 50 à 55 p. 100 de potasse. Les chlorures extraits des salins, dits chlorures du Nord dosent 45 à 50 p. 100 de potasse ; ces chlorures renferment souvent une très petite quantité de cyanures qui caractérise leur origine ; sans danger pour la végétation. Les chlorures de potassium des marais salants du Midi ont le même titre en potasse.

Chrysalides. — Les chrysalides de vers à soie sont employées dans le Midi comme engrais azoté. Az, 8,50 à 9,50 p. 100. Les chrysalides dégraissées ou chrysalides sulfurées dosent 11 à 12 p. 100 d'azote.

Cianamide. — La cianamide-engrais est de la cianamide de calcium, CAz^2Ca, fabriquée par fixation de l'azote de l'air sur du carbure de calcium. Les cianamides commerciales, mélange de calciocianamide, de chaux et de charbon dosent 15 à 20 p. 100 d'azote.

Les agriculteurs qui auraient à conserver de la cianamide doivent placer les sacs dans un local sec ; en atmosphère humide il se produit une perte sensible d'azote sous forme d'ammoniaque.

On a proposé comme engrais, la dicyanodiamide, ce corps renferme 66 p. 100 d'azote, mais il ne nitrifie pas dans le sol. (Comptes rendus. Congrès chimique de Londres, 1909. Guillin).

Cires. — La cire d'abeilles est un mélange de cérine et de myricine ; se falsifie avec la cérésine qui est une paraffine, avec les cires de Carnaüba, du Japon ou de Chine qui sont des cires végétales. Voyez description, p. 316 ; caractéristiques, p. 323.

Colombine. — Engrais de pigeonnier ; déchets de plumes, de graines et excréments : Az, 2,50 à 3 ; P^2O^5, 1 à 1,50 ; K^2O 0,70 à 1 p. 100.

Combustibles. — Pouvoir calorifique de quelques combustibles :

Essence de pétrole ...	11.500 à 12.000	calories
Pétrole	11.000 à 11.500	»
Anthracite	7.500 à 8.500	»
Houille	7.000 à 8.500	»
Coke................	6.500 à 7.500	»
Lignite	3.500 à 6.000	»
Tourbe	3.000 à 4.500	»
Bois	2.000 à 3.000	»

Les houilles utilisées dans les industries agricoles contiennent : matières volatiles (eau déduite), 15 à 33 ; cendres, 5 à 12 ; eau, 1 à 4 p. 100.

On peut pour les houilles et l'anthracite déterminer avec précision le pouvoir calorifique par la formule Goutal ; sans recourir à la bombe calorimétrique.

$$\text{P. cal.} = 82 \times C + A \times (\text{mat. volatiles})$$

C, carbone fixe (coke-cendres) ; A, coefficient variant ainsi :

pour 5 mat. vol. A = 145	pour 25 mat. vol. A = 103
» 10 » A = 130	» 30 » A = 98,4
» 15 » A = 117	» 35 » A = 94
» 20 » A = 108,5	» 40 » A = 80

Composts. — Mélange de débris végétaux et animaux et de terre qu'on interpose en couches successives et qu'on abandonne à la décomposition. La chaux en poudre favorise la décomposition ; on doit cependant l'éviter lorsque des matières introduites dans le compost renferment de l'urée ou des composés ammoniacaux.

Coquillages. — Les coquilles marines ne renferment que des traces d'acide phosphorique ; presque uniquement composées de carbonate de chaux, elles peuvent constituer un amendement calcaire.

Cornail. — Engrais potassique de l'Ouest de la France ; cendre de varech, hygroscopique, par suite généralement humide ; K^2O, 4,50 à 7,50 p. 100. Renferme très peu d'acide phosphorique comme toutes les cendres de plantes marines ; voyez algues.

Cornes. — Engrais azoté sous des formes très diverses ; *cornes en copeaux ; frisons de corne ; farine de corne*, cette dernière sous forme de poudre blanc grisâtre extrêmement fine ; *corne torréfiée*, en petits fragments jaunes avec quelques points plus foncés, par suite d'une torréfaction plus active.

Tous ces produits dosent 12 à 15 p. 100 d'azote ; les *cornes crues* de 12 à 14 ; les *cornes torréfiées* en général plus de 14.

Corne de cerf. — La corne de cerf a la composition des os. Une analyse de ces cornes nous a donné

$$
\begin{aligned}
&\text{Matières organiques } 40,10 : \text{dont Az} \dots \quad 5,70 \\
&\qquad\text{»} \qquad \text{minérales . } 50,30 : \text{dont } P^2O^5 \dots 24,18 \\
&\text{Eau} \dots \dots \dots \dots \quad 9,60
\end{aligned}
$$

Cossettes de betteraves. — Lorsque les cours du sucre et de l'alcool sont peu élevés et que les aliments du bétail sont rares, on dessèche les cossettes de betteraves sucrières et on les emploie à l'alimentation du bétail ; sucre, 60 à 62 ; eau, 7 à 8 p. 100. Voyez p. 262.

Craie phosphatée. — Voyez phosphates.

Créosote. — Voyez huiles de goudron.

Cretons. — Résidu de la fonte des graisses ; viande séchée et compressée pour la nourriture des animaux. Une analyse de cretons nous a donné :

$$
\begin{aligned}
&\text{Matières azotées} = 62,12 \quad \text{Matières minérales} = 5,56 \\
&\text{Matières grasses} = 22,50 \quad \text{Eau} \dots \dots = 9,82
\end{aligned}
$$

Crottes de laine. — Bourres détachées de la toison des moutons ; mélange de laine et de terre ; généralement employées à l'extraction de la potasse ; sont quelquefois proposées comme engrais : Az, 3 à 5 ; P^2O^5, 0,50 à 0,80 ; K^2O, 3 à 5 p. 100.

Crottin de cheval. — Az, 0,40 à 0,50 ; P^2O^5, 0,40 ; K^2O, 0,40 à 0,60 ; Eau, 60 à 70 p. 100.

Crottin de mouton. — La composition du crottin de mouton ou fumier de bergerie varie avec l'état de siccité et la proportion de débris végétaux qui accompagnent les crottins. Les analyses suivantes donnent une appréciation de la composition p. 100 :

$$
\begin{aligned}
&\text{Az} = 0,85 \quad P^2O^5 = 0,28 \quad K^2O = 1,25 \quad \text{Eau} = 65 \\
&\text{Az} = 1,50 \quad P^2O^5 = 0,60 \quad K^2O = 2,10 \quad \text{Eau} = 42
\end{aligned}
$$

Crude ammoniac. — Généralement employé comme engrais azoté ; toutefois l'industrie en extrait du soufre et aussi du

cyanogène lorsque la teneur en bleu est supérieure à 5
p. 100. Voyez dosage p. 77.

Résidu de l'épuration chimique du gaz d'éclairage ; mélange
de sulfates, de ferro et sulfo-cyanures de chaux et d'ammoniaque, d'oxyde de fer et parfois de sciure de bois ayant servi à
diviser le mélange épurant.

La proportion de ces divers éléments est extrêmement variable comme le montrent les analyses suivantes :

Azote total............	3,25	5,60	8,00	10,82
Azote ammoniacal..	1,00	1,90	3,20	4,50
Bleu...............	4,40	2,25	9,90	4,20
Soufre............	28,00	41,00	25,90	34,10
Acide sulfocyanique	3,00	6,00	3,70	5,30

Cuir. — *Cuir tanné*, Az, 6 à 7 p. 100 ; sans valeur fertilisante ; *cuir chromé*, Az, 10 à 12 p. 100 ; nuisible à la végétation ; voyez p. 73 ; *cuir torréfié*, Az, 7 à 9 p. 100 ; engrais peu
assimilable, de teinte assez analogue au sang desséché, mais
constitué de fragments fibreux qui ne s'écrasent pas, ou, difficilement, après quelques heures de contact avec l'eau ; les
fragments de sang s'écrasent en donnant une tache rouge
foncé. Les cuirs torréfiés d'origine belge ou hollandaise, fortement torréfiés, se présentent sous forme d'une poudre noire
d'aspect analogue au noir animal.

D

Déchets de laine. — Engrais azoté dont il existe une grande
variété ; *tontisses de laine*, déchets de laine les plus purs,
Az, 13 à 15 ; *tondelles et bourres de laine*, Az, 10 à 13 ; *déchets
de lisseuses, tondelles de battage, bourres de filature, bourettes
de laine*, Az, 6 à 8 ; *poussières de laine*, Az, 3 à 5 ; *suints de
laine*, résidu terreux provenant de l'extraction de la potasse des
crottes ou crottins de laine, Az, 1,50 à 3,50.

Dextrine. — Les dextrines commerciales ont des compositions assez variables comme le montrent les trois analyses suivantes :

Dextrine	59,70	63,60	70,45
Sucre	5,76	7,70	1,92
Insoluble	20,64	14,50	19,95
Eau	13,90	14,20	1,68

Diastases. — Ferments solubles secrétés par les cellules
vivantes, ferments d'oxydation ou d'hydratation agissant, suivant leur nature, sur tous les éléments organiques ; composés

azotés solubles dans l'eau, coagulables par l'alcool ; peuvent transformer, sans s'altérer, des quantités énormes de substances ; une partie de présure peut coaguler jusqu'à six cent mille fois son poids de lait. On trouve, dans les diastases préparées, de 9 à 12 p. 100 d'azote.

Dolomies. — Voyez calcaires.

Drêches. — Résidu de la fermentation des graines amylacées employé à l'alimentation du bétail ; voyez p. 157 et 289. Les drêches de brasserie sont acceptées par tous les animaux ; le cheval n'accepte pas la drêche de distillerie ; cette drêche, séchée, riche en azote, est parfois employée comme engrais ; Az, 4,50 à 6,50 ; P^2O^5, 0,50 à 0,70 ; K^2O, 0,10 p. 100.

E

Eaux. — *Eaux potables :* voyez p. 194.

Eaux industrielles. — L'épuration des eaux pour chaudières se fait par addition d'eau de chaux saturée et de carbonate de soude.

Le nombre de litres d'eau de chaux saturée à employer par mètre cube d'eau à épurer se détermine en multipliant par 5,5 la somme des degrés hydrométriques relatifs à l'acide carbonique et au carbonate de chaux.

Le nombre de grammes de carbonate de soude à dissoudre dans un mètre cube d'eau à épurer se calcule en multipliant par 10,8 la somme des degrés hydrotimétriques correspondant au sulfate de chaux et aux sels de magnésie.

Eaux ammoniacales. — Les eaux ammoniacales de distillation des usines à gaz ont une densité qui varie de 910 à 940 et renferment de 25 à 15 p. 100 en poids d'ammoniaque ; les plus légères étant naturellement les plus riches en ammoniaque. Les eaux vannes de vidange contiennent 2 gr. 50 à 3 gr. 50 d'ammoniaque par litre ; les eaux ammoniacales de distillation, 60 à 70 grammes ; les eaux résiduaires de distillation, 0,02 à 0,50 suivant la conduite de la distillation.

Eau de chaux. — Dissolution de l'hydrate $Ca(OH)^2$. Un litre d'eau de chaux saturée contient 1 gr. 30 de CaO à $+$ 15°. La solubilité diminue avec l'élévation de la température ; elle n'est plus que de 1 gr. à $+$ 50°.

Ecailles de poisson. — Les écailles de poisson n'ont pas la composition des cornes, mais bien des cartilages ou des os. Un échantillon d'écailles sèches nous a donné : Az, 8,80 ; P^2O^5, 13,90 p. 100.

Ecumes de défécation. — Résidu de l'épuration des jus de sucrerie, appelé également boue de carbonatation; constitue un très bon amendement calcaire; eau, 35 à 40 p. 100; carbonate de chaux, 40 à 50; matières organiques, 10 à 15; Az, 0,05 à 0,10; P^2O^5, 0,15 à 0,30; K^2O, 0,10.

Engrais. — Les engrais sont livrés à l'agriculture avec une garantie en éléments fertilisants, azote, acide phosphorique et potasse; ces expressions chimiques admises et conservées par les agriculteurs seront probablement employées pendant longtemps. Le chimiste doit se rappeler que, suivant la nomenclature chimique actuelle, les expressions agricoles acide phosphorique et potasse s'entendent, chimiquement parlant, anhydride phosphorique et oxyde de potassium.

L'azote se présente sous des formes différentes; on le rencontre à l'état de nitrate, de sel ammoniacal ou en combinaison organique; sous chacune de ces formes l'azote a une valeur fertilisante différente; aussi dans les engrais composés provenant de mélanges divers, il y a lieu de doser l'azote sous chacune de ces formes.

L'anhydride phosphorique a une valeur différente suivant qu'il est ou non solubilisé; dans les engrais composés on doit toujours spécifier l'état sous lequel il se trouve.

L'oxyde de potassium à doser dans les engrais est celui qui existe à l'état de sel soluble dans l'eau.

Engrais gallinacé. — Le fumier de poulailler ou engrais gallinacé est moins riche en azote que le fumier de pigeonnier; Az, 1,50 à 2; P^2O^5, 1 à 1,50; K^2O, 0,50 à 1 p. 100.

Ensilage. — Les principaux acides des fourrages ensilés sont l'acide acétique, l'acide lactique et l'acide butyrique.

On exprime l'acidité totale en acide sulfurique, l'acidité volatile en acide acétique et l'acidité fixe en acide lactique.

La proportion de ces acides est fonction de l'intensité microbienne: voyez page 179.

Essences de lavande. — Les essences de lavande provenant des cultures du sud-est de la France renferment 325 à 380 grammes d'éthers par kilogramme.

F

Faluns. — Amendements calcaires, mélange de sable et de débris de coquilles, dépôts marins de l'époque tertiaire; contiennent, suivant les gisements, 40 à 70 p. 100 de carbonate de chaux.

Fécules. — La fécule verte est la fécule épurée et égouttée; elle contient 35 à 40 p. 100 d'eau. La fécule sèche renferme 18 à 21 p. 100 d'eau ; très hygroscopique; séchée à l'étuve, elle reprend rapidement de l'humidité à l'air. ⁊

Feldspaths. — Roches primitives dont la plus commune est l'orthose $K^2Al^2Si^6O^{16}$, feldspath potassique : SiO^2, 64 à 68, en moyenne 65 ; Al^2O^3, 17 à 20; K^2O, 7 à 14, en moyenne, 12 à 13; Na^2O, 1 à 6; CaO, 0,3 à 2; MgO, 0 à 1. Existe dans tous les granites; l'albite, feldspath sodique de même formule est plus rare.

— L'obsidienne, le pétrosilex, la ponce, la rétinite, sont des orthoses amorphes.

Feuilles. — Utilisées à la confection de composts, terreaux; jouent surtout un rôle important par l'apport de composés humiques que procure leur décomposition. Az, 0,60 à 0,80; P^2O^5, 0,20 à 0,35; K^2O, 0,20 à 0,30 p. 100.

Feutre. — Les déchets de feutre sont utilisés dans le midi comme engrais azoté. Az, 7 à 8 pour les déchets mélangés de fibres végétales et 12 à 13,50 pour les rognures de feutre pur.

Formol. — Solution aqueuse d'aldéhyde formique HCHO; 35 à 40 p. 100; avec une petite quantité d'alcool méthylique et une trace d'acides formique et acétique.

Fumiers. — Les analyses ci-dessous représentent des moyennes de composition. La composition du fumier de cheval signalée, s'applique aux fumiers très pailleux livrés par les régiments de cavalerie; le fumier de champignonnière est formé des couches ou meules épuisées; le fumier d'égout provient des usines d'épuration de la ville de Paris; le fumier de tourbe est du fumier de cheval.

Fumiers de :	Az	P^2O^5	K^2O	Eau
ferme mixte	0,55	0,40	0,60	74,00
cheval	0,40	0,30	0,55	55,00
tourbe	1,50	0,35	1,00	64,00
bergerie	1,00	0,40	1,50	60,00
poulailler	1,40	1,00	0,80	65,00
égout	0,35	0,40	0,10	60,00
champignonnière	0,30	0,60	0,70	55,00

G

Gadoues. — Ordures ménagères appelées aussi boues de ville; dans les grandes villes, les gadoues d'hiver renferment beaucoup de cendres de houille et sont plus pauvres en matières fertilisantes que les gadoues des autres époques de l'année. On vend soit des gadoues brutes, soit des gadoues triées; le *poudro* est de la gadoue triée et broyée pour faciliter l'épandage. Les gadoues contiennent Az, 0,50 à 0,75; P^2O^5, 0,40 à 0,50; K^2O, 0,30 à 0,40; CaO, 3 à 5; matières organiques, 20 à 25; eau, 10 à 25 p. 100.

Galatith. — Caséine du lait coagulée par le formol, employée aux mêmes usages industriels que le celluloïd; les déchets de fabrication sont utilisés comme engrais azoté, assimilabilité analogue à la corne torréfiée; Az, 11 à 14 p. 100.

Gélatines. — Composé organique azoté extrait des peaux, tendons, os; employé au collage des vins. La gélatine pure en plaquettes dose en moyenne Az, 16,50; eau, 4,80; cendres, 1,20, dont CaO, 0,30 p. 100. Voyez p. 339.

Gemme. — Résine ou térébenthine brute recueillie au cours du gemmage des pins maritimes des Landes et de Sologne.

Mélange d'essence de térébenthine et de colophane; contient 20 à 25 p. 100 d'essence.

La résine qui coule sur le pin se sèche au soleil et se durcit, se désigne sous le nom de galipot; moins riche en térébenthine.

Glucoses. — Les glucoses commerciaux se présentent sous forme de liquides épais appelés : sirop de glucose ou sirop cristal et de pains compacts dénommés glucose massé. Le sirop cristal renferme : glucose, 35 à 40; dextrine, 40 à 45; eau, 10 à 20; cendres, 0,20 à 0,40 p. 100.

Le glucose massé contient : glucose, 70 à 75; dextrine, 5 à 10; eau, 18 à 22; cendres, 0,40 p. 100.

Glycérine. — Alcool triatomique $C^3H^5(OH)^3 = 92$. Extraite des matières grasses dans la fabrication de l'acide stéarique et des savons.

Densité : Glycérine de saponification : 1,240 à $+15°$; glycérine de lessive à 80 p. 100 : 1,300 (ne doit pas contenir plus de 10 p. 100 de cendres); glycérine officinale : 1,260 (glycérine, 98; eau, 2); glycérine chimiquement pure à 100 : 1,265.

Goëmons. — Plantes marines très employées à la fumure des cultures du Finistère. On distingue le goëmon épave ou goëmon mort, amené au rivage par les vagues, et le goëmon vif ou de coupe, adhérent aux rochers; la récolte en est réglementée : Az, 0,35 à 0,40; P^2O^5, 0,10 à 0,15; K^2O, 0,60 à 1; eau, 70 à 80 p. 100. Lavés et séchés, sont proposés comme fourrages; voyez page 154.

Goudrons. — Voyez Huiles de goudron.

Graines amylacées. — Composition page 210.

Grillure de laine. — Voyez laine grillée.

Guanos. *Guano de chauve-souris.* — Existe en dépôts importants dans des grottes de l'Algérie. Diverses analyses nous ont donné pour les plus organiques : Az, 6 à 7,50, dont 2 à 2,50 d'azote nitrique ; P^2O^5, 3 à 4 ; K^2O, 0,80 à 1 ; pour d'autres : Az 1,50 à 2,50, dont 0,50 d'azote nitrique ; P^2O^5, 10 à 11, dont 2,50 soluble citrate ; K^2O, 0,20 à 0,40 p. 100.

Guano de mouton. — Voyez crottin de mouton.

Guano du Pérou. — Engrais formé par l'accumulation des excréments d'oiseaux sur les îlots voisins de la côte de l'Océan Pacifique ; cet engrais ne s'importe plus qu'en très petite quantité en France, Az, 4 à 6 ; P^2O^5, 18 à 20, dont environ 5 soluble citrate ; K^2O, 3 ; matières organiques, 20 ; eau, 15 p. 100.

Guanos de l'Océan Indien. — Guanos phosphatés des Iles Seychelles et Amirantes : Az, 0,50 à 1 ; P^2O^5, 29 à 40, dont 2 à 6 soluble citrate ; matières organiques, 8 à 12 ; eau, 3 à 10 p. 100.

Guanos de poisson. — Engrais fabriqué avec les déchets de pêcheries ; engrais azoté ou phosphaté dont la teneur varie suivant la proportion de chair et d'arêtes, suivant l'état de dessiccation et de dégraissage. Les farines de poisson pures contiennent Az, 7 à 10 ; P^2O^5, 6 à 14, dont 1,50 à 2 soluble citrate ; K^2O, 0,60 à 1 ; eau, 10 à 20 p. 100.

On utilise beaucoup dans le midi, des engrais à base de poisson ; mélange de déchets de poissons, de phosphates ou de superphosphates et de sels de potasse ; ces engrais titrent : Az, 2 à 3 ; P^2O^5, 6 à 7 ; K^2O, 2 p. 100.

H

Herbicides. — Pour la destruction des herbes dans les allées, les cours, on conseille l'emploi de solutions de sulfate de fer ou de cuivre à 6 p. 100. On obtient de bons résultats avec de l'arsénite de soude ; arrosage à la dose de 2 kilogrammes pour 100 litres d'eau.

Huiles de goudron. — Appelées aussi huiles de créosote, carbonyle, etc ; employées au badigeonnage des bois et échalas. Densité 1,040 à 1,100 ; phénols et crésols, 12 à 20 p. 100, doit distiller presque en totalité entre 150° et 350°. Voyez p. 149.

Humus. — La matière organique du sol formée des débris végétaux est généralement appelée terreau ou humus.

En agronomie, l'expression humus est plus spécialement réservée aux éléments organiques solubles, composés bruns, acide humique ; les bonnes terres de culture en contiennent 0,10 à 0,15 p. 100 ; les terres de jardin, 0,50 à 1.

Les éléments végétaux inertes, non décomposés, sont appelés débris organiques.

Hydrate de bioxyde de cuivre. — Poudre anticryptogamique employée au même usage que les bouillies. Teneur en cuivre variable avec la pureté de la poudre : nous en avons rencontré à 58 p. 100 de cuivre et d'autre à 20 p. 100.

I J K

Inuline. — Variété d'amidon dont le poids moléculaire correspond à la formule $(C^6H^{10}O^5)^{30}H^2O$; abondante dans les tubercules de topinambour ; transformée en lévulose et glucose par l'inulase. Voyez p. 265.

Iode pressé. — Iode brut des usines traitant les cendres de varech ; iode, 80 à 85 p. 100.

Jus de tabac. — Utilisé comme insecticide ; les jus concentrés de la manufacture des tabacs contiennent par litre 100 à 102 grammes de nicotine à l'état de sulfate ; s'emploient à raison de 1 litre pour 100 litres d'eau ; on peut y adjoindre 1 kilogramme de savon noir.

Kaïnite. — Sel brut de Stassfürt ; se présente sous forme de cristaux diversement colorés, blanc, orange, rouge, noir. Mélange de sulfate de potassium, de sulfate et chlorure de magnésium et de chlorure de sodium. La kaïnite de Stassfürth contient K^2O, 12 à 13 p. 100 ; les gisements de Colmar sont formés de *sylvinite*, plus riche ; K^2O, 16 à 25 p. 100.

Kaïnitine. — Sel blanc vendu dans l'ouest de la France ; provient du traitement des cendres de varech et des salines ; K^2O, 5 à 10 p. 100.

L

Laine. — Voyez déchets de laine.
Laine grillée ou grillure de laine. — Poudre blonde, provenant du traitement à l'autoclave des tissus coton et laine utilisés en papeterie. Le chauffage à l'autoclave grille les filaments de laine ; à la sortie de l'autoclave, les tissus sont battus, la laine tombe en poussière. Engrais azoté assimilable ; Az, 12 à 14 p. 100.

Lies de vin. — Composition assez variable ; Az, 3 à 4 ; P^2O^5, 1 ; K^2O, 6 à 9 p. 100 ; généralement employées à l'extraction du tartre. Le résidu de cette industrie est vendu sous le nom de lies de vin détartrées ou *tourteau de lies de vin* ; engrais azoté d'une assimilabilité moyenne ; contient Az, 3,40 à 4,50 ; P^2O^5, 0,50 à 0,60 ; K^2O, 0,60 à 1 ; eau 20 à 25 p. 100.

Litières. — Les principales litières sont la paille et la tourbe ; on trouvera à ces noms leur composition. 100 kilogrammes de paille peuvent absorber 200 à 250 kilos d'eau ; 100 kilogrammes de tourbe, 500 à 800. On emploie aussi assez fréquemment comme litières : des bruyères Az, 1 ; P^2O^5, 0,10 ; K^2O, 0,20 p. 100 ; des fougères Az, 2 ; P^2O^5, 0,50 ; K^2O, 1,50 ; des roseaux, des joncs, Az, 0,50 ; P^2O^5, 0,40 ; K^2O, 0,50 à 1,50 ; des feuilles Az, 0,75 ; P^2O^5, 0,30 ; K^2O, 0,20 à 0,30 ; de la sciure de bois, Az, 0,10 ; P^2O^5, 0,20 ; K^2O, 0,40. On peut utiliser également les fanes de pois, féverolles, Az, 1 à 1,50 ; P^2O^5, 0,30 ; K^2O, 0,90 à 1,50 ; les pailles de sarrasin Az, 0,70 ; P^2O^5, 0,20 ; K^2O, 1 p. 100.

M

Manganèse. — Voyez sulfate de manganèse.

Marc de pomme. — Az, 0,15 à 0,20 ; P^2O^5, 0,05 à 0.10 ; K^2O, 0,15 à 0,25 ; eau, 80 p. 100 ; voyez valeur alimentaire, page 157.

Marc de raisin. — Az, 0,90 à 1.20 ; P^2O^5, 0,20 à 0,30 ; K^2O, 0,60 à 0,80 ; eau, 70 à 75 p. 100.

Marc de colle. — Résidu de l'extraction de la gélatine des peaux. Frais : Az, 3 à 4 ; P^2O^5, 0,50 à 1 ; K^2O, 0,10 à 0,50 ; eau, 50 à 80 p. 100. Sec : Az, 10,50 à 11,50 ; eau, 8 à 12 p. 100.

Marnes. — Voyez amendements.

Masses cuites. — Sucre, 80 à 85 ; matières organiques, 4 à 6 ; cendres, 3 à 4 ; eau, 5 à 9. 100 ; doivent être légèrement alcalines.

Mélasses. — Résidu de sucrerie ou de raffinerie. Densité 40°B. ; sucre, 48 à 52 ; cendres, 8 à 10 p. 100. Utilisées en distillerie ou à l'alimentation des animaux. Les principaux produits mélassés sont la paille mélassée, 20 à 25 p. 100 de sucre ; le son mélassé, 25 à 28 ; les germes d'orge, les paillettes de lin, les coques d'arachides, le son de cacao, mélassés à 20 p. 100 de sucre en moyenne ; la tourbe mélassée, 35 à 38 p. 100 de sucre.

Merl. — Ou maërl ; concrétions calcaires draguées sur le littoral des Côtes-du-Nord et du Finistère. Employé comme amendement ; renferme 70 à 75 p. 100 de carbonate de chaux.

Méthylène. — Alcool méthylique contenant 25 p. 100 d'acétone employé pour la dénaturation de l'alcool éthylique.

Meulages. — Résidus de meunerie ; voyez rémoulages.

N

Nicotine. — $C^{10}H^{14}Az^2 = 162$; alcaloïde employé comme insecticide ; voyez jus de tabac. L'industrie livre des nicotines presque pures de 900 à 1.000 grammes par litre ; des solutions de nicotine, concentrées à 400 et 500 grammes ; des solutions de sulfate de nicotine de 300 à 350 grammes ; des oxalates de nicotine, sous forme de granules, contenant : acide oxalique, 45 à 50 ; nicotine, 42 à 44 p. 100.

Nitrates. — Les nitrates employés comme engrais sont :

Nitrate de chaux	$Ca (AzO^3)^2$:	Az, 17,06 ; Az^2O^5, 65,85 ; CaO, 54,15 p. 100
— potasse	K AzO^3 :	Az, 13,86 ; Az^2O^5, 53,44 ; K^2O, 46,56 —
— soude	Na AzO^3 :	Az, 16,39 ; Az^2O^5, 63,62 ; Na^2O, 36,38 —
— d'ammoniaque	AzH^4, AzO^3 :	Az, 35,00 ; Az^2O^5, 67,40 ; AzH^3 21,25 —

Le nitrate de soude, sel naturel du Chili titre : brut, 15 à 16 p. 100 d'azote ; raffiné, 15,50 à 16.20. On trouve aussi dans le commerce des nitrate-nitrite de soude, de fabrication industrielle, titrant, Az, 16 à 17,50.

Le nitrate de potasse est fabriqué par réaction du nitrate de soude et du chlorure de potassium. On rencontre des sels bruts, 75/80 nitrate ; Az, 10 à 11 ; potasse, 36 à 37 et des sels raffinés, 98/99 ; Az, 13,50 à 13,75 ; K^2O, 46 à 46,50.

Le nitrate de chaux de fabrication norvègienne, par fixation de l'azote et de l'oxygène de l'air, dose 12,50 à 13 p. 100 d'azote.

Le nitrate d'ammoniaque se vend à l'état de sel pur ; Az, 34 à 35 ; ou de sel impur, déchet de poudrerie ; Az, 27 à 32 p. 100.

Nitrate de cuivre. — Employé à la destruction des sanves ; se livre généralement en solution concentrée à 43°B, contenant Az, 90 grammes ; Cu, 180 grammes ; nitrate de cuivre cristallisé $(AzO^3)^2Cu$, 6 aq, 850 grammes par litre.

Nitrogènes. — Déchets de peaux, marcs de colle, cuirs, traités par l'acide sulfurique ; Az, 6 à 7 p. 100.

Noir animal. — Noir animal pour l'industrie ; poids de l'hectolitre, 60 à 70 kilos ; charbon, 9 à 11 p. 100 ; phosphate de chaux, 75 à 80 ; carbonate de chaux, 5 à 6 ; eau, 5 à 7.

Les noirs épuisés sont employés comme engrais ; Az, 0,30 à 0,80 ; P^2O^5, 18 à 25.

Noirs de potasserie. — Résidu de l'extraction des sels de potasse des salins : richesse en potasse variable avec la perfection du traitement : en général K^2O, 1 à 2 p. 100.

Noix vomique. — Employée à la destruction des petits animaux ; alcaloïdes, 2 à 3 p. 100.

O

Onglons. — Az, 14 à 15 p. 100.

Os. — Le commerce livre aux agriculteurs de la poudre d'os verts dosant : Az, 3 à 5 ; P^2O^5, 16 à 22 p. 100 ; de la poudre d'os de tabletterie, Az, 4 à 4,25 ; P^2O^5, 23,50 à 24,50 ; de la poudre d'os dégélatinés, Az, 0,60 à 0,90 ; P^2O^5, 28 à 32.

Les os dissous sont des superphosphates d'os verts ; voyez Superphosphates.

Oxalate de nicotine. — Voyez Nicotine.

Oxychlorure de cuivre. — Employé comme les bouillies cupriques ; Cu, 35 à 50 p. 100.

P

Pailles. — Az, 0,40 à 0,50 ; P^2O^5, 0,20 à 0,30 ; K^2O, 0,60 à 1 p. 100. Voyez Litières ; valeur alimentaire, p. 155.

Peaux. — Les déchets de peaux séchés et moulus vendus comme engrais titrent Az, 9 à 11 p. 100.

Phosphates. — *Phosphates de chaux :*

Phosphate tricalcique	$Ca^3 P^2O^8$	$= 310$: P^2O^5, 45,80 ; CaO, 54,20 p. 100	
— bicalcique	$Ca\,HPO^4$, 2 aq $= 172$: P^2O^5, 43,55 ; CaO, 33,74	—	
— monocalcique	$CaH^4(PO^4)^2$, aq $= 252$: P^2O^5, 60,70 ; CaO, 23,92	—	

Les principaux phosphates employés directement en agriculturé sont les PHOSPHATES DES ARDENNES, poudre gris verdâtre provenant de la mouture des nodules, P^2O^5, 16 à 20 p. 100 ; les PHOSPHATES DE LA SOMME ET DE L'OISE, poudre jaune rougeâtre, P^2O^5, 12 à 15 ; les PHOSPHATES DU TARN-ET-GARONNE, poudre rougeâtre, P^2O^5, 12 à 30 ; les PHOSPHATES DES PYRÉNÉES, poudre noire provenant de la mouture d'une roche schisteuse non phosphatée, dans laquelle sont imbriqués des boulets ovoïdés de phosphate de chaux contenant P^2O^5, 30 à 35 ; le tout-venant broyé et livré à l'agriculture titre P^2O^5, 10 à 15 p. 100.

L'industrie utilise à la fabrication des superphosphates les PHOSPHATES DE GAFSA, P^2O^5, 27 à 28; Al^2O^3, 0,70 à 0,80; Fe^2O^3, 0,40 à 0,70; les PHOSPHATES DE TÉBESSA, P^2O^5, 30 à 31; Al^2O^3, 0,60 à 0,70; Fe^2O^3, 0,30 à 0,40; les PHOSPHATES DE LA FLORIDE, P^2O^5, 34 à 36; Al^2O^3, 1; Fe^2O^3, 1 à 1,20; les CRAIES PHOSPHATÉES, P^2O^5, 20 à 25; Al^2O^3, 0,20 à 0,40; Fe^2O^3, 0,40 à 0,50. Voyez page 80.

Les phosphates pour l'industrie se vendent à l'unité phosphate état sec; maximum d'humidité 3 ou 5 p. 100 suivant origine; maximum d'oxyde de fer et d'alumine 1,50 pour les phosphates algériens.

Les gisements de phosphates les plus récemment découverts sont ceux du Tonkin, P^2O^5, 30 à 35; assez fortement alumineux; Al^2O^3, 2 à 4, et les phosphates de Syrie, P^2O^5, 28 à 32; fortement fluorés; $CaFl^2$, 6 à 10 p. 100.

Phosphates d'alumine. — Poudre gris-rosé, P^2O^5, 38 à 44; Al^2O^3, 25 à 30; Fe^2O^3, 8 à 10; CaO, 0,50 à 1 p. 100. Suivant l'origine, l'acide phosphorique est presque complètement soluble dans le citrate d'ammoniaque ou ne l'est que partiellement: 8 à 10 p. 100. Ce fait doit motiver les divergences d'opinion des expérimentateurs sur l'efficacité de ce phosphate. Voyez page 101.

Phosphate d'ammoniaque. — Le plus commun est le phosphate bibasique $(AzH^4)^2HPO^4 = 132$: Az, 21,21; P^2O^5, 54,09 p. 100; on rencontre parfois le phosphate monoammonique qui, pour une pureté commerciale 98/99, contient Az 12,30 à 12,40; P^2O^5, 60 à 62 p. 100.

Phosphate précipité. — Poudre blanche soluble dans le citrate d'ammoniaque, P^2O^5, 36 à 42 p. 100; voyez page 100.

Plâtre. — Sulfate de chaux anhydre $Ca\ SO^4 = 136$: SO^3, 58,83; CaO, 41,17 p. 100; provient de la calcination du gypse, $Ca\ SO^4, 2aq = 172$: SO^3, 46,50; CaO, 32,60 p. 100. Les plâtres cuits employés en agriculture renferment 85 à 92 p. 100 de sulfate anhydre.

Plâtres phosphatés. — Mélange de plâtre et de phosphate précipité contenant généralement P^2O^5, 16 à 20 p. 100.

Plumes. — Les déchets de plumes employés comme engrais azotés contiennent Az, 12 à 14 p. 100.

Poils. — Les déchets de poils que l'on vend le plus fréquemment sont les poils de lapin et les soies de porc; Az, 13 à 14 p. 100.

Potasse. — KOH : K^2O, 83,96 p. 100; les potasses caustiques du commerce renferment 70 à 80 p. 100 d'hydrate de potassium.

Ponçures ou ponçage; déchets organiques vendus dans le midi comme engrais azotés; ponçures de laine, Az, 14; ponçures de peaux, Az, 8; ponçures de poils, Az, 13,50 p. 100.

Poudres à conserver les œufs. — De toutes les poudres que nous avons examinées, la plus pratique et dont l'efficacité nous a toujours été signalée, est la poudre de chaux éteinte dont on fait un lait de chaux très léger; une dizaine de grammes correspondant à 7 ou 8 grammes $CaOH$, pour 2 ou 3 litres d'eau. On immerge les œufs dans cette eau de chaux, puis, le récipient rempli, on saupoudre 2 à 3 grammes de chaux à la surface. Les œufs ainsi placés dans l'eau de chaux, à l'abri de l'air, se conservent sans altération pendant plusieurs mois.

Poudres à faire pondre. — Nous avons eu à examiner des poudres, mélange de condiments aromatiques, de coquillages, de calcaire et de charbon moulu qui n'ont aucune valeur. La poudre de viande légèrement phosphatée peut être employée pour améliorer la nourriture des volailles et favoriser la ponte en hiver, à l'époque où les insectes et les vers ont disparu.

Poudre d'os. — Voyez Os.

Poudrette. — Az, 0,70 à 2; P^2O^5, 1,50 à 4; K^2O, 0,40 à 0,50; CaO, 20 à 30 p. 100.

Poudro. — Voyez Gadoues.

Poussières de laine. — Voyez Déchets de laine.

Poussières de moulin. — Az, 1,50 à 1,80; P^2O^5, 0,60 à 0,80; K^2O, 0,70 à 0,90 p. 100.

Pulpes. — Les pulpes fraîches renferment environ 90 p. 100 d'eau. Voyez la composition des pulpes séchées, page 261. Les pulpes altérées sont employées comme engrais; valeur très faible, Az, 0,15 à 0,20; P^2O^5, 0,05 à 0,10; K^2O, 0,10 à 0,20; eau, 88 à 92 p. 100.

Purin. — Engrais azoté et potassique dont la composition varie avec la quantité d'eau mélangée aux urines, comme le montrent les trois analyses ci-dessous :

Az. = 1,56	P^2O^5 = 0,13	K^2O = 4,06 p. litre
Az. = 0,75	P^2O^5 = 0,10	K^2O = 2,49 —
Az. = 0,37	P^2O^5 = 0,10	K^2O = 0,95 —

Pyrites. — *Sulfure de fer*; pyrite blanche ou pyrite jaune, FeS^2 : S, 53,33; Fe, 46,67 p. 100. *Pyrite cuivreuse ou chalcopyrite*, Fe Cu S² : S, 34,88; Fe, 30,53; Cu, 34,58 p. 100. *Sulfure de zinc ou blende.* — Zn S : S, 32,92; Zn, 67,08. Le plus employé de ces sulfures, à la fabrication de l'acide sulfurique est la pyrite jaune dont le titre en soufre varie de 44 à 50 p. 100 ; les pyrites d'Espagne, plus riches, contiennent 48 à 53 de soufre ; gangue généralement siliceuse, quelquefois calcaire.

La pyrite blanche s'altère assez rapidement à l'air ; on y trouve alors de l'acide sulfurique libre et du sulfate de protoxyde de fer.

Cendres de pyrites. — Employées à la fabrication de la fonte après extraction du cuivre par cémentation lorsqu'elles renferment 1 à 3 p. 100 de cuivre. Voyez page 313.

R

Remoulages. — Issues de blutage de farines et de sons, appelés aussi meulages ; mélange de farine, germe et petit son ; valeur nutritive supérieure au son ; les recoupes et recoupettes sont des issues de même origine. Matières azotées, 14 à 17 ; graisse, 2,50 à 4 ; hydrates de carbone, 57 à 60 ; cellulose, 4 à 5 ; matières minérales, 3,50 à 4,50 p. 100.

S

Sables. — Sont constitués par de la silice à peu près pure ; 99,7 p. 100 dans le sable de Fontainebleau ; fréquemment colorés en rouge par de l'oxyde de fer. Dans l'analyse des terres, on entend par sable, non seulement les éléments siliceux, mais aussi les silicates désagrégés ne jouant pas le rôle de l'argile.

Safrans. — Voyez p. 325.

Salins. — Engrais potassique provenant de la calcination des vinasses de distillerie ; composition variable comme le montrent les analyses suivantes :

Potasse (K^2O).........	33,76	37,45	42,84	50,70
Sulfate de potassium...	8,40	7,90	12,15	15,05
Chlorure de potassium .	3,55	11,75	6,33	6,24
Carbonate de potassium.	39,60	37,00	47,36	56,67
Carbonate de sodium ..	10,20	8,80	11,40	9,20

Renferment en outre une petite quantité de sulfites, sulfures et sulfocyanures ; 0,50 à 1 p. 100 ; dose trop faible pour nuire à la végétation.

Les *boues de salins,* résidu de l'utilisation industrielle des salins dans les cristalleries, sont également employées comme engrais ; K^2O, 7 à 12 p. 100.

Sang desséché. — Les sangs desséchés de fabrication française titrent en général Az, 10,50 à 12,50 p. 100. Les sangs d'importation, notamment d'Angleterre, très secs, sont sensiblement plus riches, Az, 13,50 à 14,75. Les *boues de sang*, résidu de l'utilisation industrielle des sangs titrent Az, 3 à 4 p. 100.

Savons. — *Savon dur* commercial pur à 72 % savon ; acides gras, 63 ; soude, 9 ; eau, 28. *Savon marbré*, à 60 % savon ; acides gras, 54,5 ; soude, 6,5 ; glycérine et sels, 4 à 5 ; eau, 34 à 35. *Savon mou*, blanc ou jaune ; acides gras, 43,5 ; potasse, 9 ; eau et glycérine, 45,0 ; sels, 2,7. *Savon noir*, savon de potasse de composition analogue au précédent, mais très impur, souvent coloré par addition de sulfate de fer et de tanin. *Savon au silicate de soude*, acides gras, 47 ; soude, 11,5 ; eau, 30,5 ; silice, 11. *Savon bon marché*, composition variable, mélange de savon et de silicate de soude, généralement très pauvre en acides gras ; un des plus faibles nous a donné : acides gras, 11,20 ; soude, 8,85 ; eau, 67,40, ce qui correspond sensiblement à : savon, type 72, 17,75 ; silicate anglais à 60 B., 39,00 ; eau, 43,25. *Savon minéral*, environ : savon, 10 ; sable, 90 p. 100. *Savon de tréfilerie*, mélange de savon et de talc ; talc, 20 à 30 p. 100 ; un savon plus chargé en talc nous a donné : acide gras, 43,25 ; insoluble, 44,88 ; soit : savon 55, talc 45.

Scories de déphosphoration, voyez page 90.

Sel dénaturé. — Mélange de sel et de tourteaux moulus, coloré par de l'oxyde de fer ; NaCl, 80 à 85 p. 100.

Sinéros. — Az, 5 à 7 ; P^2O^5, 12 à 13.

Soie. — Voyez Bourre de soie.

Soies de porc. — Voyez Poils.

Sons. — Valeur alimentaire, voyez page 156. Les sons avariés peuvent être employés comme engrais ; Az, 2 à 2,50 ; P^2O^5, 2 ; K^2O, 1 à 1,25 p. 100.

Soufres. — *Soufre trituré* : S, 99 à 99,50. Finesse de mouture au tamis 80 ou 100, presque sans refus pour les soufres bien moulus. *Soufre sublimé*, sans résidu minéral, au microscope les sublimés de bonne qualité ne doivent présenter qu'une quantité insignifiante de cristaux de soufre ; falsification fréquente par mélange de soufre trituré. *Soufres précipités*, poudre blanc jaunâtre, renfermant : S, 30 à 40 p. 100 ; provient de l'emploi industriel des sulfites et hyposulfites ; l'extrême ténuité de ce soufre le rend très intéressant en viticulture. *Soufres noirs ou soufres de houille*, poussière ventilée et tamisée de crude ammoniac décyanuré ; S, 25 à 35 p. 100.

Soufres sulfatés. — Mélange de soufre et de bouillie cuprique ; S, 65 à 85 ; Cu, 1,50 à 2 p. 100 ; parfois additionnés de talc.

Stéatites cupriques. — Mélange de talc et de composés cupriques ; en général à 5 ou à 10 de sulfate de cuivre ; souvent additionnés de soufre en proportion très variable ; à 60, 70 p. 100 de soufre sont dénommés *sulfostéatites*.

Sucres bruts. — Saccharose, 94 à 96 ; sucre réducteur, 0,10 à 0,30 ; eau, 1,50 à 2,50 ; cendres, 1 à 1,50 p. 100 ; voyez rendement, page 254.

Sucre dénaturé. — 100 kilos de sucre brut ; 2 kilos sel ; 20 kilos aliments du bétail pulvérulents.

Suies. — Les suies de cheminées contiennent : Az, 1 à 2 ; P^2O^5, 0,20 à 0,75 ; K^2O, 0,30 à 0,80 p. 100.

Suints de laine. — Voyez Déchets de laine.

Sulfate d'ammoniaque. — $(AzH^4)^2SO^4 = 132$: Az, 21,21 ; AzH^3, 25,76 ; SO^3, 60,60 p. 100. Les sulfates d'ammoniaque des vidanges sont généralement blancs ; ceux des usines à gaz, sont le plus souvent colorés en jaune, vert, bleu ou rouge par la présence d'une trace, sans importance au point de vue agricole, de cyanures ou de colorants organiques. Titrent : Az, 20 à 21 ; eau, 0,25 à 3 ; acidité, 0,25 à 1 ; sels fixes, 0,10 à 1 p. 100. Les sulfates importés d'Angleterre sont généralement plus acides ; par suite, plus humides et renferment 18,50 à 20 p. 100 d'azote.

Sulfate de chaux. — Voyez Plâtre.

Sulfate de cuivre. — $CuSO^4,5$ aq. $= 249$: Cu, 25,43 ; CuO, 31,84 ; SO^3, 32,06 ; eau, 36,10 p. 100. Les produits commerciaux titrent Cu, 25 à 25,30 correspondant à 98,50 à 99,50 sulfate. Lorsqu'ils ont un titre inférieur, l'impureté est généralement du sulfate de fer, plus rarement du sulfate de zinc.

Sulfates de fer. — *Sulfate de protoxyde de fer.* $FeSO^4$, 7aq. $= 278$: Fe, 20,14 ; FeO, 25,90 ; SO^3, 28,77 ; eau, 45,33 p. 100. Employé à la destruction des mousses et des sanves ; le sulfate de fer en farine, sulfate légèrement déshydraté et réduit en poudre impalpable est particulièrement intéressant. Les sulfates de fer, résidus industriels, sont assez impurs et renferment 90 à 95 p. 100 de sulfate de protoxyde de fer.

On rencontre parfois des sulfates doubles de fer et de soude provenant de l'emploi du bisulfate de soude au décapage ; ils doivent renfermer au moins 70 à 75 p. 100 de sulfate de protoxyde de fer pour être efficaces.

21.

Sulfate ferrique — $Fe^2(SO^4)^3$, 9 aq $= 562$: Fe^2O^3, 28,47 ; SO^3, 42,70 ; eau, 28,83 p. 100. Employé à la dose de 3 à 5 p. 100 à la coagulation du sang dans les abattoirs.

Sulfate de manganèse. — $MnSO^4$, 4 aq.-Proposé à la dose de 50 kilos à l'hectare pour accroître les rendements des récoltes. Les résultats des expériences ont été en général peu probants ou nuls ; nous n'en conseillons pas l'emploi.

Sulfate de nicotine. — Voyez nicotine.

Sulfate de potasse. — $K^2SO^4 = 174$: K^2O, 54,08 ; SO^3, 45,92 pour 100. Les sulfates commerciaux renferment K^2O, 48 à 53 p. 100. Il est parfois importé en France des sulfates doubles de potasse et de magnésie titrant : K^2O, 23 à 26 ; MgO, 10 à 12 p. 100.

Sulfocarbonates. — Combinaison de l'acide sulfocarbonique $CH^2S^3 = CS (SH)^2$ avec les alcalis ; employé contre le phylloxéra. Voyez page 136.

Sulfostéatites cupriques. — Mélange de soufre, de composés cupriques et de talc. Voyez stéatites cupriques.

Superphosphates. — *Superphosphate minéral.* Provient du traitement des phosphates naturels par l'acide sulfurique. Renferme la presque totalité de l'acide phosphorique à l'état monocalcique $CaH^4 (PO^4)^2$, aq ; 0,10 à 1 p. 100 à l'état bicalcique $CaHPO^4$, 2 aq. et 0,20 à 0,50, p. 100 à l'état tricalcique $Ca^3P^2O^8$. Titre en moyenne 14 à 16 p. 100 d'anhydride phosphorique soluble dans l'eau et le citrate d'ammoniaque.

Superphosphates au bisulfate. — Par réaction du bisulfate de soude, résidu des poudreries, sur les phosphates ; contiennent 8 à 9 p. 100 d'anhydride phosphorique soluble.

Le traitement des phosphates par le bisulfate seul, étant assez difficile, on fabrique souvent des superphosphates simultanément avec du bisulfate et de l'acide sulfurique ; ces superphosphates titrent 11 à 12 p. 100 d'anhydride phosphorique soluble.

Superphosphate double. — Superphosphate fabriqué par réaction de l'acide phosphorique sur les phosphates ; titre 42 à 44 p. 100 d'anhydride phosphorique soluble.

Superphosphates d'os. — SUPERPHOSPHATES D'OS DÉGÉLATINÉS. — Az, 0,50 à 0,65 ; P^2O^5 soluble citrate, 16,25 à 17 p. 100. Comme pour les superphosphates minéraux, la presque totalité de l'acide phosphorique est soluble dans l'eau.

Certaines usines fabriquent des superphosphates titrant Az, 0,80 à 1 p. 100 ; P^2O^5 eau et citrate, 18 à 20 ; ces superphosphates sont enrichis par l'addition d'une petite quantité de marc de colle qui facilite le séchage du superphosphate fabriqué ; 2 à 5 p. 100 de l'anhydride phosphorique de ces superphosphates n'est pas soluble dans l'eau, mais soluble dans le citrate d'ammoniaque ; même valeur fertilisante, que les superphosphates d'os normaux.

SUPERPHOSPHATES D'OS VERTS OU OS DISSOUS. — Proviennent du traitement par l'acide sulfurique des os non dégélatinés, Az, 2 à 2,50 ; P^2O^5 soluble eau et citrate, 11 à 13 p. 100.

SUPERPHOSPHATES DE CENDRES D'OS. — P^2O^5 soluble, 18 à 20 p. 100.

Superphosphates potassiques. — Mélange de superphosphate et de sulfate de potasse ; fabriqué généralement à 20 p. 100 d'éléments fertilisants, anhydride phosphorique soluble et oxyde de potassium.

Sylvinite. — Mélange de chlorure de potassium et de chlorure de sodium, avec 2 à 3 p. 100 de sulfate de chaux. Composition du sel brut d'Alsace vendu sous le nom de *kaïnite;* K^2O, 16 à 25 p. 100.

T

Talc. — $H^2Mg^3Si^4O^{12}$: SiO^2, 62 à 63 ; MgO, 32 à 33 ; H^2O, 4,7 à 4,9 p. 100 ; employé sous le nom de stéatite à la préparation des bouillies cupriques ; voyez stéatite cuprique.

Tangue. — Sable silico-calcaire recueilli sur le littoral de la Manche et employé comme amendement ; $CaCO^3$, 30 à 50 p. 100.

Tétraphosphates. — On a désigné sous ce nom le produit d'un traitement industriel qui consiste dans la calcination de phosphates naturels en présence d'une petite quantité de sels alcalins. Par cette opération, telle qu'elle est conduite actuellement, le phosphate de chaux ne subit pas de modification sensible et n'a pas une valeur fertilisante plus grande que le phosphate naturel.

Tanins. — Au point de vue chimique on désigne sous le nom de tanin, des substances organiques dont le dédoublement fournit soit de l'acide gallique (noix de galle, feuilles de sumac, écorces de chataigner) soit de l'acide protocatéchique ou de la pyrocatéchine (dividividi, grenadier).

On trouve dans le commerce des tanins à l'eau, à l'alcool ou à l'éther ; ces derniers, les plus purs, sont les plus employés en vinification ; tanin, 95 à 100.

Tartres. *Bitartrate de potasse ou crême de tartre.* — $C^4H^5K = 188$; correspondant à : $C^4H^6O^6$, 79,79 ; K^2O, 25 ; KOH, 29,78 p. 100. *Tartrate de chaux,* $C^4H^4O^6$ Ca, 4 aq $= 260$ correspondant à : $C^4H^6O^6$, 57,69 ; CaO, 21,55 p. 100.

Cent parties de tartrate de chaux donnent théoriquement 72,3 de bitartrate de potasse.

Acide tartrique. — $C^4H^6O^6 = 150$.

Les *lies* renferment en moyenne, bitartrate de potasse 20 à 25 ; tartrate de chaux 2 à 5 p. 100. Les *tartres bruts* : bitartrate de potasse 65 à 75 ; tartrate de chaux, 6 à 9 p. 100.

Terres. — Voyez, prélèvement d'un échantillon page 10 ; étude des constituants, page 34.

Tondelles et tontisses de laine. — Voyez déchets de laine.

Touraillons. — Débris d'orge germée ou malt : voyez valeur alimentaire, page 309 ; comme engrais ; Az, 3,50 à 4,50, P^2O^5, 1 à 2 ; K^2O, 2 à 2,50 p.100.

Tourbe. — Matière spongieuse, brune ou noire, provenant de la décomposition des plantes sous l'eau. Employée surtout comme combustible ; pouvoir calorifique de la tourbe sèche 3,000 à 4,500 calories. Utilisée également comme litière du fait de son grand pouvoir absorbant ; peut absorber 500 à 800 fois son poids d'eau. Az, 1 à 3 p. 100 ; assimilabilité très lente ; les tourbes calcaires peuvent être intéressantes comme amendement dans les sols argileux compacts.

Tourteaux. — *Tourteaux alimentaires* : voyez pages 157 et 183. *Tourteaux engrais.* On emploie comme engrais, les tourteaux de graines oléagineuses toxiques, comme le ricin ; les tourteaux sulfurés, dont la matière grasse a été complètement extraite par un dissolvant chimique et les tourteaux trop cellulosiques pour avoir une valeur nutritive intéressante. Ces tourteaux renferment pour 100 :

Tourteaux de :	Az	P^2O^5	K^2O
Arachide sulfuré	8,00 à 8,50	1,00 à 1,50	1,25 à 1,50
Colza sulfuré	5,75 à 6,25	1,50 à 2,00	1,00 à 1,25
Coques de cacao	1,00 à 1,50	0,50 à 0,70	0,25 à 0,35
Drèche sèche	5,00 à 7,00	0,60 à 0,90	0,20 à 0,30
Grignons d'olives	1,50 à 1,75	0,25 à 0,30	1,00 à 1,25
Illipé	1,80 à 2,20	0,50 à 0,60	1,00 à 1,25
Lies de vin	3,50 à 4,25	0,50 à 0,60	1,00 à 2,50
Mafouraires	4,00 à 4,25	0,80 à 1,25	1,00 à 1,25
Mowrah	2,75 à 3,00	0,60 à 0,80	0,80 à 1,00
Ricin	4,25 à 5,75	1,00 à 1,50	1,00 à 1,25
Sésame sulfuré	6,50 à 7,00	2,50 à 3,00	1,00 à 1,25
Suint	2,50 à 3,00	0,10	0,60 à 0,80

Trez. — Sable marin mélangé de débris de coquilles, récolté sur les plages du Finistère ; amendement calcaire ; $CaCO^3$, 30 à 60 p. 100.

V

Vases. — Les vases extraites des étangs ou des mares constituent un engrais assez intéressant : Az, 0,20 à 0,30 ; P^2O^5, 0,15 à 0,25 ; K^2O, 0,15 à 0,30 ; matières organiques, 4 à 7 p. 100 de vase séchée ; les vases de canal, moins organiques, sont en général plus pauvres en éléments fertilisants ; Az, P^2O^5, K^2O, 0,05 à 0,10 p. 100.

Verdets. — *Acétate neutre de cuivre* $(C^2H^3O^2)^2Cu$, aq. : Cu, 31,76 p. 100 ; verdet commun ; petits cristaux vert foncé ; les produits commerciaux titrent Cu, 34 à 34,60 ; $C^2H^4O^2$, 58 à 60 p. 100. L'impureté fréquente de ce sel est le sulfate de soude, résidu de la fabrication industrielle ; petits cristaux blancs qui se distinguent aisément dans la masse de cristaux verts. La différence de densité de ces deux sels rend l'échantillonnage difficile ; les cristaux blancs montent à la surface des sacs ou tonnelets contenant le verdet ; le milieu et le fond de la masse n'en contiennent que très peu.

Acétate basique de cuivre. — Verdet gris, ou verdet de Montpellier ; sel grumeleux de teinte bleue ; en majeure partie constitué d'acétate bibasique $(C^2H^3O^2)^2Cu$, H^2CuO^2, 5 aq. Les produits commerciaux renferment : Cu, 34 à 35 ; $C^2H^4O^2$, 26 à 28 ; eau, 25 à 28 p. 100.

Viande. — Az, 7 à 9 ; P^2O^5, 2 à 7. Les viandes sulfurées ou dégraissées et séchées dosent : Az, 12 à 13 p. 100.

Viandossine. — Viande et os dégraissés et séchés : Az, 4,50 à 5,25 ; P^2O^5, 20 à 22 p. 100.

Vieilles matières d'épuration. — Crude ammoniac.

Vinasses. — Résidu de la distillation des liquides fermentés. Les plus intéressantes sont les vinasses de betterave généralement employées par les distilleries à l'irrigation des terres de culture et les vinasses de mélasse. Ces dernières qui ont, au sortir des cuves, une densité de 4 à 5° B, sont concentrées par évaporation à 30 à 38° B ; elles sont alors, soit mélangées à une matière absorbante, généralement de la tourbe, pour obtenir

des engrais composés pulvérulents ; soit calcinées dans des
fours. On obtient par ce dernier traitement le charbon de
vinasse ou salin de betterave.

Les vinasses présentent la composition suivante, en grammes
par litre :

Vinasses de :	Az	P²O⁵	K²O
Betteraves	1,10	0,30	2,00
Maïs	2,00	3,20	2,50
Pommes de terre	1,00	0,40	2,80
Mélasse non concentrée	2,75	0,10	4,70
— à 12⁰ B.	12,70	0,18	35,75
— à 32⁰ B.	36,60	0,40	76,40
Concentrée de canne à sucre	4,50	1,00	53,10

Poids atomiques des principaux corps simples

Hydrogène = 1

Aluminium	Al	27	Manganèse	Mn	54,9
Antimoine	Sb	119,6	Mercure	Hg	200
Argent	Ag	107,7	Molybdène	Mo	96
Arsenic	As	75	Nickel	Ni	58,6
Azote	Azou N	14	Or	Au	196,6
Baryum	Ba	137	Osmium	Os	190,3
Bismuth	Bi	208,4	Oxygène	O	16
Bore	B	19,9	Palladium	Pd	53,3
Brome	Br	79,8	Phosphore	P	31
Cadmium	Cd	111,7	Platine	Pt	194,4
Calcium	Ca	40	Plomb	Pb	206,4
Carbone	C	12	Potassium	K	39
Césium	Cs	132,8	Rubidium	Rb	85,2
Chlore	Cl	35,4	Sélénium	Se	39,7
Chrome	Cr	52	Silicium	Si	28
Cobalt	Co	58,7	Sodium	Na	23
Cuivre	Cu	63,3	Soufre	S	32
Didyme	Di	145	Strontium	Sr	87,5
Etain	Sn	118	Tantale	Ta	182
Fer	Fe	56	Tellure	Te	63
Fluor	Fl	19	Thallium	Tl	203,7
Gallium	Ga	70	Titane	Ti	50
Glucinium	Gl	9,1	Tungstène	Tu	183,5
Iode	I	126,5	Uranium	U	239
Iridium	Ir	193	Vanadium	V	51,2
Lanthane	La	138,5	Yttrium	Y	89
Lithium	Li	7	Zinc	Zn	65
Magnésium	Mg	24,3	Zirconium	Zr	90,5

Table de multiplicateurs pour le calcul des analyses des matières agricoles

CORPS OBTENU		CORPS CHERCHÉ		MULTIPLI-CATEUR
Aluminium				
Phosphate d'alumine..	$AlPO^4$	Alumine	Al^2O^3	0,4497
Alumine	Al^2O^3	Phosphate d'alumine..	$AlPO^4$	2,3824
Anhydride phosphorique	P^2O^5	Phosphate d'alumine..	$AlPO^4$	1,7232
Ammonium				
Azote nitrique ou ammoniacal	Az	Nitrate d'ammoniaque.	AzH^4AzO^3	5,7142
Azote total	Az	Nitrate d'ammoniaque.	AzH^4AzO^3	2,8571
Azote	Az	Sulfate d'ammoniaque.	$(AzH^4)^2SO^4$	4,7147
Arsenic				
Arséniate ammoniaco-magnésien	$2(MgAzH^4AsO^4)+H^2O$	Arsenic	As	0,3948
»	»	Acide arsénieux	As^2O^3	0,5211
»	»	Acide arsénique	As^2O^5	0,6052
Pyroarséniate de magnésie	$Mg^2As^2O^7$	Arsenic	As	0,4841
Sulfure d'arsenic	As^2S^3	Arsenic	As	0,6098
»	»	Acide arsénieux	As^2O^3	0,8049
»	»	Acide arsénique	As^2O^5	0,9349
Azote				
Azote	Az	Ammoniaque	AzH^3	1,2143
»	Az	Anhydride azotique	Az^2O^5	3,8571
Anhydride azotique	Az^2O^5	Azote	Az	0,2592

CORPS OBTENU		CORPS CHERCHÉ		MULTIPLI-CATEUR
Calcium				
Anhydride phosphorique	P^2O^5	Phosphate de chaux..	$Ca^3P^2O^8$	2,1830
Carbonate de chaux...	$CaCO^3$	Chaux	CaO	0,5600
Chaux	CaO	Carbonate de chaux...	$CaCO^3$	1,7855
»	»	Sulfate de chaux	$CaSO^4$	2,4284
Fluosilicate de potasse.	K^2SiFl^6	Fluorure de calcium..	$CaFl^2$	0,7091
Pyrophosphate de magnésie	$Mg^2P^2O^7$	Phosphate de chaux...	$Ca^3P^2O^8$	1,3963
Sulfate de chaux	$CaSO^4$	Chaux	CaO	0,4117
Sulfate de chaux anh.	$CaSO^4$	Sulfate de chaux hyd..	$CaSO^4, 2\,aq$	1,2628
Sulfate de baryte	$BaSO^4$	Sulfate de chaux	$CaSO^4$	0,5829
Chlore				
Chlorure d'argent	$AgCl$	Chlore	Cl	0,2472
Cuivre				
Cuivre	Cu	Oxyde de cuivre	CuO	1,2520
Cuivre	Cu	Sulfate de cuivre	$CuSO^4, 5\,aq$	3,9320
Cuivre	Cu	Nitrate de cuivre	$Cu(AzO^3)^2, 4\,aq$	4,0960
Cuivre	Cu	Verdet	$Cu(C^2H^3O^2)^2, aq$	3,1420
Oxyde de cuivre	CuO	Cuivre	Cu	0,7986
Oxyde de cuivre	CuO	Sulfate de cuivre	$CuSO^4, 5\,aq$	3,1410
Fer				
Fer	Fe	Protoxyde de fer	FeO	1,2860
Fer	Fe	Sesquioxyde de fer	Fe^2O^3	1,4285
Phosphate de fer	$Fe^2(PO^4)^2$	Sesquioxyde de fer	Fe^2O^3	0,5294
Sesquioxyde de fer	Fe^2O^3	Fer	Fe	0,7000
»	Fe^2O^3	Protoxyde de fer	FeO	0,9000

Table de multiplicateurs pour le calcul des analyses des matières agricoles

CORPS OBTENU		CORPS CHERCHÉ		MULTIPLI-CATEUR
Fluor				
Fluorure de calcium	$CaFl$	Fluor	Fl	0,4872
Fluosilicate de potasse	K^2SiFl^6	Fluor	Fl	0,3431
Magnésium				
Magnésie	MgO	Carbonate de magnésie	$MgCO^3$	2,1000
Pyrophosphate de magnésie	$Mg^2P^2O^7$	Magnésie	MgO	0,3622
»	»	Chlorure de magnésium	$MgCl^2$	0,8358
»	»	Sulfate de magnésie	$MgSO^4$	1,0810
Manganèse				
Manganèse	Mn	Sulfate de manganèse	$MnSO^4$	2,7410
Oxyde de manganèse	Mn^3O^4	Manganèse	Mn	0,7203
Phosphore				
Pyrophosphate de magnésie	$Mg^2P^2O^8$	Phosphore	P	0,2795
»	»	Anhydride phosphorique	P^2O^5	0,6397
Phosphomolybdate d'ammoniaque		»	»	0,0375
Phosphate de chaux	$Ca^3P^2O^3$	»	»	0,4582
Potassium				
Potasse	K^2O	Carbonate de potasse	K^2CO^3	1,4680

CORPS OBTENU		CORPS CHERCHÉ		MULTIPLI-CATEUR
Potasse	K^2O	Chlorure de potassium	KCl	1,5820
»	»	Nitrate de potasse	$KAzO^3$	2,1465
»	»	Sulfate de potasse	K^2SO^4	1,8490
Perchlorate de potasse	$KClO^4$	Potasse	K^2O	0,3390
Chlorure d'argent	$AgCl$	Chlorure de potassium	HCl	0,5200
Sulfate de baryte	$BaSO^4$	Sulfate de potasse	K^2SO^4	0,7470
Sodium				
Azote	Az	Nitrate de soude	$NaAzO^3$	6,0710
Sulfate de soude	Na^2SO^4	Soude	Na^2O	0,4368
Chlorure d'argent	$AgCl$	Chlorure de sodium	$NaCl$	0,4074
Soufre				
Anhydride sulfurique	SO^3	Acide sulfurique	SO^4H^2	1,2250
Sulfate de baryte	$BaSO^4$	Soufre	S	0,1374
Sulfate de baryte	$BaSO^4$	Acide sulfureux	SO^2	0,2750
Sulfate de baryte	$BaSO^4$	Acide sulfurique	SO^3	0,3433
Composés organiques				
Azote	»	Protéine	»	6,2500
Sucre réducteur	»	Saccharose	»	0,9500
Sucre réducteur	»	Amidon	»	0,9000
Acide sulfurique	SO^4H^2	Acide acétique	$CH^3.CO^2H$	1,2245
Acide tartrique	$CO^4H.CH(OH).CH(OH)CO^2H$	Bitartrate de potasse	$C^4H^5O^6K$	1,2542
		Tartrate neutre de chaux	$C^4H^4O^6Ca,4aq$	1,7333
Bitartrate de potasse	$C^4H^5O^6K$	Acide tartrique	$(CO^2H)^2(CHOH)^2$	0,7979

Table de comparaison entre le degré Baumé et la densité des liquides

LIQUIDES PLUS LÉGERS QUE L'EAU				LIQUIDES PLUS LOURDS QUE L'EAU			
Baumé	Densité	Baumé	Densité	Baumé	Densité	Baumé	Densité
10	1,000	46	0,800	1	1,0069	37	1,3447
11	0,993	47	0,796	2	1,0140	38	1,3574
12	0,986	48	0,791	3	1,0212	39	1,3703
13	0,980	49	0,787	4	1,0285	40	1,3834
14	0,973	50	0,783	5	1,0358	41	1,3968
15	0,966	51	0,778	6	1,0434	42	1,4105
16	0,960	52	0,774	7	1,0509	43	1,4244
17	0,953	53	0,770	8	1,0587	44	1,4386
18	0,947	54	0,766	9	1,0665	45	1,4531
19	0,941	55	0,762	10	1,0744	46	1,4678
20	0,935	56	0,758	11	1,0825	47	1,4828
21	0,929	57	0,754	12	1,0907	48	1,4984
22	0,923	58	0,750	13	1,0990	49	1,5141
23	0,917	59	0,746	14	1,1074	50	1,5301
24	0,911	60	0,742	15	1,1160	51	1,5466
25	0,906	61	0,738	16	1,1247	52	1,5633
26	0,900	62	0,735	17	1,1335	53	1,5804
27	0,894	63	0,730	18	1,1425	54	1,5978
28	0,889	64	0,727	19	1,1516	55	1,6158
29	0,883	65	0,723	20	1,1608	56	1,6342
30	0,878	66	0,720	21	1,1702	57	1,6529
31	0,873	67	0,716	22	1,1798	58	1,6720
32	0,867	68	0,712	23	1,1896	59	1,6916
33	0,862	69	0,709	24	1,1994	60	1,7116
34	0,857	70	0,705	25	1,2095	61	1,7322
35	0,852	71	0,702	26	1,2198	62	1,7532
36	0,847	72	0,699	27	1,2301	63	1,7748
37	0,842	73	0,695	28	1,2407	64	1,7769
38	0,837	74	0,692	29	1,2515	65	1,8195
39	0,832	75	0,689	30	1,2624	66	1,8428
40	0,828	76	0,685	31	1,2736	67	1,8667
41	0,823	77	0,682	32	1,2849	68	1,8712
42	0,818	78	0,679	33	1,2965	69	1,9163
43	0,813	79	0,676	34	1,3082	70	1,9421
44	0,809	80	0,672	35	1,3202	71	1,9686
45	0,804	81	0,669	36	1,3324	72	1,9958

Table des nitrates

10 centimètres cubes de liqueur semi-normale donnent 90 centimètres cubes de AzO

de AzO = 0ᵍʳ, 000 603 921 Azote

AzO en cent. cub.	Nitrate pur p. 100	Azote p. 100 de AzO³Na	de AzO³K	AzO en cent. cub.	Nitrate pur p. 100	Azote p. 100 de AzO³Na	de AzO³K
50	55,55	9,15	7,70	75	83,33	13,72	11,54
51	56,66	9,33	7,85	76	84,44	13,90	11,70
52	57,77	9,51	8,00	77	85,55	14,09	11,85
53	58,88	9,69	8,16	78	86,66	14,27	12,01
54	60,00	9,88	8,31	79	87,77	14,45	12,16
55	61,11	10,06	8,47	80	88,88	14,64	12,31
56	62,22	10,24	8,62	81	89,99	14,82	12,47
57	63,33	10,43	8,77	82	91,11	15,00	12,62
58	64,44	10,61	8,93	83	92,22	15,18	12,78
59	65,55	10,79	9,08	84	93,33	15,37	12,93
60	66,66	10,98	9,24	85	94,44	15,55	13,08
61	67,77	11,16	9,39	86	95,55	15,73	13,24
62	68,88	11,34	9,54	87	96,66	15,92	13,39
63	70,00	11,52	9,70	88	97,77	16,10	13,54
64	71,11	11,71	9,85	89	98,88	16,28	13,70
65	72,22	11,89	10,01	»	»	»	»
66	73,33	12,07	10,16	»	»	»	»
67	74,44	12,26	10,31	»	»	»	»
68	75,55	12,44	10,47	»	»	»	»
69	76,66	12,62	10,62	»	»	»	»
70	77,77	12,81	10,78	»	»	»	»
71	78,88	12,99	10,93	»	»	»	»
72	79,99	13,17	11,08	»	»	»	»
73	81,11	13,35	11,24	»	»	»	»
74	82,22	13,54	11,39	»	»	»	»

Table des nitrates

10 centimètres cubes de liqueur semi-normale donnent $90^{cc}5$, de AzO

$\dfrac{1}{\cdots}$ — de AzO = 0^{gr},000 600 584 Azote

AzO en cent. cub.	Nitrate pur p. 100	Azote p. 100		AzO en cent. cub.	Nitrate pur p. 100	Azote p. 100	
		de AzO^3Na	de AzO^3K			de AzO^3Na	de AzO^3K
50	55,24	9,09	7,65	75	82,87	13,64	11,48
51	56,35	9,28	7,81	76	83,97	13,83	11,64
52	57,45	9,46	7,96	77	85,08	14,01	11,79
53	58,56	9,64	8,11	78	86,18	14,19	11,94
54	59,67	9,82	8,26	79	87,29	14,37	12,09
55	60,77	10,00	8,42	80	88,39	14,55	12,25
56	61,87	10,19	8,57	81	89,50	14,74	12,40
57	62,98	10,37	8,72	82	90,60	14,92	12,55
58	64,08	10,55	8,88	83	91,71	15,10	12,71
59	65,19	10,73	9,03	84	92,81	15,28	12,86
60	66,29	10,91	9,18	85	93,92	15,46	13,01
61	67,40	11,10	9,34	86	95,02	15,65	13,17
62	68,50	11,28	9,49	87	96,13	15,83	13,32
63	69,61	11,46	9,64	88	97,23	16,01	13,47
64	70,71	11,64	9,79	89	98,34	16,19	13,63
65	71,82	11,82	9,95	90	99,44	16,39	13,78
66	72,92	12,01	10,10	»	»	»	»
67	74,03	12,19	10,26	»	»	»	»
68	75,13	12,37	10,41	»	»	»	»
69	76,24	12,55	10,56	»	»	»	»
70	77,34	12,73	10,72	»	»	»	»
71	78,45	12,92	10,87	»	»	»	»
72	79,55	13,10	11,02	»	»	»	»
73	80,66	13,28	11,18	»	»	»	»
74	81,76	13,46	11,33	»	»	»	»

Table des nitrates

10 centimètres cubes de liqueur semi-normale donnent 01 centimètres cubes de AzO.

$$\frac{1}{-} \quad \text{de } AzO = 0^{gr},000\,597\,284 \text{ Azote.}$$

AzO en cent. cub.	Nitrate pur p. 100	Azote p. 100 de AzO³Na	Azote p. 100 de AzO³K	AzO en cent. cub.	Nitrate pur p. 100	Azote p. 100 de AzO³Na	Azote p. 100 de AzO³K
50	54,94	9,04	7,61	75	82,41	13,57	11,42
51	56,04	9,23	7,76	76	83,51	13,75	11,57
52	57,14	9,41	7,91	77	84,61	13,93	11,72
53	58,24	9,59	8,07	78	85,71	14,11	11,88
54	59,34	9,77	8,22	79	86,81	14,29	12,03
55	60,43	9,95	8,37	80	87,91	14,47	12,18
56	61,53	10,13	8,52	81	89,01	14,66	12,33
57	62,63	10,31	8,67	82	90,10	14,84	12,49
58	63,73	10,49	8,83	83	91,20	15,02	12,64
59	64,83	10,67	8,98	84	92,30	15,20	12,79
60	65,93	10,85	9,13	85	93,40	15,38	12,94
61	67,03	11,04	9,28	86	94,50	15,56	13,09
62	68,13	11,22	9,44	87	95,60	15,74	13,25
63	69,23	11,40	9,59	88	96,70	15,92	13,40
64	70,33	11,58	9,74	89	97,80	16,10	13,55
65	71,43	11,76	9,89	90	98,90	16,28	13,70
66	72,52	11,94	10,05	»	»	»	»
67	73,62	12,12	10,20	»	»	»	»
68	74,72	12,30	10,35	»	»	»	»
69	75,82	12,48	10,51	»	»	»	»
70	76,92	12,66	10,66	»	»	»	»
71	78,02	12,85	10,81	»	»	»	»
72	79,12	13,03	10,96	»	»	»	»
73	80,21	13,21	11,11	»	»	»	»
74	81,31	13,39	11,27	»	»	»	»

Table des nitrates

10 centimètres cubes de liqueur semi-normale donnent $91^{cc},5$ de AzO.

$\dfrac{1}{\quad}$ de AzO $= 0^{gr}, 000\,594.020$ Azote.

AzO en cent. cub.	Nitrate pur p. 100	Azote p. 100		AzO en cent. cub.	Nitrate pur p. 100	Azote p. 100	
		de AzO^3Na	de AzO^3K			de AzO^3Na	de AzO^3K
50	54,64	9,00	7,57	75	81,96	13,50	11,36
51	55,73	9,18	7,72	76	83,05	13,68	11,51
52	56,83	9,36	7,87	77	84,15	13,86	11,66
53	57,92	9,54	8,02	78	85,24	14,04	11,81
54	59,01	9,72	8,18	79	86,33	14,22	11,96
55	60,10	9,90	8,33	80	87,43	14,40	12,11
56	61,19	10,08	8,48	81	88,52	14,58	12,27
57	62,28	10,26	8,63	82	89,61	14,76	12,42
58	63,37	10,44	8,78	83	90,70	14,94	12,57
59	64,46	10,62	8,93	84	91,80	15,12	12,72
60	65,55	10,80	9,08	85	92,89	15,30	12,87
61	66,66	10,98	9,24	86	93,98	15,48	13,02
62	67,75	11,16	9,39	87	95,08	15,66	13,17
63	68,84	11,34	9,54	88	96,17	15,84	13,34
64	69,93	11,52	9,69	89	97,26	16,02	13,48
65	71,03	11,70	9,84	90	98,36	16,20	13,63
66	72,13	11,88	9,99	91	99,45	16,38	13,78
67	73,22	12,06	10,14	»	»	»	»
68	74,31	12,24	10,30	»	»	»	»
69	75,40	12,42	10,45	»	»	»	»
70	76,50	12,60	10,60	»	»	»	»
71	77,59	12,78	10,75	»	»	»	»
72	78,68	12,96	10,90	»	»	»	»
73	79,78	13,14	11,05	»	»	»	»
74	80,87	13,32	11,21	»	»	»	»

Table des nitrates

10 centimètres cubes de liqueur semi-normale donnent 92 centimètres cubes de AzO.

$\dfrac{1}{-}$ de AzO $= 0^{gr},000\ 590\ 792$ Azote

AzO en cent. cub.	Nitrate pur p. 100	Azote p. 100		AzO en cent. cub.	Nitrate pur p. 100	Azote p. 100	
		de AzO³Na	de AzO³K			de AzO³Na	de AzO³K
50	54,34	8,95	7,53	75	81,52	13,42	11,29
51	55,43	9,13	7,68	76	82,60	13,60	11,45
52	56,52	9,30	7,83	77	83,69	13,78	11,60
53	57,61	9,48	7,98	78	84,78	13,96	11,75
54	58,69	9,66	8,13	79	85,86	14,14	11,90
55	59,78	9,84	8,28	80	86,95	14,32	12,05
56	60,87	10,02	8,43	81	88,04	14,50	12,20
57	61,95	10,20	8,58	82	89,12	14,68	12,33
58	63,04	10,38	8,73	83	90,21	14,85	12,50
59	64,13	10,56	8,88	84	91,30	15,03	12,65
60	65,21	10,74	9,03	85	92,39	15,21	12,80
61	66,30	10,92	9,18	86	93,47	15,39	12,95
62	67,39	11,09	9,34	87	94,56	15,57	13,10
63	68,47	11,27	9,49	88	95,65	15,75	13,25
64	69,56	11,45	9,64	89	96,73	15,93	13,40
65	70,65	11,63	9,79	90	97,82	16,11	13,55
66	71,73	11,81	9,94	91	98,91	16,29	13,71
67	72,82	11,99	10,09	»	»	»	»
68	73,91	12,17	10,24	»	»	»	»
69	74,99	12,35	10,39	»	»	»	»
70	76,08	12,53	10,54	»	»	»	»
71	77,17	12,71	10,69	»	»	»	»
72	78,26	12,88	10,84	»	»	»	»
73	79,34	13,06	10,99	»	»	»	»
74	80,43	13,24	11,14	»	»	»	»

Table des nitrates

10 centimètres cubes de liqueur semi-normale donnent 92cc,5 de AzO.

$\dfrac{1}{\ }$ de AzO = 0gr,000 587 598 Azote.

AzO en cent. cub.	Nitrate pur p. 100	Azote p. 100	
		de AzO³Na	de AzO³K
50	54,05	8,90	7,49
51	55,13	9,08	7,64
52	56,21	9,25	7,79
53	57,29	9,43	7,94
54	58,37	9,61	8,09
55	59,45	9,79	8,24
56	60,53	9,97	8,39
57	61,61	10,14	8,54
58	62,69	10,32	8,69
59	63,77	10,50	8,84
60	64,86	10,68	8,99
61	65,94	10,86	9,14
62	67,02	11,03	9,29
63	68,10	11,21	9,44
64	69,18	11,39	9,59
65	70,27	11,57	9,73
66	71,35	11,75	9,88
67	72,43	11,92	10,03
68	73,51	12,10	10,18
69	74,59	12,28	10,33
70	75,67	12,46	10,48
71	76,75	12,64	10,63
72	77,83	12,82	10,78
73	78,91	12,99	10,93
74	79,99	13,17	11,08

AzO en cent. cub.	Nitrate pur p. 100	Azote p. 100	
		de AzO³Na	de AzO³K
75	81,08	13,35	11,23
76	82,16	13,53	11,38
77	83,24	13,71	11,53
78	84,32	13,88	11,68
79	85,40	14,06	11,83
80	86,48	14,24	11,98
81	87,56	14,42	12,13
82	88,64	14,60	12,28
83	89,72	14,77	12,43
84	90,81	14,95	12,58
85	91,89	15,13	12,73
86	92,97	15,31	12,88
87	94,05	15,49	13 03
88	95,13	15,66	13,18
89	96,21	15,84	13,33
90	97,29	16,02	13,48
91	98,37	16,20	13,63
92	99,45	16,38	13,78
»	»	»	»
»	»	»	»
»	»	»	»
»	»	»	»
»	»	»	»
»	»	»	»
»	»	»	»

Table des nitrates

10 centimètres cubes de liqueur semi-normale donnent 93 centimètres cubes de AzO

$\dfrac{1}{}$ — de AzO = 0^{gr},000 584 439 Azote

AzO en cent. cub.	Nitrate pur p. 100	Azote p. 100		AzO en cent. cub.	Nitrate pur p. 100	Azote p. 100	
		de AzO³Na	de AzO³K			de AzO³Na	de AzO³K
50	53,76	8,85	7,45	75	80,64	13,28	11,17
51	54,83	9,03	7,60	76	81,71	13,45	11,32
52	55,91	9,20	7,74	77	82,79	13,63	11,47
53	56,98	9,38	7,89	78	83,87	13,81	11,62
54	58,06	9,56	8,04	79	84,94	13,99	11,77
55	59,13	9,73	8,19	80	86,02	14,16	11,92
56	60,21	9,91	8,34	81	87,09	14,34	12,07
57	61,28	10,09	8,49	82	88,17	14,52	12,22
58	62,36	10,27	8,64	83	89,24	14,69	12,37
59	63,43	10,44	8,79	84	90,32	14,87	12,51
60	64,51	10,62	8,94	85	91,39	15,05	12,66
61	65,58	10,80	9,09	86	92,47	15,22	12,81
62	66,66	10,97	9,24	87	93,54	15,40	12,96
63	67,73	11,15	9,38	88	94,62	15,58	13,11
64	68,81	11,33	9,53	89	95,69	15,76	13,26
65	69,88	11,51	9,68	90	96,77	15,93	13,41
66	70,96	11,68	9,83	91	97,84	16,11	13,56
67	72,03	11,86	9,98	92	98,92	16,29	13,71
68	73,11	12,04	10,13	»	»	»	»
69	74,19	12,21	10,28	»	»	»	»
70	75,26	12,39	10,43	»	»	»	»
71	76,34	12,57	10,58	»	»	»	»
72	77,41	12,75	10,73	»	»	»	»
73	78,49	12,92	10,88	»	»	»	»
74	79,56	13,10	11,02	»	»	»	»

Table des nitrates

10 centimètres cubes de liqueur semi-normale donnent $93_{cc},5$ de AzO

$\dfrac{1}{-}$ de AzO $= 0^{gr},000\,581\,314$ Azote

AzO en cent. cub.	Nitrate pur p. 100	Azote p. 100		AzO en cent. cub.	Nitrate pur p. 100	Azote p. 100	
		de AzO^3Na	de AzO^3K			de AzO^3Na	de AzO^3K
50	53,47	8,80	7,41	75	80,21	13,21	11,11
51	54,54	8,98	7,55	76	81,28	13,38	11,26
52	55,61	9,15	7,70	77	82,35	13,56	11,41
53	56,68	9,33	7,85	78	83,42	13,73	11,56
54	57,75	9,51	8,00	79	84,49	13,91	11,71
55	58,82	9,68	8,15	80	85,56	14,09	11,85
56	59,89	9,86	8,29	81	86,63	14,26	12,00
57	60,96	10,03	8,44	82	87,69	14,44	12,15
58	62,03	10,21	8,59	83	88,76	14,61	12,30
59	63,10	10,39	8,74	84	89,83	14,79	12,45
60	64,17	10,56	8,89	85	90,90	14,97	12,59
61	65,24	10,74	9,03	86	91,97	15,14	12,74
62	66,31	10,91	9,18	87	93,04	15,32	12,89
63	67,38	11,09	9,33	88	94,11	15,49	13,04
64	68,45	11,27	9,48	89	95,18	15,67	13,19
65	69,52	11,44	9,63	90	96,25	15,85	13,34
66	70,59	11,62	9,77	91	97,32	16,02	13,48
67	71,66	11,79	9,92	92	98,39	16,20	13,63
68	72,73	11,97	10,07	93	99,46	16,38	13,78
69	73,79	12,15	10,22	»	»	»	»
70	74,86	12,33	10,37	»	»	»	»
71	75,93	12,50	10,52	»	»	»	»
72	77,00	12,68	10,67	»	»	»	»
73	78,07	12,85	10,82	»	»	»	»
74	79,14	13,03	10,96	»	»	»	»

Table des nitrates

10 centimètres cubes de liqueur semi-normale donnent 94 centimètres cubes de AzO

$\dfrac{1}{\ }$ — de AzO = 0^{gr},000 578 222 Azote.

AzO en cent. cub.	Nitrate pur p. 100	Azote p. 100		AzO en cent. cub.	Nitrate pur p. 100	Azote p. 100	
		de AzO³Na	de AzO³K			de AzO³Na	de AzO³K
50	53,19	8,76	7,37	75	79,78	13,14	11,05
51	54,26	8,93	7,51	76	80,85	13,31	11,20
52	55,32	9,11	7,66	77	81,91	13,49	11,35
53	56,39	9,28	7,81	78	82,97	13,66	11,50
54	57,45	9,46	7,96	79	84,04	13,84	11,64
55	58,51	9,63	8,10	80	85,10	14,01	11,79
56	59,58	9,81	8,25	81	86,17	14,19	11,94
57	60,64	9,98	8,40	82	87,23	14,36	12,09
58	61,71	10,16	8,55	83	88,29	14,54	12,23
59	62,77	10,33	8,69	84	89,36	14,71	12,38
60	63,83	10,51	8,84	85	90,42	14,89	12,53
61	64,90	10,68	8,99	86	91,48	15,06	12,68
62	65,96	10,86	9,14	87	92,55	15,24	12,82
63	67,03	11,04	9,28	88	93,61	15,41	12,97
64	68,09	11,21	9,43	89	94,68	15,59	13,12
65	69,15	11,39	9,58	90	95,74	15,77	13,27
66	70,22	11,56	9,73	91	96,80	15,94	13,41
67	71,28	11,74	9,87	92	97,87	16,12	13,56
68	72,35	11,91	10,02	93	98,93	16,29	13,71
69	73,40	12,09	10,47	»	»	»	»
70	74,46	12,26	10,32	»	»	»	»
71	75,53	12,44	10,46	»	»	»	»
72	76,59	12,61	10,61	»	»	»	»
73	77,65	12,79	10,76	»	»	»	»
74	78,72	12,96	10,91	»	»	»	»

Table des nitrates

10 centimètres cubes de liqueur semi-normale donnent 94cc,5 de AzO

$\frac{1}{-}$ de AzO = 0gr,000 575 162 Azote.

AzO en cent. cub.	Nitrate pur p. 100	Azote p. 100		AzO en cent. cub.	Nitrate pur p. 100	Azote p. 100	
		de AzO^3Na	de AzO^3K			de AzO^3Na	de AzO^3K
50	52,91	8,71	7,33	75	79,36	13,07	11,00
51	53,96	8,88	7,48	76	80,42	13,24	11,14
52	55,02	9,06	7,62	77	81,48	13,42	11,29
53	56,08	9,23	7,77	78	82,53	13,59	11,44
54	57,14	9,41	7,92	79	83,59	13,77	11,58
55	58,20	9,58	8,06	80	84,65	13,95	11,73
56	59,25	9,76	8,21	81	85,71	14,11	11,88
57	60,31	9,93	8,36	82	86,77	14,29	12,02
58	61,37	10,10	8,50	83	87,83	14,46	12,17
59	62,43	10,28	8,65	84	88,88	14,64	12,32
60	63,49	10,45	8,80	85	89,94	14,81	12,46
61	64,55	10,63	8,94	86	91,00	14,99	12,61
62	65,60	10,80	9,09	87	92,06	15,16	12,76
63	66,66	10,98	9,24	88	93,12	15,33	12,90—
64	67,72	11,15	9,38	89	94,17	15,51	13,05
65	68,78	11,33	9,53	90	95,23	15,68	13,20
66	69,84	11,50	9,68	91	96,29	15,86	13,35
67	70,89	11,67	9,82	92	97,35	16,03	13,49
68	71,95	11,85	9,97	93	98,41	16,21	13,64
69	73,01	12,02	10,12	94	99,47	16,38	13,79
70	74,07	12,20	10,26	»	»	»	»
71	75,13	12,37	10,41	»	»	»	»
72	76,19	12,54	10,56	»	»	»	»
73	77,24	12,72	10,70	»	»	»	»
74	78,30	12,89	10,85	»	»	»	»

Table des nitrates

10 centimètres cubes de liqueur semi-normale donnent 98 centimètres cubes de AzO.

$\dfrac{1}{}$ de AzO = 0^{gr}, 000 572 135 Azote.

AzO en cent. cub.	Nitrate pur p. 100	Azote p. 100		AzO en cent. cub.	Nitrate pur p. 100	Azote p. 100	
		de AzO³Na	de AzO³K			de AzO³Na	de AzO³K
50	52,63	8,66	7,29	75	78,94	13,00	10,94
51	53,68	8,84	7,44	76	79,99	13,17	11,08
52	54,73	9,01	7,58	77	81,05	13,34	11,23
53	55,78	9,18	7,73	78	82,10	13,52	11,38
54	56,84	9,36	7,87	79	83,15	13,69	11,52
55	57,89	9,53	8,02	80	84,21	13,86	11,67
56	58,94	9,70	8,16	81	85,26	14,04	11,81
57	60,00	9,88	8,31	82	86,31	14,21	11,96
58	61,05	10,05	8,46	83	87,36	14,38	12,10
59	62,10	10,22	8,60	84	88,42	14,56	12,25
60	63,15	10,40	8,75	85	89,47	14,73	12,40
61	64,21	10,57	8,89	86	90,52	14,90	12,54
62	65,26	10,74	9,04	87	91,57	15,08	12,69
63	66,31	10,92	9,19	88	92,63	15,25	12,83
64	67,36	11,09	9,33	89	93,68	15,42	12,98
65	68,42	11,26	9,48	90	94,73	15,60	13,12
66	69,47	11,44	9,62	91	95,78	15,77	13,27
67	70,52	11,61	9,77	92	96,84	15,94	13,42
68	71,57	11,78	9,91	93	97,89	16,12	13,56
69	72,63	11,96	10,06	94	98,94	16,29	13,71
70	73,68	12,13	10,21	»	»	»	»
71	74,73	12,30	13,35	»	»	»	»
72	75,78	12,48	10,50	»	»	»	»
73	76,84	12,65	10,65	»	»	»	»
74	77,89	12,82	10,79	»	»	»	»

Table des nitrates

10 centimètres cubes de liqueur semi-normale donnent $95^{cc},5$ de AzO.

1 — de AzO $= 0^{gr},000\,569\,140$ Azote.

AzO en cent. cub.	Nitrate pur p. 100	Azote p. 100 de AzO³Na	Azote p. 100 de AzO³K	AzO en cent. cub	Nitrate pur p. 100	Azote p. 100 de AzO³Na	Azote p. 100 de AzO³K
50	52,35	8,62	7,25	75	78,53	12,93	10,88
51	53,40	8,79	7,40	76	79,58	13,10	11,03
52	54,44	8,96	7,54	77	80,62	13,28	11,17
53	55,49	9,14	7,69	78	81,67	13,45	11,32
54	56,54	9,31	7,83	79	82,72	13,62	11,46
55	57,58	9,48	7,98	80	83,76	13,79	11,61
56	58,63	9,65	8,12	81	84,81	13,97	11,75
57	59,68	9,83	8,27	82	85,86	14,14	11,90
58	60,72	10,00	8,41	83	86,91	14,31	12,04
59	61,77	10,17	8,56	84	87,95	14,48	12,19
60	62,82	10,34	8,70	85	89,00	14,66	12,33
61	63,86	10,52	8,85	86	90,05	14,83	12,48
62	64,91	10,69	8,99	87	91,09	15,00	12,62
63	65,96	10,86	9,14	88	92,14	15,17	12,77
64	67,00	11,03	9,28	89	93,19	15,35	12,91
65	68,05	11,21	9,43	90	94,24	15,52	13,06
66	69,10	11,38	9,57	91	95,28	15,69	13,21
67	70,14	11,55	9,72	92	96,33	15,86	13,35
68	71,19	11,72	9,86	93	97,38	16,04	13,50
69	72,24	11,90	10,01	94	98,42	16,21	13,64
70	73,28	12,07	10,15	95	99,47	16,38	13,79
71	74,34	12,24	10,30	»	»	»	»
72	75,39	12,41	10,45	»	»	»	»
73	76,43	12,59	10,59	»	»	»	»
74	77,48	12,76	10,74	»	»	»	»

Table des nitrates

10 centimètres cubes de liqueur semi-normale donnent 96 centimètres cubes de AzO.

1 de AzO = 0^{gr},000,566 176 Azote.

AzO en cent. cub.	Nitrate pur p. 100	Azote p. 100		AzO en cent. cub.	Nitrate pur p. 100	Azote p. 100	
		de AzO^3Na	de AzO^3K			de AzO^3Na	de AzO^3K
50	52,08	8,57	7,21	75	78,12	12,86	10,82
51	53,12	8,74	7,36	76	79,16	13,03	10,97
52	54,16	8,92	7,50	77	80,20	13,21	11,11
53	55,20	9,09	7,65	78	81,24	13,38	11,26
54	56,25	9,26	7,79	79	82,29	13,55	11,40
55	57,29	9,43	7,94	80	83,33	13,72	11,55
56	58,33	9,60	8,08	81	84,37	13,89	11,69
57	59,37	9,77	8,22	82	85,41	14,06	11,84
58	60,41	9,95	8,37	83	86,45	14,24	11,98
59	61,45	10,12	8,51	84	87,49	14,41	12,12
60	62,50	10,29	8,66	85	88,54	14,58	12,27
61	63,54	10,46	8,80	86	89,58	14,75	12,41
62	64,58	10,63	8,95	87	90,62	14,92	12,56
63	65,62	10,80	9,09	88	91,66	15,09	12,70
64	66,66	10,98	9,24	89	92,70	15,27	12,85
65	67,70	11,15	9,38	90	93,74	15,44	12,99
66	68,75	11,32	9,52	91	94,79	15,61	13,14
67	69,79	11,49	9,67	92	95,83	15,78	13,28
68	70,83	11,66	9,81	93	96,87	15,95	13,42
69	71,87	11,83	9,96	94	97,91	16,12	13,57
70	72,91	12,01	10,10	95	98,95	16,30	13,71
71	73,95	12,18	10,25	»	»	»	»
72	74,99	12,35	10,39	»	»	»	»
73	76,04	12,52	10,54	»	»	»	»
74	77,08	12,69	10,68	»	»	»	»

Table des nitrates

10 centimètres cubes de liqueur semi-normale donnent $96^{cc},5$ de AzO.

$$\frac{1}{-}\ \ \text{de AzO} = 0^{gr}.000\,563\,242\ \text{Azote.}$$

AzO en cent. cub.	Nitrate pur p. 100	Azote p. 100		AzO en cent. cub.	Nitrate pur p. 100	Azote p. 100	
		de AzO^3Na	de AzO^3K			de AzO^3Na	de AzO^3K
50	51,81	8,53	7,18	75	77,71	12,80	10,77
51	52,84	8,70	7,32	76	78,75	12,97	10,91
52	53,88	8,87	7,46	77	79,79	13,14	11,05
53	54,92	9,04	7,64	78	80,82	13,31	11,20
54	55,95	9,21	7,75	79	81,86	13,48	11,34
55	56,99	9,38	7,89	80	82,90	13,65	11,49
56	58,02	9,55	8,04	81	83,93	13,82	11,63
57	59,06	9,72	8,18	82	84,97	13,99	11,77
58	60,10	9,89	8,33	83	86,00	14,16	11,92
59	61,13	10,06	8,47	84	87,04	14,33	12,06
60	62,17	10,24	8,61	85	88,08	14,50	12,20
61	63,20	10,41	8,76	86	89,11	14,67	12,35
62	64,24	10,58	8,90	87	90,45	14,84	12,49
63	65,28	10,75	9,04	88	91,19	15,01	12,63
64	66,31	10,92	9,19	89	92,22	15,18	12,78
65	67,35	11,09	9,33	90	93,26	15,36	12,92
66	68,38	11,26	9,47	91	94,29	15,53	13,07
67	69,42	11,43	9,62	92	95,33	15,70	13,21
68	70,46	11,60	9,76	93	96,37	15,87	13,35
69	71,49	11,77	9,90	94	97,40	16,04	13,50
70	72,53	11,94	10,05	95	98,44	16,21	13,64
71	73,56	12,11	10,19	96	99,48	16,38	13,79
72	74,61	12,28	10,34	»	»	»	»
73	75,64	12,45	10,48	»	»	»	»
74	76,68	12,62	10,62	»	»	»	»

Table des nitrates

10 centimètres cubes de liqueur semi-normale donnent 97 centimètres cubes de AzO.
1 — de AzO = 0^{gr},000 560 339 Azote.

AzO en cent. cub.	Nitrate pur p. 100	Azote p. 100		AzO en cent. cub.	Nitrate pur p. 100	Azote p. 100	
		de AzO^{3}Na	de AzO^{3}K			de AzO^{3}Na	de AzO^{3}K
50	51,54	8,48	7,14	75	77,31	12,73	10,71
51	52,57	8,65	7,28	76	78,34	12,90	10,85
52	53,60	8,82	7,42	77	79,38	13,07	11,00
53	54,63	8,99	7,57	78	80,41	13,24	11,14
54	55,66	9,16	7,71	79	81,44	13,41	11,28
55	56,69	9,33	7,85	80	82,47	13,58	11,43
56	57,72	9,50	8,00	81	83,50	13,75	11,57
57	58,75	9,67	8,14	82	84,53	13,92	11,71
58	59,78	9,84	8,28	83	85,56	14,09	11,85
59	60,81	10,01	8,42	84	86,59	14,26	12,00
60	61,84	10,18	8,57	85	87,62	14,43	12,14
61	62,87	10,35	8,71	86	88,65	14,60	12,28
62	63,90	10,52	8,85	87	89,69	14,77	12,43
63	64,93	10,69	8,99	88	90,72	14,93	12,57
64	65,96	10,86	9,14	89	91,75	15,10	12,71
65	66,99	11,03	9,28	90	92,78	15,27	12,85
66	68,02	11,20	9,42	91	93,81	15,44	13,00
67	69,05	11,37	9,56	92	94,84	15,61	13,14
68	70,08	11,54	9,71	93	95,87	15,78	13,28
69	71,11	11,71	9,85	94	96,90	15,95	13,42
70	72,14	11,88	9,99	95	97,93	16,12	13,57
71	73,17	12,05	10,14	96	98,96	16,29	13,71
72	74,22	12,22	10,28	»	»	»	»
73	75,25	12,39	10,43	»	»	»	»
74	76,28	12,56	10,57	»	»	»	»

Table des nitrates

10 centimètres cubes de liqueur sémi-normale donnent $97^{cc},5$ de AzO.

$\frac{1}{1}$ de AzO $= 0^{gr},000\,557\,465$ Azote.

AzO en cent. cub.	Nitrate pur p. 100	Azote p. 100		AzO en cent. cub.	Nitrate pur p. 100	Azote p. 100	
		de AzO^3Na	de AzO^3K			de AzO^3Na	de AzO^3K
50	51,28	8,44	7,10	75	76,92	12,66	10,66
51	52,30	8,61	7,24	76	77,94	12,83	10,80
52	53,33	8,78	7,39	77	78,97	13,00	10,94
53	54,35	8,95	7,53	78	79,99	13,17	11,08
54	55,38	9,12	7,67	79	81.02	13,34	11,23
55	56,40	9,29	4,81	80	82,05	13,51	11,37
56	57,43	9,46	7,96	81	83,07	13,68	11,51
57	58,45	9,62	8,10	82	84,10	13,85	11,65
58	59,48	9,79	8,24	83	85,12	14,02	11,80
59	60,50	9,96	8,38	84	86,15	14,19	11,94
60	61,53	10,13	8,52	85	87,17	14,35	12,08
61	62,55	10,30	8,67	86	88,20	14,52	12,22
62	63,58	10,47	8,81	87	89,23	14,69	12,36
63	64,60	10,64	8,95	88	90,25	14,86	12,51
64	65.63	10,81	9,09	89	91,28	15,03	12,65
65	66,65	10,98	9,24	90	92,30	15,20	12,79
66	67,68	11,15	9,38	91	93,33	15,37	12,93
67	68,70	11.31	9,52	92	94,35	15,54	13,08
68	69,73	11,48	9,66	93	95,38	15,71	13,22
69	70,75	11,65	9,80	94	96,41	15,88	13,36
70	71,78	11,82	9,95	95	97,43	16,04	13,50
71	72,80	11,99	10,09	96	98.46	16,21	13,64
72	73,83	12,16	10,23	97	99,48	18,48	13,79
73	74,87	12,33	10,37	»	»	»	»
74	75,89	12,50	10,52	»	»	»	»

Table des nitrates

10 centimètres cubes de liqueur semi-normale donnent 98 centimètres cubes de AzO.

$\frac{1}{1}$ de AzO = 0^{gr},000 554 621 Azote.

AzO en cent. cub.	Nitrate pur p. 100	Azote p. 100 de AzO³Na	Azote p. 100 de AzO³K	AzO en cent. cub.	Nitrate pur p. 100	Azote p. 100 de AzO³Na	Azote p. 100 de AzO³K
50	51,02	8,40	7,07	75	76,53	12,60	10,60
51	52,04	8,57	7,21	76	77,55	12,77	10,75
52	53,06	8,73	7,35	77	78,57	12,94	10,89
53	54,08	8,90	7,49	78	79,59	13,11	11,03
54	55,10	9,07	7,63	79	80,61	13,27	11,17
55	56,12	9,24	7,78	80	81,63	13,44	11,31
56	57,14	9,41	7,92	81	82,65	13,61	11,45
57	58,16	9,57	8,06	82	83,67	13,78	11,60
58	59,18	9,74	8,20	83	84,69	13,95	11,74
59	60,20	9,91	8,34	84	85,71	14,12	11,88
60	61,22	10,08	8,48	85	86,73	14,28	12,02
61	62,24	10,25	8,63	86	87,75	14,45	12,16
62	63,26	10,41	8,77	87	88,77	14,62	12,30
63	64,28	10,58	8,91	88	89,79	14,79	12,45
64	65,30	10,75	9,05	89	90,81	14,96	12,59
65	66,32	10,92	9,19	90	91,83	15,13	12,73
66	67,34	11,09	9,33	91	92,85	15,29	12,87
67	68,36	11,25	9,47	92	93,87	15,46	13,01
68	69,38	11,42	9,61	93	94,89	15,63	13,15
69	70,40	11,59	9,76	94	95,91	15,80	13,30
70	71,42	11,76	9,90	95	96,93	15,97	13,44
71	72,44	11,93	10,04	96	97,95	16,14	13,58
72	73,46	12,09	10,18	97	98,97	16,30	13,72
73	74,48	12,26	10,32	»	»	»	»
74	75,51	12,43	10,46	»	»	»	»

Table des nitrates

10 centimètres cubes de liqueur semi-normale donnent 98^{cc},5 de AzO.

$\frac{1}{1}$ — de AzO = 0^{gr}, 000 551 806 Azote.

AzO en cent. cub.	Nitrate pur p. 100	Azote p. 100 de AzO³Na	Azote p. 100 de AzO³K	AzO en cent. cub.	Nitrate pur p. 100	Azote p. 100 de AzO³Na	Azote p. 100 de AzO³K
50	50,76	8,36	7,03	75	76,14	12,54	10,55
51	51,77	8,52	7,17	76	77,15	12,70	10,69
52	52,79	8,69	7,31	77	78,17	12,87	10,83
53	53,80	8,86	7,45	78	79,18	13,04	10,97
54	54,82	9,02	7,59	79	80,20	13,21	11,11
55	55,83	9,19	7,74	80	81,21	13,37	11,25
56	56,85	9,36	7,88	81	82,23	13,54	11,39
57	57,86	9,53	8,02	82	83,24	13,71	11,54
58	58,88	9,69	8,16	83	84,26	13,87	11,68
59	59,89	9,86	8,30	84	85,27	14,04	11,82
60	60,91	10,03	8,44	85	86,29	14,21	11,96
61	61,92	10,20	8,58	86	87,30	14,38	12,10
62	62,93	10,36	8,72	87	88,32	14,54	12,24
63	63,94	10,53	8,86	88	89,34	14,71	12,38
64	64,95	10,70	9,00	89	90,35	14,88	12,52
65	65,96	10,87	9,15	90	91,37	15,05	12,66
66	66,97	11,03	9,29	91	92,38	15,21	12,80
67	67,98	11,20	9,43	92	93,40	15,38	12,94
68	69,00	11,37	9,57	93	94,41	15,55	13,08
69	70,01	11,53	9,71	94	95,43	15,72	13,23
70	71,03	11,70	9,85	95	96,44	15,88	13,37
71	72,04	11,87	9,99	96	97,46	16,05	13,51
72	73,06	12,04	10,13	97	98,47	16,22	13,65
73	74,07	12,20	10,27	98	99,49	16,38	13,79
74	75,12	12,37	10,41	»	»	»	»

Table des nitrates

10 centimètres cubes de liqueur semi-normale donnent 99 centimètres cubes de AzO.

$$\frac{1}{-} \text{ de AzO} = 0^{gr},000\ 549\ 019$$

AzO en cent. cub.	Nitrate pur p. 100	Azote p. 100		AzO en cent. cub.	Nitrate pur p. 100	Azote p. 100	
		de AzO³Na	de AzO³K			de AzO³Na	de AzO³K
50	50,50	8,31	7,00	75	75,75	12,47	10,50
51	51,51	8,48	7,14	76	76,76	12,64	10,64
52	52,52	8,65	7,28	77	77,77	12,81	10,78
53	53,53	8,81	7,42	78	78,78	12,97	10,92
54	54,54	8,98	7,56	79	79,79	13,14	11,06
55	55,55	9,15	7,70	80	80,80	13,31	11,20
56	56,56	9,31	7,84	81	81,81	13,47	11,34
57	57,57	9,48	7,98	82	82,82	13,64	11,48
58	58,58	9,64	8,12	83	83,83	13,80	11,62
59	59,59	9,81	8,26	84	84,84	13,97	11,76
60	60,60	9,98	8,40	85	85,85	14,14	11,90
61	61,61	10,14	8,54	86	86,86	14,30	12,04
62	62,62	10,31	8,68	87	87,87	14,47	12,18
63	63,63	10,48	8,82	88	88,88	14,64	12,32
64	64,64	10,64	8,96	89	89,89	14,80	12,46
65	65,65	10,81	9,10	90	90,90	14,97	12,60
66	66,66	10,98	9,24	91	91,91	15,14	12,74
67	67,67	11,14	9,38	92	92,92	15,30	12,88
68	68,68	11,31	9,52	93	93,93	15,47	13,02
69	69,69	11,47	9,66	94	94,94	15,64	13,16
70	70,70	11,64	9,80	95	95,95	15,80	13,30
71	71,71	11,81	9,94	96	96,96	15,97	13,44
72	72,72	11,97	10,08	97	97,97	16,14	13,58
73	73,73	12,14	10,22	98	98,98	16,30	13,72
74	74,74	12,31	10,36	»	»	»	»

Table des nitrates

10 centimètres cubes de liqueur demi-normale donnent 99^{cc},5 de AzO.

$\dfrac{1}{\ \ }$ —   de AzO = 0^{gr},000 546 260 Azote.

AzO en cent. cub.	Nitrate pur p. 100	Azote p. 100		AzO en cent. cub.	Nitrate pur p. 100	Azote p. 100	
		de AzO³Na	de AzO³K			de AzO³Na	de AzO³K
50	50,25	8,27	6,96	75	75,37	12,41	10,44
51	51,25	8,44	7,10	76	76,38	12,58	10,58
52	52,26	8,60	7,24	77	77,38	12,74	10,72
53	53,26	8,77	7,38	78	78,39	12,91	10,86
54	54,27	8,93	7,52	79	79,39	13,07	11,00
55	55,27	9,10	7,66	80	80,40	13,24	11,14
56	56,28	9,27	7,80	81	81,40	13,40	11,28
57	57,28	9,43	7,94	82	82,41	13,57	11,42
58	58,29	9,60	8,08	83	83,41	13,74	11,56
59	59,29	9,76	8,22	84	84,42	13,90	11,70
60	60,30	9,93	8,35	85	85,42	14,07	11,84
61	61,30	10,09	8,49	86	86,43	14,23	11,98
62	62,31	10,26	8,63	87	87,43	14,40	12,12
63	63,31	10,43	8,77	88	88,44	14,56	12,26
64	64,32	10,60	8,91	89	89,44	14,73	12,40
65	65,32	10,76	9,05	90	90,45	14,90	12,53
66	66,33	10,92	9,19	91	91,45	15,06	12,67
67	67,33	11,09	9,33	92	92,46	15,23	12,81
68	68,34	11,25	9,47	93	93,46	15,39	12,95
69	69,34	11,42	9,61	94	94,47	15,56	13,09
70	70,35	11,59	9,75	95	95,47	15,72	13,23
71	71,35	11,75	9,89	96	96,48	15,89	13,37
72	72,36	11,92	10,03	97	97,48	16,06	13,51
73	73,36	12,08	10,47	98	98,49	16,22	13,65
74	74,37	12,25	10,31	99	99,49	16,39	13,79

Table des Phosphates

$Mg_2P_2O_7$	P_2O_5	$Ca_3P_2O_8$	$Mg_2P_2O_7$	P_2O_5	$Ca_3P_2O_8$
0,101	0,0646	0,1410	0,151	0,0966	0,2108
0,102	0,0652	0,1423	0,152	0,0972	0,2121
0,103	0,0659	0,1438	0,153	0,0979	0,2137
0,104	0,0665	0,1451	0,154	0,0985	0,2150
0,105	0,0672	0,1466	0,155	0,0992	0,2165
0,106	0,0678	0,1480	0,156	0,0998	0,2178
0,107	0,0684	0,1493	0,157	0,1004	0,2191
0,108	0,0691	0,1508	0,158	0,1011	0,2207
0,109	0,0697	0,1521	0,159	0,1017	0,2220
0,110	0,0703	0,1534	0,160	0,1024	0,2235
0,111	0,0710	0,1550	0,161	0,1030	0,2248
0,112	0,0716	0,1563	0,162	0,1036	0,2261
0,113	0,0723	0,1578	0,163	0,1043	0,2276
0,114	0,0729	0,1591	0,164	0,1049	0,2289
0,115	0,0736	0,1606	0,165	0,1056	0,2305
0,116	0,0742	0,1619	0,166	0,1062	0,2318
0,117	0,0748	0,1632	0,167	0,1068	0,2331
0,118	0,0755	0,1648	0,168	0,1075	0,2346
0,119	0,0761	0,1661	0,169	0,1081	0,2359
0,120	0,0768	0,1676	0,170	0,1088	0,2375
0,121	0,0774	0,1689	0,171	0,1094	0,2388
0,122	0,0780	0,1702	0,172	0,1100	0,2401
0,123	0,0787	0,1718	0,173	0,1107	0,2416
0,124	0,0793	0,1731	0,174	0,1113	0,2429
0,125	0,0800	0,1746	0,175	0,1120	0,2444
0,126	0,0806	0,1759	0,176	0,1126	0,2458
0,127	0,0812	0,1772	0,177	0,1132	0,2471
0,128	0,0819	0,1787	0,178	0,1139	0,2486
0,129	0,0825	0,1801	0,179	0,1145	0,2499
0,130	0,0832	0,1816	0,180	0,1152	0,2514
0,131	0,0838	0,1829	0,181	0,1158	0,2527
0,132	0,0844	0,1842	0,182	0,1164	0,2541
0,133	0,0851	0,1857	0,183	0,1171	0,2556
0,134	0,0857	0,1870	0,184	0,1177	0,2569
0,135	0,0864	0,1886	0,185	0,1184	0,2584
0,136	0,0870	0,1899	0,186	0,1190	0,2597
0,137	0,0876	0,1912	0,187	0,1196	0,2610
0,138	0,0883	0,1927	0,188	0,1203	0,2626
0,139	0,0889	0,1940	0,189	0,1209	0,2639
0,140	0,0896	0,1956	0,190	0,1216	0,2654
0,141	0,0902	0,1969	0,191	0,1222	0,2667
0,142	0,0908	0,1982	0,192	0,1228	0,2680
0,143	0,0915	0,1997	0,193	0,1235	0,2696
0,144	0,0921	0,2010	0,194	0,1241	0,2709
0,145	0,0928	0,2025	0,195	0,1248	0,2724
0,146	0,0934	0,2038	0,196	0,1254	0,2737
0,147	0,0940	0,2052	0,197	0,1260	0,2750
0,148	0,0947	0,2067	0,198	0,1267	0,2765
0,149	0,0953	0,2080	0,199	0,1273	0,2778
0,150	0,0960	0,2095	0,200	0,1280	0,2793

Table des Phosphates

$Mg^2P^2O^7$	P^2O^5	$Ca^3P^2O^8$	$Mg^2P^2O^7$	P^2O^5	$Ca^3P^2O^8$
0,201	0,1286	0,2806	0,251	0,1606	0,3505
0,202	0,1292	0,2819	0,252	0,1612	0,3519
0,203	0,1299	0,2834	0,253	0,1619	0,3534
0,204	0,1305	0,2847	0,254	0,1625	0,3547
0,205	0,1312	0,2863	0,255	0,1632	0,3562
0,206	0,1318	0,2876	0,256	0,1638	0,3575
0,207	0,1324	0,2889	0,257	0,1644	0,3588
0,208	0,1331	0,2904	0,258	0,1651	0,3604
0,209	0,1337	0,2917	0,259	0,1657	0,3617
0,210	0,1344	0,2934	0,260	0,1664	0,3632
0,211	0,1350	0,2947	0,261	0,1670	0,3645
0,212	0,1356	0,2960	0,262	0,1676	0,3658
0,213	0,1363	0,2975	0,263	0,1683	0,3674
0,214	0,1369	0,2988	0,264	0,1689	0,3687
0,215	0,1376	0,3003	0,265	0,1696	0,3702
0,216	0,1382	0,3016	0,266	0,1702	0,3715
0,217	0,1388	0,3030	0,267	0,1708	0,3728
0,218	0,1395	0,3045	0,268	0,1715	0,3743
0,219	0,1401	0,3058	0,269	0,1721	0,3757
0,220	0,1408	0,3073	0,270	0,1728	0,3772
0,221	0,1414	0,3086	0,271	0,1734	0,3785
0,222	0,1420	0,3099	0,272	0,1740	0,3798
0,223	0,1427	0,3115	0,273	0,1747	0,3813
0,224	0,1433	0,3128	0,274	0,1753	0,3826
0,225	0,1440	0,3143	0,275	0,1760	0,3842
0,226	0,1446	0,3156	0,276	0,1766	0,3855
0,227	0,1452	0,3169	0,277	0,1772	0,3868
0,228	0,1459	0,3185	0,278	0,1779	0,3883
0,229	0,1465	0,3198	0,279	0,1785	0,3896
0,230	0,1472	0,3213	0,280	0,1792	0,3912
0,231	0,1478	0,3226	0,281	0,1798	0,3925
0,232	0,1484	0,3239	0,282	0,1804	0,3938
0,233	0,1491	0,3254	0,283	0,1811	0,3953
0,234	0,1497	0,3267	0,284	0,1817	0,3966
0,235	0,1504	0,3283	0,285	0,1824	0,3981
0,236	0,1510	0,3296	0,286	0,1830	0,3995
0,237	0,1516	0,3309	0,287	0,1836	0,4008
0,238	0,1523	0,3324	0,288	0,1843	0,4023
0,239	0,1529	0,3337	0,289	0,1849	0,4036
0,240	0,1536	0,3353	0,290	0,1856	0,4051
0,241	0,1542	0,3366	0,291	0,1862	0,4064
0,242	0,1548	0,3379	0,292	0,1868	0,4078
0,243	0,1555	0,3394	0,293	0,1875	0,4093
0,244	0,1561	0,3407	0,294	0,1881	0,4106
0,245	0,1568	0,3422	0,295	0,1888	0,4121
0,246	0,1574	0,3436	0,296	0,1894	0,4134
0,247	0,1580	0,3449	0,297	0,1900	0,4147
0,248	0,1587	0,3464	0,298	0,1907	0,4163
0,249	0,1593	0,3477	0,299	0,1913	0,4176
0,250	0,1600	0,3492	0,300	0,1920	0,4191

Table des Phosphates

$Mg^2P^2O^7$	P^2O^5	$Ca^3P^2O^8$	$Mg^2P^2O^7$	P^2O^5	$Ca^3P^2O^8$
0,301	0,1926	0,4204	0,351	0,2246	0,4903
0,302	0,1932	0,4217	0,352	0,2252	0,4916
0,303	0,1939	0,4232	0,353	0,2259	0,4931
0,304	0,1945	0,4246	0,354	0,2265	0,4944
0,305	0,1952	0,4261	0,355	0,2272	0,4959
0,306	0,1958	0,4274	0,356	0,2278	0,4973
0,307	0,1964	0,4287	0,357	0,2284	0,4986
0,308	0,1971	0,4302	0,358	0,2291	0,5001
0,309	0,1977	0,4315	0,359	0,2297	0,5014
0,310	0,1984	0,4331	0,360	0,2304	0,5029
0,311	0,1990	0,4344	0,361	0,2310	0,5042
0,312	0,1996	0,4357	0,362	0,2316	0,5056
0,313	0,2003	0,4372	0,363	0,2323	0,5071
0,314	0,2009	0,4385	0,364	0,2329	0,5084
0,315	0,2016	0,4401	0,365	0,2336	0,5099
0,316	0,2022	0,4414	0,366	0,2342	0,5112
0,317	0,2028	0,4427	0,367	0,2348	0,5125
0,318	0,2035	0,4442	0,368	0,2355	0,5141
0,319	0,2041	0,4455	0,369	0,2361	0,5154
0,320	0,2048	0,4470	0,370	0,2368	0,5169
0,321	0,2054	0,4481	0,371	0,2374	0,5182
0,322	0,2060	0,4497	0,372	0,2380	0,5195
0,323	0,2067	0,4512	0,373	0,2387	0,5210
0,324	0,2073	0,4525	0,374	0,2393	0,5224
0,325	0,2080	0,4540	0,375	0,2400	0,5239
0,326	0,2086	0,4553	0,376	0,2406	0,5252
0,327	0,2092	0,4566	0,377	0,2412	0,5265
0,328	0,2099	0,4582	0,378	0,2419	0,5280
0,329	0,2105	0,4595	0,379	0,2425	0,5293
0,330	0,2112	0,4610	0,380	0,2432	0,5309
0,331	0,2118	0,4623	0,381	0,2438	0,5322
0,332	0,2124	0,4636	0,382	0,2444	0,5335
0,333	0,2131	0,4652	0,383	0,2451	0,5350
0,334	0,2137	0,4665	0,384	0,2457	0,5363
0,335	0,2144	0,4680	0,385	0,2464	0,5379
0,336	0,2150	0,4693	0,386	0,2470	0,5392
0,337	0,2156	0,4706	0,387	0,2476	0,5405
0,338	0,2163	0,4722	0,388	0,2483	0,5420
0,339	0,2169	0,4735	0,389	0,2489	0,5433
0,340	0,2176	0,4750	0,390	0,2496	0,5449
0,341	0,2182	0,4763	0,391	0,2502	0,5462
0,342	0,2188	0,4776	0,392	0,2508	0,5475
0,343	0,2195	0,4794	0,393	0,2515	0,5490
0,344	0,2201	0,4807	0,394	0,2521	0,5503
0,345	0,2208	0,4820	0,395	0,2528	0,5518
0,346	0,2214	0,4833	0,396	0,2534	0,5531
0,347	0,2220	0,4846	0,397	0,2540	0,5545
0,348	0,2227	0,4861	0,398	0,2547	0,5560
0,349	0,2233	0,4874	0,399	0,2553	0,5573
0,350	0,2240	0,4890	0,400	0,2560	0,5588

Table des Phosphates

$Mg^2P^2O^7$	P^2O^5	$Ca^3P^2O^8$	$Mg^2P^2O^7$	P^2O^5	$Ca^3P^2O^8$
0,401	0,2566	0,5601	0,451	0,2886	0,6300
0,402	0,2572	0,5614	0,452	0,2892	0,6313
0,403	0,2579	0,5630	0,453	0,2899	0,6328
0,404	0,2585	0,5643	0,454	0,2905	0,6341
0,405	0,2592	0,5658	0,455	0,2912	0,6357
0,406	0,2598	0,5671	0,456	0,2918	0,6370
0,407	0,2604	0,5684	0,457	0,2924	0,6383
0,408	0,2611	0,5700	0,458	0,2931	0,6398
0,409	0,2617	0,5713	0,459	0,2937	0,6411
0,410	0,2624	0,5728	0,460	0,2944	0,6427
0,411	0,2630	0,5744	0,461	0,2950	0,6440
0,412	0,2636	0,5754	0,462	0,2956	0,6453
0,413	0,2643	0,5769	0,463	0,2963	0,6468
0,414	0,2649	0,5783	0,464	0,2969	0,6481
0,415	0,2656	0,5798	0,465	0,2976	0,6497
0,416	0,2662	0,5811	0,466	0,2982	0,6510
0,417	0,2668	0,5824	0,467	0,2988	0,6523
0,418	0,2675	0,5839	0,468	0,2995	0,6538
0,419	0,2681	0,5852	0,469	0,3001	0,6551
0,420	0,2688	0,5868	0,470	0,3008	0,6566
0,421	0,2694	0,5881	0,471	0,3014	0,6579
0,422	0,2700	0,5894	0,472	0,3020	0,6592
0,423	0,2707	0,5909	0,473	0,3027	0,6608
0,424	0,2713	0,5922	0,474	0,3033	0,6621
0,425	0,2720	0,5938	0,475	0,3040	0,6636
0,426	0,2726	0,5951	0,476	0,3046	0,6649
0,427	0,2732	0,5964	0,477	0,3052	0,6662
0,428	0,2739	0,5979	0,478	0,3059	0,6678
0,429	0,2745	0,5992	0,479	0,3065	0,6691
0,430	0,2752	0,6007	0,480	0,3072	0,6706
0,431	0,2758	0,6020	0,481	0,3078	0,6719
0,432	0,2764	0,6034	0,482	0,3084	0,6732
0,433	0,2771	0,6049	0,483	0,3091	0,6748
0,434	0,2777	0,6062	0,484	0,3097	0,6761
0,435	0,2784	0,6077	0,485	0,3104	0,6776
0,436	0,2790	0,6090	0,486	0,3110	0,6789
0,437	0,2596	0,6103	0,487	0,3116	0,6802
0,438	0,2803	0,6119	0,488	0,3123	0,6817
0,439	0,2809	0,6132	0,489	0,3129	0,6831
0,440	0,2816	0,6147	0,490	0,3136	0,6846
0,441	0,2822	0,6160	0,491	0,3142	0,6859
0,442	0,2828	0,6173	0,492	0,3148	0,6872
0,443	7,2835	0,6189	0,493	0,3155	0,6887
0,444	0,2841	0,6202	0,494	0,3161	0,6900
0,445	0,2848	0,6217	0,495	0,3168	0,6916
0,446	0,2854	0,6230	0,496	0,3174	0,6929
0,447	0,2860	0,6243	0,497	0,3180	0,6942
0,448	0,2867	0,6258	0,498	0,3187	0,6957
0,449	0,2873	0,6272	0,499	0,3193	0,6970
0,450	0,2880	0,6287	0,500	0,3200	0,6986

Table de Potasse

K Cl O⁴	K²O	K Cl O⁴	K²O	K Cl O⁴	K²O
0,101	0,03423	0,151	0,05118	0,201	0,06813
0,102	0,03457	0,152	0,05152	0,202	0,06847
0,103	0,03491	0,153	0,05181	0,203	0,06881
0,104	0,03525	0,154	0,05220	0,204	0,06915
0,105	0,03559	0,155	0,05254	0,205	0,06949
0,106	0,03593	0,156	0,05288	0,206	0,06983
0,107	0,03627	0,157	0,05322	0,207	0,07017
0,108	0,03661	0,158	0,05356	0,208	0,07051
0,109	0,03695	0,159	0,05390	0,209	0,07085
0,110	0,03729	0,160	0,05424	0,210	0,07119
0,111	0,03762	0,161	0,05457	0,211	0,07152
0,112	0,03796	0,162	0,05491	0,212	0,07186
0,113	0,03830	0,163	0,05525	0,213	0,07220
0,114	0,03864	0,164	0,05559	0,214	0,07254
0,115	0,03898	0,165	0,05593	0,215	0,07288
0,116	0,03932	0,166	0,05627	0,216	0,07322
0,117	0,03966	0,167	0,05661	0,217	0,07356
0,118	0,04000	0,168	0,05695	0,218	0,07390
0,119	0,04034	0,169	0,05729	0,219	0,07424
0,120	0,04068	0,170	0,05763	0,220	0,07458
0,121	0,04101	0,171	0,05796	0,221	0,07491
0,122	0,04135	0,172	0,05830	0,222	0,07525
0,123	0,04169	0,173	0,05864	0,223	0,07559
0,124	0,04203	0,174	0,05898	0,224	0,07593
0,125	0,04237	0,175	0,05932	0,225	0,07627
0,126	0,04271	0,176	0,05966	0,226	0,07661
0,127	0,04305	0,177	0,06000	0,227	0,07695
0,128	0,04339	0,178	0,06034	0,228	0,07729
0,129	0,04373	0,179	0,06068	0,229	0,07763
0,130	0,04407	0,180	0,06102	0,230	0,07797
0,131	0,04440	0,181	0,06135	0,231	0,07830
0,132	0,04474	0,182	0,06169	0,232	0,07864
0,133	0,04508	0,183	0,06203	0,233	0,07898
0,134	0,04542	0,184	0,06237	0,234	0,07932
0,135	0,04576	0,185	0,06271	0,235	0,07966
0,136	0,04610	0,186	0,06305	0,236	0,08000
0,137	0,04644	0,187	0,06339	0,237	0,08034
0,138	0,04678	0,188	0,06373	0,238	0,08068
0,139	0,04712	0,189	0,06407	0,239	0,08102
0,140	0,04746	0,190	0,06441	0,240	0,08136
0,141	0,04779	0,191	0,06474	0,241	0,08169
0,142	0,04813	0,192	0,06508	0,242	0,08203
0,143	0,04847	0,193	0,06542	0,243	0,08237
0,144	0,04881	0,194	0,06576	0,244	0,08271
0,145	0,04915	0,195	0,06610	0,245	0,08305
0,146	0,04949	0,196	0,06644	0,246	0,08339
0,147	0,04983	0,197	0,06678	0,247	0,08373
0,148	0,05017	0,198	0,06712	0,248	0,08407
0,149	0,05051	0,199	0,06746	0,249	0,08441
0,150	0,05085	0,200	0,06780	0,250	0,08475

Table de Potasse

$KClO^4$	K^2O	$KClO^4$	K^2O	$KClO^4$	K^2O
0,251	0,08508	0,301	0,10203	0,351	0,11898
0,252	0,08542	0,302	0,10237	0,352	0,11932
0,253	0,08576	0,303	0,10271	0,353	0,11966
0,254	0,08610	0,304	0,10305	0,354	0,12000
0,255	0,08644	0,305	0,10339	0,355	0,12034
0,256	0,08678	0,306	0,10373	0,356	0,12068
0,257	0,08712	0,307	0,10407	0,357	0,12102
0,258	0,08746	0,308	0,10441	0,358	0,12136
0,259	0,08780	0,309	0,10475	0,359	0,12170
0,260	0,08814	0,310	0,10509	0,360	0,12204
0,261	0,08847	0,311	0,10542	0,361	0,12237
0,262	0,08881	0,312	0,10576	0,362	0,12271
0,263	0,08915	0,313	0,10610	0,363	0,12305
0,264	0,08949	0,314	0,10644	0,364	0,12339
0,265	0,08983	0,315	0,10678	0,365	0,12373
0,266	0,09017	0,316	0,10712	0,366	0,12407
0,267	0,09051	0,317	0,10746	0,367	0,12441
0,268	0,09085	0,318	0,10780	0,368	0,12475
0,269	0,09119	0,319	0,10814	0,369	0,12509
0,270	0,09153	0,320	0,10848	0,370	0,12543
0,271	0,09186	0,321	0,10881	0,371	0,12576
0,272	0,09220	0,322	0,10915	0,372	0,12610
0,273	0,09254	0,323	0,10949	0,373	0,12644
0,274	0,09288	0,324	0,10983	0,374	0,12678
0,275	0,09322	0,325	0,11017	0,375	0,12712
0,276	0,09356	0,326	0,11051	0,376	0,12746
0,277	0,09390	0,327	0,11085	0,377	0,12780
0,278	0,09424	0,328	0,11119	0,378	0,12814
0,279	0,09458	0,329	0,11153	0,379	0,12848
0,280	0,09492	0,330	0,11187	0,380	0,12882
0,281	0,09525	0,331	0,11220	0,381	0,12915
0,282	0,09559	0,332	0,11254	0,382	0,12949
0,283	0,09593	0,333	0,11288	0,383	0,12983
0,284	0,09627	0,334	0,11322	0,384	0,13017
0,285	0,09661	0,335	0,11356	0,385	0,13051
0,286	0,09695	0,336	0,11390	0,386	0,13085
0,287	0,09729	0,337	0,11424	0,387	0,13119
0,288	0,09763	0,338	0,11458	0,388	0,13153
0,289	0,09797	0,339	0,11492	0,389	0,13187
0,290	0,09831	0,340	0,11526	0,390	0,13221
0,291	0,09864	0,341	0,11559	0,391	0,13254
0,292	0,09898	0,342	0,11593	0,392	0,13288
0,293	0,09932	0,343	0,11627	0,393	0,13322
0,294	0,09966	0,344	0,11661	0,394	0,13356
0,295	0,10000	0,345	0,11695	0,395	0,13390
0,296	0,10034	0,346	0,11729	0,396	0,13424
0,297	0,10068	0,347	0,11763	0,397	0,13458
0,298	0,10102	0,348	0,11797	0,398	0,13492
0,299	0,10136	0,349	0,11831	0,399	0,13526
0,300	0,10170	0,350	0,11865	0,400	0,13560

Table de Potasse

KClO⁴	K²O	KClO⁴	K²O	KClO⁴	K²O
0,401	0,13593	0,451	0,15288	0,501	0,16983
0,402	0,13627	0,452	0,15322	0,502	0,17017
0,403	0,13661	0,453	0,15356	0,503	0,17051
0,404	0,13695	0,454	0,15390	0,504	0,17085
0,405	0,13729	0,455	0,15424	0,505	0,17119
0,406	0,13763	0,456	0,15458	0,506	0,17153
0,407	0,13797	0,457	0,15492	0,507	0,17187
0,408	0,13831	0,458	0,15526	0,508	0,17221
0,409	0,13865	0,459	0,15560	0,509	0,17255
0,410	0,13899	0,460	0,15594	0,510	0,17289
0,411	0,13932	0,461	0,15627	0,511	0,17322
0,412	0,13966	0,462	0,15661	0,512	0,17356
0,413	0,14000	0,463	0,15695	0,513	0,17390
0,414	0,14034	0,464	0,15729	0,514	0,17424
0,415	0,14068	0,465	0,15763	0,515	0,17458
0,416	0,14102	0,466	0,15797	0,516	0,17492
0,417	0,14136	0,467	0,15831	0,517	0,17526
0,418	0,14170	0,468	0,15865	0,518	0,17560
0,419	0,14204	0,469	0,15899	0,519	0,17594
0,420	0,14238	0,470	0,15933	0,520	0,17628
0,421	0,14271	0,471	0,15966	0,521	0,17661
0,422	0,14305	0,472	0,16000	0,522	0,17695
0,423	0,14339	0,473	0,16034	0,523	0,17729
0,424	0,14373	0,474	0,16068	0,524	0,17763
0,425	0,14407	0,475	0,16102	0,525	0,17797
0,426	0,14441	0,476	0,16136	0,526	0,17831
0,427	0,14475	0,477	0,16170	0,527	0,17865
0,428	0,14509	0,478	0,16204	0,528	0,17899
0,429	0,14543	0,479	0,16238	0,529	0,17933
0,430	0,14577	0,480	0,16272	0,530	0,17967
0,431	0,14610	0,481	0,16305	0,531	0,18000
0,432	0,14644	0,482	0,16339	0,532	0,18034
0,433	0,14678	0,483	0,16373	0,533	0,18068
0,434	0,14712	0,484	0,16407	0,534	0,18102
0,435	0,14746	0,485	0,16441	0,535	0,18136
0,436	0,14780	0,486	0,16475	0,536	0,18170
0,437	0,14814	0,487	0,16509	0,537	0,18204
0,438	0,14848	0,488	0,16543	0,538	0,18238
0,439	0,14882	0,489	0,16577	0,539	0,18272
0,440	0,14916	0,490	0,16611	0,540	0,18306
0,441	0,14949	0,491	0,16644	0,541	0,18339
0,442	0,14983	0,492	0,16678	0,542	0,18373
0,443	0,15017	0,493	0,16712	0,543	0,18407
0,444	0,15051	0,494	0,16746	0,544	0,18441
0,445	0,15085	0,495	0,16780	0,545	0,18475
0,446	0,15119	0,496	0,16814	0,546	0,18509
0,447	0,15153	0,497	0,16848	0,547	0,18543
0,448	0,15187	0,498	0,16882	0,548	0,18577
0,449	0,15221	0,499	0,16916	0,549	0,18611
0,450	0,15255	0,500	0,16950	0,550	0,18645

Table de Potasse

KClO⁴	K²O	KClO⁴	K²O	KClO⁴	K²O
0,551	0,18678	0,601	0,20373	0,651	0,22068
0,552	0,18712	0,602	0,20407	0,652	0,22102
0,553	0,18746	0,603	0,20444	0,653	0,22136
0,554	0,18780	0,604	0,20475	0,654	0,22170
0,555	0,18814	0,605	0,20509	0,655	0,22204
0,556	0,18848	0,606	0,20543	0,656	0,22238
0,557	0,18882	0,607	0,20577	0,657	0,22272
0,558	0,18916	0,608	0,20611	0,658	0,22306
0,559	0,18950	0,609	0,20645	0,659	0,22340
0,560	0,18984	0,610	0,20679	0,660	0,22374
0,561	0,19017	0,611	0,20712	0,661	0,22407
0,562	0,19051	0,612	0,20746	0,662	0,22441
0,563	0,19085	0,613	0,20780	0,663	0,22475
0,564	0,19119	0,614	0,20814	0,664	0,22509
0,565	0,19153	0,615	0,20848	0,665	0,22543
0,566	0,19187	0,616	0,20882	0,666	0,22577
0,567	0,19221	0,617	0,20916	0,667	0,22611
0,568	0,19255	0,618	0,20950	0,668	0,22645
0,569	0,19289	0,619	0,20984	0,669	0,22679
0,570	0,19323	0,620	0,21018	0,670	0,22713
0,571	0,19356	0,621	0,21051	0,671	0,22746
0,572	0,19390	0,622	0,21085	0,672	0,22780
0,573	0,19424	0,623	0,21119	0,673	0,22814
0,574	0,19458	0,624	0,21153	0,674	0,22848
0,575	0,19492	0,625	0,21187	0,675	0,22882
0,576	0,19526	0,626	0,21221	0,676	0,22916
0,577	0,19560	0,627	0,21255	0,677	0,22950
0,578	0,19594	0,628	0,21289	0,678	0,22984
0,579	0,19628	0,629	0,21323	0,679	0,23018
0,580	0,19662	0,630	0,21357	0,680	0,23052
0,581	0,19695	0,631	0,21390	0,681	0,23085
0,582	0,19729	0,632	0,21424	0,682	0,23119
0,583	0,19763	0,633	0,21458	0,683	0,23153
0,584	0,19797	0,634	0,21492	0,684	0,23187
0,585	0,19831	0,635	0,21526	0,685	0,23221
0,586	0,19865	0,636	0,21560	0,686	0,23255
0,587	0,19899	0,637	0,21594	0,687	0,23289
0,588	0,19933	0,638	0,21628	0,688	0,23323
0,589	0,19967	0,639	0,21662	0,689	0,23357
0,590	0,20001	0,640	0,21696	0,690	0,23391
0,591	0,20034	0,641	0,21729	0,691	0,23424
0,592	0,20068	0,642	0,21763	0,692	0,23458
0,593	0,20102	0,643	0,21797	0,693	0,23492
0,594	0,20136	0,644	0,21831	0,694	0,23526
0,595	0,20170	0,645	0,21865	0,695	0,23560
0,596	0,20204	0,646	0,21899	0,696	0,23594
0,597	0,20238	0,647	0,21933	0,697	0,23628
0,598	0,20272	0,648	0,21967	0,698	0,23662
0,599	0,20306	0,649	0,22001	0,699	0,23696
0,600	0,20340	0,650	0,22035	0,700	0,23730

Table de Potasse

KClO⁴	K²O	KClO⁴	K²O	KClO⁴	K²O
0,701	0,23763	0,751	0,25458	0,801	0,27153
0,702	0,23798	0,752	0,25492	0,802	0,27187
0,703	0,23831	0,753	0,25526	0,803	0,27221
0,704	0,23865	0,754	0,25560	0,804	0,27255
0,705	0,23899	0,755	0,25594	0,805	0,27289
0,706	0,23933	0,756	0,25628	0,806	0,27323
0,707	0,23967	0,757	0,25662	0,807	0,27357
0,708	0,24001	0,758	0,25696	0,808	0,27391
0,709	0,24035	0,759	0,25730	0,809	0,27425
0,710	0,24069	0,760	0,25764	0,810	0,27459
0,711	0,24102	0,761	0,25797	0,811	0,27492
0,712	0,24136	0,762	0,25831	0,812	0,27526
0,713	0,24170	0,763	0,25865	0,813	0,27560
0,714	0,24204	0,764	0,25899	0,814	0,27594
0,715	0,24238	0,765	0,25933	0,815	0,27628
0,716	0,24272	0,766	0,25967	0,816	0,27662
0,717	0,24306	0,767	0,26001	0,817	0,27696
0,718	0,24340	0,768	0,26035	0,818	0,27730
0,719	0,24374	0,769	0,26069	0,819	0,27764
0,720	0,24408	0,770	0,26103	0,820	0,27798
0,721	0,24441	0,771	0,26136	0,821	0,27831
0,722	0,24475	0,772	0,26170	0,822	0,27865
0,723	0,24509	0,773	0,26204	0,823	0,27899
0,724	0,24543	0,774	0,26238	0,824	0,27933
0,725	0,24577	0,775	0,26272	0,825	0,27967
0,726	0,24611	0,776	0,26306	0,826	0,28001
0,727	0,24645	0,777	0,26340	0,827	0,28035
0,728	0,24679	0,778	0,26374	0,828	0,28069
0,729	0,24713	0,779	0,26408	0,829	0,28103
0,730	0,24747	0,780	0,26442	0,830	0,28137
0,731	0,24780	0,781	0,26475	0,831	0,28170
0,732	0,24814	0,782	0,26509	0,832	0,28204
0,733	0,24848	0,783	0,26543	0,833	0,28238
0,734	0,24882	0,784	0,26577	0,834	0,28272
0,735	0,24916	0,785	0,26611	0,835	0,28306
0,736	0,24950	0,786	0,26645	0,836	0,28340
0,737	0,24984	0,787	0,26679	0,837	0,28374
0,738	0,25018	0,788	0,26713	0,838	0,28408
0,739	0,25052	0,789	0,26747	0,839	0,28442
0,740	0,25086	0,790	0,26781	0,840	0,28476
0,741	0,25119	0,791	0,26814	0,841	0,28509
0,742	0,25153	0,792	0,26848	0,842	0,28543
0,743	0,25187	0,793	0,26882	0,843	0,28577
0,744	0,25221	0,794	0,26916	0,844	0,28611
0,745	0,25255	0,795	0,26950	0,845	0,28645
0,746	0,25289	0,796	0,26984	0,846	0,28679
0,747	0,25323	0,797	0,27018	0,847	0,28743
0,748	0,25357	0,798	0,27052	0,848	0,28747
0,749	0,25391	0,799	0,27086	0,849	0,28781
0,750	0,25425	0,800	0,27120	0,850	0,28815

INDEX ALPHABÉTIQUE

Féculerie 219.
Féculomètre, 221.
Fer, dosage dans les eaux, 208.
— — dans les phosphates, 83.
— — silicates, 44.
— — sulfate de fer, 134.
— — terres, 24.
Fibres textiles, 331.
Finesse de mouture dans les phosphates, 88.
— — — scories, 92.
— — — soufre, 123.
Fluor, dosage dans les phosphates, 85.
Fourrages, 154.
— ensilés, 179.
— mélassés, 261.

G

Gaz de carbonatation, 255.
Gélatines, 339.
Gemmes de pins, 325.
Germes d'orge, 309.
Glucoses, 226.
Glucoserie, 226.
Gluten, 217.
Gommes, 176.
Grains (Analyse des), 209.
Gras, 223.

H

Houblon, 304.
Huile de goudron, 149.
Huiles essentielles, dosage dans les alcools, 279.
Humus, dosage dans les terres, 11.

I

Indice d'iode dans les cires, 321.
Insecticides, 122.
Interprétation des analyses de terres, 34.

J

Jus de betterave, 247.
— fermentés, 271.
— de tabac, 146.
Jute, 335.

K

Kaïnite, 102.

L

Laits de chaux, 254.
Lies, 342.
Liqueur de Fehling, 211.
— titrée d'acide sulfurique, 17.
— de permanganate de potasse, 24.
— de soude, 18.
Lupulines, 307.

M

Magnésie dosage, dans les eaux, 207.
— — calcaires et dolomies, 52.
— — phosphates, 82.
— — sels de potasse, 110.
— — silicates, 44.
— — terres, 20.
Malts, 292.
Manganèse, dosage dans les silicates, 47.
— — — terres, 26.
Marnes, 49.
Matières grasses, dosage dans les végétaux, 160.
Matières organiques, dosage dans les eaux, 202.
Matières tannantes, 336.
Mélasses, 249.
Méthylènes, 286.
Moûts de brasserie, 303.
— de distillerie, 269.

N

Nicotine, dosage dans les jus de tabac, 146.
Nitrates engrais, 63.
— de cuivre, 132.
Noir animal, 256.
Noirs épuisés, 260.
Noix vomique, 145.

O

Orges de brasserie, 290.
Oxalate de nicotine, 149.
Oxygène dissous dans les eaux, 204.

P

Paraffine, recherche dans les cires, 322.

FIN DE LA TABLE ALPHABÉTIQUE

TABLE DES MATIÈRES

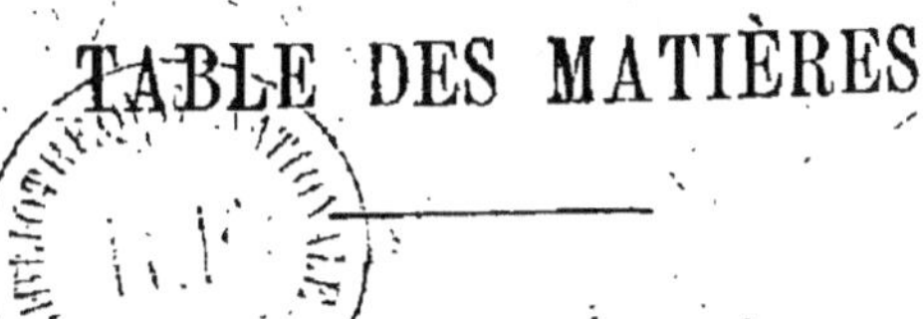

PREMIÈRE PARTIE

AGRICULTURE GÉNÉRALE

I. — Terres.

II. — Roches et silicates.

III. — Amendements.

IV. — Engrais.

DEUXIÈME PARTIE

INDUSTRIES AGRICOLES

I. — Amidonnerie.

II. — Féculerie

III. — Glucoserie

IV. — Sucrerie

V. — Distillerie

VI. — Brasserie

VII. — Fabrication des superphosphates

VIII. — Produits divers des petites industries agricoles

IX. — Annexe

X. — Tables pour le calcul des analyses

DIJON. — IMPRIMERIE DARANTIÈRE